Schwarz/Ebeling/Furth
Kunststoffverarbeitung

# Kunststoffverarbeitung

Dr.-Ing. Otto Schwarz
Dipl.-Ing. Friedrich-Wolfhard Ebeling
Dipl.-Ing. Brigitte Furth

10., überarbeitete Auflage

Vogel Buchverlag

Dipl.-Ing. (FH) Friedrich-Wolfhard Ebeling
Jahrgang 1936. Nach Chemieingenieurstudium in Nürnberg 6jährige Industrietätigkeit im Bereich der Aufbereitung und Verarbeitung von Kunststoffen. Seit 1965 Lehrtätigkeit für die Gebiete Kunststoffkunde und -verarbeitung sowie Leitung und Organisation von Langzeitprogrammen im Süddeutschen Kunststoff-Zentrum Würzburg. Seit 1990 Prüfungsausschußvorsitzender für Industriemeisterprüfungen Kunststoff und Kautschuk an der Industrie- und Handelskammer Würzburg-Schweinfurt, seit 2000, nach Eintritt in den Ruhestand, Lehrbeauftragter beim SKZ.

Dipl.-Ing. (FH) Brigitte Furth
Jahrgang 1965. Studium der Fachrichtung Kunststofftechnik an der FH Würzburg-Schweinfurt.
5 Jahre Tätigkeit in der feinwerktechnisch-optischen Industrie, Schwerpunkte Entwicklung und Qualitätssicherung. Von 1993 bis Ende 1996 am Süddeutschen Kunststoff-Zentrum Würzburg Ausbildungsingenieurin und Gruppenleiterin in den Bereichen Spritzgießen und Qualitätswesen.
Ab 1997 wieder Tätigkeit in der kunststoffverarbeitenden Industrie.

Dr.-Ing. Otto Schwarz
Jahrgang 1929. Studium 1950 bis 1955 an der TH Aachen. Dipl.-Ing. Verfahrenstechnik. Wissenschaftlicher Mitarbeiter am Institut für Kunststoffverarbeitung an der TH Aachen. 1968 Promotion zum Dr.-Ing. 1968 bis 1973 Tätigkeit beim Kunststoffverband in Frankfurt. Seit 1973 im Süddeutschen Kunststoff-Zentrum, ab 1977 stellvertretender Institutsleiter, 1992 bis 1994 Institutsleiter. 1994 Eintritt in den Ruhestand, 1997 verstorben.

---

**Weitere Informationen:**
**www.vogel-buchverlag.de**

---

ISBN-13: 978-3-8343-3037-6
ISBN-10: 3-8343-3037-X
10. Auflage. 2005

Printed in Germany

Umschlaggrafik: Fa. Arburg GmbH & Co.,
72290 Loßburg

# Vorwort

Die Kunststoffindustrie hat mit fast 7% Umsatz ein beachtliches Kontingent an der deutschen Industrieproduktion. Davon fällt auf die Verarbeitung mit ⅔ des Gesamtumsatzes der höchste Anteil in der Kunststoffbranche. Um so wichtiger ist es, der Aus- und Weiterbildung von Nachwuchskräften – nicht nur für Hochschulabsolventen –, sondern auch für Techniker, Meister und Mechaniker, einen hohen Stellenwert zuzuordnen.
Produktionsprozesse laufen vielfach über die Verknüpfung mehrerer Verarbeitungsschritte, bis vom angelieferten Rohstoff ein verkaufsfähiges Fertigprodukt hergestellt ist. Im Buch werden mehrheitlich die grundsätzlichen Verfahrensabläufe für die verschiedenen Verarbeitungstechniken der Kunststoffe vorgestellt, ohne den kompletten Fertigungsablauf zu beschreiben. Diese Darstellungen bieten aber dennoch einen ausreichenden Überblick zum umfangreichen Gebiet der Kunststoffverarbeitungsverfahren.
Grundsätzlich sind kaum neue Verfahren hinzugekommen, dafür vollziehen sich aber bei der Automation erhebliche Fortschritte, immer mit dem Ziel, eine hohe und reproduzierbare Qualität der Produkte zu erzeugen.
Aufgrund der Vielzahl und der enorm großen Variabilität von Kunststoffteilen, wurde der Spritzgießtechnik der größte Raum eingeräumt. Darüber hinaus enthält dieses Kapitel neben den Verfahrensbeschreibungen auch nützliche Hinweise für die Formteilgestaltung und die Werkzeug- bzw. Angußauslegung.
Die Abhandlungen sind praxisbezogen, übersichtlich und enthalten zahlreiche Bilder mit farblichen Hervorhebungen der wichtigen Details zum Verständnis der Verfahrensabläufe. Auf die Theorie wurde so weit wie möglich verzichtet.
Wir danken dem Verlag für eine gewohnt gute Zusammenarbeit.

Würzburg — Die Autoren

# Inhaltsverzeichnis

# 1 Einführung in die Kunststofftechnologie

## 1.1 Einteilung der Kunststoffe

Kunststoffe sind erst seit ungefähr 130 Jahren bekannt und damit die jüngste Werkstoffgruppe. Sie haben sich in vielen Bereichen der Technik, des Bauwesens und des täglichen Lebens einen festen Platz neben den herkömmlichen Werkstoffen wie Metall, Holz und Keramik gesichert. Auf die Frage «Was sind Kunststoffe?» soll hier eine Antwort gegeben werden.

Kunststoffe sind künstlich hergestellte Werkstoffe, die mit chemischen Verfahren, entweder durch Umwandlung von Naturstoffen oder, in der Mehrzahl aus niedermolekularen Stoffen, «synthetisch» aufgebaut werden. Kunststoffe bestehen aus sehr großen organischen Molekülverbindungen **(Makromolekülen)**.

Die Herstellung der Kunststoffe erfolgt über chemische Reaktionen. Dabei geht man von kleinen bi- oder mehrfunktionellen Molekülverbindungen aus, die durch die drei Polyreaktionen

— **Polymerisation,**
— **Polykondensation,**
— **Polyaddition**

miteinander verknüpft werden. Je nach eingesetzten Ausgangsstoffen erhält man kettenartig oder vernetzt aufgebaute Makromoleküle.
Die erhaltenen Molekülstrukturen sowie das unterschiedliche Temperaturverhalten sind maßgebend für die Einteilung der Kunststoffe in Thermoplaste, Duroplaste und Elastomere.

**Thermoplaste** sind aus sehr langen Molekülketten aufgebaut, die von zwischenmolekularen Kräften im festen Verbund zusammengehalten werden.

**Duroplaste** bestehen aus einem makromolekular aufgebauten Raumnetzmolekül mit engmaschiger Verknüpfung über chemische Bindungskräfte.

**Elastomere** sind kettenförmige Makromoleküle, die durch wenige chemische Vernetzungsbrücken zu einem weitmaschigen Raumnetzmolekül miteinander verbunden sind.

*Bild 1.1 Zustandsverarbeitungsschema für amorphe Thermoplaste*

| | | | | |
|---|---|---|---|---|
| Zustandsform | fest, glasartig spröde | thermoelastisch, gummielastische Dehnung | thermoplastisch, zähviskoses Fließen | Zersetzung |
| Molekulare Struktur | ineinander verknäulte Makromoleküle<br><br>zwischenmolekulare Bindungskräfte groß | noch weitgehend verknäulte Makromoleküle, zunehmende Beweglichkeit der Molekülketten | Makromoleküle gegeneinander verschiebbar, zwischenmolekulare Bindungskräfte weitgehend aufgehoben | molekularer Abbau des Thermoplasten |
| Verarbeitung | Spanendes und spanloses **Trennen,** lösbares und unlösbares **Fügen** (Kleben), **Oberflächenveredlung** | **Umformen:** Biege-, Druck-, Zug- und Zugdruckumformen | **Urformen:** Spritzgießen, Extrudieren, Pressen, Schäumen, Kalandrieren, Rotationsformen usw. unlösbares Fügen (Schweißen) | – |

| | | | | | |
|---|---|---|---|---|---|
| Zustands-form | fest, glasartig spröde | fest, zähelastisch bis | thermo-elastisch | thermo-plastisch | Zersetzung |
| Mole-kulare Struktur | amorphe und kristalline Bereiche fest, zwischenm. Bindungs-kräfte groß | amorphe Bereiche zunehmend beweg-lich, kristalline Bereiche noch fest, zwischenm. Bindungs-kräfte in kristallinen Bereichen groß | kristalline Bereiche zunehmend gelöst | Makromo-leküle gegeneinan-der verschiebbar | molekularer Abbau des Thermo-plasten |
| Verarbei-tung | in diesem Bereich nicht üblich | spanendes und spanloses **Trennen,** lösbares und unlös-bares Fügen (Kleben), **Oberflächenveredlung** | **Umformen:** Biege-, Druck-, Zug- und Zugdruck-umformen | **Urformen:** Spritzgießen, Extrudieren usw. unlösbares **Fügen** (Schweißen) | – |

*Bild 1.2 Zustandsverarbeitungsschema für teilkristalline Thermoplaste*

| | | |
|---|---|---|
| Zustandsform | fest glasartig spröde | Zersetzung |
| Molekulare Struktur | vernetzte Makromoleküle | molekularer Abbau des Duroplasten |
| Verarbeitung | spanendes und spanloses **Trennen,** lösbares und unlösbares **Fügen,** **Oberflächenveredlung** | – |

*Bild 1.3 Zustandsverarbeitungsschema für Duroplaste*

| | | | |
|---|---|---|---|
| Zustands-form | fest, hart bis zähelastisch | gummi-elastisch | Zer-setzung |
| Moleku-lare Struktur | weitmaschig vernetzte Makromoleküle | | mole-kularer Abbau |
| Verarbei-tung | in diesem Bereich nicht üblich eventuell zerkleinern durch Mahlen | spanendes und spanloses **Trennen** lösbares und unlösbares **Fügen** **Oberflächenveredlung** | – |

*Bild 1.4 Zustandsverarbeitungsschema für Elastomere*

Es wird für den Thermoplasten weiterhin zwischen den **amorphen** und **teilkristallinen Thermoplasten** (Bilder 1.1 und 1.2) unterschieden. Die Unterschiede sind im Ordnungszustand des Molekülverbandes begründet. Können durch die Molekülgestalt keine übergeordneten Ordnungssysteme aufgebaut werden, dann liegen die Molekülketten in einer idealen Unordnung vor. Diesen Zustand bezeichnet man als amorph.

Ordnungszustände durch Parallelbündelungen von Molekülabschnitten oder Faltungen von Molekülketten (Sphärolithe) bezeichnet man als Kristallite. In einem teilkristallinen Thermoplast können die Kettenmoleküle teilweise den kristallinen sowie den amorphen Bereich durchlaufen, aber auch gleichzeitig mehreren Kristalliten angehören.

## 1.2 Temperaturverhalten und Verarbeitung der Kunststoffe

Werden Thermoplaste erwärmt bzw. wieder abgekühlt, so durchlaufen sie verschiedene Zustandsformen mit Übergangsbereichen. Zwischen den amorphen und teilkristallinen Thermoplasten bestehen in den verschiedenen Zustandsformen Unterschiede in den technologischen Eigenschaften. Duroplaste und Elastomere sind nur während der ersten Verarbeitung plastisch verformbar, danach ist durch Wärmeeinwirkung keine Zustandsänderung mehr möglich, es sei denn, sie werden oberhalb der Zersetzungstemperatur chemisch abgebaut (Bilder 1.3 und 1.4).

Welcher Zusammenhang zwischen den Zustandsformen und der Verarbeitbarkeit besteht, sollen die Auflistungen (Bilder 1.1 bis 1.4) der einzelnen Kunststoffgruppen aufzeigen.

## 1.3 Kennwerte für die Verarbeitung

Den Verarbeiter interessiert weniger die Synthese der Kunststoffe als vielmehr Kennwerte, die ihm Aufschluß geben über die Verarbeitbarkeit der thermoplastischen und härtbaren Formmassen. Sie ermöglichen den Vergleich der Eigenschaften untereinander und sind Hilfen bei der Wareneingangsprüfung, die bei der Herstellung von Qualitätserzeugnissen unerläßlich ist.

### 1.3.1 Molekularmasse und Polymerisationsgrad

Diese beiden Größen besitzen ihren Aussagewert insofern, weil mit steigender Größe die mechanischen Eigenschaften zunehmen und das Langzeitverhalten besser wird. Auch der Schmelzbereich bei den Thermoplasten und die chemische Beständigkeit bei den amorphen Thermoplasten nehmen zu. Schlechter hingegen wird das bei der Verarbeitung wichtige Fließverhalten der Polymere. Ein Polyethylen mit sehr hoher Molekularmasse z. B. kann durch Spritzgießen nicht mehr verarbeitet, sondern nur noch gepreßt oder gesintert werden.

### 1.3.2 Schüttdichte, Stopfdichte, Füllfaktor

Verarbeitungsfähige Formmasse muß dosiert werden, wobei die **Rieselfähigkeit** entscheidet, ob eine Volumen- oder Gewichtsdosierung vorgenommen wird. Bei guter Rieselfähigkeit wählt man meist die Volumendosierung, während die Gewichtsdosierung ein genaueres Arbeiten erlaubt. Die **Schüttdichte** gibt die Kunststoffrohmasse in Gramm je $cm^3$ an. Wird die Masse dabei belastet, erhält man die **Stopfdichte.** Unter dem **Füllfaktor,** bei Duroplasten üblich, versteht man das Verhältnis der Rohdichte zur Schüttdichte der Formmasse. Die Messung dieser drei Kenngrößen erfolgt nach den Normen ISO 60, 61 und 171.

### 1.3.3 Fließverhalten der Kunststoffe

Kunststoffe zeigen durch ihren makromolekularen Aufbau ein anderes Fließverhalten als Flüssigkeiten, die aus niedermolekularen Verbindungen bestehen.

Unter Fließen versteht man das Abgleiten der Makromoleküle gegeneinander im plastischen Zustand.

Es würde den Rahmen dieses Kapitels sprengen, wenn das Fließverhalten ausführlich behandelt werden sollte. Erwähnt werden sollen nur einige praxisbezogene Methoden.

#### 1.3.3.1 Fließverhalten der Thermoplaste

**Schmelzindex**

Die Messung des **Schmelzindex** ist nach DIN ISO 1133 genormt und kann bei fast allen unverstärkten Kunststoffen durchgeführt werden. Diese Prüfung eignet sich besonders zur Überprüfung beim Wareneingang, aber auch zur Kontrolle einer sachgemäßen Verarbeitung. Die Rohstoffhersteller geben hierzu Daten über die max. zulässigen Abbauwerte an. Speziell bei Kunststoffen, die vor der Verarbeitung vorgetrocknet werden müssen, sollte der Schmelzindex als Prüfung zur Qualitätssicherung verwandt werden.

**Spiraltest**

Ebenfalls sehr praxisnah, aber auch nur betriebsintern zu verwenden ist der **Spiraltest** (auch bei Duroplasten). Auch hier gilt, je mehr Masse in einer bestimmten Zeit ausfließt, desto besser ist das Fließverhalten und desto kleiner ist die mittlere Molekularmasse. Dieser Vergleich ist aber nur dann zulässig, wenn Polymere mit gleichem chemischem Aufbau unter gleichen Bedingungen verarbeitet werden.

**K-Wert und Viskositätszahl**

Der **K-Wert** wird bei Polyvinylchlorid nach DIN EN ISO 1628 angegeben. Er ist ein Analogwert zur **Viskositätszahl,** die aus dem Fließverhalten der Lösung von PVC in einem Lösungsmittel bestimmt wird. Aus der Viskositätszahl kann die mittlere Molekularmasse errechnet werden (bei allen Polymeren möglich), aber auch der K-Wert, dem eine empirisch ermittelte Formel zugrunde liegt. K-Wert und Viskositätszahl sind in der DIN tabellarisch miteinander verglichen. Auch hier gilt: Je größer der K-Wert, desto größer die Molekularmasse.

### 1.3.3.2 Fließverhalten der Duroplaste

Duroplaste unterscheiden sich in ihrem Fließverhalten von den Thermoplasten. Bei der Vernetzung der Duroplaste laufen zwei Reaktionen gleichzeitig ab:

- □ Abnahme der Viskosität durch frei werdende Reaktionswärme
- □ Zunahme der Viskosität durch beginnende Vernetzung der Makromoleküle

Zur gleichzeitigen Messung beider Reaktionen gibt es leider kein geeignetes Prüfverfahren. Es ist also erforderlich, zwei ergänzende Meßverfahren zu benutzen.

**Stäbchentest**

Der **Stäbchentest** ist ein Analogverfahren zum Schmelzindex. Tablettierte Formmasse wird dabei aus einer beheizten Kammer in einen Fließkanal gepreßt. Die Länge des Stäbchens ist ein Maß für die Fließfähigkeit. Diese Prüfung ist genormt als Flow-Test nach ASTM-D-569.

**Knetertest**

Beim **Knetertest** wird die Formmasse in einem beheizten Kneter plastifiziert und gehärtet. Dabei wird das benötigte Drehmoment des Antriebsmotors über der Zeit gemessen. Dieses Verfahren ist nicht genormt.

**Bechertest**

Dieser Test ist genormt nach DIN 53 465. In einer Presse wird ein Becher hergestellt und die benötigte Schließzeit ermittelt. Um ein Maß für die Härtungsgeschwindigkeit zu haben, wird in einem weiteren Testverfahren die Steifigkeit bei konstantem Druck gemessen.
Die hier genannten und nur kurz beschriebenen Kennwerte dienen zum Beurteilen der Qualität und Gleichmäßigkeit der Kunststoffrohstoffe. Sie werden von den Kunststofferzeugern ermittelt und auf Wunsch dem Verarbeiter und Anwender mitgeteilt.
Überprüft der Verarbeiter diese Daten als Wareneingangsprüfung, so sind die Prüfungen nach den entsprechenden DIN-Normen vorzunehmen. Bei nicht genormten Prüfungen sind die Prüfgeräte untereinander abzugleichen.
Viele Hersteller von technischen Teilen verlangen zur Sicherstellung der Qualität vom Kunststofferzeuger ein umfassendes Prüfprotokoll.

# 2 Aufbereitung

## 2.1 Allgemeines

Unter dem Begriff **Aufbereitung** werden in der Kunststofftechnik diejenigen Verfahrensschritte zusammengefaßt, die notwendig sind, um aus dem Kunststoffrohstoff eine verarbeitbare Kunststoffformmasse herzustellen. Dazu gehören das **Zerkleinern (Granulieren, Mahlen),** das **Mischen** im **festen Zustand** und das **Mischen** im **plastischen Zustand.**

Nur in den seltensten Fällen kann ein Kunststoff, so wie er aus dem Reaktionskessel gelangt, verarbeitet und eingesetzt werden. Erst die Abmischung mit **Zuschlagstoffen** im wohlüberlegten Mischungsverhältnis läßt einen technischen Werkstoff entstehen, der den Anforderungen für Verarbeitung und Anwendung gerecht wird.
In diesem Kapitel wird eine allgemeine Übersicht über die grundlegenden Aufbereitungsvorgänge gegeben, ohne daß dabei auf einzelne Kunststoffe eingegangen wird. Je nach Bedeutung der Aufbereitung wird bei den entsprechenden Verarbeitungsverfahren darauf eingegangen.
Vielfach sind Aufbereitungsvorgänge so weit in die Kunststoffrohstoffherstellung integriert, daß das eigentliche Aufbereitungsverfahren gar nicht mehr im einzelnen zu erkennen ist.
Thermoplaste fallen bei der Polymerisation oft in Pulverform an. In dieser Form können aber bei der Weiterverarbeitung gewisse Schwierigkeiten auftreten. Deshalb werden in der Regel Kunststoffprodukte für die Verarbeitung zum Enderzeugnis als leicht verarbeitbares **Granulat** von der kunststofferzeugenden Industrie geliefert. Hier ist bereits beim Kunststoffhersteller der Aufbereitungsprozeß durchgeführt worden. Das PVC macht allerdings eine Ausnahme. Bei einer Vielzahl von Variationsmöglichkeiten bei der Rezepturgestaltung und der Fülle der angebotenen Zuschlagstoffe für PVC wird auch aus wirtschaftlichen Gründen meist bei der Verarbeitung von mehr als 30 Monatstonnen die Aufbereitung vom Verarbeiter selbst vorgenommen. Eine **PVC-Rezeptur** kann enthalten: **unterschiedliche PVC-Typen, Licht-** und **Wärmestabilisatoren, innere** und **äußere Gleitmittel, Weichmacher, Pigmente** und **Füllstoffe.** Die unterschiedlichen PVC-Typen sind das PVC-E, das PVC-S und das PVC-M. Die Buchstaben nach dem Kunststoffkurzzeichen bedeuten E = Emulsion, S = Suspension und M = Masse und kennzeichnen neben dem Polymerisationsverfahren die Reinheit des PVC.
E-PVC enthält bis zu 2,5% Emulgatoren, die einerseits der PVC-Schmelze gute Fließeigenschaften verleihen, andererseits aber eine Trübung beim ungefärbten PVC hervorrufen, so daß keine transparenten Produkte herstellbar sind. PVC-S und -M sind rein, wobei das PVC-M vollkommen frei von Zusätzen ist und sich besonders durch seine Brillanz auszeichnet.
Die Einarbeitung von Stabilisatoren in das PVC ist unbedingte Voraussetzung für die Verarbeitung, um die Abspaltung von Chlorwasserstoff (HCl) und damit die Zersetzung des PVC zu verhindern. Innere Gleitmittel erniedrigen die Schmelzviskosität, äußere verbessern das Gleitverhalten der Schmelze in den Kunststoffverarbeitungsmaschinen. Weichmacher verleihen dem PVC einen gummiähnlichen Charakter. Pigmente werden für das Einfärben der Kunststoffe gebraucht. Füllstoffe dienen der Verbesserung bestimmter Eigenschaften, werden aber auch zur Verbilligung mancher Kunststofferzeugnisse eingesetzt.
Auch das Einarbeiten von Zuschlagstoffen in Reaktionsharze geschieht häufig beim Kunststoffverarbeiter.

Eine wesentliche Aufgabe der Aufbereitung besteht darin, die Zuschlagstoffe, die in Mengen von 0,01 bis zu 50% dem Kunststoff zugegeben werden können, homogen in der Masse zu verteilen.

Grundsätzlich unterscheidet man dabei einerseits die Mischtechnik im trockenen und andererseits das **Homogenisieren** im plastischen Zustand.
Um die Mischung schon im trockenen Zustand zu optimieren, ist es notwendig, möglichst feinkörnige Materialien und Zuschlagstoffe einzusetzen. Für einige Kunststoff-Formmassen ist daher dem Mischen ein Zerkleinern voranzustellen.

## 2.2 Zerkleinern

Unter dem **Zerkleinern** versteht man die Verminderung der Größe von Feststoffkörpern durch vorwiegend mechanische Beanspruchung. Bei der technischen Durchführung der Zerkleinerung wird man immer ein Spektrum verschiedener Korngrößen erhalten.

Sollte aus bestimmten Gründen eine Trennung des Grobguts vom Feingut angestrebt werden, z.B. um Weiterverarbeitungsschwierigkeiten auszuschalten, dann ist eine **Siebung** anzuschließen.
Die Gründe, die es notwendig machen, Kunststoff-Formmassen zu zerkleinern, sind vielfältig. So gestattet die Vergrößerung der spezifischen Oberfläche eine bessere Verteilung beim Mischen. Es lassen sich aber auch günstigere Trocknung, gleichmäßigeres Dosieren, schnelleres Aufschmelzen usw. erreichen.
Je nach Art des Stoffes stehen zum Zerkleinern verschiedene Anlagen zur Verfügung. Einige bewährte Zerkleinerungsmaschinen sind der **Walzenbrecher,** die **Hammermühle,** der **Kollergang,** die **Pralltellermühle,** die **Schneidmühle,** die **Stiftmühle** und die **Walzenmühle.**
Mit dem Brecher erreicht man immer nur eine Grobzerkleinerung von spröden Stoffen. Zur Feinzerkleinerung werden die Mühlen eingesetzt.
Der Zustand des Materials und die Kornfeinheit bzw. die Korngrößenverteilung sind entscheidend für die Auswahl der geeigneten Mühle (Bild 2.1).

Die Beanspruchung ist bei den vorgestellten Maschinen unterschiedlich. So wird mit dem Walzenbrecher durch **Druck,** mit der Schneidmühle durch **Scherung** und mit der Stiftmühle durch **Prall** und **Reibung** die Zerkleinerung erreicht.
Wegen ihrer für die Kunststoffzerkleinerung besonderen Bedeutung wird hier die **Schneidmühle** näher erläutert, denn sie wird sehr häufig für die **Regranulierung** von Ausschußteilen eingesetzt und ist in vielen Kunststoffverarbeitungsbetrieben anzutreffen.
In einem stabilen Gußgehäuse sind, wie im Bild 2.2 dargestellt, vier Statormesser angebracht und der untere Bodeneinsatz als Siebplatte ausgebildet. Über den oberen offenen Schacht wird das

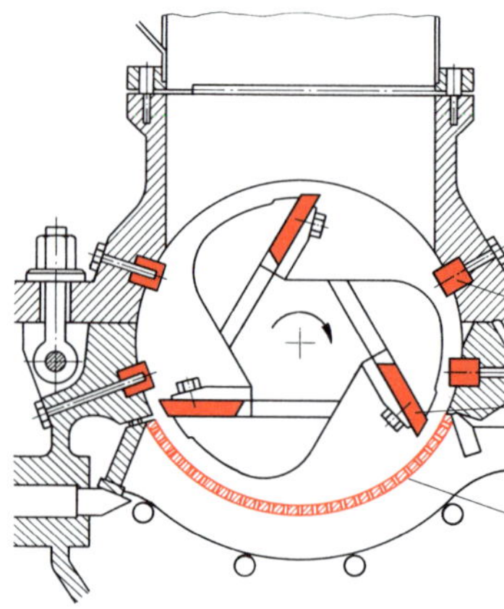


*Bild 2.2 Schneidmühle*

| Maschine / Stoffzustand | Walzenbrecher | Hammermühle | Schneidmühle | Stiftmühle |
|---|---|---|---|---|
| | 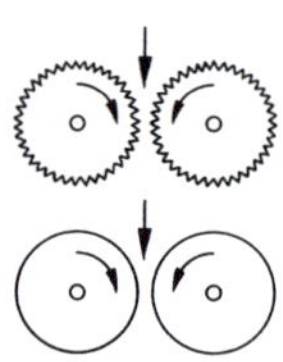 | 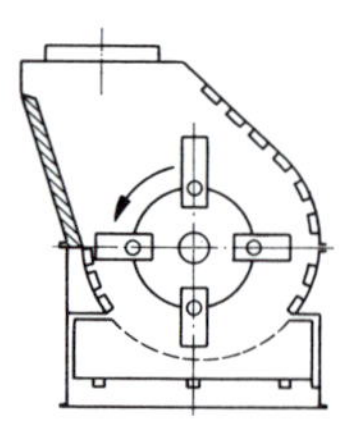 | 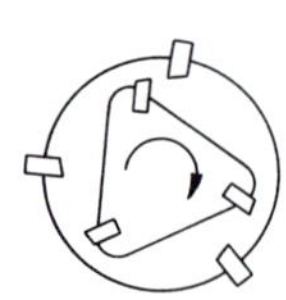 | 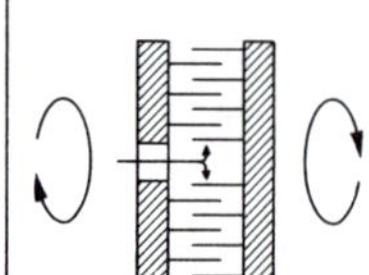 |
| spröd | | | | |
| zäh | | | | |
| elastisch | | | | |
| z.B. geeignet für | PS, PF | PS, PF, PMMA | PVC, PE, PP, PA | PVC, PE, PF |

*Bild 2.1 Zerkleinerungsmaschinen*

Material zugeführt. Im Mühlengehäuse bewegt sich eine Welle, die mit **3 Schneidmessern** ausgerüstet ist. Die eingegebenen Kunststoffstücke werden von den Rotormessern erfaßt und zwischen diesen und den **feststehenden Messern** zerschnitten. Dieser Vorgang wiederholt sich so lange, bis die Körnchen eine Größe erreicht haben, daß sie aus dem Siebboden austreten können. Die Schnittgeschwindigkeiten betragen etwa 12 bis 14 m/s. Der Abstand zwischen feststehendem und rotierendem Messer wird in der Regel zwischen 0,25 und 0,5 mm eingestellt. Schneidmühlen gibt es in Ausführungen von 10 kg/h bis 2500 kg/h Ausstoßleistung.

## 2.3 Mischen

> **Mischen** ist das **Vermengen** und **Verteilen** verschiedener Stoffe durch Erzeugen von Relativbewegungen zwischen den zu vermischenden Stoffteilchen, bis ein weitgehend ideales Mischverhältnis vorliegt.

Durch **rotierende Verwirbelungselemente,** die in offenen oder geschlossenen Behältern untergebracht sind, werden **Stoß-** und **Reibungskräfte** auf die Partikel ausgeübt, so daß man nach gewisser Zeit einen ausreichend guten Verteilungszustand erhält. Es gibt auch hier je nach Art des Materials und der Korngröße verschiedene Mischanlagen (Bild 2.3).
Zur Herstellung von flüssigen oder pastösen Kunststoffmassen — z.B. **PVC-Pasten** — werden **Rührwerke** eingesetzt. Im Prinzip arbeiten diese Mischer mit einem herausfahrbaren, vertikal angeordneten Mischquirl, der in einem zylindrischen Behälter rotiert. Je nach Aufgabenstellung kann der Behälter doppelmantelig sein und geheizt bzw. gekühlt werden. Es ist auch zweckmäßig, bei Pasten mit hoher Viskosität während des Mischens zu evakuieren, um möglichst wenig Luft mit einzurühren. Dementsprechend sind die Mischanlagen auch als geschlossene Ausführung mit Manometer und Anschluß für eine Vakuumpumpe gebaut.
Besonders gut geeignet zum Mischen von Stoffen mit unterschiedlicher Korngröße, z.B. **Granulate** mit **pulvrigen Zuschlägen** (Gleitmittel, Pigmente, Treibmittel), sind die **Freifallmischer.** Beim gegenseitigen Abrollen der Granulatkörner laden sie sich elektrostatisch auf, so daß eine gute Haftung der Zuschlagsteilchen an der Granulatoberfläche eintritt. Zum Erzielen idealer Mischungen liegen die Drehzahlen zwischen 25 und 35 je Minute. Unter den verschiedenen Ausführungsformen sind die bekanntesten der **Doppelkonusmischer** und der **Taumelmischer.** Für das Einfärben von Granulaten haben sich in neuerer Zeit Mischgeräte (Bild 2.4) durchgesetzt, die direkt auf dem Trichter der Verarbeitungsmaschine angebracht werden. Diese Geräte besitzen **Volumendosiereinrichtungen** und einen **Mischapparat.** Durch zeitlich abgestimmte Verfahrensschritte, wie Dosieren — Übergabe in die

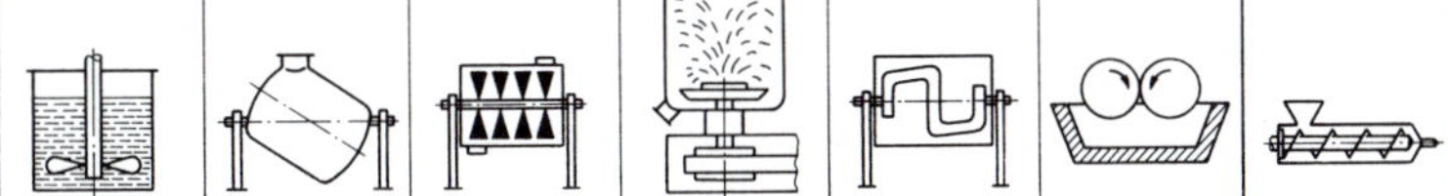

| Verfahren / Maschine — Stoffzustand (▲ Rohstoffe, • Zuschlagstoffe) | | diskontinuierlich | | | | | | kontin. |
|---|---|---|---|---|---|---|---|---|
| | | Rührwerk | Taumel-mischer | Schaufel-mischer | Wirbel-mischer | Mischkneter | Misch-walzwerk | Schnecken-kneter |
| pulverförmig | ▲ | | ■ | ■ | ■ | ■ | ■ | ■ |
| | • | ■ | ■ | ■ | ■ | ■ | ■ | ■ |
| hochviskos - zäh | ▲ | | | ■ | | ■ | ■ | ■ |
| | • | | | | | ■ | ■ | ■ |
| niederviskos | ▲ | ■ | | | | ■ | | |
| | • | ■ | | ■ | ■ | ■ | ■ | ■ |
| z.B. geeignet für | | PVC-Paste, UP-Harz | PS, PE, PP, PMMA | PVC hart und weich | PVC hart und weich | PVC | PF, PVC | fast alle Thermoplaste |

*Bild 2.3 Misch- und Knetmaschinen*

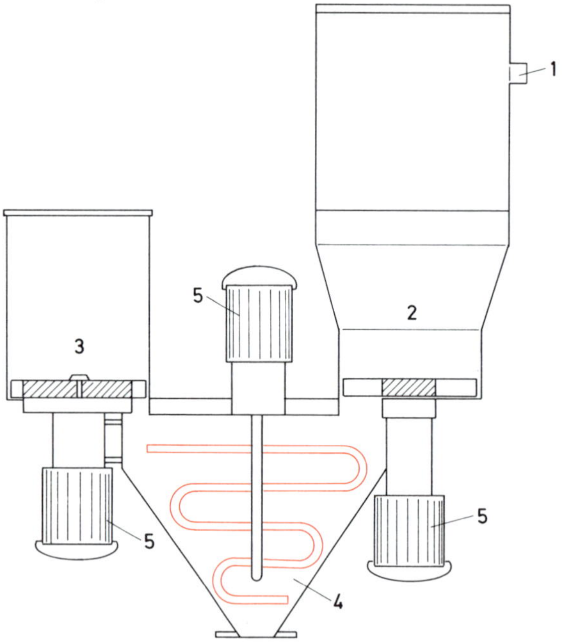


*Bild 2.4 Farbmischgerät (nach Colortronic)*
*1 Materialzufuhr, 2 Dosierstation für Kunststoff-formmasse, 3 Dosierstation für Farbmittel, 4 Mischkammer, 5 Antriebsmotoren*

Mischkammer – Mischen in der Mischkammer, läßt sich das Gerät an die Arbeitsweise jeder Verarbeitungsmaschine, speziell an Spritzgießmaschinen und Extruder, anpassen.
Die **Schaufelmischer,** die ebenfalls in verschiedener Ausführung anzutreffen sind, bestehen aus einem horizontal angeordneten Trog oder Zylinder als Mischbehälter und einem Mischwerkzeug, das achsparallel im Behälter mit Drehzahlen bis 50 $min^{-1}$ rotiert. Die Mischwerkzeuge sind als Schaufeln, als Schneckenband oder als Pflugschare ausgebildet. Der Behälter ist meist mit einem Doppelmantel für Heiz- und Kühlzwecke ausgerüstet. Eingesetzt werden diese Mischer hauptsächlich für **pulvrige Stoffe,** denen aber auch **flüssige Zuschläge** beigegeben werden können.

Von größter Bedeutung für die Aufbereitung pulverförmiger Vorprodukte in der Kunststoffindustrie sind die schnellaufenden **Wirbelmischer** in Kombination mit den **Kühlmischern;** die Heiz-/Kühlmischer-Kombination (Bild 2.5).

In den senkrecht stehenden Kessel ist durch den Boden eine Welle eingeführt, an der die Mischwerkzeuge befestigt sind. Die **Mischwerkzeuge** sind mehrstufig aufgebaut und besitzen in Bodennähe einen Mischflügel, der während des Mischens den gesamten Boden überdeckt. Am oberen Ende der Welle ist meist ein kleinerer Mischflügel angebracht. Das hochtourig laufende Mischwerkzeug mit Umfangsgeschwindig-

*Bild 2.5 Heiz-/Kühlmischer-Kombination*

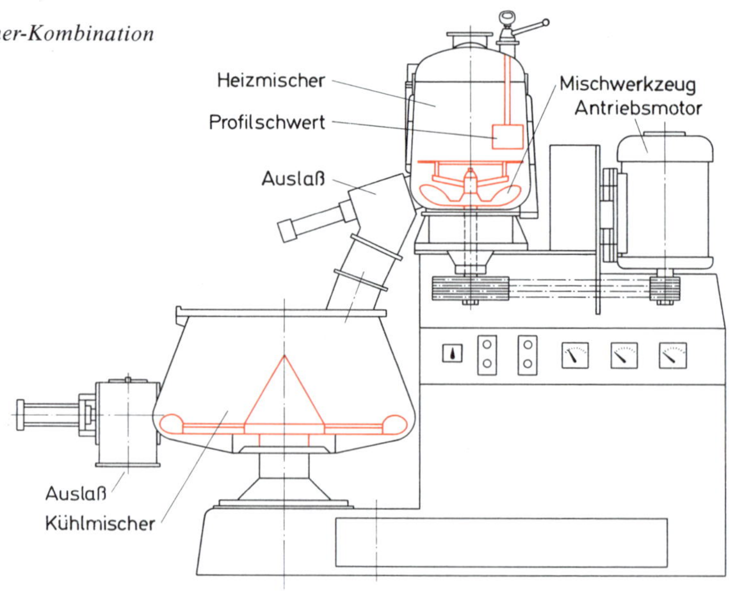

keiten an den Flügelenden von 40 m/s bewirkt einen Umlauf des Mischgutes wie bei Flüssigkeiten. Zur Abschwächung des Umlaufs werden Profilschwerter in das Mischgut eingesenkt. Es entsteht im Mischbehälter eine starke Relativbewegung aller Partikel gegeneinander, die sich auch durch Erzeugung von Reibungswärme bemerkbar macht. Zusätzlich ist eine Beheizung von außen durch Mantelheizung möglich. Je nach Aufgabenstellung sind Temperaturen bis 140 °C möglich. Das Aufheizen des Mischgutes dient dazu, flüssige Zusätze besser in das trokkene Pulver eindringen zu lassen, damit die trokkene rieselfähige Kunststofformmasse erhalten bleibt.
Die Wirbelmischer werden von oben über einen aufklappbaren Deckel chargenweise beschickt. Im praktischen Betrieb sind Rohranschlüsse zur automatischen Beschickung am Deckel angebracht. Der Auslaß ist seitlich unten als herausfahrbare Klappe angebracht. Durch ein Rohrverbindungsstück gelangt dann die Masse in den darunterliegenden **Kühlmischer.** Hier wird die heiße Mischung für die Zwischenlagerung auf etwa 35 °C heruntergekühlt, um ein Zusammenbacken der Masse zu verhindern. Die Kühlmischer sind im Volumen immer größer ausgelegt, um dem Mischgut mehr Kühlfläche anzubieten. Zusätzliche Maßnahmen, z.B. rotierende Kühlringe oder in den Behälter eingesetzte Kühlflächen, erhöhen die Kühlwirkung. Dieses ist allein deshalb nötig, um Heiz- und Kühlmischer im gleichen Arbeitstakt laufen zu lassen. Die Mischzeiten sind relativ kurz und liegen in der Größenordnung von 10 Minuten je Charge. Die üblichen Maschinengrößen bewegen sich bei 1000 bis 1500 l für den Heizmischer und 2000 bis 3000 l für den Kühlmischer. Hauptsächlich werden die Wirbelmischer für **trockene PVC-Mischungen (dryblends)** eingesetzt, es ist aber auch möglich, **flüssige Anteile,** wie Weichmacher, einzumischen. Die Erwärmung des Mischgutes läßt bei

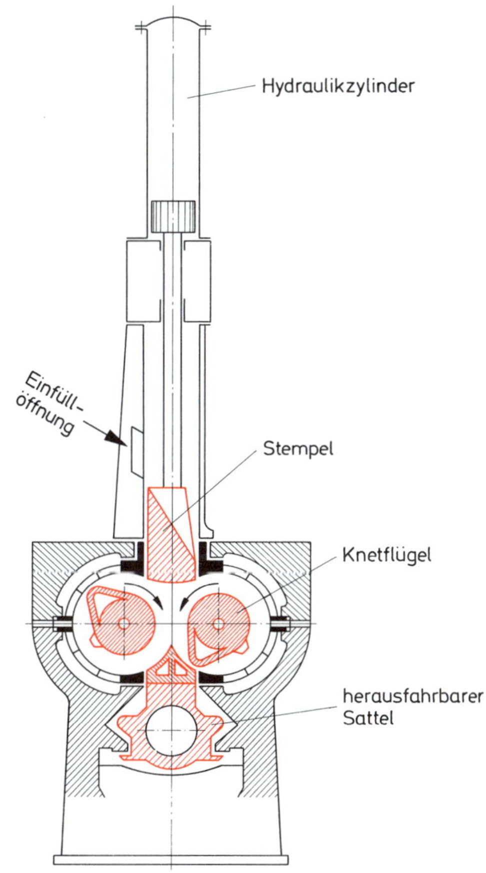


*Bild 2.6 Innenkneter*

PVC weich – je nach PVC-Typ – entweder trokkene Mischungen entstehen, oder aber es bilden sich **Agglomerate,** eine krümelige Masse, die gute Rieselfähigkeit garantiert.

## 2.4 Plastifizieren

> Beim **Plastifizieren** wird die trocken vorgemischte Kunststofformmasse aufgeschmolzen und weiter homogenisiert.

Bei den dazu eingesetzten Maschinen ist zu unterscheiden zwischen den **diskontinuierlich** arbeitenden Knetern und Walzwerken, die überwiegend noch zur Folienherstellung durch Kalandrieren eingesetzt werden, und den **kontinuierlich** arbeitenden Plastifizieranlagen.
Der **Kneter** besteht aus einem horizontal angeordneten Trog, in dem sich zwei Z-förmige Knetarme gegeneinander bewegen. Beim sogenannten **Innenkneter** (Bild 2.6) sind die Knetflügel dem Innenraum angepaßt. Ein Stempel drückt die Masse in die von außen beheizbare Knetkammer und begrenzt somit den Knetraum. Durch einen herausfahrbaren Sattel läßt sich der Kneter entleeren. Der Energieumsatz in diesen Knetern ist sehr groß, so daß die Kneter nur bis zu einem Kammervolumen von etwa 300 l gebaut werden. Das Einsatzgebiet für Kneter ist besonders die Herstellung von Mischungen mit hohen Füllstoffanteilen.

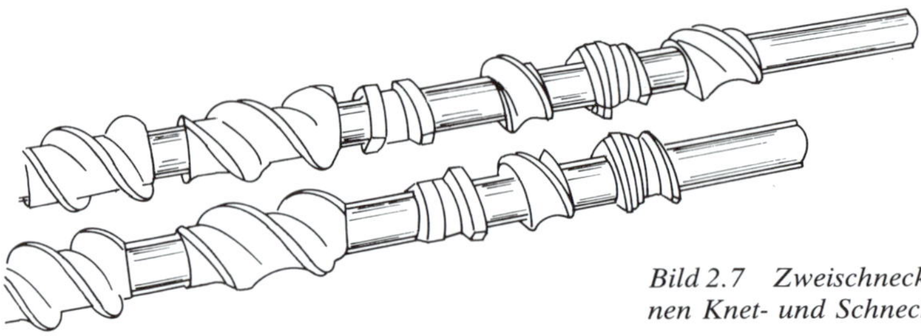

*Bild 2.7 Zweischneckenaufbau mit verschiedenen Knet- und Schneckensegmenten*

Das **Walzwerk** ist sehr lohnintensiv, sobald es als reines Mischaggregat eingesetzt wird. Es ist immer eine Bedienungsperson nötig. Die Beanspruchung der Masse erfolgt nur im **Walzspalt** zweier achsparallel angeordneter beheizter Walzen von etwa 300 bis 500 mm Durchmesser und 800 bis 1500 mm Länge, die gegeneinander mit geringem Geschwindigkeitsunterschied rotieren. Zur besseren Durchmischung ist von der Bedienungsperson das sich auf der heißeren Walze bildende **Walzfell** laufend seitlich einzuschneiden und diese Abschnitte zur Mitte des Walzspaltes zu dirigieren. Für einige hochwertige PVC-Mischungen ist das Walzwerk heute noch ein nicht zu ersetzendes Plastifizieraggregat.

Für die Granulatherstellung — aber auch häufig für die Kalanderbeschickung — bedient man sich überwiegend **kontinuierlich arbeitender Plastifizieranlagen.**

Hier werden ausschließlich Schneckenaggregate eingesetzt. Besondere Bedeutung kommt den Mehrfachschneckenmaschinen zu. So werden z.B. bei einem **Doppelschneckensystem** mit kämmenden Schnecken die sich im Schneckengang befindenden Partikel wie in einem Walzspalt wendelförmig über die gesamte Schneckenlänge durch mechanische Kräfte innig durchgeknetet und homogenisiert.

Für Aufbereitungszwecke sind die Doppelschneckenmaschinen häufig mit zusätzlichen Misch- und Homogenisierelementen ausgerüstet. Hierfür haben sich bevorzugt die gleichlaufenden Zweischneckenextruder bewährt. Bei diesem Verfahrensprinzip wird das aufzubereitende Kunststoffmaterial von der einen Schnecke auf die andere übertragen und im Überlappungsbereich optimal durchmischt. Dabei erfolgt ein gegenseitiges Abstreifen der Schneckenflanken, wodurch ein guter Selbstreinigungseffekt gewährleistet ist. Für die eigentliche Homogenisierung werden im mittleren Schneckenbereich Knet- bzw. Mischelemente eingebaut.

Bei den meisten für Aufbereitungsaufgaben konzipierten Zweischneckenextrudern ist dabei die individuelle Zusammenstellung eines eigenen Schneckenprofils gegeben. Durch verschiedene **Knet-** und **Schneckensegmente** mit unterschiedlicher Breite, Länge und Tiefe kann je nach Anwendungsfall im Baukastenprinzip eine spezielle Schnecken- und Knetscheibengeometrie aufgebaut werden (Bild 2.7).

Auch **Einschneckenmaschinen** können bei besonderer konstruktiver Gestaltung gute Misch- und Plastifizieraufgaben erfüllen. Beim **Kokneter** (Bild 2.8) handelt es sich um einen Einschneckenextruder, dem neben der **rotierenden** Bewegung der Schneckenwelle eine **oszillierende** in der Schneckenachse überlagert ist. Der Schneckensteg ist in Stegabschnitte aufgegliedert, die so angeordnet sind, daß zwei Reihen axial in den Zylinderraum ragende Knetzähne bei den Bewegungsabläufen keine Berührung mit der Schnecke finden. Der Misch- und Kneteffekt wird durch hohe **Scherkräfte** und große Relativverschiebungen in allen Richtungen der Masse-

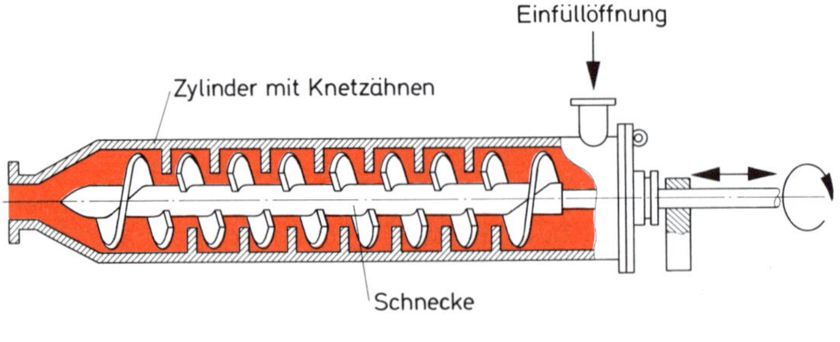


*Bild 2.8 Kokneter*

schichten besonders gefördert. Dem Kokneter ist zur gleichmäßigen Austragung der Masse ein Schneckenaggregat nachgeschaltet.
In der Aufbereitungspraxis hat sich auch der **Planetwalzenextruder** (Bild 2.9) bewährt. Hierbei handelt es sich um eine Schneckenpresse, bei der im Mittelabschnitt des Schneckenzylinders um eine zentrale Spindel mehrere kleinere Planetspindeln angeordnet sind. Durch die Schrägverzahnung der Spindeln und der Zylinderwand wird in dem Schneckenplanetsystem ein gegenseitiges Abwälzen erreicht. Die Wirkungsweise des Homogenisiereffekts beim Massedurchgang besteht darin, in den vielfältigen Spalten der Verzahnung die Masse zu dünnen Schichten auszuwalzen. Eine nachgeschaltete kurze Austragsschnecke übernimmt die plastifizierte Masse und fördert sie einem Düsenkopf zu.

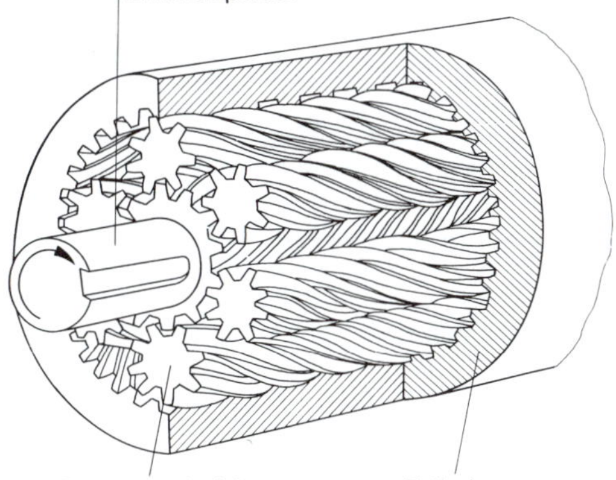


*Bild 2.9 Planetwalzensystem*

## 2.5 Granulieren

> Die Granulatherstellung kann durch zwei verschiedene Verfahren erfolgen. Es wird unterschieden zwischen der **Heißabschlag-** und der **Kaltgranulierung.**

Bei der Heißabschlaggranulierung (Bild 2.10) wird die aus einer dem Plastifizieraggregat vorgesetzten Mehrlochdüse austretende plastische Kunststoffformmasse von einem vor der Düsenplatte rotierenden Messer abgeschabt und infolge der Zentrifugalkraft weggeschleudert. Um Düsenplatte und Messer ist ein geschlossenes Gehäuse gebaut, in das zur Kühlung des Granulats Kaltluft eingeblasen oder ein Wasserring zur Aufnahme der Granulatkörner erzeugt wird. Auch läßt sich der Heißabschlag unter Wasser für in der Schmelze stark klebende Thermoplaste (LDPE) durchführen. Das Granulat wird anschließend in einer Trockenanlage vom Wasser befreit und abgesackt bzw. in Silos gelagert.

Da die Körnchen nach dem Abschlag noch genügend heiß sind und versuchen, die kleinste Oberfläche zu erlangen, sind die Granulate immer kugel- oder linsenförmig ausgebildet.
Zum Herstellen des zylindrischen Granulats werden die aus der Lochdüse austretenden Stränge getrennt voneinander durch ein Wasserbad gezogen und kühlen dort ab. Über eine Abzugseinrichtung — z.B. einen Bandabzug — gelangen die Stränge in den Granulator und werden dort durch eine rotierende Messerwalze in 2 bis 3 mm lange Körnchen geschnitten. Dieses Verfahren bezeichnet man als **Kaltgranulierung** (Bild 2.12).
Für Aufbereitungsvorgänge in der Kunststoffindustrie ist auf dem Markt eine Vielzahl von verschiedenartigen Maschinentypen zu finden. Dabei ist der Trend zu automatisch und kontinuierlich arbeitenden Anlagen wegen der größeren Wirtschaftlichkeit und der gleichmäßigeren Qualität des aufbereiteten Materials unverkennbar.

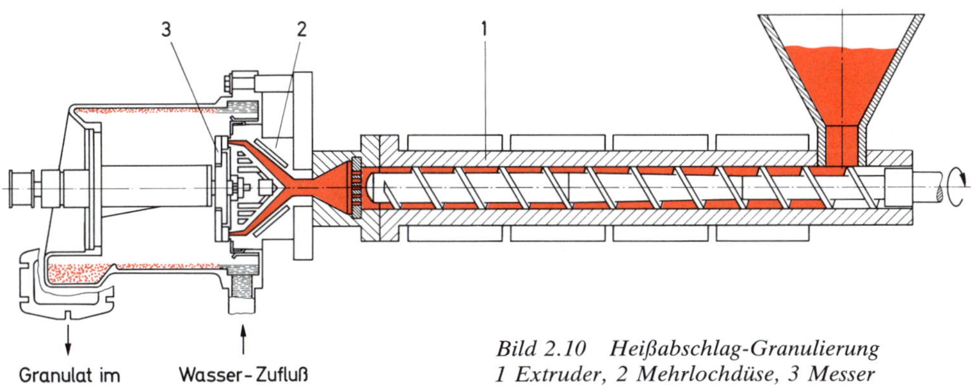


*Bild 2.10 Heißabschlag-Granulierung*
*1 Extruder, 2 Mehrlochdüse, 3 Messer*

## 2.6 Lagerung und Transport

Beim Lagern kleinerer Mengen von Kunststoffformmassen, was in Verarbeitungsbetrieben mit häufig wechselnden Aufgabenstellungen — z.B. in Spritzgieß- und Preßbetrieben — anzutreffen ist, wird man die Kunststoffmassen in kleineren Gebinden wie Sackware mit 25 kg Inhalt im **Stapellager** vorrätig halten. Dabei ist darauf zu achten, daß die Lagerung in trockenen Räumen erfolgt. Die Säcke sind ein bis zwei Tage vor der Verarbeitung in die Fabrikationsräume zu bringen, damit sich auf dem Granulat keine Feuchtigkeit niederschlagen kann.

Für das Verarbeiten größerer Mengen Kunststoffgranulat eines bestimmten Typs werden mit Polyethylenfolie ausgeschlagene vier- oder achteckige Pappcontainer (Oktabins) bis zu 1000 kg Inhalt und sog. «big bags» (große Kunststoffsäcke) von den Kunststoffherstellern abgegeben. Einige Kunststoffe wie Polycarbonat (PC) und Polyamid (PA) müssen vor der Verarbeitung getrocknet werden. Bei PC ist die Trocknung zwingend vorgeschrieben, weil sich sonst die Festigkeitseigenschaften erheblich verschlechtern. Auch sind Kunststoffteile aus PC, PA, PMMA – wenn die Granulate nicht vorgetrocknet sind – durch Schlieren, Streifen und Bläschen optisch unansehnlich. Die Trocknung erfolgt entweder 3 bis 4 Stunden im Trockenschrank auf Blechen mit 3 cm Schichtdicke bei 110 bis 120 °C oder in **Trockenlufttrocknern** (Bild 2.11), die heute in modernen Förderanlagen integriert sind. Zur Abführung der Feuchtigkeit vom Kunststoffgranulat bedient man sich trockener warmer Luft, die im Kreislauf geführt wird, bis die vorgegebene Restfeuchte für das Material erreicht ist. Die von der Luft aufgenommene Feuchtigkeit wird an ein Trockenmittel abgegeben. Bei Überschreitung des Taupunktes der Luft – der etwa bei –30 °C liegt –, d.h., ist das Trockenmittel genügend mit Wasser gesättigt, schaltet das Gerät automatisch auf einen zweiten Trockenmittelbehälter um, so daß die Regeneration für den ersten erfolgen kann.

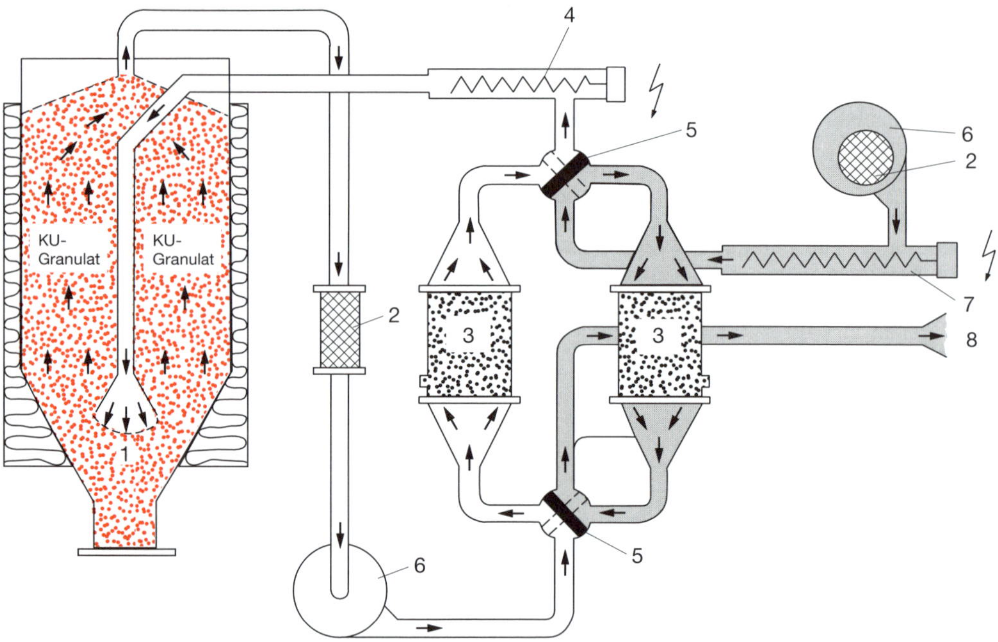


*Bild 2.11 Trockenlufttrockner*
*1 Luftaustrittsdüse, 2 Mikrofilter, 3 Trockenmittelbehälter, 4 Trockenheizung, 5 Trennweiche, 6 Gebläse, 7 Regenerierheizung, 8 Abluftleitung*

Preßmassen sollten möglichst nach einem halben Jahr Lagerung verarbeitet sein, weil durch Weiterkondensation der Harze die Fließfähigkeit bei der Verarbeitung gemindert wird. Die Lagerzeit sollte noch kürzer gewählt werden, wenn die Harze in Räumen bei höherer Temperatur lagern. Sinngemäß gilt diese Aussage für alle Polykondensationsprodukte, ebenso auch für die ungesättigten Polyesterharze.
Hier sollten auch immer die Richtlinien der Kunststoffformmassenhersteller beachtet werden.
Für die Lagerung sehr großer Mengen von Kunststoffen werden bevorzugt **Silos** bis zu Fassungsvermögen von 150 $m^3$ eingesetzt. Der Transport dieser Kunststoffe von den Kunststoffherstellern zu den verarbeitenden Betrieben erfolgt überwiegend in großen Behältern mit Straßenfahrzeugen oder Eisenbahnwaggons (Tankwagen). Zum Entleeren der Fahrzeugbehälter werden die Kunststoffformmassen mittels Luft über Rohrleitungen in die Silos gefördert. Die Beschickung der Mischer und Plastifizieraggregate von Hand wird bei zunehmender Maschinengröße immer unwirtschaftlicher. Daher verwendet man für den innerbetrieblichen Transport ebenfalls pneumatische Fördermethoden über Rohrleitungssysteme. Hierbei wird unterschieden zwischen **Druck-** und **Saugförderanlagen**.
Ob Druck- oder Saugförderung eingesetzt wird, richtet sich in der Regel nach der Länge der Förderwege und der Förderleistung. Über die Höhe des Förderdruckes kann die Leistungsfähigkeit einer Druckförderung gesteigert werden. Auch läßt sich hierbei das Fördergut ohne Abscheider direkt in den Silo blasen. Die Saugförderung arbeitet ohne Überdruck und damit staubfrei. Sie ist die einfachere und damit preiswertere Fördermethode. Vielfach werden sowohl Druck- als auch Saugfördereinrichtungen oder eine kombinierte Saug-Druck-Förderung in einem Betrieb eingesetzt.
Außerdem unterscheidet man zwischen der Flugförderung und der Dichtstromförderung. Bei der Flugförderung mit Luftgeschwindigkeiten von ca. 16 bis 22 m/s bewegen sich die einzelnen Materialpartikel auf einer Zickzackbahn durch das Förderrohr, während sich bei der Dichtstromförderung ganze Materialpfropfen unterschiedlicher Länge relativ langsam (<10 m/s) durch das Rohr bewegen.
Die Dichtstromförderung hat den Vorteil, daß eine Entmischung von pulvrigen Compoundmischungen mit hohen Gleitmittel- und Stabilisatoranteilen während der Förderung in engen Grenzen gehalten wird.

Eine pneumatische Förderanlage (Bild 2.12) besteht neben den Silos aus einer Austragsvorrichtung zum Einschleusen der Kunststoffformmasse in die Förderleitung, dem Luftstromerzeuger und dem Abscheider zur Trennung von Fördergut und Luft.

Bei der Planung einer solchen Anlage sollte auch eine sogenannte Sackaufgabeeinrichtung mit vorgesehen sein.
Das Kunststoffpulver oder -granulat wird aufgrund des Strömungswiderstandes von der Luft beschleunigt und erreicht je nach Korngröße bei Granulat 50% und bei Feingut 90% der Luftgeschwindigkeit.
Zum Verteilen des Materialstroms auf mehrere Silos werden Weichen eingesetzt. Von den Silos gelangt die Kunststoffformmasse über den Verwiegebehälter in den Mischer und weiter in die Tagessilos, die die entsprechenden Verarbeitungsmaschinen versorgen. Für die Beschickung von Verwiegebehälter, Tagessilos und Verarbeitungsmaschinen kann eine Saugförderung eingesetzt werden. Zur Kontrolle des Füllstandes sind in den Silos und Behältern Meßgeräte installiert. Die Förder-, Wiege- und Mischeinrichtungen lassen sich automatisch von einer **Meß-** und **Steuerwarte** aus bedienen, so daß für kunststoffverarbeitende Betriebe mit pneumatischen Fördereinrichtungen erhebliche Rationalisierungen erreicht werden.

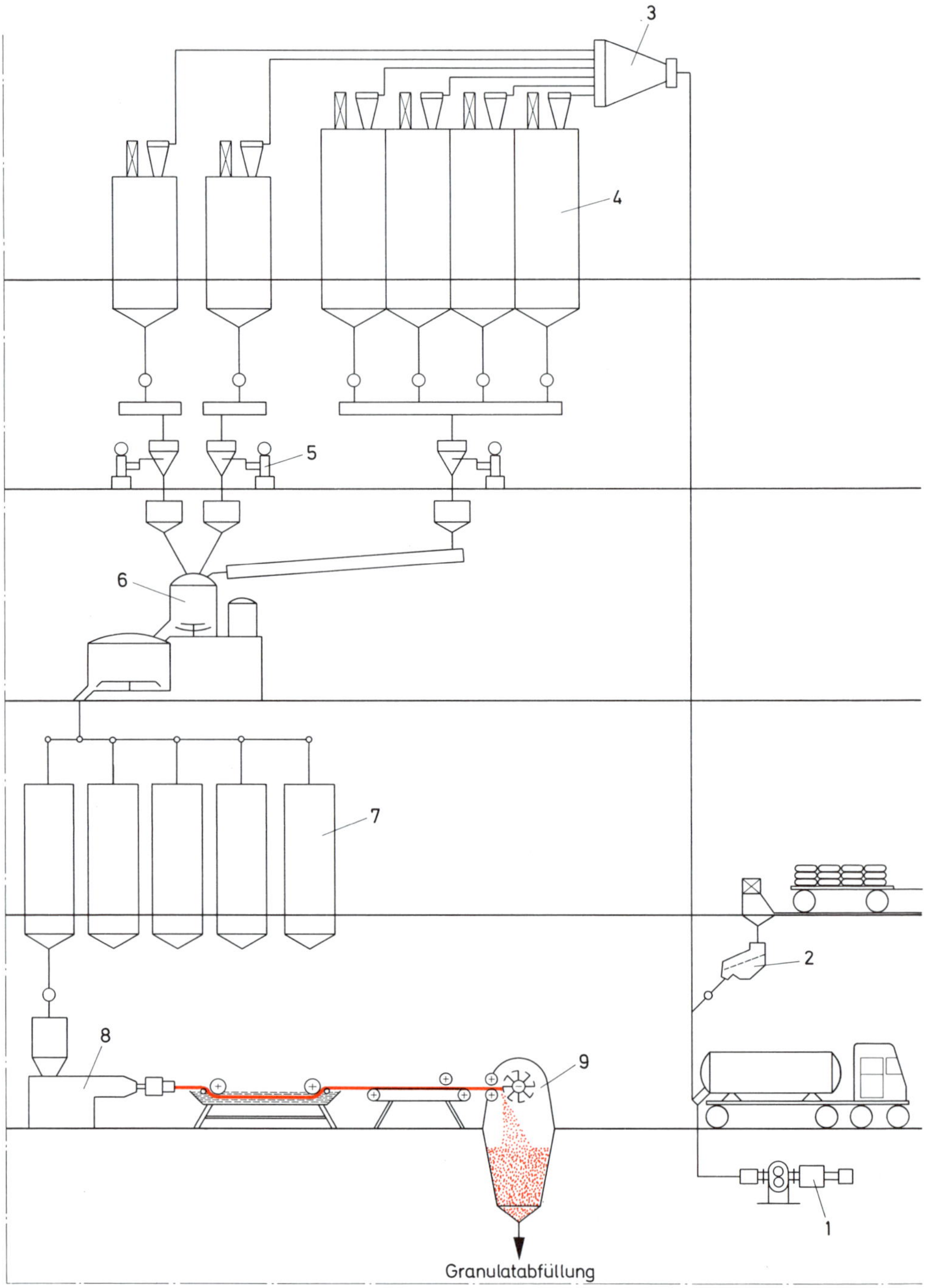


*Bild 2.12 Schema einer Aufbereitungsanlage zum Herstellen von Granulat*
*1 Luftstromerzeuger, 2 Sackaufgabeeinrichtung, 3 Weiche, 4 Hauptsilo, 5 Waage, 6 Mischer, 7 Tagessilo, 8 Schneckenkneter, 9 Granulator*

# 3 Kalandrieren

## 3.1 Allgemeines

Unter **Kalandrieren** versteht man im Kunststoffbereich das Ausformen thermoplastischer Massen zwischen zwei bzw. mehreren Walzen zu einem endlosen Band.

Die Kalanderverarbeitung spielt speziell für die PVC-Folienherstellung eine überragende Rolle. Die PVC-Folie hat aufgrund ihrer guten Eigenschaften in vielen Bereichen u. a. für Büromaterial und als Dekorfolie sowie für Möbelbeschichtungen große Bedeutung erlangt und ist in harter und weicher Einstellung herstellbar. In der Regel werden 4 oder 5 Walzenkalander eingesetzt. Man unterscheidet je nach Anordnung der Walzen zwischen **I-, L-, F-** und **Z-Kalandern** (Bild 3.1).
Welchem Kalander man den Vorzug gibt, ist von verschiedenen Faktoren abhängig. Der **L-Kalander** hat den Vorteil, daß hier der erste Spalt für den Massedurchlauf unten liegt und dadurch auf bequemstem und kürzestem Weg beschickt werden kann. Deshalb setzt man ihn hauptsächlich für die PVC-hart-Verarbeitung ein. Nachteilig für den L-Kalander ist, daß bei der Verarbeitung von PVC weich Weichmacherdämpfe zur Folie hinter der obersten Walze aufsteigen und die Qualität beeinflussen können. Aus diesem Grunde wählt man für die Herstellung von PVC-weich-Folien den Kalander in **F-Form.** Das Einarbeiten von z.B. Gewebe- oder Kordbahnen in die Kunststoffschmelze erfolgt am zweckmäßigsten auf dem **Z-Kalander.** Der **I-Kalander** findet in der Kunststoffindustrie wegen der schlechten Beschickung kaum noch Verwendung.
Der übliche Dickenbereich bei Kalanderfolien liegt bei 30 bis 800 µm. Nur Bodenbeläge können von speziellen Kalandern als dickere Bahnen hergestellt werden.

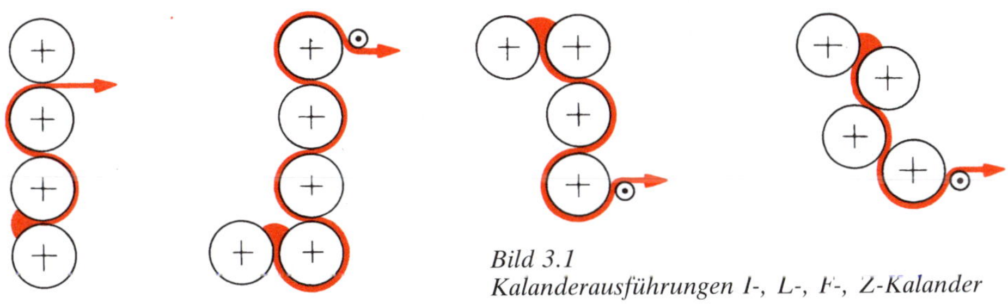

*Bild 3.1*
*Kalanderausführungen I-, L-, F-, Z-Kalander*

## 3.2 Kunststofformmassen zum Kalandrieren

Im Prinzip sind alle Thermoplaste, die einen ausgeprägten plastischen Bereich und eine ausreichend hohe Viskosität besitzen, geeignet, auf dem Kalander verarbeitet zu werden. In der Regel kommen nur die nachfolgend genannten Thermoplaste in Frage:

- **PVC mit** und **ohne Weichmacher,**
- **Copolymere des VC,**
- **schlagzähes Polystyrol** und **ABS,**
- **Zelluloseester,**
- **Polyolefine.**

Bei den Polyolefinen haben kalandrierte Folien aus Polyisobutylen für den Bausektor Bedeutung erlangt. Das Polyethylen galt lange Zeit als nicht kalandrierbar. Durch Zumischen bestimmter Additive ist es aber möglich, eine brauchbare Folie zu fertigen. Abgesehen davon ist aber die Folienherstellung durch das Extrudieren unproblematischer.

Die weitaus größte Bedeutung bei der Kalanderverarbeitung haben das PVC hart und weich sowie die Copolymere des VC.

Das liegt hauptsächlich daran, daß das PVC im Gegensatz zu den meisten anderen Kunststoffen einen ausgeprägten **zähplastischen Schmelzbereich** besitzt. Folien aus PVC lassen sich nach keinem anderen Verfahren so wirtschaftlich herstellen.

## 3.3 Aufbau des Kalanders

Die achsenparallel angeordneten Walzen sind in einem stabilen Rahmen untergebracht und laufen in Rollenlagern. Dadurch ist eine ausreichende Rundlaufgenauigkeit gegeben. Die Abstände der einzelnen Walzen zueinander, d.h. die **Walzspalte,** lassen sich sehr genau einstellen. Die verlängerten Walzenachsen besitzen auf der einen Seite je einen **Rotaryanschluß** zur Zuführung des Heizmediums, auf der anderen Seite sind sie mit den Abtriebsachsen des Getriebeblocks gekoppelt. Jede Walze wird durch einen stufenlos steuerbaren Gleichstrommotor angetrieben. Die Motoren sind mit dem Getriebeblock direkt verbunden (Bild 3.2). Die Walzen müssen einerseits zur Aufnahme der hohen Spaltkräfte eine hohe Kernfestigkeit und Zähigkeit aufweisen, andererseits besitzen sie eine extrem verschleißfeste Oberfläche. Daher stellt man sie aus Verbundguß oder als Stahlwalze mit flammgehärteter Oberfläche her. Die Oberflächenhärte beträgt etwa 500 bis 550 HB.
Die Walzenoberfläche wird entweder bis zu Rauhtiefen von 0,1 µm feinstgeschliffen, um eine gewisse Griffigkeit der Walzen zu erzielen, oder sie wird bis 0,01 µm Rauhtiefe hochglanzpoliert. Es kommen bei starker chemischer Beanspruchung – z.B. bei speziellen PVC-Rezepturen – auch hartverchromte Walzen zum Einsatz. Bei einem Produktionskalander betragen die gängigen Walzenabmessungen 600 bis 800 mm für den Durchmesser und bis zu 2500 mm für die Länge der Walzen.

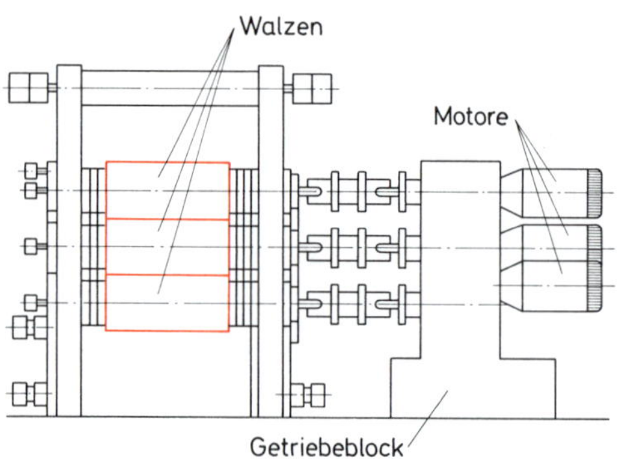


*Bild 3.2 Kalander*

Während der Verarbeitung entstehen in den Walzspalten große Kräfte, die ein Durchbiegen der Walzen verursachen und die Foliendicke über die zulässige Maßabweichung verändern können.

Eine Kompensation der Durchbiegung läßt sich durch mehrere Möglichkeiten erreichen. So kann man einerseits durch **Schrägverstellung** und andererseits durch **Gegenbiegung** der Walzen eine Korrektur vornehmen (Bild 3.3).

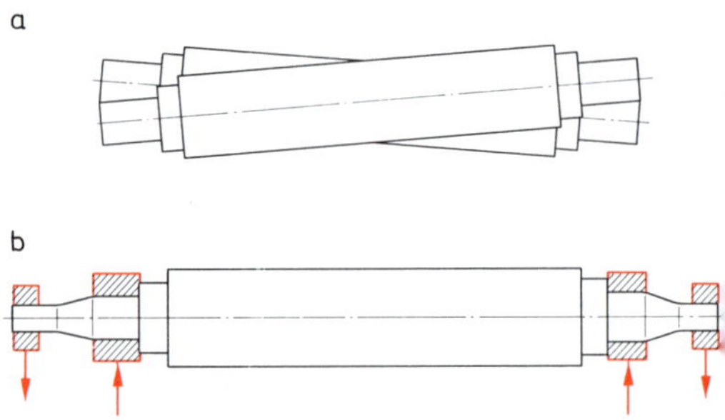


*Bild 3.3 Korrekturmaßnahmen gegen die Walzendurchbiegung*
*a Schrägverstellung, b Walzenbiegung*

Bei der Schrägverstellung wird heute üblicherweise die Achse der vorletzten Walze gegenüber den Achsen der anderen Walzen versetzt. Dadurch erreicht man, daß der Spalt an den Walzenenden größer als in der Mitte ist.
Die Gegenbiegung **(roll bending)** wird an der letzten Walze vorgenommen. Das geschieht durch hydraulische Kräfte, die auf Hilfslager an den verlängerten Walzenzapfen einwirken.
Diese beiden Maßnahmen sind meist noch nicht ausreichend, so daß eine weitere Korrektur durch ein **Profilschleifen** der letzten beiden Walzen im aufgeheizten Zustand erfolgt **(Bombage).** Damit liegen die Toleranzgrenzen bei heißgeschliffenen Walzen heute bereits unter 5 µm.

## 3.4 Aufbau der Kalanderstraße und Verfahrenstechnik

In der eingangs formulierten Definition ist das Kalandrieren ein Formgebungsvorgang. Der Kalander selbst sollte dabei nur die Verformungsarbeit vornehmen und möglichst wenig zur Plastifizierung der Kunststofformmasse beitragen. Der Kalander ist eine derart teure Maschine, daß es unwirtschaftlich wäre, ihn auch noch für Plastifizieraufgaben heranzuziehen. Daher ist es erforderlich, mehrere Maschinen zur **Aufbereitung** der Kunststofformmasse in die Anlage einzubeziehen, so daß die Herstellung eines endlosen Bandes in wirtschaftlich optimaler Weise vorgenommen werden kann. Grundsätzlich gehört zur PVC-Verarbeitung auf dem Kalander auch die Aufbereitung.

Damit gliedert sich die Verarbeitung von PVC zu einer Folie in die zwei Verfahrensabschnitte:
1. **Kunststoffaufbereitung** mit **Vorplastifizierung**
2. **Folienformung**

Am Anfang einer Kalanderstraße steht die Herstellung einer trockenen Mischung von PVC mit den entsprechenden Zuschlägen. Hierzu als Beispiel je eine **Richtrezeptur** für **PVC hart** und **weich.**

PVC-Richtrezepturen für Folien:

| Komponenten | PVC hart | PVC weich |
|---|---|---|
| PVC-S oder -E | 100 Teile | 100 Teile |
| Weichmacher | – | 50 Teile |
| Stabilisator | 2 Teile | 1,5 Teile |
| Gleitmittel | 1,5 Teile | 0,5 Teile |
| Pigment | 2 Teile | 2 Teile |

Die vom **Mischer** kommende Pulvermischung wird danach durch Plastifizieren in eine **homogene Schmelze** überführt. Dafür sind kontinuierlich als auch diskontinuierlich arbeitende Maschinen im Einsatz. Meistens sind mehrere hintereinandergeschaltet.
Diskontinuierlich arbeitende Maschinen sind der **Innenkneter** und das **Mischwalzwerk.** Zweckmäßiger ist es, die Vorplastifizierung kontinuierlich erfolgen zu lassen, weil dadurch gewährleistet ist, daß dem Kalander homogenes plastifiziertes Material mit gleichbleibendem Aufschmelzgrad, definierter Temperatur und definierter Vorgeschichte zugeführt wird. Das wirkt sich günstiger für die Folienqualität aus. Die Gleichmäßigkeit der Arbeitsbedingungen zur Folienherstellung ist hierbei auch besser gewährleistet.

Als kontinuierlich arbeitende Aufbereitungsmaschinen werden ausschließlich **Schneckenaggregate** eingesetzt, wobei der Homogenisierung der Kunststofformmasse besondere Aufmerksamkeit geschenkt wird. Durch entsprechende Knet- und Mischelemente im Homogenisierbereich der Schnecke wird dem Rechnung getragen (siehe auch Kapitel 2).
Von der Vorplastifizierung wird in den meisten Fällen die Kunststofformmasse über ein Förderband auf ein **Walzwerk** übergeben. Dieses dient neben der weiteren Homogenisierung einmal als Puffer, zum anderen findet eine Entgasung der Masse statt. Der Walzspalt ist nicht parallel eingestellt, so daß die aufgegebene Kunststoffschmelze von einem Walzenende über den Walzspalt zum anderen Ende der Walze wandert. An dieser Stelle nimmt man durch rotierende Messer einen Streifen ab und führt ihn kontinuierlich dem Kalander zu. Das Zuführen geschieht durch ein **schwenkbares Transportband,** das den Kalanderwalzspalt gleichmäßig beschickt. Die zugeführte Menge ist so bemessen, daß nur so viel angeliefert wird, wie vom Kalander verarbeitet werden kann. Sonst würde eine teilweise oberflächliche Abkühlung der Masse zur Qualitätsminderung der Folie führen.
Zweckmäßig ist es, im Bereich des Transportbandes ein **Metallsuchgerät** einzubauen, um eventuell eingebettete Metallteile aufzuspüren, weil diese sonst die Walzenoberfläche beschädigen würden. Vielfach wird auch zwischen Walzwerk und Kalander eine Schneckenpresse, der sogenannte **Strainer** (engl. = Sieb), geschaltet, der nur die Aufgabe hat, eventuell vorhandene Eisenteile aus der Kunststofformmasse herauszufiltern. Dazu ist die Austrittsöffnung der Schneckenpresse mit einem Siebpaket versehen.
Die dem Kalander angelieferte Kunststofformmasse bildet normalerweise vor dem ersten Walzspalt einen **Wulst (Knet),** bevor sie den Walzspalt durchfließt (Bild 3.4). Dieser Wulst, der aus mehreren sich überlagernden **Knetwirbeln** besteht, breitet sich im Walzspalt seitlich aus. Damit die

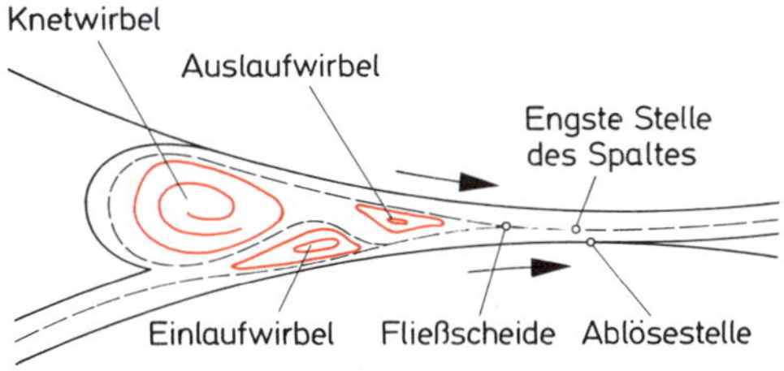


*Bild 3.4 Strömungsverlauf in Walzrichtung*

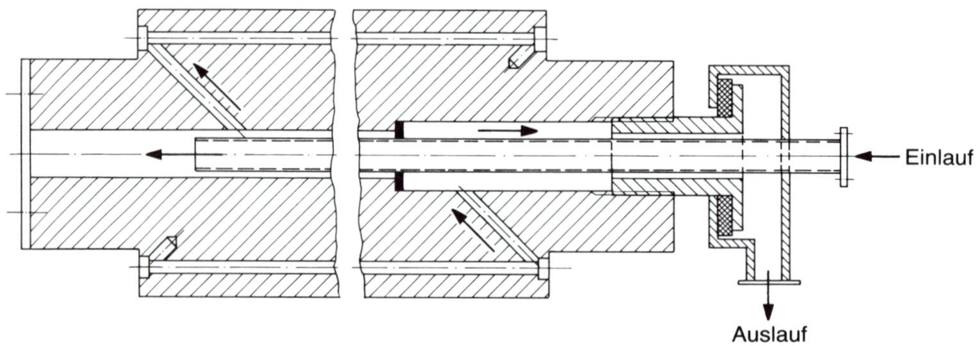


*Bild 3.5 Kalanderwalze mit Bohrungen für Heizmedium*

Kunststoffmasse nicht von der Walze abfließt, sind auf beiden Seiten Begrenzungsbacken angebracht.

Die Masse umschlingt nach dem Durchgang durch den Walzspalt die schneller laufende Walze, bis sie den nächsten Walzspalt erreicht. Auch hier und vor allen folgenden Walzspalten wird mit einem Knet gearbeitet. So gelangt die ausgewalzte Folie bis zur letzten Walze und wird dann abgezogen. Damit sichergestellt ist, daß die Folienbahn von der einen Walze auf die nächstfolgende übergeben wird, laufen die nachfolgenden Walzen mit geringfügig höherer Geschwindigkeit.

Eine sehr gute **Temperaturkonstanz** ist sowohl längs der Walzen als auch am Umfang erforderlich, weil größere Temperaturunterschiede auch zu veränderten Walzendurchmessern führen. Die Beheizung erfolgt mit heißem Druckwasser, das durch Bohrungen, die sich nur ca. 50 mm unter der Walzenoberfläche befinden, fließt (Bild 3.5).

> Bei der PVC-hart-Folienfertigung wird nach zwei verschiedenen Verfahren unterschieden, und zwar dem **Hochtemperatur- (HT)** und dem **Normaltemperatur**verfahren **(NT)** mit thermischer Nachbehandlung.

Beim HT-Verfahren liegen die Verarbeitungstemperaturen für PVC sehr hoch, nämlich bei 180 bis 220 °C. Die PVC-Schmelze ist hierbei relativ niederviskos, so daß sich ein Knet vor dem Walzspalt abrollt.

Wegen der hohen Temperaturbeanspruchung des PVC muß die Mischung optimal gegen thermischen Abbau stabilisiert sein.

Beim NT-Verfahren oder Luvithermverfahren® werden die PVC-hart-Folien bei relativ niedrigen Temperaturen von 160 bis 180 °C auf dem Kalander gefertigt und anschließend einer thermischen Nachbehandlung unterzogen. Die auf dem Kalander nicht ganz aufgeschmolzene Folie gelangt für kurze Zeit über eine nachgeschaltete hochbeheizte Walze und erhält hier die nötige Wärme, um eine homogene Folie zu werden. Für das NT-Verfahren setzt man PVC-Typen mit höherem K-Wert ein, wodurch die erhaltenen PVC-Folien verbesserte mechanische Eigenschaften gegenüber anderen aufweisen.

Da das Verfahren gegenüber dem HT-Verfahren aufwendiger ist, wird es nur für hochbeanspruchte Folien — z.B. Klebebänder — herangezogen.

Die Verarbeitungstemperaturen bei PVC-weich-Folien liegen zwischen 150 und 190 °C.

Nach Abnahme der Folienbahn von der letzten Kalanderwalze durch 5 oder 6 separat angetriebene Abzugswalzen kann durch geeignete Wahl des Temperatur- und Geschwindigkeitsprogramms eine **Verstreckung** im **thermoplastischen** oder eine **Reckung** im **thermoelastischen** Bereich erfolgen. Das Ziehverhältnis liegt bei ungereckten PVC-hart-Folien bei 1 : 2, bei gereckten etwa bei 1 : 4 und bei PVC-weich-Folien bis zu 1 : 3,5.

Die Reckung zu sehr dünnen PVC-hart-Folien bis zu 50 μm wird mit einer nach dem Kalander eingerichteten Längenreckvorrichtung (Bild 3.6) durchgeführt.

Es läßt sich für dekorative Einsatzgebiete «online» eine **Prägung** der Folie mit gekühlter Prägewalze und gummibelegter Gegenwalze im thermoplastisch-thermoelastischen Übergangsbereich erzielen.

Die Folienbahn wird danach mit großem Umschlingungswinkel über mehrere **Kühlwalzen** geführt und auf eine Temperatur von 25 °C heruntergekühlt. Die Folienränder schneidet man durch Messerwalzen ab und führt sie dem Mischwalzwerk wieder zu. Über eine der letzten Kalanderwalze nachgeschaltete **Dickenmeßeinrichtung** mittels **β-Strahler** werden Korrekturmöglichkeiten für den letzten Walzspalt aufgezeigt.

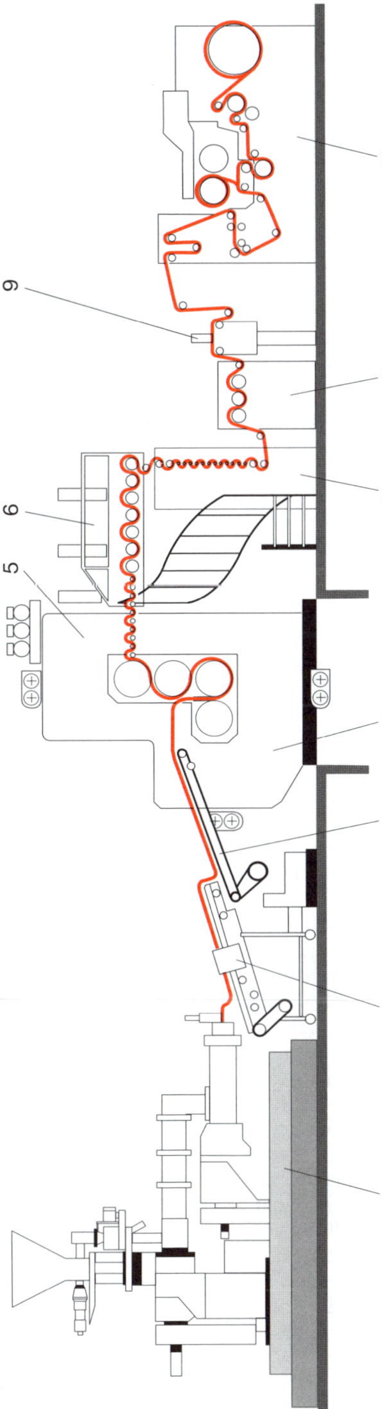


*Bild 3.6 Kalanderanlage für die Herstellung von PVC-hart-Folien*
*1 Plastifiziereinheit, 2 Metallsuchgerät mit Förderband, 3 Schwenkförderband, 4 Kalander, 5 Abzug, 6 Abnahme und Temperwalzen, 7 Längenreckvorrichtung, 8 Kühlwalzen, 9 Dickenmeßgerät, 10 Wickler*

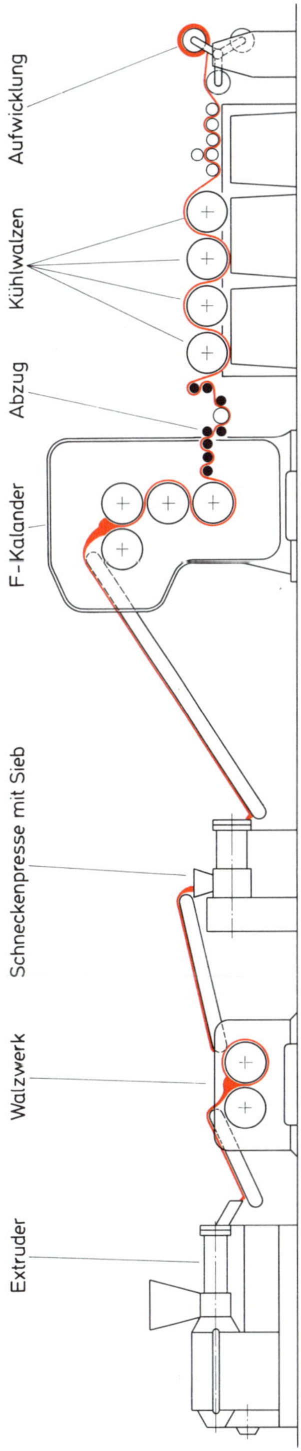


*Bild 3.7 Kalanderanlage für die Herstellung von Baufolien aus PVC weich*

Am Ende der Kalanderstraße (Bilder 3.6 und 3.7) wird die Folie mit gleichbleibender Geschwindigkeit aufgewickelt. Dafür werden spezielle Antriebe mit Drehmomentwandler und drehzahlgesteuerten Motoren eingesetzt. Moderne Wickler sind als **Dreifach-Wendewickler** aufgebaut, d.h., die drei Wickelachsen schwenken jeweils im Wechsel in die Positionen 1. Wickeln, 2. Abnahme des Wikkelballens, 3. Aufnahme der neuen Wickelhülse. Das Umschwenken zur nächsten Position erfolgt über eine vorgewählte Folienlänge automatisch. Dabei trennt man die laufende Folie durch ein Schlagmesser und legt das neue Anfangsstück der Folie auf die neue Wickelhülse, die in die Position «Wickeln» schwenkt. Bei Nachbehandlungsmaßnahmen für die Folienbahn werden zum Aufwickeln verfahrbare Großwickler (Wickeldurchmesser mehr als 1 m) eingesetzt, um das Veredlungsverfahren über einen längeren Zeitraum kontinuierlich durchführen zu können. Die Wickelgeschwindigkeiten betragen je nach Foliendicke und Reckgrad bei PVC hart etwa 40 bis 100 m/min und bei PVC weich etwa 80 bis 120 m/min.

Bedingt durch die hohe geforderte Präzision bei der Folienfertigung und die verschiedenen Verfahrensschritte von der Aufbereitung bis zur Folienaufwicklung sind zur Überwachung der Anlagen elektrisch und hydraulisch arbeitende Steuerungs- und Regelungsorgane installiert.

Die elektronische Prozeßregelung mit Bildschirmüberwachung und Protokolldrucker für die wichtigsten Betriebsdaten hat auch bei Kalanderanlagen ihre Anwendung gefunden. Neben der Temperaturregelung für alle beheizten Walzen werden über die Dickenmessung alle Korrekturmaßnahmen am Kalander (Schrägverstellung, Walzendurchbiegung) sowie die Abzugsgeschwindigkeit geregelt, um eine gleichbleibende Qualitätsgüte für die Folienbahn zu erzielen.

Wie schon eingangs erwähnt, werden für die Herstellung von Folien für PVC-hart und -weich unterschiedliche Kalanderanlagen konzipiert. Das wesentliche Unterscheidungsmerkmal ist die Anordnung der Kalanderwalzen. Es sind auch sonst – je nach Aufgabenstellung – Abänderungen bei den Zusatzaggregaten verfahrenstechnisch notwendig, um qualitativ hochwertige Erzeugnisse zu fertigen.

Zum besseren Verständnis sollen die Bilder 3.6 und 3.7 die Unterschiede für die Herstellung von PVC-hart- und -weich-Folien aufzeigen.

## 3.5 Nachbehandlung kalandrierter Folien

Neben der schon erwähnten Prägung der Folienbahn, die auch getrennt von der Kalanderfertigung durchgeführt werden kann, lassen sich noch weitere Nachbehandlungen vornehmen.

Für Folien, die höchsten Ansprüchen bezüglich der Maßhaltigkeit entsprechen müssen, empfiehlt sich ein nachträgliches **Tempern,** um Spannungen in der Folie zu beseitigen.

Am häufigsten verwendet man PVC-Folien im Bereich der Verpackung und der Dekoration. Dazu müssen die Folien oft bedruckt werden.

Das **Bedrucken** geschieht vorwiegend auf Rotationstiefdruckmaschinen, wobei mehrfarbige Drucke auf die Folie aufgebracht werden können.

Fügt man zwei oder mehrere Folien zur Herstellung dickerer Folien zusammen, so spricht man vom **Dublieren.** Das kann sowohl direkt an der letzten Kalanderwalze als auch auf eigens dafür hergestellten Maschinen erfolgen.

Werden artfremde Folien miteinander verbunden, dann nennt man diesen Vorgang **Kaschieren.** Zur besseren Haftung zwischen den beiden Bahnen empfiehlt es sich häufig, den Verbund mit einer Klebschicht zu verbessern.

Eine Reihe weiterer Möglichkeiten, Folien für bestimmte Einsatzgebiete zu präparieren, sind erreichbar durch **Beflocken,** um velourartige Oberflächen zu erhalten, durch **Metallisieren** im Hochvakuum, durch **Unterschäumen,** durch Aufbringen einer **Klebschicht** und durch **Lakkieren.** Einige der hier genannten Veredlungsverfahren werden in Kapitel 20 noch ausführlicher behandelt.

Zusammenfassend kann gesagt werden, daß das Kalandrieren ein wichtiges Verarbeitungsverfahren zur Herstellung von hauptsächlich PVC-hart- und -weich-Folien ist. Durch die sehr hohen Materialdurchsätze und die hohen Anschaffungskosten für Kalanderstraßen wird dieses Fertigungsverfahren nur von einigen wenigen Firmen praktiziert.

# 4 Beschichten von Trägerbahnen

## 4.1 Allgemeines

Unter dem **Beschichten** von **Trägerbahnen** versteht man in der Kunststofftechnik das kontinuierliche Auftragen einer Kunststoffschicht auf eine flexible Trägerbahn, so daß ein neues dauerhaftes **Verbundmaterial** entsteht.

Darüber hinaus gibt es noch andere Beschichtungsverfahren, wie z.B. das Wirbelsintern, das Flammspritzen, das elektrostatische Beschichten und das Tauchen. Diese Verfahren, die sich hauptsächlich auf das Formteilbeschichten beschränken, werden in Kapitel 14 behandelt.
Als Trägerbahnen kommen **Textilgewebe** und **-gewirke, aus natürlichen** und **synthetischen Fasern, Faservliese, Papiere, Metall-, Holz-** und **Kunststoffolien** zum Einsatz. Die Beschichtungsmassen sind überwiegend **Thermoplaste,** mit Ausnahme von **PUR** (Elastomer), die als Dispersionen, Pasten oder in Lösungen, gelegentlich auch in pulvriger Form oder als Schmelze aufgetragen werden. Anschließend erfolgt ein Verfestigen der Kunststoffschicht, das durch Wärmebehandlung, durch chemische Vernetzungsreaktion oder durch Abkühlen geschehen kann.
In diesem Kapitel soll entsprechend ihrer Bedeutung für die Praxis die Beschichtung von textilen Trägerbahnen mit **PVC-Paste** besonders herausgestellt werden.
Aus diesen Materialien können Erzeugnisse hergestellt werden wie Polster- und Täschnereistoffe, Boden- und Wandbeläge, Schuhoberstoffe und Bucheinbandmaterial, technische Artikel, z.B. Planen, Abdeckstoffe, Verpackungsmaterial, Förderbänder, Schutz- und Berufskleidung.

## 4.2 Trägerstoffe und ihre Vorbehandlung

Die zu beschichtenden textilen Bahnen können aus verschiedenen Materialien hergestellt sein. Hauptsächlich werden **Baum-** und **Zellwolle** sowie die synthetischen **Polyamid-** und **Polyesterfasern** eingesetzt. Die synthetischen Fasern haben den Vorteil, daß sie beständig gegen Verrottung und bei höherer Reißfestigkeit erheblich leichter sind sowie eine geringere Wasseraufnahme gegenüber den natürlichen Fasern besitzen. Nachteilig ist die schlechtere Haftung der Beschichtungsmasse auf synthetischen Trägerstoffen.
Der Aufbau der textilen Beschichtungsträger ist unterschiedlich.
In Tabelle 4.1 werden einige wichtige Vorbehandlungen an den Fasermaterialien mit den erzielbaren Ergebnissen aufgezeigt.

Die technischen **Gewebe** sind Verflechtungen von sich kreuzenden Fäden (Kett- und Schußfäden) in verschiedenen Bindungen (Leinen, Köper, Atlas usw.) zu Flächengebilden.
Die **Gewirke** bestehen aus einem Faden, der zu ineinandergreifenden Maschenreihen verflochten ist.
Unter **Vliesen** versteht man textile Flächengebilde, die durch Verfestigung von Fasermischungen entstanden sind. Zu den Vliesstoffen zählen auch die nichtgewebten **Filze.**

**Tabelle 4.1 Vorbehandlung von textilen Geweben**

| Vorbehandlung | Material | Durchführung | Erzielbares Ergebnis |
|---|---|---|---|
| Sengen | Stapelfaser Bw.[1], Zw.[2] | abbrennen mit offener Flamme | glattere Oberfläche |
| Entschlichten | alle Fasern | abkochen in Waschanlage | Leim, Stärke oder Schlichte entfernen |
| Bleichen | Bw., Zw. | bleichen in Waschanlage | aufhellen |
| Färben | alle Fasern | Farbanlage | Textilfarbe der Kunststoffeinfärbung angleichen |
| Imprägnieren | alle Fasern | Imprägnierwanne | hydrophobieren[3], flammfest oder fäulnishemmend ausrüsten |
| Glätten | alle Fasern | Kalander | glattere Oberfläche |
| Thermofixieren | synthetische Fasern | Wärmetunnel | Spannungen abbauen |
| Schrumpfen | Zw. | Wärmetunnel | Spannungen abbauen |

[1] Bw. = Baumwolle, [2] Zw. = Zellwolle, [3] hydrophob = wasserabstoßend

## 4.3 Beschichtungsmassen

Bei den Beschichtungsmassen spielt das PVC in Form von pastösen Mischungen aus **PVC-Pulver** mit den entsprechenden Zusätzen und flüssigem **Weichmacher** die bedeutendste Rolle.
Die Weichmacher sind hochsiedende organische Ester, die überwiegend aus mehrwertigen Säuren mit einwertigen Alkoholen aufgebaut sind.
PVC-Pulver und Weichmacher stellen eine Dispersion dar, die erst durch Wärmebehandlung in ein kolloidales Gelatinat überführt wird, das nach dem Abkühlen formstabil, abriebfest und gummiartig elastisch ist.

> Je nach Zusammensetzung der Pasten unterscheidet man zwischen **Plastisolen** und **Organosolen.** Bei den Plastisolen besteht der Grundaufbau nur aus PVC und Weichmacher, während die Organosole neben dem Weichmacheranteil flüchtige organische Lösungsmittel zur Erniedrigung der Viskosität enthalten.

Es sind alle 3 PVC-Typen **(PVC-E, -S, -M*)** verwendbar, wobei das **PVC-E** wegen seiner guten Verpastbarkeit am häufigsten eingesetzt wird. Die Zuschläge, wie **Stabilisatoren, Treibmittel, Pigmente, Füllstoffe** usw. werden ebenso wie das **PVC-Pulver** in den vorgelegten **Weichmacher** eingerührt. Dieses geschieht in einem Rührwerkmischer (siehe Kapitel 2). Das PVC-Weichmacher-Verhältnis liegt in der Regel zwischen 100:40 bis 100:80 Teilen.
Um Agglomeratbildungen beim Einsatz pulvriger Zuschläge zu vermeiden, ist vielfach ein Abreiben der Paste auf einem gekühlten Walzenstuhl notwendig.
Nach einer 24stündigen Entlüftungs- und Reifezeit ist die PVC-Paste streichfähig.
PVC-Beschichtungen, die in der Täschnerei eingesetzt werden, müssen eine Flexibilität aufweisen, die mit normaler Paste nicht erzielbar ist.

* PVC-E, -S, -M werden durch unterschiedliche Polymerisationsverfahren hergestellt.
E = Emulsion, S = Suspension, M = Masse

Aus diesem Grund besteht die Beschichtung aus mehreren Schichten, wobei die Mittelschicht geschäumtes PVC weich darstellt. Hier ist der PVC-Paste ein Treibmittel zugesetzt worden, das bei der Wärmebehandlung gasförmig wird und das PVC aufschäumt.
Zum Beschichten eingesetzte **Lösungen** von Kunststoffen enthalten abdampfbare **Lösungsmittel,** meistens niedrigsiedende Esterverbindungen wie Ethylacetat.
Als Kunststoffformmassen kommen u.a. **Mischpolymerisate** der **Acrylsäureester** und **Polyurethane** in Frage. Nach dem Abdampfen des Lösungsmittels bildet sich ein geschlossener Film, der entweder fertig ist (Polyacrylate) oder noch vernetzen muß (Polyurethane).

## 4.4 Beschichtungsverfahren und -maschinen

Die verschiedenen Möglichkeiten des Auftragens der Kunststoffmassen auf die Trägerbahn erlauben eine grobe Einteilung in die Verfahren **Streichen, Tauchen, Extrusionsbeschichten** und das Auftragen oder **Kaschieren** mittels **Walzen.**

Welchem Verfahren man den Vorzug gibt, hängt weitgehend von der Viskosität der Kunststoffmasse und der Auftragsmenge je $m^2$ ab.
Beschichtungen erzielt man nicht durch einmaliges Auftragen einer Kunststoffmasse, sondern es sind meist mehrere Auftragungen nötig. So erfolgt die erste Beschichtung, um einen gewissen Haftgrund zu schaffen. Danach kommt die Schicht, die dem Verbund die gewünschte Festigkeit und Weichheit verleiht. Die Deckschicht ist fast immer eingefärbt und erfüllt die Ansprüche z.B. trockener Griff oder Ledernarbung, die an die Oberfläche des Verbundmaterials gestellt werden.

### 4.4.1 Streichverfahren

Das Prinzip dieses Verfahrens besteht darin, daß die Trägerbahn unter einem feststehenden **Messer (Rakel)** durchgezogen und dabei mit der Masse bestrichen wird.

Die pastöse Kunststoffformmasse rollt vor der Rakel ab und wird je nach eingestellter Spaltweite (Spalt zwischen Rakel und Trägerbahn) in einer bestimmten Schichtdicke mit dem Trägermaterial fortgeführt. Die Rakel kann dabei gegen verschiedene Unterlagen arbeiten. Es haben sich in der Praxis mehrere Rakelauftragsvorrichtungen bewährt. Diese sind die **Walzen-,** die **Gummituch-** und die **Luftrakel** (Bild 4.1). Die Walze kann sowohl eine glatte Stahlwalze als auch eine gummibeschichtete Walze sein.
Die **Rakelschneide** ist beim Walzen- und Gummituchverfahren abgeflacht und besitzt an ihrer Rückseite eine scharfe gewinkelte Hinterschneidung, damit angesammelte und sich abgesetzte Pastentropfen nicht wieder mit der Bahn weggeführt werden.
Die Luftrakel hat zur Vermeidung von Beschädigungen am Träger eine abgerundete Kante von 1 bis 2 mm Durchmesser (Bild 4.2).
Das Streichverfahren wird hauptsächlich für die Gewebebeschichtung eingesetzt, wobei glatte Gewebe durch die Walzenrakel und rauhere Gewebe durch die Gummituchrakel beschichtet werden. Mit der Luftrakel lassen sich sehr geringe Schichtdicken auftragen.

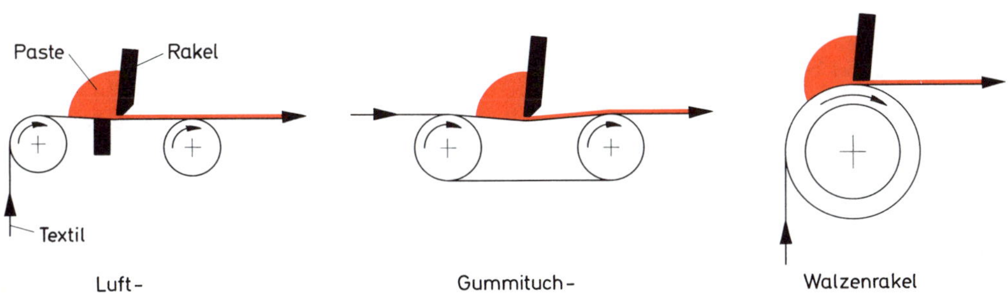


*Bild 4.1 Rakeleinrichtungen*

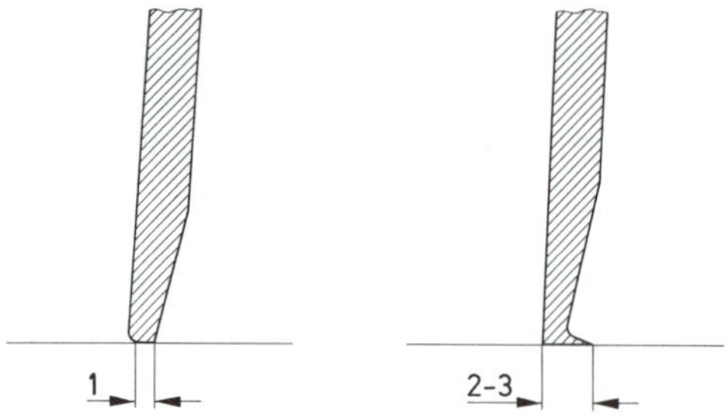


*Bild 4.2 Rakelausführungen*

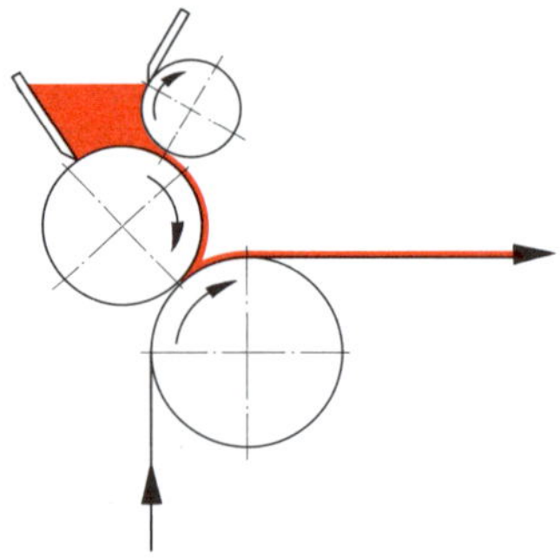

*Bild 4.3 Walzenbeschichtung*

### 4.4.2 Walzenbeschichtungsverfahren

Die Einrichtung für dieses Verfahren besteht aus einem **Mehrwalzensystem,** das die Beschichtungsmasse zu einem definierten Film auszieht und diesen im **Umkehrprinzip** auf der Trägerbahn ablegt.

Dieses Verfahren heißt daher (aus dem Englischen übernommen) auch **Reverse-Roll-Coating*** (Bild 4.3).

Das Verfahren bietet einige Vorteile und ist für gutfließende Pasten geeignet. Zu den Vorteilen sind zu zählen:

Die Auftragsmenge läßt sich über die Walzspalteinstellung und über die Drehzahl der Walzen recht genau dosieren.

Es kann mit hohen Arbeitsgeschwindigkeiten gefahren werden, weil hier gegenüber dem Streichverfahren nicht abgerakelt, sondern ein Film aufgelegt wird.

* reverse (engl.) = umkehren, roll (engl.) = Walze, coating (engl.) = Beschichtung.

### 4.4.3 Tauchverfahren

Bei diesem Verfahren wird die Trägerbahn durch eine Wanne mit PVC-Paste niedriger Viskosität gezogen. Überschüssige Paste hält man durch Abstreifer zurück.

Diese Art der Beschichtung wird besonders dann angewandt, wenn **grobmaschige Gewebe** zum Einsatz kommen oder wenn man bei **synthetischen Geweben** den Haftgrund vermeiden möchte. Durch beidseitige Beschichtungen ist das Gewebe doppelseitig geschützt (Bild 4.4).

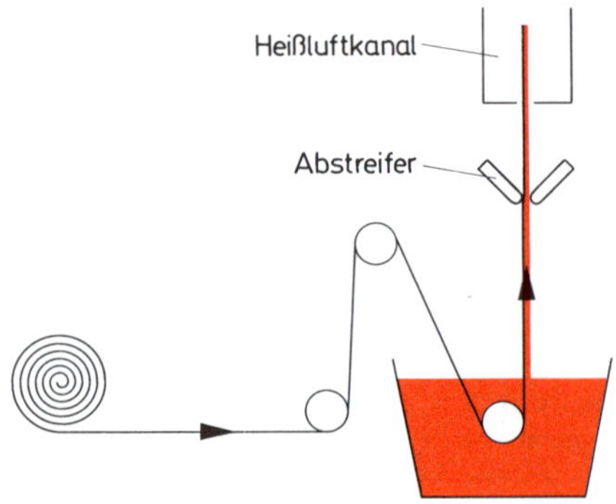


*Bild 4.4 Tauchbeschichtung*

### 4.4.4 Rotationssiebdruckverfahren

Das Verfahren basiert auf dem Einsatz einer perforierten Walzenschablone, durch die PVC-Paste mittels einer Rakel von innen nach außen auf die Trägerbahn aufgetragen wird.

Die zu beschichtende Bahn wird dazu zwischen der sich drehenden **Siebwalze** und einer Gegendruckwalze hindurchgezogen (Bild 4.5). Spezielle Nickelschablonen können auf galvanischem Wege mit unterschiedlichen Lochgrößen sowie mit Teilabschnitten, die keinerlei Öffnungen aufweisen, hergestellt werden. Dadurch wird es möglich, Musterdekors, wie z. B. bei strukturierten Schaumtapeten, auf die Bahn aufzutragen. Die Pastenzufuhr erfolgt kontinuierlich durch ein in der **Schablonenwalze** sich befindendes längs geschlitztes Rohr. Das Verfahren kann für alle Beschichtungsmaßnahmen, insbesondere aber auch durch die vertikale Arbeitsweise, für den beidseitigen Auftrag, z. B. für die Herstellung von Planenstoffen, eingesetzt werden. Die Gegendruckwalze wird dann durch eine zweite Siebwalze ersetzt.

### 4.4.5 Extrusionsbeschichtung

Die Extrusionsbeschichtung ist ein Verfahren, um hauptsächlich Papiere oder dünne Bleche mit Polyethylen oder Polypropylen zu überziehen.

Das Verfahrensprinzip besteht darin, daß eine Kunststoffschmelze nach unten aus einer parallel zum **Extruder** angeordneten **Breitschlitzdüse** fließt und auf die vorbeigeführte Trägerbahn trifft.

Das Zusammentreffen erfolgt in einem **Walzspalt.** Durch Gegeneinanderlaufen der gekühlten Walzen wird die Schmelze mit dem Trägermaterial unter Druck verbunden (Bild 4.6).

### 4.4.6 Kalanderbeschichtung

Der Kalander wird überwiegend zur Folienherstellung eingesetzt. Es besteht aber auch die Möglichkeit, Beschichtungen von Trägerbahnen mit einer Kunststoffschmelze durchzuführen.

Beim **Kalanderbeschichten** läuft in den zweiten oder dritten **Walzspalt** neben der Schmelze die Trägerbahn mit ein (Bild 4.7).

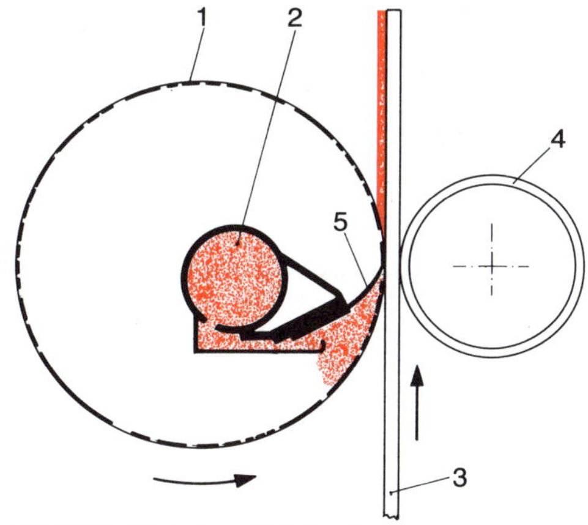

*Bild 4.5 Rotationssiebdruck*
*1 Perforierte Schablone, 2 Pastenzufuhr, 3 Trägerbahn, 4 Gegendruckwalze, 5 Rakel*

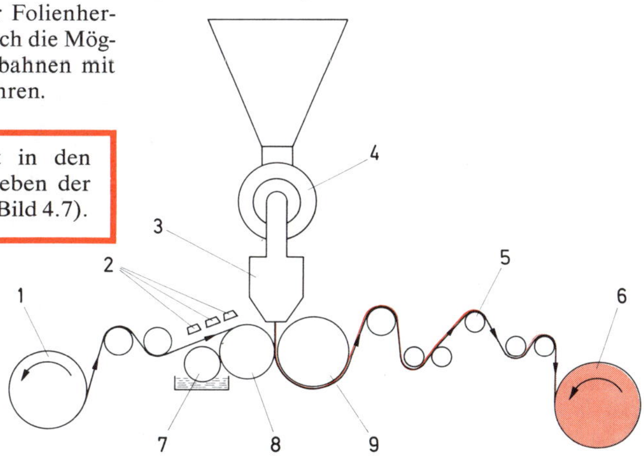

*Bild 4.6 Extruderanlage zur Beschichtung von Trägerbahnen*
*1 Abwicklung, 2 Wärmestrahler,*
*3 Breitschlitzdüse, 4 Extruder,*
*5 Randbeschneidung, 6 Aufwicklung,*
*7 Kühlwalze mit Bad, 8 Anpreßwalze,*
*9 Kühlwalze*

Als besonders geeignet für diese Aufgabe ist der Kalander in **Z-** oder **F-Form** (vgl. auch Kapitel 3). Beim Walzenschmelzverfahren wird im Gegensatz zum Kalandrieren die Kunststofformmasse im ersten Walzspalt aufgeschmolzen. Die Zusammenführung von Schmelze und Trägerbahn erfolgt in gleicher Weise wie beim Kalandrieren. Dieses Verfahren ist vor allem dann einsetzbar, wenn man Kunststoffe direkt von der Schmelze mit der Trägerbahn beschichten möchte, ohne den Weg über die Paste oder Lösung zu nehmen.

### 4.4.7 Indirektes Beschichten

Dieses Verfahren ist besonders zur Herstellung von Beschichtungen mit PVC und PUR geeignet. Um Beschichtungen für Täschnereiwaren hinsichtlich Griff, Elastizität und Geschmeidigkeit dem Naturleder anzupassen, ist es nötig, Träger-

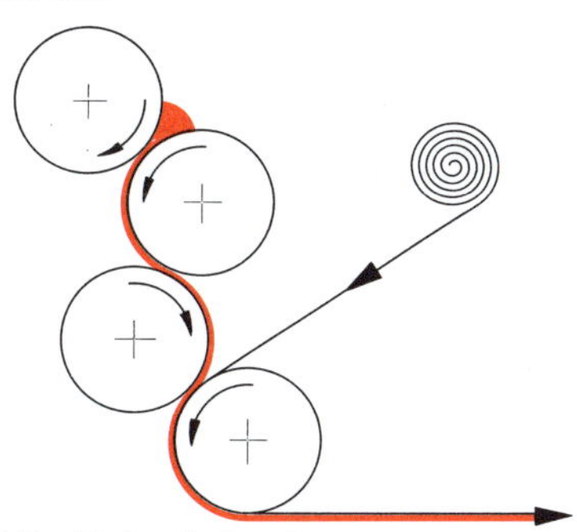
*Bild 4.7 Kalanderbeschichtung*

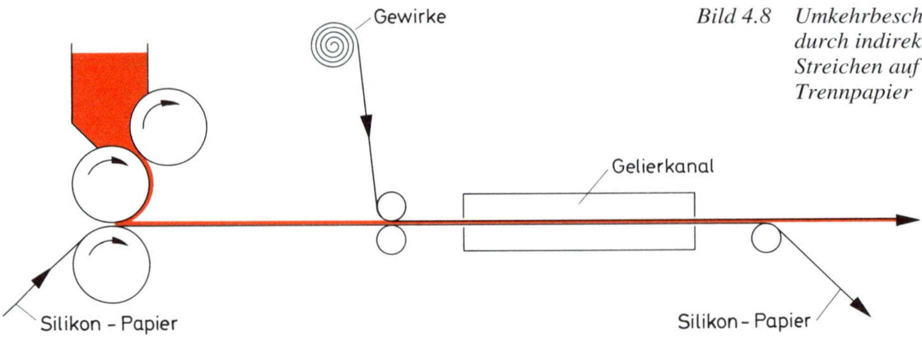


*Bild 4.8 Umkehrbeschichtung durch indirektes Streichen auf Trennpapier*

stoffe einzusetzen, die einen weicheren und flexibleren Charakter als das Gewebe besitzen. Dafür haben sich einseitig angerauhte Gewirke und Vliese besonders gut geeignet. Diese Trägerbahnen sind aber für das direkte Beschichten nicht so gut einsetzbar.

Beim indirekten Streichen wird die PVC-Paste auf ein **silikon- oder melaminharzbeschichtetes Trennpapier** aufgestrichen und die Trägerbahn durch eine Walze in die Paste eingedrückt.

Nach beendetem Geliervorgang wird das Trennmaterial wieder abgezogen (Bild 4.8).
Der Vorteil dieses Verfahrens besteht darin, daß eine relativ großmaschige Trägerbahn eingesetzt werden und bei silikonbeschichteten Trennmaterialien die Oberfläche der fertigbeschichteten Bahn eine Narbung erhalten kann. Die melaminharzbeschichteten Papiere haben nur eine sehr dünne Harzschicht, so daß hierbei keine Oberflächenstrukturen in die beschichtete Bahn übertragen werden können. Das ist nur nachträglich durch einen Prägekalander möglich (siehe Abschnitt 4.6.1).
Die beschichtete Papierbahn kann bis zu 5- bis 7mal durch eine Beschichtungsanlage laufen.

### 4.4.8 Gelierkanal

Alle mit Pasten aus PVC weich beschichteten Trägerbahnen durchlaufen zur Gelierung einen geheizten Kanal. Die Heizung kann auf verschiedene Weise erfolgen (IR-Strahler*, Heißluft- oder Gasdirektbeheizung). Für **PVC-Paste** hat sich der **Gelierkanal** mit **Heißluft,** die über Düsen

Das Gelieren ist die Vereinheitlichung der in der Paste nebeneinander bestehenden Phasen von PVC-Pulver und Weichmacher.

ausströmt, am besten bewährt. Die Geliertemperaturen sind je nach aufgestrichener Kunststoffmasse unterschiedlich und liegen bei verschäumbarem PVC bei 200 °C und bei normalen PVC-Strichen bei 170 bis 180 °C.
Bei der im Gelierkanal herrschenden Temperatur dringt der Weichmacher sehr rasch in die PVC-Körnchen ein, so daß sie aufquellen und sich untereinander vereinen. Es bildet sich eine gallertartige PVC-weich-Schicht, in der sich die PVC- und Weichmachermoleküle zu einer homogenen Masse vermengt haben.
Je nach Durchlaufgeschwindigkeit können die Gelierkanäle Längen von 15 bis 35 m besitzen. Der Transport der beschichteten Trägerbahn im und durch den Gelierkanal erfolgt auf freilaufenden Tragwalzen. Vielfach ist es unerläßlich, die Bahn mittels **Spannrahmen,** die mit **Kluppen-** oder **Nadelketten** ausgerüstet sind, durch den Kanal zu führen. Bei Beschichtungen mit Kunststofflösungen dient der Gelierkanal dazu, das Lösungsmittel abzudampfen und abzusaugen.

### 4.4.9 Kühlung

Die den Gelierkanal verlassende beschichtete Bahn muß vor dem Aufwickeln gekühlt werden. Dazu läuft die Bahn mit großem Umschlingungswinkel über mehrere **wassergekühlte Walzen** (2 bis 6 Walzen). Danach wird die beschichtete Bahn mit gleichbleibender Geschwindigkeit aufgewickelt.

* IR = Infrarot

*Bild 4.9 Warenspeicher*

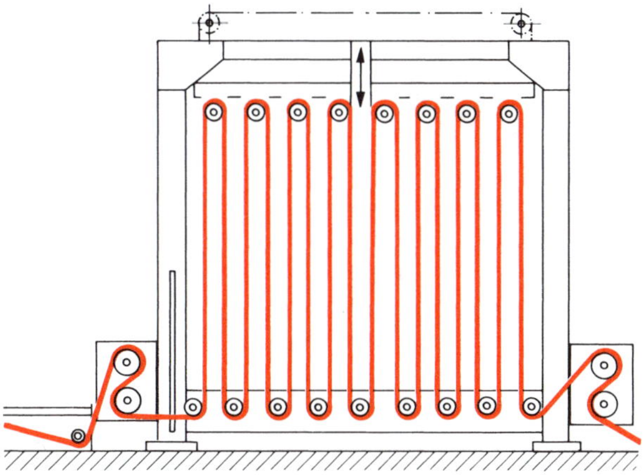

## 4.5 Arbeitsablauf bei der PVC-Beschichtung

Da zur Beschichtung einer textilen Trägerbahn in den meisten Fällen mehrere **«Striche»** notwendig sind, werden mehrere Beschichtungsanlagen hintereinandergestellt, so daß ein kontinuierlicher Arbeitsablauf möglich ist. Besonders bei synthetischen Geweben ist ein spezieller Grundstrich mit einem Haftvermittler notwendig, damit das PVC einen besseren Verbund mit dem Gewebe bekommt. Für PVC-Beschichtungen als Täschnereistoff sind in der Regel drei Striche nötig, die aus der **verschleißfesten Deckschicht,** der **verschäumten Mittelschicht** und der **Haftschicht** zur Trägerbahn bestehen. Streichanlagen können daher bis über 100 m lang sein.

Am Beispiel einer PVC-Beschichtung für Täschnereizwecke werden folgende verschiedene Arbeitsgänge an einer Beschichtungsanlage durchgeführt:

1. Abwickeln der silikonbeschichteten Papierbahn
2. Auftragen der Deckschicht mittels Reverse-Roll-Coater
3. Gelieren der Deckschicht
4. Abkühlen der Bahn
5. Auftragen der Schaumschicht mittels Reverse-Roll-Coater
6. Gelieren der Schaumschicht
7. Abkühlen der Bahn
8. Auftragen der Haftschicht mittels Walzenrakel
9. Auflegen der textilen Trägerbahn
10. Gelieren der Haftschicht
11. Abkühlen der Bahn
12. Trennen von beschichteter Bahn und Trennpapier
13. Getrenntes Aufwickeln des beschichteten Materials und der Papierbahn.

Der Papierabwicklung ist meist ein sogenannter **Warenspeicher** nachgeschaltet, damit für das Ankleben einer neuen Rolle beim kontinuierlichen Beschichtungsprozeß genügend Zeitreserve vorhanden ist. Gleiches gilt für das Annähen der textilen Trägerbahn (Bild 4.9).

Die PVC-Pasten werden mittels Kolbenpumpen dem Beschichtungssystem zugeführt, wobei ein Füllhöhenfühler die Pumpdauer regelt.

PVC-Beschichtungsanlagen werden heute weitgehend automatisch gesteuert und erreichen Arbeitsgeschwindigkeiten von 40 bis 60 m je Minute (Bild 4.10).

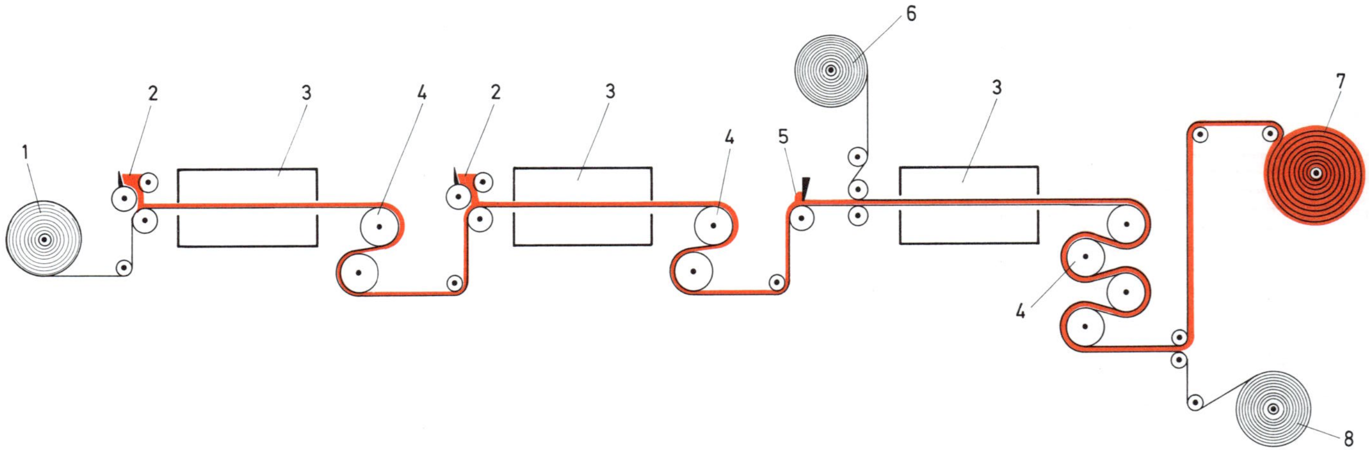


*Bild 4.10 PVC-Beschichtungsanlage für 3 Striche*
*1 Papierbahn, 2 Rollcoater, 3 Gelierkanal, 4 Kühlwalzen, 5 Walzenrakel, 6 Trägerbahn, 7 beschichtete Bahn, 8 Papierbahn*

## 4.6 Oberflächenbehandlung beschichteter Trägerbahnen

Vielfach werden beschichtete Gewebe als Lederimitation eingesetzt. Dazu muß die Oberfläche der Kunststoffbeschichtung besonders behandelt werden. Den **Ledereffekt** erreicht man durch **Narbung** der Oberfläche und durch einen **schattierenden Farbeffekt.**

### 4.6.1 Prägen

Eine leichte Narbung der Oberfläche einer beschichteten Bahn, wie sie z.B. bei feinem Leder vorliegt, läßt sich wie schon erwähnt durch das Umkehrverfahren mit genarbtem silikonierten Trennpapier erzielen.
Gröbere Narbungseffekte werden durch eine **Prägewalze** in die bis zum thermoplastischen Bereich erwärmte Oberfläche der Bahn eingedrückt. Die gekühlte Prägewalze läuft dabei gegen eine gummibeschichtete Gegenwalze. Die Aufheizung der Kunststoffbeschichtung wird zweckmäßig mit IR-Strahlern erreicht (Bild 4.11). Die Prägung kann auch direkt im Anschluß an das Angelieren erfolgen.

### 4.6.2 Überfärben

Die Beschichtung besitzt durch Einarbeitung eines Pigments in die Paste eine Grundfarbe, die nach der Prägung durch eine **Schattierung** mit einer **andersfarbigen Druckfarbe** überfärbt wird. Dies geschieht durch eine Rasterwalze (Tiefdruck) oder durch eine Gummiwalze, auf der der Farblack abgelegt wurde (Flachdruck).

### 4.6.3 Lackieren

Um einer PVC-beschichteten Textilbahn eine trockene Oberfläche und einen angenehmen Griff zu verleihen, werden diese mit einem **weichmachersperrenden, kratzfesten Abschlußlack** versehen. Der Auftrag erfolgt am zweckmäßigsten auch mit einer Raster- oder Gummiwalze, kann aber auch im Spritzverfahren aufgebracht werden.

*Bild 4.11 Schema eines Prägekalanders*

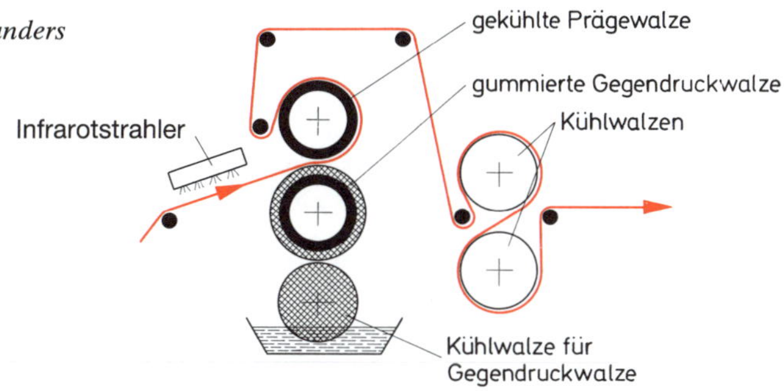

# 5 Extrudieren

## 5.1 Allgemeines

Unter **Extrudieren** versteht man das Fertigen eines endlos geformten Kunststoffstrangs, ausgehend von pulver- oder granulatförmiger Kunststofformmasse.

Dabei ist in einer Extruderanlage der **Extruder*** oder zu deutsch die **Schneckenstrangpresse** die wichtigste Maschineneinheit.
Das Arbeitsprinzip eines Extruders besteht darin, daß sich in einem feststehenden beheizten **Zylinder** eine **Schnecke** dreht und die durch eine radiale Zylinderöffnung eingegebene Kunststoffformmasse verdichtet, aufschmilzt, homogenisiert und aus der Ausgangsöffnung ausdrückt.
Der Extruder stellt allein für sich noch keine Kunststoffverarbeitungsmaschine dar, sondern ist nur ein Glied in einer Extrusionsanlage.
Komplettiert man den Extruder mit einem **formgebenden Werkzeug** und stellt danach die dazugehörenden Einrichtungen wie **Kalibrierung, Kühlung, Abzug, Aufwickel-** oder **Trenneinrichtung** dazu, erhält man eine Extrusionsanlage (Bild 5.1).
Neben dem Extruder mit einer Schnecke gibt es auch Maschinen mit mehreren Schnecken.

Von den Mehrschneckenmaschinen hat der **Doppelschneckenextruder** für die Verarbeitung von pulverförmigen Kunststoffen, speziell für PVC, größere Bedeutung erlangt.

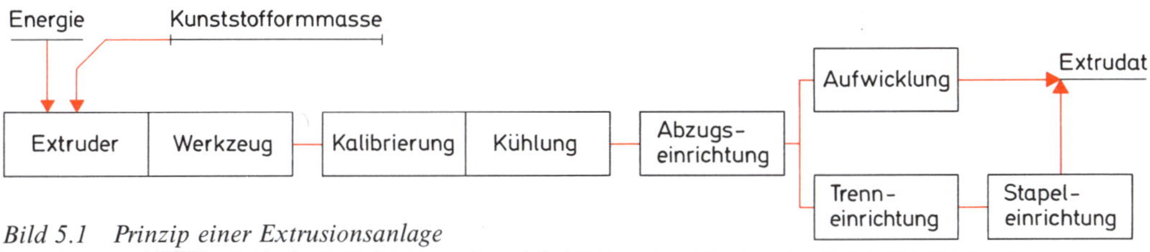


*Bild 5.1 Prinzip einer Extrusionsanlage*

## 5.2 Extrudierbare Kunststofformmassen

Grundsätzlich sind alle **Thermoplaste** extrudierbar. Als Einschränkung gilt aber hier, daß die zu verarbeitenden Kunststofformmassen im Schmelzzustand eine **hohe Viskosität** besitzen müssen. Diese hohe Schmelzviskosität ist notwendig, damit die aus dem Werkzeug austretende Schmelze ihre gegebene Gestalt für kurze Zeit beibehält und nicht formlos zerfließt. Deshalb verwendet man zur Extrusion auch nur besonders geeignete Thermoplaste, oder es werden von den weniger gut geeigneten zähfließende Typen hergestellt, was durch einen hohen Polymerisationsgrad** oder durch Einarbeiten bestimmter Zuschläge erreichbar wird.

Der mengenmäßig am meisten durch Extrusion verarbeitete Thermoplast ist das PVC, gefolgt von Polyethylen und Polypropylen.

Tabelle 5.1 zeigt eine Übersicht über die am häufigsten extrudierten Thermoplaste und gibt einige Hinweise der Produkte, die sich durch das Extrudieren herstellen lassen.

* to extrude (engl.) = herauspressen, austreiben, verdrängen
** siehe Kapitel 1

**Tabelle 5.1 Viel verwendete Kunststoffe im Extrusionsbereich**

| Chemische Bezeichnung | Kurz-zeichen | Verarbeitungs-temperaturen °C von bis | Anwendungsbeispiele (Extrusionsbeispiele) |
|---|---|---|---|
| Zelluloseacetat | CA | 160 bis 200 | Profilleisten, Flachfolien, Rohre |
| Polystyrol (Normalpolystyrol) | PS | 170 bis 210 | biaxial gereckte Folien, Schaumfolien |
| Styrol-Butadien Copolymerisat | SB | 170 bis 220 | Tafeln, Profile, Borsten |
| Acrylnitril-Butadien-Styrol Terpolymerisat | ABS | 170 bis 220 | Tafeln, Rohre, Profile |
| Polyethylen LD (PE niederer Dichte) | PE | 130 bis 200 | Rohre, Tafeln, Folien, Drahtummantelungen, Monofile |
| Polyethylen HD (PE hoher Dichte) | PE | 140 bis 220 | Rohre, Tafeln, Folien, Drahtummantelungen, Monofile, Bändchen |
| Polypropylen | PP | 180 bis 260 | Rohre, Flachfolien, Tafeln, Monofile, Bändchen |
| Polyvinylchlorid | PVC hart | 180 bis 200 | Rohre, Profile, Tafeln |
| Polyvinylchlorid Copolymerisate | PVC | 180 bis 210 | Rohre, Profile, Tafeln |
| Polyvinylchlorid mit Weichmacher | PVC weich | 150 bis 190 | Schläuche, Profile, Draht- und Kabelummantelungen, Folien |
| Polymethylmethycrylat | PMMA | 160 bis 190 | Tafeln, Profile, Rohre |
| Polycarbonat | PC | 300 bis 340 | Tafeln, Profile |
| Polyamid | PA | 260 bis 300 | Schläuche, Drahtummantelungen, Monofile, Rohre |
| Polyacetal | POM | 170 bis 200 | Rohre, Profile |

In neuerer Zeit haben sich zu den kompakten Extrudaten aus Vollkunststoff auch strukturgeschäumte Extrudate, insbesondere für den Profilsektor, hinzugesellt. Strukturgeschäumte Profile bestehen hauptsächlich aus den Kunststoffen PE, PVC und PS und sind gekennzeichnet durch eine kompakte Außenhaut und einen geschäumten Innenkern. Die Schaumstruktur wird erhalten durch das Hinzufügen eines chemischen Treibmittels, z.B. Azodicarbonamid, das sich bei der Verarbeitungstemperatur zersetzt.

Auch das vernetzte PE zur Herstellung von Fußbodenheizungsrohren gewinnt mehr und mehr an Bedeutung. Dazu ist bei der peroxidischen Vernetzung ein gewisser Anteil von Peroxid in die Schmelze hineinzuarbeiten.

In der Regel werden die pulvrigen Zusätze (Treibmittel oder Peroxid) in der Größenordnung von 0,5 bis 5% dem Kunststoff vorher zugemischt.

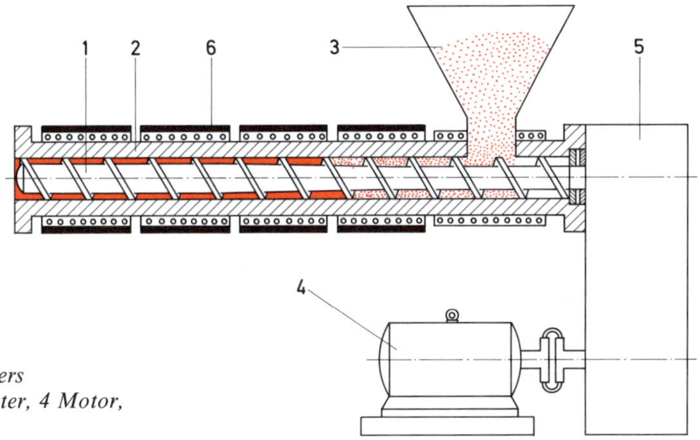


*Bild 5.2 Schema eines Extruders*
*1 Schnecke, 2 Zylinder, 3 Trichter, 4 Motor, 5 Getriebe, 6 Heizung*

## 5.3 Aufbau des Extruders

### 5.3.1 Einschneckenextruder

Der Einschneckenextruder besteht aus einem **Antriebsmotor,** einem **Reduziergetriebe,** einem **Zylinder** mit der sich darin befindenden **Schnecke** und dem **Einfülltrichter** (Bild 5.2).
Um den Zylinder sind mehrere Heizmanschetten (4 bis 6) gelegt, die — jede für sich — in der Höhe der gewünschten Temperatur über Temperaturregler einstell- und regelbar sind.
Je Heizzone ist meistens auch eine Kühleinrichtung installiert, damit die Temperaturen exakt geregelt werden können. Die Zone in unmittelbarer Nachbarschaft zum Trichter wird beim Betrieb des Extruders immer gekühlt, um ein Anschmelzen der Kunststoffmasse in der Zylinderöffnung oder am Schneckenkern zu verhindern.

#### 5.3.1.1 Schnecke

Dem wichtigsten Maschinenelement des Extruders, der Schnecke, muß hinsichtlich der konstruktiven Gestaltung die größte Aufmerksamkeit geschenkt werden. Aus jahrelang gesammelten Erfahrungen haben sich für die Praxis nur wenige Schneckentypen durchgesetzt. Diese sind die **3-Stufen-** und die **kernprogressive Schnecke** (Bild 5.3). Hierbei sind die wichtigsten Schneckenmerkmale bis auf Unterschiede im Detail einheitlich.
Um den Schneckenkern windet sich ein relativ schmaler Steg mit abgerundeten Flanken. Die Vertiefungen werden als Gänge bezeichnet. Wichtige charakteristische Größen an einer Schnecke sind:

Länge ($L$) und Durchmesser ($D$) sowie das sich daraus ergebende $L/D$-Verhältnis,
die Gangtiefen am Schneckenanfang und -ende ($h_1$, $h_2$),
die Längen der Abschnitte mit verschiedenen Gangtiefen ($L_1$, $L_2$, $L_3$),
die Stegbreite ($e$),
die Gangsteigung ($t$)
und der Steigungswinkel ($\varphi$) (Bild 5.4).

Angaben über Durchmesser und das $L/D$-Verhältnis sind Beurteilungsgrößen für die Leistungsfähigkeit eines Extruders.
Es ist vorgeschlagen worden, das Schneckendrehmoment neben dem Schneckendurchmesser in den Extruderbau als Bestimmungsgröße einzuführen. Damit werden die Extruder exakt nach ihrer Leistungsfähigkeit klassifiziert.
Von den Extruderherstellern werden nur Maschinen mit bestimmten Schneckendurchmessern gebaut.

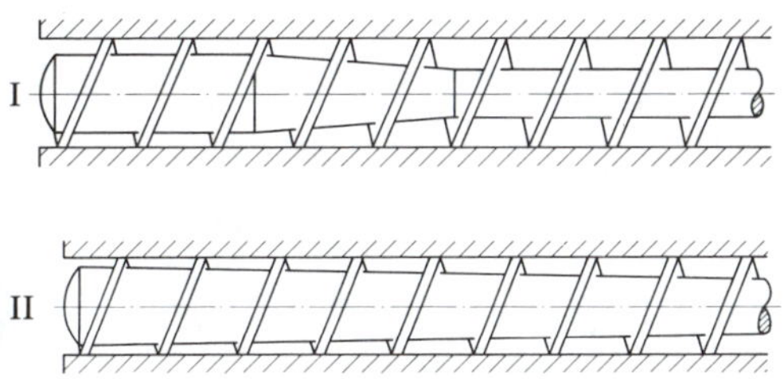


*Bild 5.3 I 3-Stufen-Schnecke,*
*II kernprogressive Schnecke*

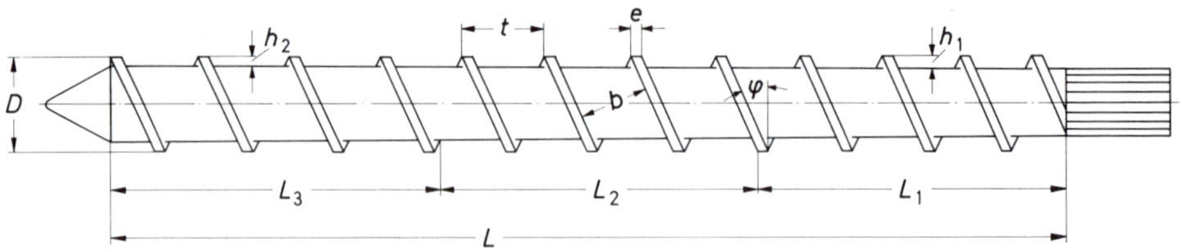


*Bild 5.4 Nomenklatur der Schnecke*

Gängige Schneckenabmessungen sind: 45, 60, 90, 120, 150, 200, 250 mm für den Durchmesser und 25 bis 30 *D* für die Schneckenlängen.

Die Gangtiefen $h_1$ und $h_2$ bestimmen das Kompressionsverhältnis einer Schnecke und sind für die Verdichtung der Kunststoffformmasse beim Übergang in den Schmelzzustand notwendig.

Mit in den Zylinder eingezogene Luft, die in geschütteten Gütern (Pulver, Granulat) immer vorhanden ist, wird dabei nach hinten durch den Trichter zurückgedrückt. Die Gangtiefen $h_2$ zu $h_1$ der am meisten verwendeten Schnecken verhalten sich wie 1:2 bis 1:3.

Die Abmessungen für die Steigung *t* und die Stegbreite *e* werden der Größe der Schnecke angepaßt und betragen in der Regel $t = D$ und $e = 0{,}1\ D$.

Außer den oben erwähnten und abgebildeten Schneckenformen sind für spezielle Aufgaben auch noch andere Schneckentypen im Einsatz. Erwähnt seien hier die **Kurzkompressionsschnecken** für Kunststoffe, die einen engen Schmelzübergang besitzen, und die **Entgasungsschnecke,** bei der im Dekompressionsbereich flüchtige Anteile aus der Kunststoffschmelze abgezogen werden (Bild 5.5).

Neuerdings hat die **Barriereschnecke** (Bild 5.5) eine Renaissance erfahren, und zwar deshalb, weil sie auch in Kombination mit dem genuteten Einzug höhere Massedurchsätze bei optimaler Schmelzequalität ermöglicht.

In Verbindung mit einer **genuteten Einzugsbuchse** (Abschnitt 5.3.1.2) setzt man Schnecken mit **Scher-** und **Mischteilen** ein (Bild 5.6). Diese Abschnitte erzielen eine wesentliche Verbesserung der Plastifizier- und Homogenisierleistung. Die Schnecken haben zur Übertragung des Drehmoments am hinteren Ende einen Schaft mit Nut und Feder oder bei größeren Schnecken eine Mehrkeilverzahnung. Das vordere Ende der Schnecke wird von einer Spitze abgeschlossen.

1
2
3
4
5

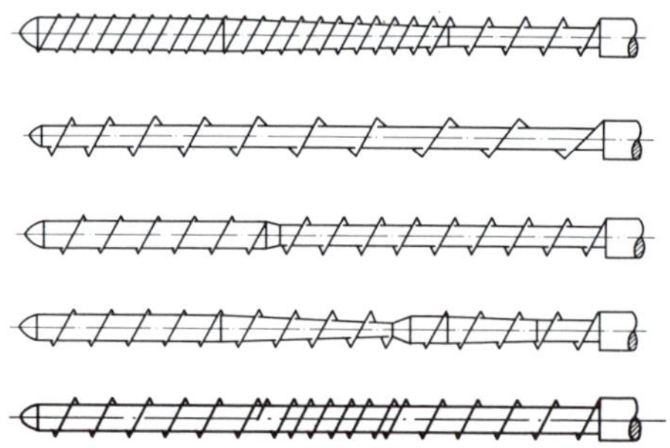

*Bild 5.5 Verschiedene Schneckenformen*
*1 in der Einzugszone eingängig, in der Umwandlungs- und Ausstoßzone zweigängig,*
*2 eingängige Schnecke mit kleiner werdender Gangsteigung bei konstanter Gangtiefe,*
*3 eingängige Kurzkompressionsschnecke,*
*4 eingängige Entgasungsschnecke*
*5 Barriereschnecke, in der Aufschmelzzone zweigängig*

### 5.3.1.2 Zylinder

Schnecke und Zylinder bilden zusammen die **Plastifiziereinheit.**

Je nach Aufgabenstellung können die Zylinder aus einem Stück gefertigt oder aus zwei Abschnitten zusammengebaut sein. Bei der Verarbeitung von PVC weich und beim Einsatz von Entgasungszylindern für die Kunststoffe PS, SB, ABS und PMMA werden einteilige Zylinder herangezogen. Die meisten Einschneckenzylinder für die Polyolefinverarbeitung sind aber aus zwei Teilen zusammengesetzt, und zwar einer kurzen genuteten Einzugsbuchse (etwa 3 *D* lang) und dem glatten Zylinderrohr.

Durch den Einsatz einer genuteten Einzugsbuchse ist es möglich geworden, die Förderleistungen der Extruder zu steigern. Diese Einzugsbuchse besitzt vom Trichter ausgehend im Innern des Zylinders mehrere Längsnuten, die nach Längen von etwa 3 *D* im Zylinder auslaufen. Die Nuten können im Querschnitt halbkreisartig oder rechteckig ausgebildet sein; meist werden Rechteckquerschnitte bevorzugt (Bild 5.7).

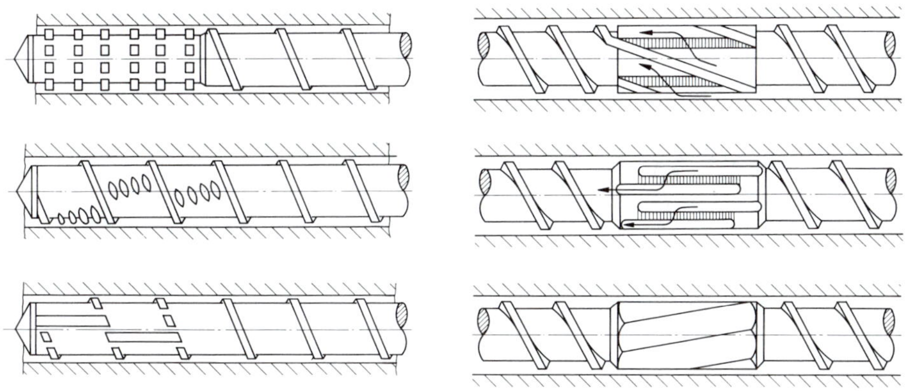

*Bild 5.6 Misch- und Scherteile für Schnecken*

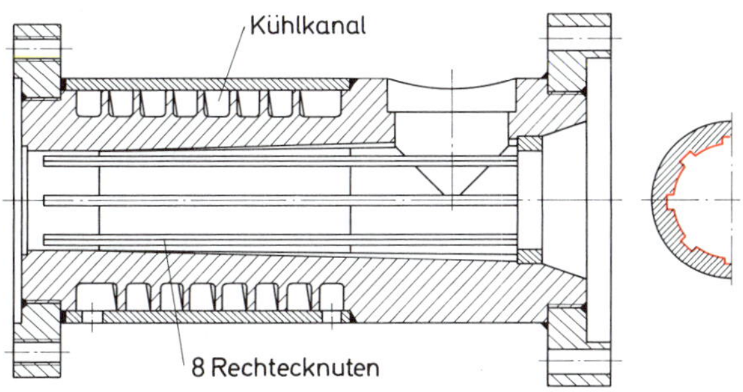


*Bild 5.7 Konisch genutete Einzugszone eines Einschnecken-Extruders*

Die Aufgabe der Nuten ist, das eingegebene Material an der Drehbewegung mit der Schnecke zu hindern. Dadurch kann der Schub der **Schneckenflanken** auf das Granulat voll wirksam werden. Es wird somit quasi eine Zwangsförderung erreicht.

Normalerweise ist zwischen Schneckenstegen und Zylinder ein Spiel von wenigen zehntel Millimetern, so daß die Schnecke mit dem Zylinder keinen Kontakt besitzt. Die Schnecke «schwimmt» beim Betrieb des Extruders in der Kunststoffschmelze.

Die Einzugsbuchse wird isoliert vom übrigen Zylinder einer Temperierung unterworfen.
Neben der besseren Förderleistung für Extruder mit genuteter Einzugsbuchse erreicht man auch eine schnellere Verdichtung der Kunststoffformmasse.
Der Gesamtzylinder ist am Getriebeblock festmontiert und besitzt im Bereich der Einzugszone eine Einlaßöffnung in Form eines Langlochs mit einer Länge von 1,2 bis 1,6 *D*, auf die der Einfülltrichter aufgesetzt wird.

An Zylinder und Schnecke werden hinsichtlich Festigkeit, Verschleiß und Korrosion hohe Anforderungen gestellt. Deshalb setzt man für Schnecke und Zylinder hochfeste Stähle ein, die nitriergehärtet sind. Für noch höhere Anforderungen — speziell bei der Verarbeitung mineralisch gefüllter Kunststoffe — haben sich Ausschleuderungen für die innere Oberfläche des Zylinders und Aufpanzerungen der Stege bei der Schnecke mit sehr verschleißfesten Legierungen (z.B. Xaloy® oder Reiloy®) bewährt.

### 5.3.1.3 Antriebe

Zum Betreiben eines Extruders bedarf es eines Motors.

In der Regel setzt man Elektromotoren ein, die entsprechend ihrer Aufgabenstellung zur Förderung von zähplastischen Massen stark ausgelegt sein müssen. Je nach Schneckendurchmesser installiert man Motoren mit Antriebsleistungen von 10 kW für z.B. eine 45er Schnecke bis 500 kW für z.B. eine 250er Schnecke.

Die Extruder müssen entsprechend der eingesetzten Kunststoffart und des verwendeten Werkzeugs mit unterschiedlichen Geschwindigkeiten gefahren werden können. Es ist daher vorteilhaft, Motoren einzusetzen, die sich stufenlos in der Drehzahl regeln lassen. Neben den Gleichstrommotoren sind auch Drehstrommotoren im Einsatz. In neuerer Zeit haben sich die frequenzgeregelten Drehstrommotoren wegen der technischen und wirtschaftlichen Überlegenheit gegenüber den Gleichstrommotoren im Leistungsbereich bis zu 150 kW durchgesetzt.

Auch kommt gelegentlich der **Hydromotor** zum Einsatz, dann aber nur dort, wo für zusätzliche Bewegungsabläufe eine Hydraulikanlage gebraucht wird.

Dem Motor ist ein **Reduziergetriebe** nachgeschaltet. Dieses hat die Aufgabe, die Drehzahlen des Motors auf die Schneckendrehzahlen von etwa 25 bis maximal 200 $min^{-1}$ herabzusetzen. Am Ausgang des Untersetzungsgetriebes befindet sich die Aufnahmewelle für die Schnecke.

Neuerdings setzt man auch spezielle Elektromotoren ein, die ohne Zwischenschaltung eines Getriebes die Schnecke direkt antreiben.

### 5.3.1.4 Heizung und Kühlung

> Zum Aufschmelzen der Kunststoffformmassen muß der Schneckenzylinder beheizt werden.

Dafür sind um den Zylinder, aufgeteilt in mehrere Zonen, elektrische Heizbänder gelegt, die sich in der Temperaturhöhe einstellen lassen und auf Temperaturkonstanz geregelt werden. Die Temperaturen am Schneckenzylinder sowie die Drücke an der Schneckenspitze für die Verarbeitung wichtiger extrudierbarer Kunststoffe können der Tabelle 5.2 entnommen werden.

Für Kunststoffe, die einen engen Schmelzbereich besitzen, ist es unumgänglich, eventuell auftretende Temperaturspitzen im Schneckenzylinder schnell abzubauen. Deshalb sind auch häufig Extruder mit Kühleinrichtungen für jede Heizzone ausgestattet. Es kann sowohl mit Luftkühlung über Ventilator als auch mit Wasser über ein den Zylinder umschlingendes Kupferrohr gekühlt werden.

Auch die Innenkühlung der Schnecke ist Stand der Technik und findet für bestimmte Extrusionsaufgaben – z.B. für die PVC-Verarbeitung – Anwendung.

## 5.3.2 Doppelschneckenextruder

Der Doppelschneckenextruder unterscheidet sich vom Einschneckenextruder dadurch, daß zwei nebeneinanderliegende Schnecken in einem Zylinder untergebracht sind. Die Zylinderbohrung besitzt einen achtförmigen Querschnitt. In den meisten Fällen arbeitet man mit kämmenden Schnecken, d.h., die Stege der einen Schnecke greifen in die Vertiefungen (Gänge) der anderen Schnecke ein und umgekehrt ebenso (Bild 5.8). Es wird dabei unterschieden zwischen **gegeneinander-** und **gleichlaufenden Schnecken**. Beide Systeme haben Vor- und Nachteile (Abschnitt 5.4). Hauptsächlich werden aber Doppelschneckenextruder mit gegeneinanderlaufenden Schnecken gebaut.

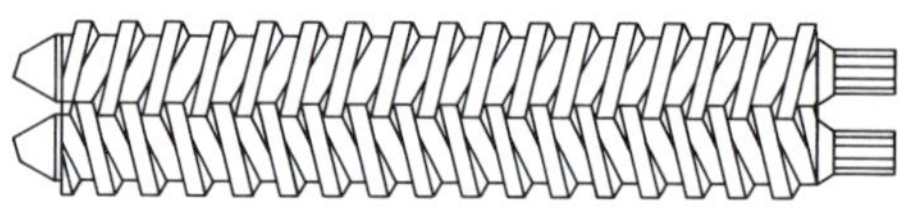

*Bild 5.8 Kämmende Doppelschnecken*

Ein größerer maschinenbaulicher Aufwand gegenüber Einschneckenextrudern ist hinsichtlich der Drucklagerung und des Antriebs der Schneckenachsen notwendig. Das ergibt sich aus dem ungünstigen Achsabstand der zwei nebeneinanderliegenden Schnecken. Hier hat man maschinentechnische Lösungen gefunden, die einen störungsfreien Dauerbetrieb garantieren.

Der konische Doppelschneckenextruder (Bild 5.9) hat hinsichtlich der Rückdrucklagerung, des Materialeinzugs sowie der Plastifizierleistung gewisse Vorteile gegenüber dem Doppelschneckenextruder mit parallelen Schnecken. Zum einen ist der hintere Achsabstand für die Dimensionierung der Drucklager ausreichend groß, zum anderen kann über die tiefen Schneckengänge im Einzugsbe-

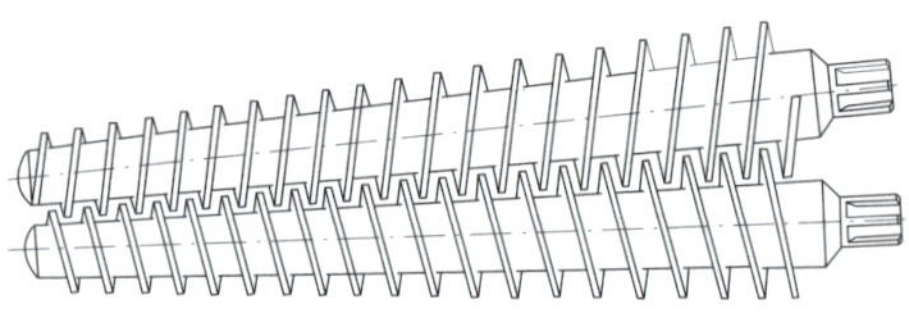

*Bild 5.9 Konische Doppelschnecke*

reich mehr Material, insbesondere auch schlecht rieselfähige Kunststoffformmasse, aufgenommen werden. In der Regel sind die Schneckenlängen bei gleicher Aufschmelzleistung kürzer als bei den Doppelschneckenextrudern mit parallelen Schnecken.

Moderne Doppelschneckenextruder besitzen Schnecken mit Längen bis *27 D* und immer eine **Entgasungszone.** Das Einsatzgebiet der Doppelschneckenextruder liegt hauptsächlich bei der Verarbeitung von pulvrigen Kunststoffformmassen, insbesondere von PVC.

**Tabelle 5.2 Verarbeitungsdaten für einige wichtige Kunststoffe im Extrusionsverfahren**

| Werkstoff | Erzeugnis | Temperaturen (°C) Zone 1 | Zone 2 | Zone 3 | Zone 4 | Kopf | Düse | Massedruck (bar) |
|---|---|---|---|---|---|---|---|---|
| ABS | Rohre, Tafeln, | 175 | 195 | 205 | 205 | 200 | 210 | 150 bis 200 |
| | Profile | 170 | 175 | 180 | 180 | 180 | 190 | 200 bis 250 |
| SB | Tafeln, | 170 | 180 | 195 | 200 | 195 | 205 | 150 bis 250 |
| | Borsten | 175 | 220 | 220 | 230 | 230 | 240 | 250 bis 300 |
| PE LD | Rohre, Hohlkörper, | 125 | 125 | 130 | 130 | 130 | 135 | 100 bis 150 |
| | Blasfolien, | 125 | 135 | 135 | 145 | 145 | 145 | 100 bis 170 |
| | Flachfolien, | 155 | 165 | 180 | 195 | 195 | 200 | 150 bis 250 |
| | ummantelte Drähte, | 160 | 210 | 230 | 240 | 230 | 235 | 250 bis 350 |
| | Monofile | 160 | 200 | 220 | 240 | 230 | 240 | 250 bis 350 |
| PE HD | Rohre, Hohlkörper, | 140 | 160 | 165 | 165 | 165 | 170 | 100 bis 170 |
| | Tafeln, | 220 | 190 | 170 | 165 | 165 | 170 | 100 bis 170 |
| | Blasfolien, | 140 | 160 | 170 | 180 | 180 | 185 | 150 bis 200 |
| | ummantelte Drähte, | 200 | 210 | 240 | 250 | 240 | 245 | 250 bis 400 |
| | Monofile | 200 | 210 | 240 | 250 | 240 | 250 | 250 bis 400 |
| PP | Rohre, | 180 | 200 | 215 | 225 | 225 | 235 | 150 bis 200 |
| | Flachfolien, | 190 | 220 | 245 | 265 | 265 | 265 | 200 bis 300 |
| | Monofile | 200 | 230 | 250 | 270 | 270 | 270 | 300 bis 400 |
| PVC P (Pulver) | Granulat, | 140 | 150 | 160 | 160 | 155 | 155 | 50 bis 100 |
| | ummantelte Drähte | 210 | 185 | 175 | 155 | 180 | 190 | 150 bis 250 |
| PVC P (Granulat) | Schläuche, Profile, | 180 | 170 | 160 | 150 | 160 | 160 | 60 bis 120 |
| | ummantelte Drähte | 200 | 180 | 170 | 150 | 180 | 190 | 150 bis 250 |
| PVC U (Pulver) | Granulat, | 185 | 175 | 165 | 165 | 160 | 160 | 75 bis 150 |
| | Rohre, Profile | 190 | 180 | 170 | 165 | 170 | 180 | 100 bis 200 |
| PVC U (Granulat) | Rohre, Profile, Tafeln | 155 | 165 | 175 | 190 | 180 | 185 | 100 bis 200 |
| PA | Schläuche, | 275 | 245 | 235 | 225 | 225 | 225 | 150 bis 250 |
| (Schmelzpunkt 215 °C) | ummantelte Drähte, | 260 | 270 | 280 | 290 | 290 | 300 | 250 bis 300 |
| | Fäden, Monofile | 265 | 275 | 290 | 300 | 300 | 300 | 250 bis 350 |
| CA | Flachfolien | 160 | 175 | 195 | 200 | 200 | 205 | 170 bis 200 |
| PMMA | Tafeln | 160 | 165 | 170 | 170 | 170 | 180 | 50 bis 100 |
| POM | Rohre, Profile | 170 | 190 | 205 | 200 | 200 | 200 | 50 bis 100 |

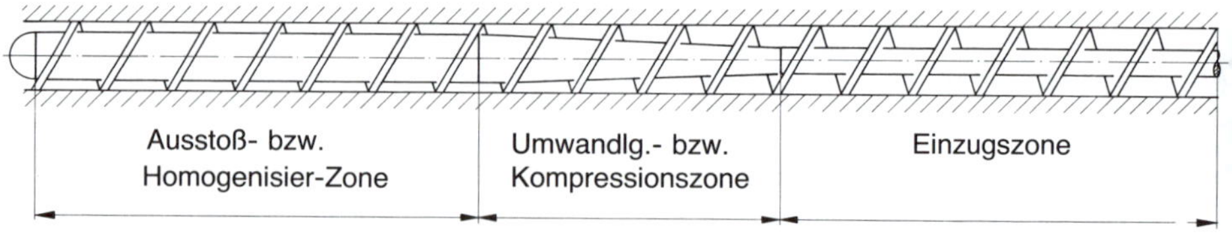


*Bild 5.10 Einteilung einer Schnecke in drei Verfahrensabschnitte*

## 5.4 Verfahrenstechnische Vorgänge im Extruder

Der Extruder hat die Aufgaben, eingegebene Kunststofformmassen zu **fördern,** zu **verdichten,** zu **plastifizieren** und zu **homogenisieren.**

Diese verschiedenen Verfahrensschritte werden im Schneckenzylinder vollzogen. Die Schnecke ist daher auch in mehrere Zonen unterteilt (Bild 5.10). Die Unterteilung ist nicht festgelegt, sondern ergibt sich durch die unterschiedliche Aufgabenstellung von selbst.

### 5.4.1 Einziehen des Kunststoffs

**Einschneckenextruder**

Beim Einschneckenextruder erfolgt die Materialförderung im Feststoffbereich aufgrund der Reibungskräfte zwischen Kunststofformmasse, Zylinderwand und Schnecke.
Dabei gilt:

Je kleiner der Reibungskoeffizient von der Schnecke zum Kunststoff und je größer der Reibungskoeffizient von der Zylinderwand zum Kunststoff ist, je besser ist die Förderung.

Weil die Reibungsverhältnisse bei glatten Schneckenzylindern von Natur aus nicht übermäßig groß sind, ist auch die Materialförderung nicht optimal zu erreichen.
Eine Verbesserung brachte der Einsatz der genuteten Einzugsbuchse. Hier hat die Kunststoffmasse die Möglichkeit, sich in den Nuten festzukrallen und kann somit nicht mit der Schnecke mitgedreht werden. Das ist vergleichbar mit dem Schraube-Mutter-Effekt. Wird bei einer sich drehenden Schraube die Mutter mit einem Schlüssel festgehalten, kann sich die Mutter über das Gewinde in Axialrichtung fortbewegen.

**Doppelschneckenextruder**

Doppelschneckenextruder mit kämmenden, gegeneinander laufenden Schnecken arbeiten mit **Zwangsförderung.**

Durch das Ineinandergreifen der Stege in die Gänge der gegenüberliegenden Schnecke wird ein Kammerabschluß erreicht, womit die Kunststofformmasse in C-förmigen Kammern durch den Zylinder transportiert wird (Bild 5.11).
Bei gleichlaufenden Doppelschneckenmaschinen wird keine absolute Kammerabsperrung erreicht. Das Material kann achtförmig um die beiden Schnecken herum zurückströmen. Trotzdem wird aber durch die Drehbewegung der Schnekken eine ausreichende Vorwärtsbewegung der Kunststoffmasse ermöglicht.

### 5.4.2 Verdichten des Kunststoffs

Die Hohlräume zwischen geschütteten Massen (Granulat, Pulver) sind mit Luft ausgefüllt. Diese Luft muß, bevor die Kunststofformmasse vollkommen aufgeschmolzen ist, herausgedrückt oder abgesaugt werden.

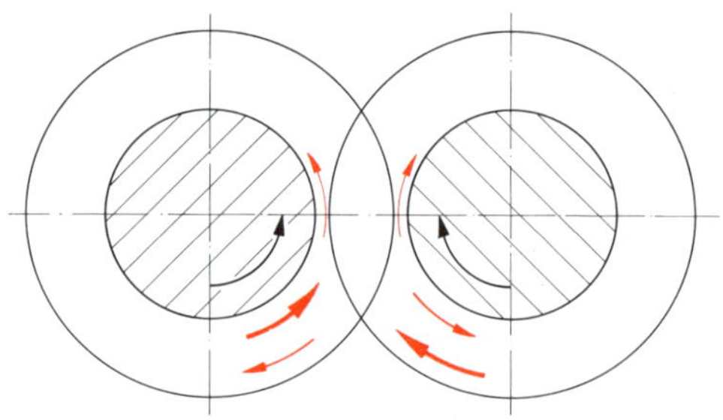

*Bild 5.11 Gegenläufige Doppelschnecke*

Den zum Verdichten benötigten Druck erzielt man durch Verengung des Gangvolumens im Mittelabschnitt der Schnecken.

Möglichkeiten dazu sind gegeben durch ein stetiges Anwachsen des Schneckenkerns (**kernprogressive Schnecke**) oder durch Reduktion der Gangsteigung (**gangdegressive Schnecke**) bei den eingesetzten Schnecken (Bild 5.5). Ersteres ist bei Einschneckenextrudern für die Kunststoffverarbeitung am häufigsten anzutreffen.
Bei Doppelschneckenextrudern erzielt man die Verdichtung der Kunststoffmasse meist durch Schaffung von zusätzlichen Gängen (Bild 5.12). Beim konischen Doppelschneckenextruder (Bild 5.9) ist die Verengung der Schneckengänge zur Spitze hin und damit die Kompression durch den kleiner werdenden Schneckendurchmesser von selbst gegeben.

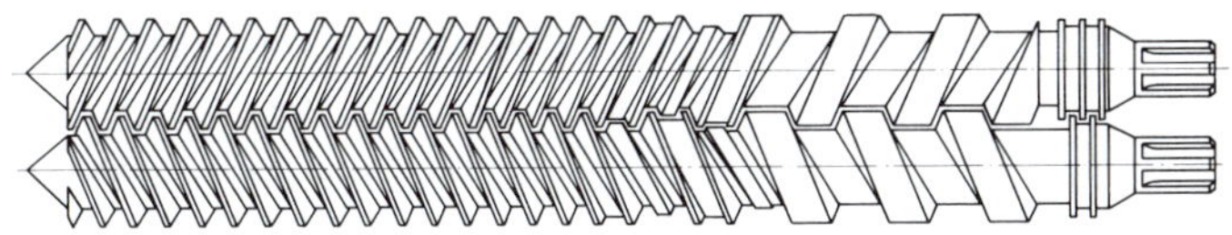

*Bild 5.12 Doppelschnecke mit neuentstehenden zusätzlichen Gängen*

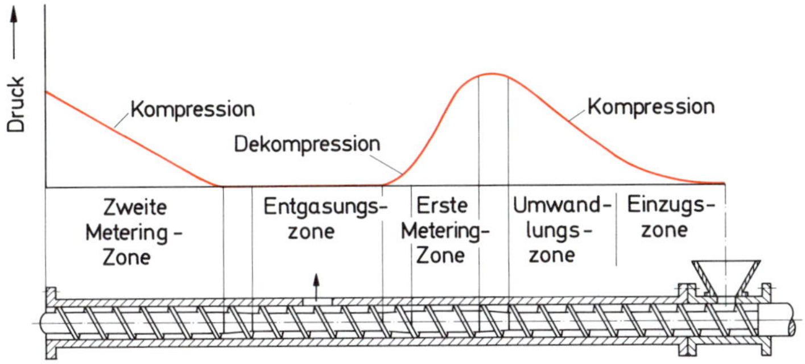


*Bild 5.13 Druckprofil bei einer Entgasungsschnecke*

> Eine andere Art, die Luft oder aber auch flüchtige Anteile, die beim Aufschmelzen des Kunststoffs entstehen können, abzuführen, besteht im Heraussaugen der flüchtigen Anteile aus einer dafür geschaffenen Zylinderbohrung.

Die Länge der Schnecken mit Entgasungssystem beträgt im allgemeinen $>30\,D$. Im Mittelabschnitt der Schnecke – im sogenannten **Dekompressionsbereich** – erfolgt das Absaugen der flüchtigen Anteile (Bild 5.13).

Die Entgasung ist beim Doppelschneckenextruder mit gegenlaufenden Schnecken besonders günstig. Die Kunststoffmasse wird von den sich drehenden Schnecken immer wieder von der Entgasungsöffnung fortgerissen und kann somit die Öffnung nicht verstopfen.

### 5.4.3 Aufschmelzen des Kunststoffs

Mit dem Verdichten beginnt auch das Aufschmelzen der Kunststoffmasse. Durch den Kontakt mit der heißen Zylinderwand sowie durch Reibungswärme erwärmt sich der Kunststoff, bis einzelne Partikel zu schmelzen beginnen. Von den Schneckenstegen der drehenden Schnecke werden fortlaufend aufgeschmolzene Kunststoffteilchen von der Zylinderwand abgeschabt. Es bildet sich vor der **treibenden Stegflanke** ein sich abrollender Schmelzeanteil, der außerdem nicht aufgeschmolzene Anteile aufnimmt und mitführt. Es findet dabei ein dauernder Wärmeaustausch statt, bis sehr bald das gesamte Material in einem Schneckengang aufgeschmolzen ist (Bild 5.14).

Bei der **Barriereschnecke** ist das Prinzip die Trennung von Feststoff und Schmelze in der Aufschmelzzone. Hierbei wird der Schnecke in diesem Abschnitt ein zusätzlicher Schneckensteg, der nicht ganz an die Zylinderwand heranreicht, gegeben. Die sich dabei ergebenden zwei Schneckengänge besitzen anfangs ein kleines Volumen für die Schmelze und ein großes für das Feststoffpaket und am Ende der Zone ein großes Volumen für die Schmelze und ein kleines für den Feststoff. Über den Barrieresteg kann gebildete Schmelze vom Feststoffkanal zum Schmelzekanal abfließen.

Durch Anpassung der Gangtiefen beider Kanäle lassen sich die Aufschmelzleistung und Schmelzehomogenität weiter steigern. Vielfach werden auch Scher- und Mischteile mit diesem Schneckentyp kombiniert.

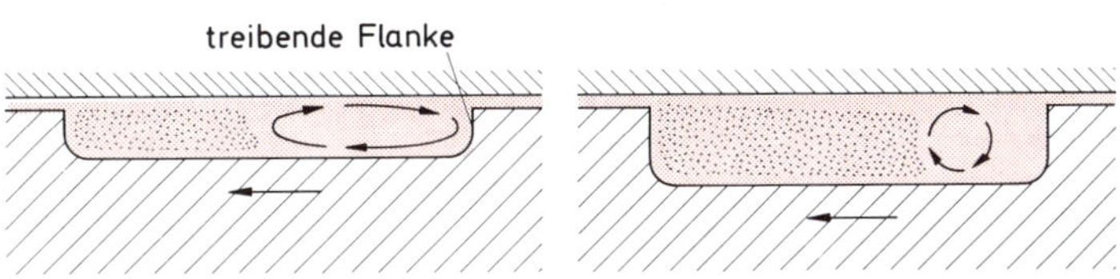


*Bild 5.14 Der Aufschmelzvorgang im Schneckengang*

## 5.4.4 Homogenisieren der Schmelze

Nach erfolgter Aufschmelzung muß die Schmelze **homogenisiert*** werden. Das bezieht sich sowohl auf die Zusammensetzung von Kunststoffschmelze und Zuschlagstoffen als auch auf die Temperaturgleichheit der Schmelze. Die Randschichten der Schmelze am Zylinder und an der Schnecke haben nach Beendigung des Aufschmelzens noch wesentlich höhere Temperaturen als die Masse in der Gangmitte.
Das Durchmischen wird durch die komplizierten Strömungsverhältnisse, die sich in den bis zur Schneckenspitze noch verbleibenden Schneckengängen abspielen, erreicht.

Neben der Axialströmung (Abwälzen vor der Schubflanke) sind die Radialströmung (Rotationsbewegung), die Negativströmung, hervorgerufen durch das Druckmaximum im Schneckenzylinder und die Leckströmung (Schmelze, die über die Schneckenstege zurückströmt) für die Homogenisierung maßgebend (Bild 5.15).

Im Zusammenhang mit den genuteten Einzugsbuchsen wurden Schnecken mit Scher- und Mischteilen erwähnt. Diese Einsatzteile verbessern die Homogenisierleistung der Schnecke wesentlich.
Im Bereich des Scherteils wird die gerade aufgeschmolzene Kunststoffmasse über einen schmalen Schlitz zwischen Scherteil und Zylinderwand gedrückt. Durch die Scherung wird die Schmelze stärker erwärmt; sie wird dünnflüssiger. Schließt man kurz danach eine Mischzone an, so ist der Verteileffekt besonders günstig. Die Mischung erfolgt dadurch, daß der Massestrom durch viele auf den Schneckenkern gesetzte Nocken geteilt und wieder zusammengeführt wird.
Bei den Doppelschneckenextrudern kommt als weitere Homogenisierhilfe das **Kneten** im **Spalt** hinzu. Das Kneten ist ein im Überlappungsbereich der Schnecke stattfindendes Auswalzen der Kunststoffschmelze aus den jeweiligen Schnekkenkammern. Dabei treffen sich die Materialströme in den Übergangsspalten von Schnecke zu Schnecke und durchmischen sich innig miteinander.

Bei all diesen Homogenisiervorgängen wird die Schmelze geschert, d.h., die einzelnen Schmelzeteilchen werden aneinander gerieben. Dabei entsteht **Reibungswärme** (**Scherwärme**).

* innig vermischt

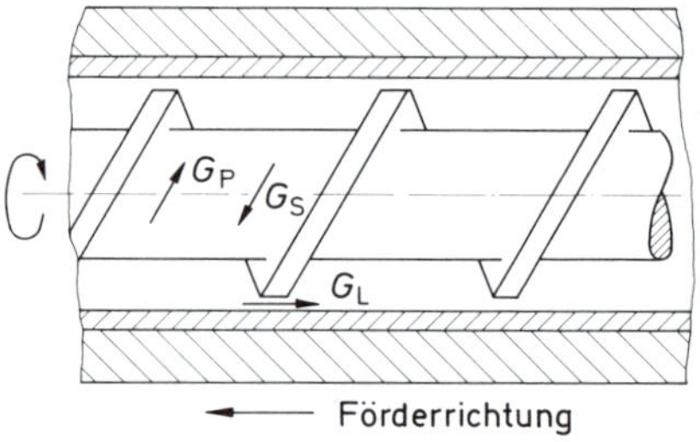


*Bild 5.15 Schematische Darstellung von Druck-, Schlepp- und Leckströmung im Plastifizierzylinder*

Je höher die Schneckendrehzahl ist, desto höher ist auch die Scherwärme.
Es gibt Extruder für Kunststoffe mit einem weiten Schmelzbereich, z.B. PE, die mit hohen Schneckendrehzahlen und ohne äußere Heizung betrieben werden. Diese werden als adiabatisch oder autotherm arbeitende Extruder bezeichnet. Die Drehzahlen liegen je nach Schneckendurchmesser zwischen 200 und 500 $min^{-1}$.

## 5.4.5 Druckaufbau im Extruderzylinder

Die Förderung der Masse durch die Schnecke gegen einen Widerstand bewirkt, daß sich im Innern des Zylinders ein Druck einstellt.

Der Widerstand wird hervorgerufen durch die Engstelle zwischen Schneckenzylinder und Werkzeugkopf sowie durch die Größe und Gestalt der Austrittsöffnung des Werkzeugs.
Eine bestimmte Druckhöhe im Schneckenzylinder ist für die Forderung, eine homogene Schmelze zu erzielen, notwendig. Das **Druckmaximum** wird sich an irgendeiner Stelle im Schneckenzylinder einstellen. Von dort wirkt der Druck auch in Richtung auf die Einzugszone der Schnecke — also entgegengesetzt zur Förderrichtung – und ruft damit die Negativströmung hervor (Bild 5.16). Bei modernen Extrudern besteht die Möglichkeit, zwischen Schneckenspitze und Werkzeugkopf einen Druckfühler einzusetzen und diesen Meßwert zur Fertigungskontrolle heranzuziehen.
Der Druckverlauf bei Entgasungsschnecken ist aus dem Bild 5.13 zu ersehen. Hier erhält man zwei Druckmaxima und eine Dekompressionszone, in der die Entgasung stattfindet.
Der Druckaufbau beginnt bei den gegenläufigen Doppelschneckenextrudern erst in den letzten Gängen der Austragszone und erreicht sein Ma-

ximum an der **Drosselstelle** zwischen Zylinder und Werkzeugkopf. Bei den gleichlaufenden Doppelschneckenmaschinen ergibt sich aus den nicht abgeschlossenen Kammern eine bessere Druckfortpflanzung im Schneckenzylinder, wobei jedoch auch hier der höchste Massedruck an den Schneckenspitzen entsteht.

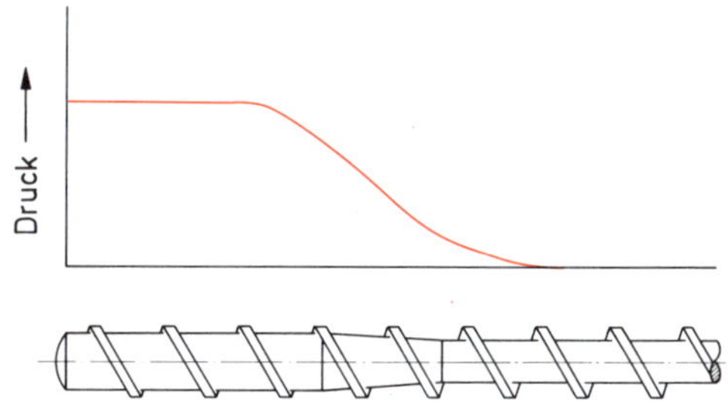


*Bild 5.16 Druckverlauf über der Schneckenlänge*

# 5.5 Extruderwerkzeuge

Am Ende des Schneckenzylinders ist das formgebende Werkzeug befestigt. Dieses ist so gestaltet, daß die Kunststoffschmelze allmählich in die gewünschte Querschnittsgestalt überführt wird.

Dabei ist darauf zu achten, daß der Fließkanal sich von der Anströmung bis zur Parallelführung möglichst stufenlos der Querschnittsgestalt des herzustellenden Strangs anpaßt, damit die Schmelze mit gleicher Fließfrontgeschwindigkeit aus dem Werkzeug austreten kann und nicht in toten Winkeln verweilt (Zersetzung der Kunststofformmasse).
Beim Übergang der Kunststoffschmelze vom Schneckenzylinder in das Werkzeug durchströmt die Schmelze eine Engstelle, die für den Druckaufbau im Zylinder notwendig ist. Eine zusätzliche Drosselmöglichkeit erreicht man durch den Einsatz einer **Lochscheibe,** die sich außerdem für die Aufnahme eines **Drahtsiebes** eignet (Bild 5.17). Auch andere Vorrichtungen zur Schmelzedrosselung, wie die **Spaltverstellung** zwischen Schneckenspitze und konischer Gegenwand oder eine **Drosselschraube,** haben sich in der Praxis bewährt.

Grundsätzlich ist ein Werkzeug in die drei Abschnitte
1. Anströmteil,
2. Übergangsteil und
3. Parallelführung aufgeteilt.

Das Anströmteil führt die Schmelze vom kreisrunden Zylinderquerschnitt zu einem Kanalquerschnitt, der annähernd die Außenkonturen des Profils besitzt. Im Übergangsteil wird der Schmelze die Profilgestalt gegeben.
Die Parallelführung dient nur noch zur Beruhigung des Schmelzflusses.

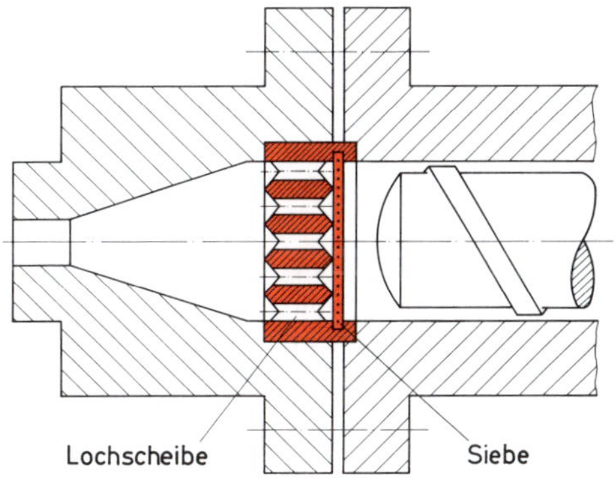


*Bild 5.17 Lochscheibe zwischen Extruderzylinder und Werkzeug*

## 5.5.1 Werkzeuge zur Herstellung von Rohren und Profilen

Für die Rohr- und Hohlkammerprofilherstellung werden Werkzeuge eingesetzt, in deren Innenhohlraum Verdrängerkörper eingebaut sind. Diese **Verdrängerkörper** werden im Werkzeug fest fixiert, d.h., sie werden von mehreren **Stegen** oder von **Siebkränzen** getragen.
Damit die von den Haltevorrichtungen geteilten Masseströme wieder homogen ineinanderfließen und verschweißen, ist der Haltevorrichtung eine Kompressionszone nachgeschaltet, die normalerweise nichts anderes darstellt als eine Verjüngung des Fließkanals.
An der bildlichen Darstellung des Rohrwerkzeugs (Bild 5.18) ist zu erkennen, wie sich der Querschnitt des Fließkanals nach dem Dornhalter bis zur Parallelführung verkleinert.
Damit die Wanddicke des Rohres an jeder Stelle des Umfangs gleich ist, sind vier von außen radial verstellbare Schrauben zum **Zentrieren** der Düse am Werkzeug angebracht. Die Zuführung von Druckluft über eine Stegbohrung kann für die anschließende Kalibrierung vielfach notwendig sein.

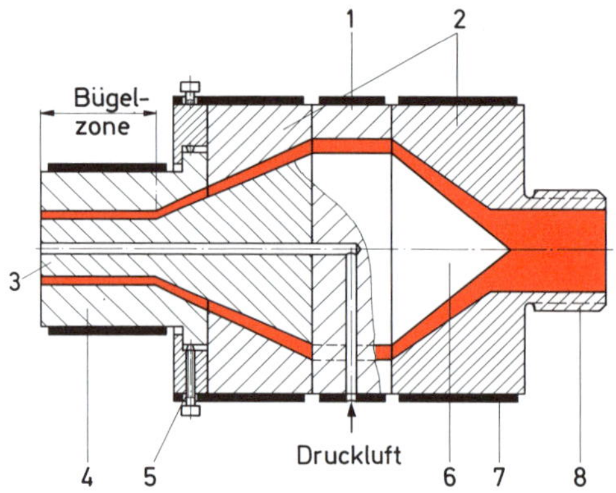


*Bild 5.18 Verdrängerkörper im Rohrkopf*
*1 Dornhalter, 2 Gehäuse, 3 Dorn, 4 Düse,*
*5 Zentrierung, 6 Verdrängerspitze, 7 Heizband,*
*8 Extruderanschluß*

Für Polyethylengroßrohre mit Rohrdurchmessern von mehr als 400 mm sind **Wendelverteiler-** oder **Siebkorbwerkzeuge** hinsichtlich der Baugröße und des Durchsatzes gegenüber denen mit Dornhaltern überlegen. Durch den Wegfall des Verjüngungskanals ist der Werkzeugkopf im Verhältnis zur Größe des Rohrdurchmessers nicht mehr so groß dimensioniert.
Beim Wendelverteilerwerkzeug wird die Schmelze vom zentralen Einlaufkanal sternförmig durch mehrere Verteilerbohrungen den Wendelkanälen zugeführt. Von dort fließt die Schmelze sowohl wendelförmig als auch über die Überströmspalten der Austrittsöffnung entgegen (Bild 5.19).
Beim Siebkorbwerkzeug ist der Bereich des Dornhalters als Siebkorb ausgebildet, wobei die Schmelze von innen nach außen fließt.

Kunststoffprofile, die durch Extrusion herstellbar sind, kann man in die drei Gruppen

1. Hohlkammerprofile,
2. offene Profile und
3. Vollstabprofile

einteilen. Dementsprechend sind die Werkzeuge verschiedenartig gestaltet. Grundsätzlich gelten für die material- und fertigungsgerechte Gestaltung eines Profils folgende Forderungen:

- □ Der Querschnitt soll so einfach wie möglich sein.
- □ Materialanhäufungen sind unbedingt zu vermeiden.
- □ Die Wanddicken sollen möglichst gleich gehalten werden.
- □ Sind unterschiedliche Wanddicken für ein Profil nicht zu vermeiden, so ist der Querschnitt symmetrisch aufzubauen. Jetzt können durch unterschiedliche Abkühlgeschwindigkeiten auftretende Spannungen im Gleichgewicht gehalten werden.

Für **Hohlprofile** gilt:

- □ Stege, die die Hohlkammern voneinander abgrenzen, sollen in ihrer Wanddicke wegen der unterschiedlichen Abkühlgeschwindigkeit etwas dünner sein als die Außenwandung.
- □ Die Hohlräume bzw. die Kammern eines Hohlprofils sollen nicht zu klein sein, da die Kerneinsätze im Werkzeug sonst nicht genügend biegesteif sind.
- □ Sind an einem Hohlprofil flache Leisten oder Rippen angebracht, so sollen diese möglichst kurz ausgeführt sein, da sie nach Verlassen des Düsenmundstücks schneller abkühlen. Erstarren die Leisten oder Rippen eher als das Hohlprofil, kann das zum Verzug des Hohlprofils führen. Ein strömungsgünstig gestaltetes Hohlkammerprofilwerkzeug ist als Perspektivschnitt im Bild 5.20 zu sehen.

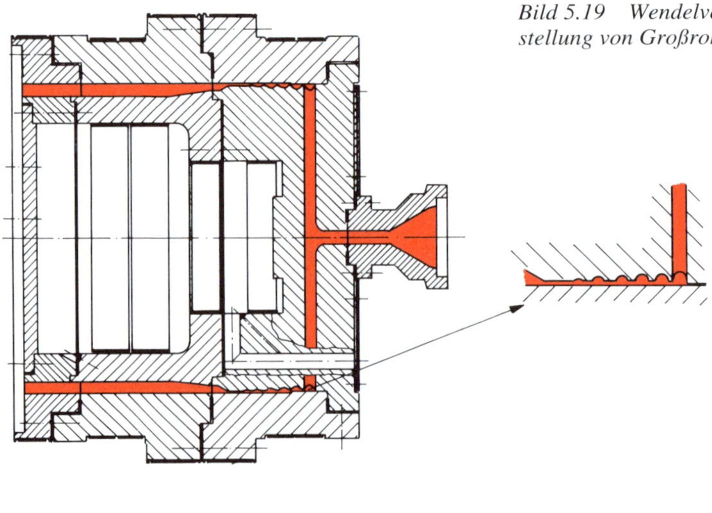

*Bild 5.19 Wendelverteilerwerkzeug für die Herstellung von Großrohren aus Polyolefinen*

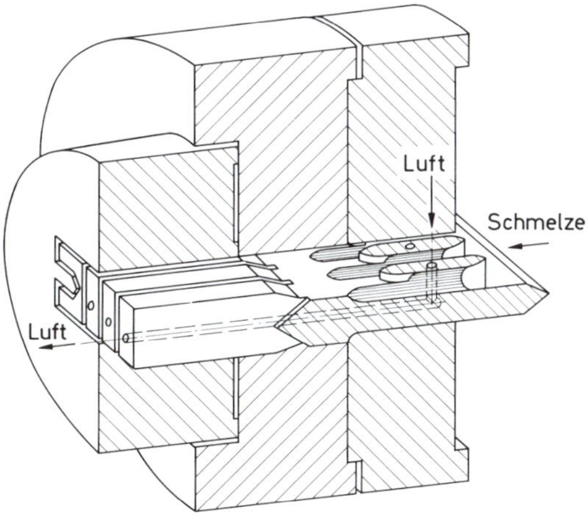


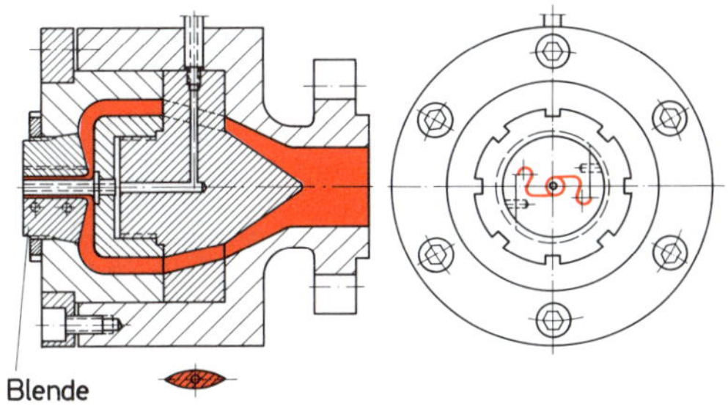


*Bild 5.21 Blendenwerkzeug*

◀ *Bild 5.20 Perspektivschnitt durch eine Profilwerkzeug*

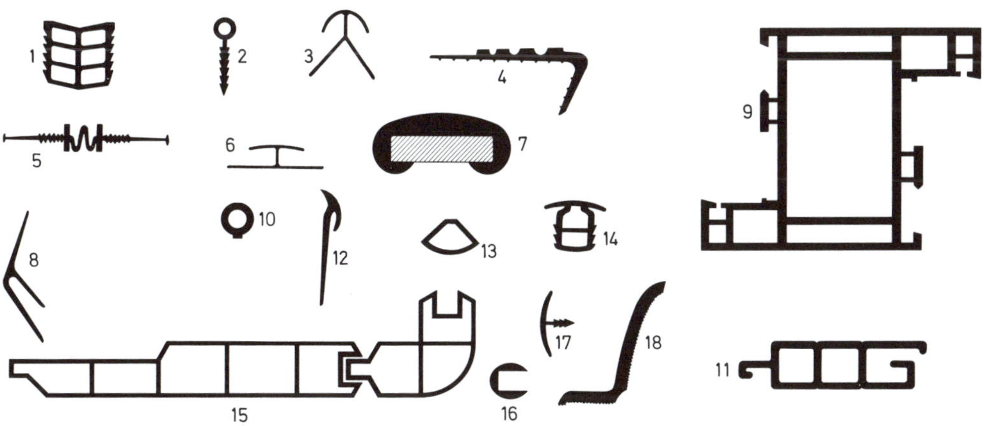


*Bild 5.22 Auswahl einiger extrudierter Profile aus PVC hart und weich*

*1 Klemmfugenprofil*
*2 Keder*
*3 Verbindungsprofil*
*4 Treppenstoßkante*
*5 Dehnungsprofil für das Bauwesen*
*6 Verbindungsprofil*
*7 Treppenhandlaufprofil*
*8 Sockelleiste*
*9 PVC-Fensterprofil*
*10 Schlauchprofil*
*11 Rolladenprofil*
*12 Randleiste*
*13 Fußbodenabschlußprofil*
*14 Klemmfugenprofil*
*15 Spundwandprofil mit Eckprofil*
*16 Abschlußprofil*
*17 Tischumleimer*
*18 Wischleiste für Möbelbau*

Dank moderner Werkzeugmaschinen (Drahterosion) bereitet dem Werkzeugmacher die Herstellung von strömungsgünstig ausgebildeten Fließkanälen im Werkzeug keine allzugroßen Schwierigkeiten mehr. Trotzdem ist die Nacharbeit von Hand in der Einfahrphase des Werkzeugs kaum zu umgehen.

Bei kleineren Auftragsgrößen sowie bei der Herstellung verschiedener Profile einfacher Gestalt und ähnlichem Querschnitt, kann ein **Blendenwerkzeug** (Bild 5.21) hinsichtlich der Wirtschaftlichkeit Vorteile bringen. Dieses Werkzeug mit eingebautem Verdrängerkörper besitzt an der Austrittsseite eine auswechselbare Blende, die den entsprechenden Durchbruch für das gewünschte Profil enthält. Darüber hinaus sind weitere Bauteileinsätze im Werkzeug auswechselbar, so daß das Stammwerkzeug vielseitig verwendbar ist.

Eine Auswahl aus der großen Zahl der möglichen Profile zeigt Bild 5.22.

## 5.5.2 Werkzeuge für Flachfolien und Tafeln

Zur Herstellung von Flachfolien und Tafeln verwendet man Werkzeuge, in denen sich der Massestrom seitwärts ausbreiten muß. Die Fließfrontbreite kann dabei bis zu 3 m bei Spalthöhen von 0,5 bis 30 mm betragen.

Die Schwierigkeit bei der Gestaltung der Werkzeuge liegt darin, eine **gleichmäßige Fließfrontgeschwindigkeit** für die Schmelze über die gesamte Breite bei Austritt aus dem Werkzeug zu bekommen. Werkzeuge, die diesem Problem Rechnung tragen, sind als **Breitschlitzdüsen** in kurzer Baulänge konzipiert und mit einem **Staubalken** ausgerüstet.

Bei der Staubalkendüse (Bild 5.23) wird der Massestrom vom Schneckenzylinder in einen runden Querkanal gebracht. Von dort fließt die Schmelze durch einen Längsschlitz ab und passiert den Staubalken. Der Staubalken ist von einer großen Anzahl Stellschrauben so einstellbar, daß die Fließfrontgeschwindigkeit an jeder Stelle korrigiert werden kann. Eine letzte Korrekturmöglichkeit erlauben die **Düsenlippen,** die außerdem der Kunststoffschmelze die nötige Oberflächenglätte verleihen und als Parallelführung fungieren.

Die **Kleiderbügeldüse** (Bild 5.24), hauptsächlich für das temperaturempfindliche PVC hart entwickelt, hat in der Draufsicht die Form eines Kleiderbügels. Der Verteilerkanal verjüngt sich dabei bis zu den seitlichen Enden der Düse. Der im Anschluß an den Verteilerkanal parallel geführte Kanal besitzt je nach Abstand von der

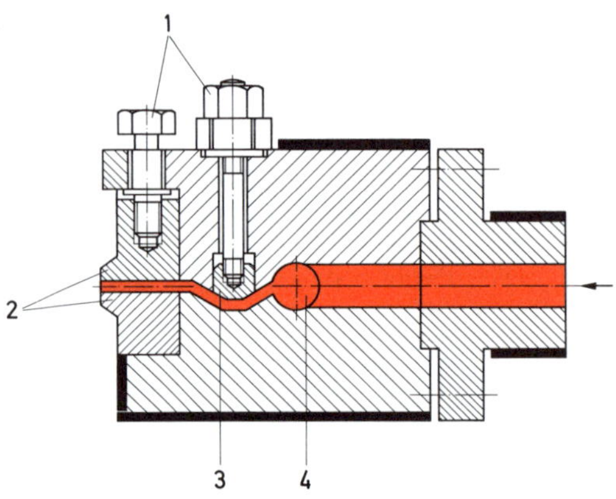


*Bild 5.23 Schnitt durch einen Breitschlitzkopf – Seitenansicht*
*1 Stellschrauben, 2 Lippen, 3 Staubalken, 4 Verteilerkanal*

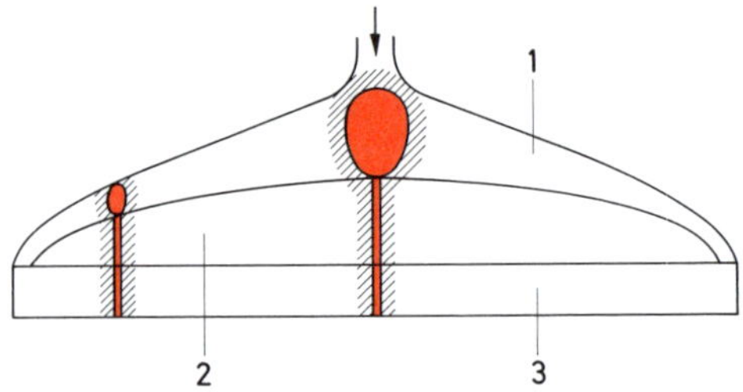


*Bild 5.24 Kleiderbügeldüse*
*1 Verteilerkanal, 2 Vorlaufzone, 3 Lippenbereich*

Mitte unterschiedliche Längen bis zum Austritt. Die «Kurvenführung» des Kanalverlaufs läßt sich annähernd über eine komplizierte Formel berechnen. Die letzte Korrekturmaßnahme ist aber nur durch Nacharbeit am Kurvenverlauf des Verteilerkanals bei vorher durchgeführten Versuchen mit der entsprechenden PVC-Rezeptur, aber auch durch Einsatz eines Staubalkens möglich.

## 5.5.3 Blasfolienwerkzeuge

Bei den Blasfolienwerkzeugen wird in der Regel die Kunststoffschmelze im Werkzeug aus fertigungstechnischen Gründen in einem Winkel von 90° umgelenkt und tritt entweder nach oben oder unten als Schlauch aus. Der Schlauch wird zu einem Folienschlauch aufgeblasen.

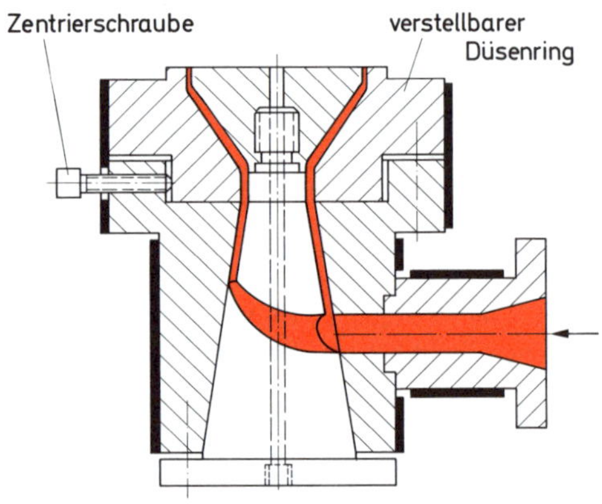


*Bild 5.25 Radial angeströmter Blaskopf*

Für kleinere bis mittlere Schlauchfoliendurchmesser und temperaturunempfindliche Kunststoffe hat sich der Blaskopf mit **Dorn** (Pinole) 10und radialer Anströmung bewährt (Bild 5.25).

Der Massestrom trifft hierbei seitlich auf den Dorn und umfließt ihn in einem **Ring-** oder **Herzkurvenkanal.**
Fließwegunterschiede werden durch Begünstigung eines Teilflusses und Behinderung des anderen korrigiert.
Eine andere Art Blasfolienwerkzeug, insbesondere für PVC-Folien, ist der zentral angeströmte Blaskopf (Bild 5.26). Die aus dem Extruder kommende Kunststoffschmelze wird von einem Krümmer umgelenkt, trifft auf die Kegelspitze des Verdrängerkörpers, passiert die Dornhaltestege und tritt aus einem Ringspalt ins Freie.
Bei großen Schlauchfoliendurchmessern sind verschiedene Blaswerkzeugausführungen entwickelt worden. Eine bewährte Konstruktion ist die mit zentraler Anströmung und schraubenförmiger Verteilung der Schmelze um den Dorn (Bild 5.27, vergleiche auch Bild 5.19).

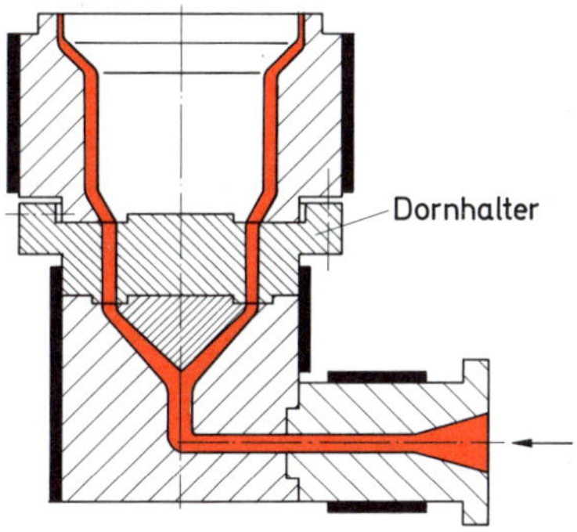


*Bild 5.26 Zentral angeströmter Blaskopf*

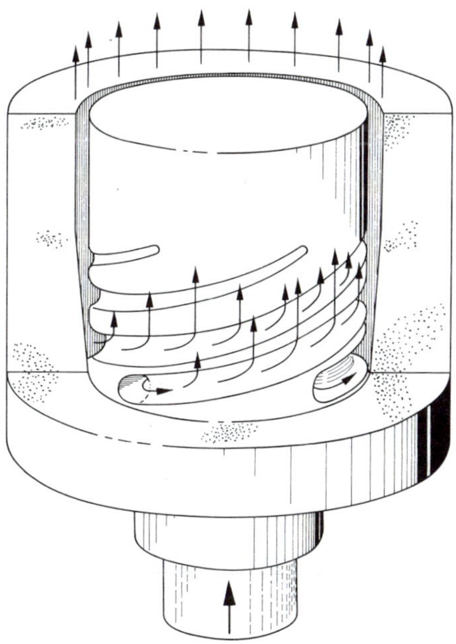

*Bild 5.27 Spiraldornkopf*

### 5.5.4 Werkzeuge zum Ummanteln

> Sollen andersartige Werkstoffe mit Kunststoff ummantelt werden, setzt man Winkelköpfe ein, durch die der zu ummantelnde Werkstoff gezogen wird.

Das wohl bekannteste Beispiel dazu ist die Draht- und Kabelummantelung. Die Ummantelung erfolgt entweder innerhalb oder außerhalb des Werkzeugs (Bild 5.28).
Für die Erstisolierung eines Drahtes setzt man gewöhnlich das Werkzeug mit **Innenummantelung** ein. Werden mehrere verseilte oder mehrere schon isolierte Leiterdrähte umspritzt, bietet sich die **Außenummantelung** an.

*Bild 5.28 Prinzip der Kabelummantelung*
*I Ummantelung innerhalb des Werkzeugs,*
*II Ummantelung außerhalb des Werkzeugs*

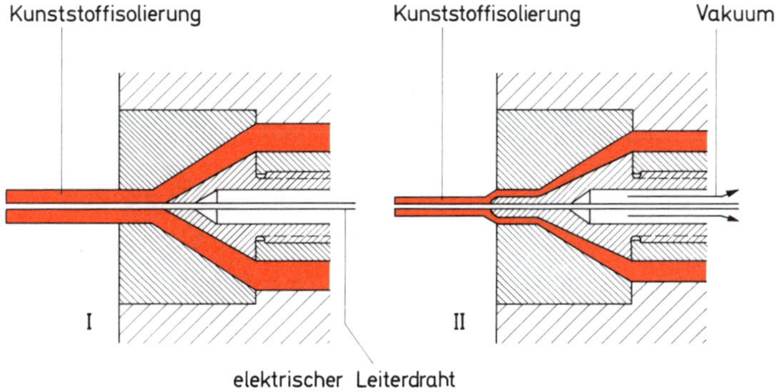

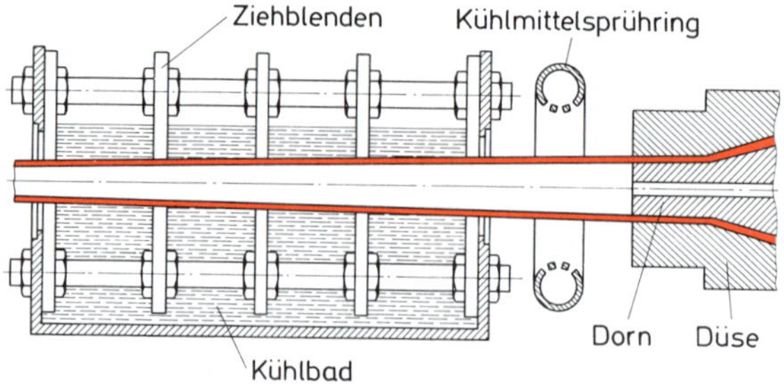


*Bild 5.29 Rohr-Außenkalibrierung mit Ziehblenden*

## 5.6 Nachfolgeeinrichtungen

Nachdem der Kunststoffschmelze durch das Werkzeug die Gestalt gegeben wurde, muß diese bis zum Erstarren erhalten bleiben. Danach wird das Extrudat von einer Abzugsvorrichtung mit einer der Extrudierleistung angepaßten Geschwindigkeit abgezogen. Anschließend wickelt man auf oder schneidet den Strang in bestimmte Längen. Je nach Aufgabenstellung sind die Nachfolgeeinrichtungen sehr verschieden.

### 5.6.1 Kalibriereinrichtungen

> Die Aufgabe der Kalibrierung ist es, die dem Extrudat vorgegebene Querschnittsgestalt maßgerecht bis zum Erstarren der Kunststoffschmelze zu erhalten.

Hierfür gibt es verschiedene Möglichkeiten. Offene, aber auch einfache Hohlprofile lassen sich durch mehrere hintereinandergesetzte **Ziehblenden,** die sich nach hinten von Blende zu Blende geringfügig in der Innenkontur verjüngen, ziehen (Bild 5.29). Dabei ist ein leichtes Unterziehen, d.h., die Abzugsgeschwindigkeit ist etwas höher als die Extruderleistung des Strangs, nötig. Zum Zwecke der Kühlung des Strangs werden die Blenden vielfach in Wasserbäder gesetzt oder von Wasserduschen besprüht.

Es ist auch möglich, offene Profile mittels längerer Rutschbahnen oder rinnenartig ausgebildeter Kalibriereinrichtungen in ihre endgültige Form zu bringen. Dazu muß das Profil mit leichtem Druck in die Kalibriermulde eingedrückt werden. Neben einfachen Niederhaltevorrichtungen in Form von Drahtbügeln, Walzen oder Rollen setzt man auch gekühlte, konturgenaue Gegenformen auf das Profil auf. Die Oberflächen der Kontaktstellen sind sehr glatt und meist hartverchromt. Hohlprofile werden durch zwei oder mehrere **Vakuumkammern,** die sich über die Kalibrierstrecke verteilen, an die Kalibrierinnenwand angesaugt.

> Bei Rohren ist der Außendurchmesser genormt und wird daher maßgerecht kalibriert. Die wichtigsten Kalibrierarten hierfür sind die Vakuum- und die Druckluftkalibrierung mit Schleppstopfen.

Die **Vakuumkammerkalibrierung** (Bild 5.30) arbeitet mit gekühlter Kalibrierdüse und Vakuumkammer.

Von der Vakuumkammer führen kleine Bohrun-

*Bild 5.30 Rohr-Außenkalibrierung mit Vakuumkalibrierdüse*
*1 Dorn,*
*2 Düse,*
*3 Wassereinlauf,*
*4 Vakuum,*
*5 Wasserauslauf*

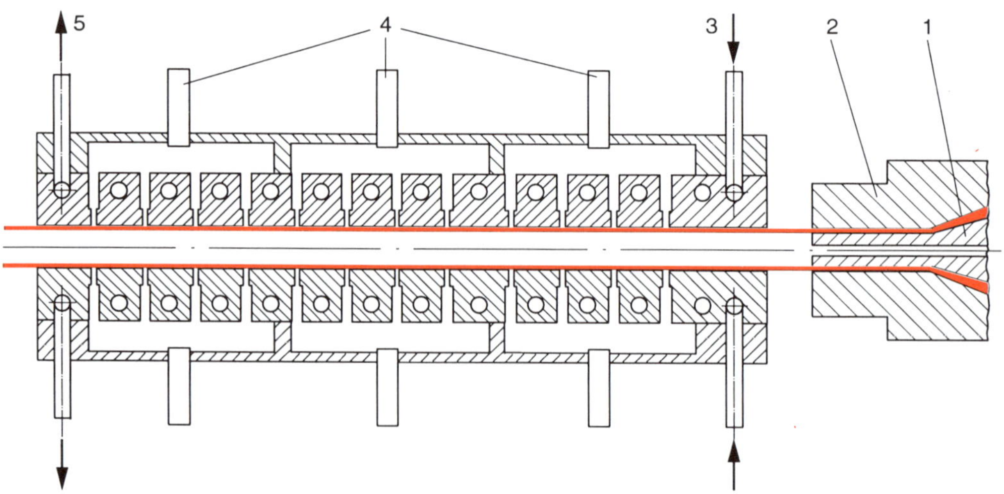

*Bild 5.31*
*Rohr-Außenkalibrierung im Vakuumtank*
*1 Dorn, 2 Düse, 3 Kalibrierringe, 4 Vakuumanschluß, 6 Kühlbad, 7 Dichtung, 8 Wasserzulauf, 9 Kalibrierbuchse, 10 Wasserablauf*

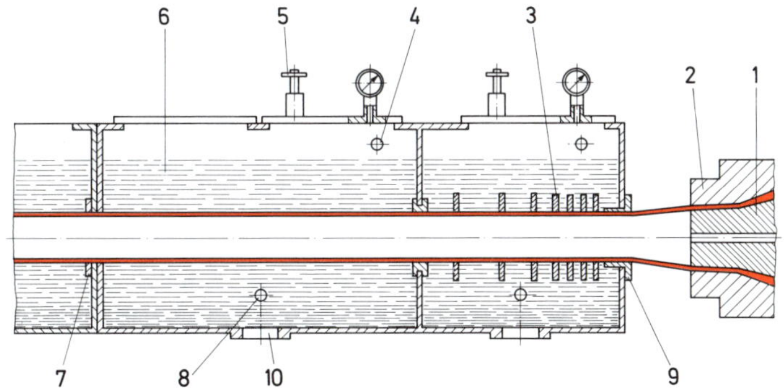


*Bild 5.32*
*Rohr-Außenkalibrierung mit Druckluft und Schleppstopfen*
*1 Dorn, 2 Düse, 3 Kalibrierbuchse, 4 Kühlbad, 5 Schleppstopfen, 6 Isolierung*

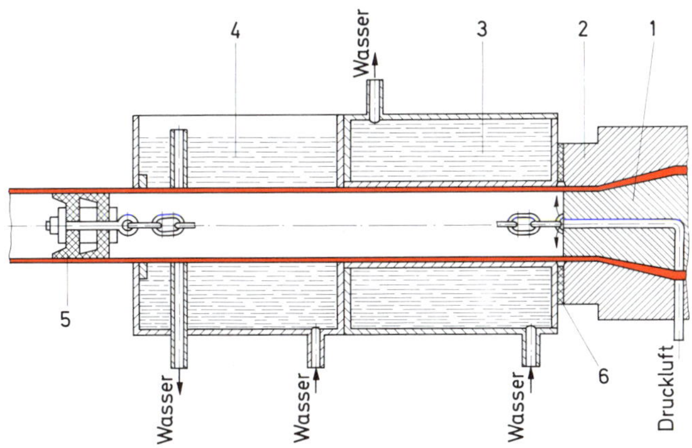


gen oder Schlitze in die Kalibrierdüse zum plastischen Rohr oder Hohlprofil, das dann durch das Vakuum an die gekühlte Innenwand der Kalibrierdüse angesaugt wird.

Eine Variante der Vakuumkammerkalibrierung ist die **Vakuumtankkalibrierung** (Bild 5.31), die sich aufgrund ihrer Einfachheit und größeren Wirtschaftlichkeit für Rohre von kleinen bis zu großen Durchmessern (bis 1200 mm) eingeführt hat. In einem geschlossenen Tank sind eine Einlaufbuchse und mehrere Stützblenden oder ein Loch- bzw. Schlitzkorb untergebracht. Der Tank ist bei kleineren Rohren bis etwa 80% mit Kühlwasser gefüllt. Bei größeren Rohren sind im Vakuumtank mehrere Wasserduschen rings um das Rohr angeordnet, die für eine intensive Kühlung des plastischen Extrudats sorgen. Die Einlaufbuchse ist doppelmantelig und wird separat gekühlt. Den Luftraum im Tank evakuiert man mit einer Vakuumpumpe. Der im Inneren des Rohres herrschende Atmosphärendruck wird gegen das Vakuum im Tank wirksam und drückt das Rohr gegen die Einlaufbuchse sowie die Stützblenden bzw. den Loch- oder Schlitzkorb.

Bei der meist für Großrohre noch angewandten **Druckluftkalibrierung** wird mittels Druckluft das plastische Rohr gegen ein gekühltes Kalibrierrohr gedrückt. Es ist dabei für den kontinuierlichen Betrieb notwendig, das Rohrinnere mit einem am Dorn befestigten Schleppstopfen zu verschließen (Bild 5.32). Die Luftzufuhr erfolgt über die Dornbohrung. Sollte gelegentlich eine Innenkalibrierung erforderlich sein, zieht man das Rohr über einen längeren gekühlten Stopfen.

Tafelbahnen werden von einem **3-Walz-Werk (Glättwalzwerk)** kalibriert. Ebenso wie bei der Folienherstellung durch Kalandrieren erhält man die Tafeldicke durch die Spalteinstellung zwischen zwei hartverchromten spiegelglatten Walzen. Allerdings arbeitet man hierbei ohne oder mit geringem Stauwulst vor dem Walzspalt.

Elastische Extrudate, wie PVC-weich-Profile oder Folien, werden nicht kalibriert. Hier sorgt man dafür, daß die Kunststofformmasse direkt nach dem Verlassen des Werkzeugs schockartig im Wasserbad abgekühlt wird.

### 5.6.2 Kühleinrichtungen

Die erste – bei der Kalibrierung einsetzende – Kühlung ist meist nicht ausreichend, so daß man das Extrudat nach dem Verlassen der Kalibrierung weiter kühlen muß. Als Kühlmedien werden **Wasser** und **Luft** verwendet.

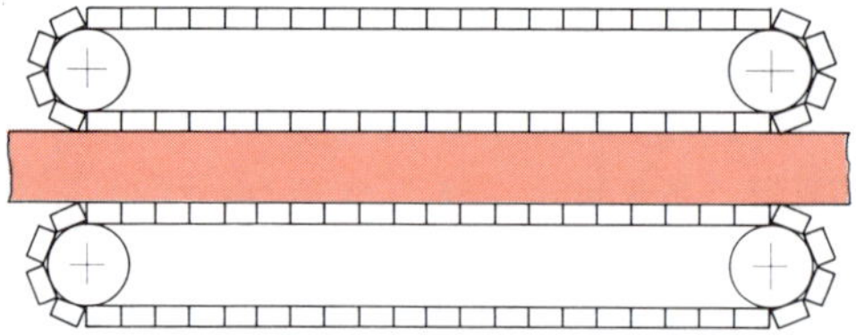

*Bild 5.33 Raupenabzug*

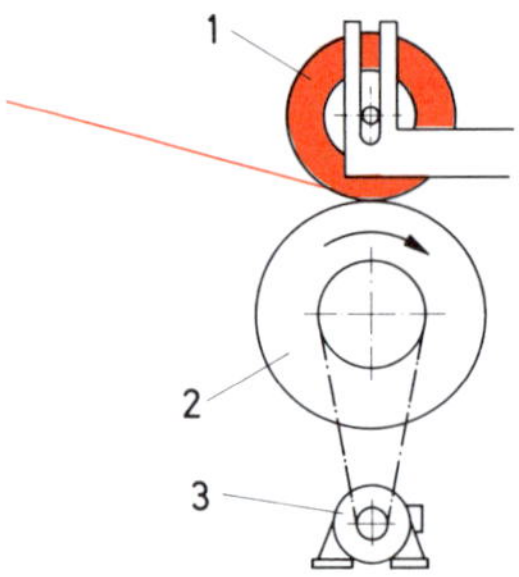


*Bild 5.34 Folienaufwickler mit indirektem Antrieb über eine Walze*
*1 Wickel, 2 Antriebswalze, 3 Motor*

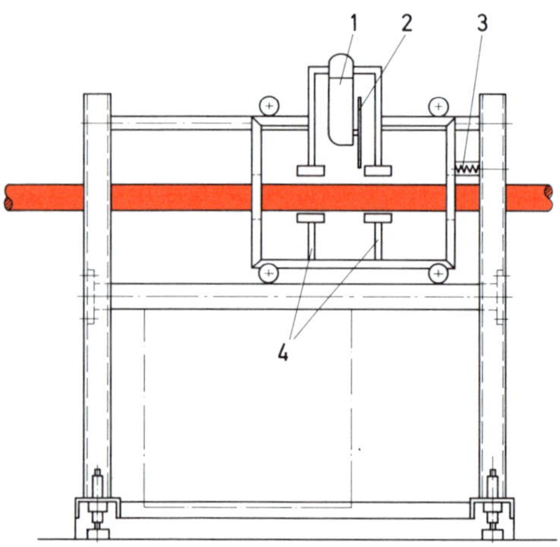


*Bild 5.35 Trenneinrichtung mit schwenkbarer Kreissäge*
*1 Sägemotor, 2 Sägeblatt, 3 Rückholfeder, 4 Festklemmelemente*

Bei dickwandigen Extrudaten ist eine Intensivkühlung durch **Wasserbad** oder **Wasserduschen** unumgänglich. Für Profile mit geringer Wanddicke oder für Folien und Tafelbahnen genügt die Luftkühlung. Anwendung finden hierbei **Luftduschen, Schlitz-** und **Ringdüsen** sowie die freie Luftstrecke.

### 5.6.3 Abzugseinrichtungen

Der Kühlstrecke ist eine Abzugseinrichtung nachgeschaltet. Vom Abzug wird das Extrudat erfaßt und mit einer gleichbleibenden Geschwindigkeit vom Extruder abgezogen. Die Abzugsgeschwindigkeit ist dabei der Förderleistung des Extruders angepaßt. Zum schlupffreien Ziehen ist eine mehr oder minder starke Anpreßkraft auf das Extrudat erforderlich.
Bei der Rohr- und Profilextrusion werden hauptsächlich **Raupenabzüge** eingesetzt (Bild 5.33). Außerdem verwendet man je nach Extrusionsprodukt **Band-, Rollen-, Walzen-** oder **Trommelabzüge.**

### 5.6.4 Aufwickeleinrichtungen

Elastische Extrudate wickelt man in der Regel aus raumsparenden Gründen auf.
Neben den klassischen Wickelprodukten, wie Folien und Kabel, werden auch Weichprofile und Rohre kleineren bis mittleren Durchmessers aus Polyethylen weich aufgewickelt.
Die Wickelantriebe müssen so konstruiert sein, daß sie das Wickelgut mit gleichbleibender Geschwindigkeit aufwickeln. Weil sich der Durchmesser des Wickels bei jeder Umdrehung vergrößert, ist die Drehzahl des Wickels laufend zu verringern und das Drehmoment zu erhöhen. Wickler, die die genannte Forderung erfüllen, arbeiten mit direktem Antrieb unter Verwendung von Gleichstrom-Reihenschlußmotoren und Drehmomentwandlern. Bei der Folienaufwicklung findet man auch häufig den indirekten Antrieb über eine Walze (Bild 5.34).

### 5.6.5 Trennvorrichtungen

Hartspröde Extrudate müssen zur Lagerung und zum Transport in gleich lange Abschnitte abgelängt werden. Hierfür verwendet man **Sägen, Abstechstähle** oder **Schlagscheren.** Bei längerdauerndem Trennvorgang muß die Trennvorrichtung mit dem Extrudat bewegt werden. Dafür setzt man Gestellwagen ein, die z.B. eine Säge enthalten und auf Rollen mitgeführt werden (Bild 5.35). Nach erfolgtem Trennvorgang wird der Gestellwagen wieder in seine Ausgangsposition zurückgebracht.

## 5.7 Extruderanlagen

Hierunter versteht man die gesamte Produktionseinrichtung zur Herstellung eines bestimmten Extrudats – ausgehend vom Kunststoffgranulat oder -pulver.

> Zu einer Extruderanlage gehören der Extruder, das formgebende Werkzeug, die Kalibrier-, die Kühl-, die Abzugs- und die Wikkel- oder Trenneinrichtung.

Vielfach sind weitere Geräte und Vorrichtungen in eine Extruderanlage integriert, so z.B. Wanddickenmeßgeräte oder Signiergeräte zum Prägen wichtiger Daten auf Rohre oder Stanzgeräte, zur Herstellung geschlitzter Rolladenstäbe oder Muffgeräte, zur Formung von Muffen als Steckverbindung bei PVC-Rohrleitungen. Außerdem kann man Extrudatabnahmegeräte, z.B. Vakuumsaugarme bei der Tafelabnahme oder Kipprinnen bei Rohren sowie Stapeleinrichtungen dazuzählen.

### 5.7.1 Anlagen zur Herstellung von Rohren und Profilen

> Eine Extruderanlage zum Herstellen von Rohren und Profilen besteht aus einem Extruder, einem Rohr- oder Profilwerkzeug, einer Kalibrierung, einer Kühlstrecke, einem Raupen- oder Rollenabzug, einer Trennvorrichtung und einer Kipprinne (Bild 6.36).

Als Kunststoff für die Rohr- und Profilextrusion verwendet man u.a. PVC hart und weich, PE, PP, PA, SB, ABS, PMMA und POM.
Für die Granulatverarbeitung wählt man einen Einschnecken-, für die PVC-Pulververarbeitung zur Herstellung dickwandiger Rohre oder Profile einen Doppelschneckenextruder.
Welche Kalibriereinrichtung eingesetzt wird, richtet sich nach den jeweiligen Extrudaten, die hergestellt werden sollen. Gleiches gilt natürlich auch für den Einsatz der Kühlstrecke, des Abzugs und der Trennvorrichtung.
Bei Rohren kleineren bis mittleren Durchmessers verwendet man Vakuumkalibriereinrichtungen. Großrohre lassen sich nur durch das Kalibrieren mit Druckluft und Schleppstopfen fertigen.
Die Kühlstrecken für Rohre sind im allgemeinen Wasserbäder oder Kammern mit mehreren um den Umfang des Rohres verteilten Wasserduschen. Nach der Kühlung kann eine Beschriftung

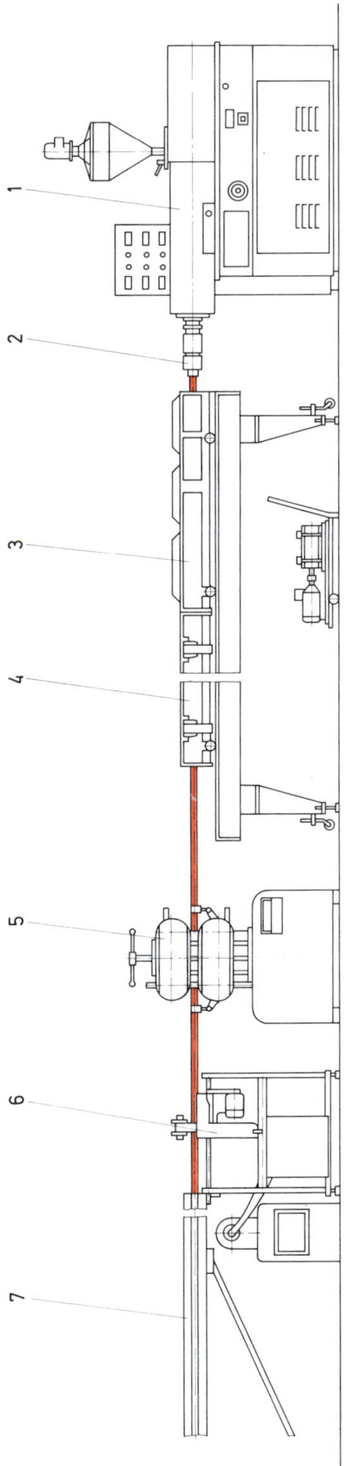


*Bild 5.36 Rohrextrusionsanlage*
*1 Extruder, 2 Rohrkopf, 3 Kalibrierung, 4 Wasserbad, 5 Raupenabzug, 6 Trennsäge, 7 Kipprinne*

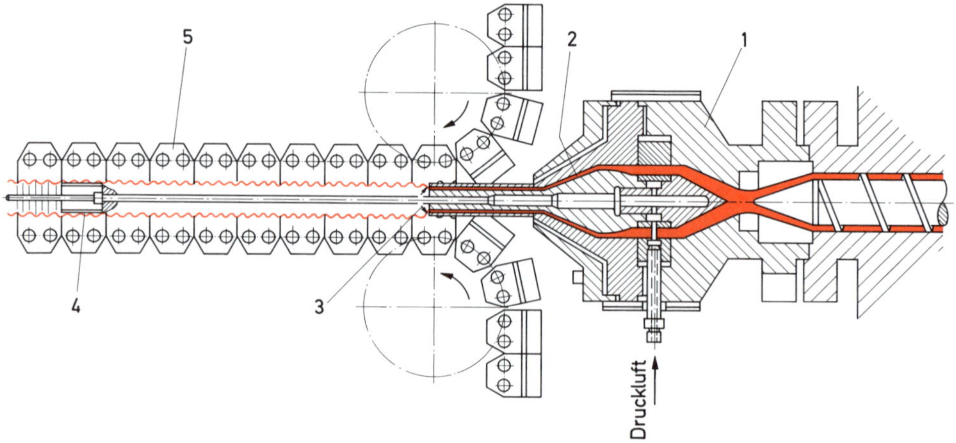


*Bild 5.37 Wellrohraußenkalibrierung mit Druckluft und Formketten*
*1 Düse, 2 Düseneinsatz, 3 Druckluftaustritt, 4 Dichtstopfen, 5 Formkette*

durch Einprägen oder Aufdrucken von Firmenzeichen, Größenbezeichnung, Nenndruck und Qualitätszeichen durch ein Signiergerät erfolgen. Ein Raupenabzug erfaßt danach das Rohr und führt es einer Kipprinne zu. Bei Großrohren sind mehrere «Raupen» (bis zu 12), die gleichmäßig um den Rohrumfang verteilt sind, in einen Abzug eingebaut.

Dem Abzug nachgeschaltet ist die Trennvorrichtung. Profile aus hartspröden Kunststoffen werden ähnlich wie kleine Rohre gefertigt. Da normalerweise Profile geringere Wanddicken aufweisen als Rohre, genügt eine wassergekühlte Vakuumkammerkalibrierung. In der Fertigung von Fensterrahmenprofilen zwingt der Wettbewerb die Hersteller dazu, mit hohen Geschwindigkeiten zu fahren. Da hierbei eine normale Kalibrierstrecke nicht ausreicht, werden mehrere Kalibrierblöcke von ca. 600 bis 700 mm Länge hintereinandergesetzt. Das Wasserbad wird vielfach durch einen Kühltunnel ersetzt, der im Innern mehrere Luftschlitze enthält. Je nach Empfindlichkeit der Profile sind die Kettenglieder der Raupenabzüge mit Gummi unterschiedlicher Weichheitsgrade oder mit Schaumgummi belegt.

Vollstäbe kalibriert man durch direkt am Werkzeug anliegende temperierte Kalibrierdüsen.

Gewellte Rohre aus PVC hart für den Elektrosektor oder mit Schlitzen versehene **Riffelrohre,** die als **Dränrohre** verwendet werden, erfordern eine besondere Kalibriervorrichtung.

Der aus dem verlängerten Düsenmundstück des Rohrkopfes austretende plastische Kunststoffschlauch läuft direkt in die Kalibriervorrichtung ein, die gleichzeitig als Abzugsvorrichtung dient.

Man verwendet dafür ein kontinuierlich umlaufendes Kettenpaar, das mit halbschaligen, innen geriffelten Formsegmenten aus Stahl bestückt ist (Bild 5.37). Die Formung des **Wellrohres** kann sowohl mit Druckluft und Schleppstopfen als auch mit Vakuum über Bohrungen in den Segmentschalen erfolgen.

Die Schlitze bei den Dränrohren werden nach der Entformung aus der Kalibrierung durch rund um das Rohr einschwenkende Frässcheiben eingearbeitet.

Erzeugnisse aus geschäumten Kunststoffen mit kompakter Außenhaut — sogenannte **Integralschäume** — besitzen bei gleichem Materialeinsatz und -menge ein erhöhtes Widerstandsmoment. Dieser Vorteil führte dazu, bei der Profilextrusion auch Strukturschaum-Profile herzustellen.

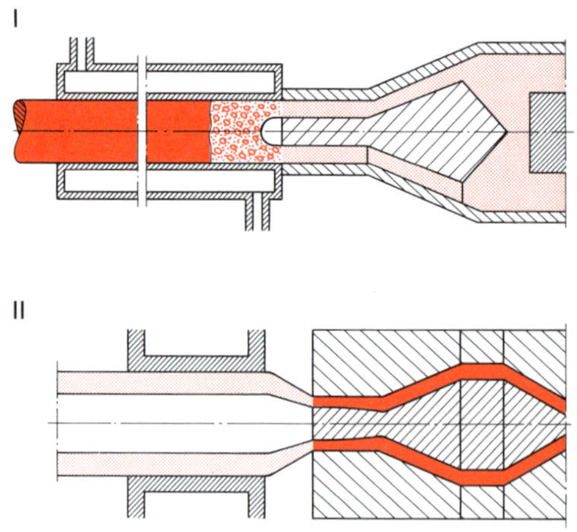


*Bild 5.38 Extrusion eines geschäumten Profils (I) und geschäumten Rohres (II)*

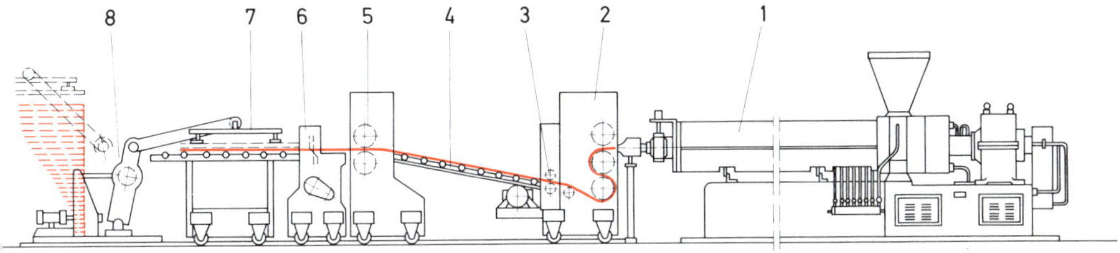


*Bild 5.39 Tafelextrusionsanlage*
*1 Extruder, 2 Glättwalzwerk, 3 Seitenschneider, 4 Rollenbahn, 5 Abzugswalzen, 6 Trennschere, 7 Vakuumsauger, 8 Stapelvorrichtung*

Durch geringfügige Umgestaltung von Werkzeug und Kalibrierung – entsprechend den verfahrenstechnischen Gegebenheiten – lassen sich Profile und Rohre aus geschäumten Kunststoffen herstellen.

Das in der Schmelze enthaltene Treibmittel beginnt erst wirksam zu werden, wenn durch Volumenvergrößerung der Druck auf die Schmelze verringert wird. In Bild 5.38 ist ein Werkzeug mit Kalibrierung zur Herstellung eines geschäumten Vollprofils (I) und eines Rohres mit geschäumter Wandung (II) zu sehen.

## 5.7.2 Anlagen zur Herstellung von Tafeln und Flachfolien

Tafelbahnextruderanlagen bestehen aus einem Extruder mit Breitschlitzwerkzeug, einem Glättwalzwerk, einer Luftkühlstrecke, einem Walzenabzug, einer Schlagschere oder Trennsäge und dem Stapeltisch (Bild 5.39).

Kunststofftafeln werden im Dickenbereich von 0,8 bis 10 mm und vorwiegend aus den Kunststoffen SB, ABS, PMMA, Zelluloseester, PVC, PE hart und PP hergestellt. Die aus der Breitschlitzdüse austretende Kunststoffschmelze wird nach möglichst kurzer Luftstrecke dem Einlaufspalt des Glättwalzwerks zwischen zwei Walzen zugeführt. Die Tafelbahn umschlingt eine Walze, bis sie den zweiten Walzspalt erreicht. Hier erfolgt die letzte Glättung und eine eventuelle geringfügige Korrektur der Tafeldicke. Das Glättwalzwerk übernimmt die Aufgabe der Kalibrierung und ersten Kühlung. Die Walzen werden zu diesem Zweck temperiert. Von der letzten Walze läuft die Bahn über eine Luftkühlstrecke den Abzugswalzen zu. Danach erfolgt die Ablängung und Stapelung.
Nach der Herstellung glatter Tafelbahnen lassen sich auch **gewellte Bahnen** auf den gleichen Anlagen produzieren. Lediglich einige Zusatzeinrichtungen – bestehend aus Infrarotstrahlern und einem mit Walzen bestückten Raupenabzug (Querwelleinrichtung) sowie eine Aufwicklungseinrichtung – sind dafür erforderlich.

Bei der Flachfolienherstellung wird die Kunststoffschmelze auf stark gekühlte Walzen extrudiert und über mehrere Führungswalzen der Aufwicklung zugeführt (Bild 5.40).

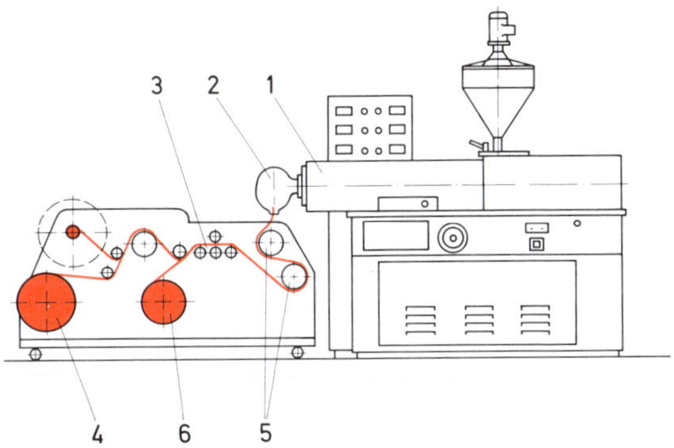


*Bild 5.40 Extruderanlage zur Herstellung von Flachfolien*
*1 Extruder, 2 Breitschlitzdüse, 3 Randbeschneidung, 4 Aufwicklung, 5 Kühlwalzen, 6 Aufwicklung des Randbeschnitts*

Auf Flachfolienanlagen produziert man hauptsächlich Verpackungsfolien aus PE und PP.
Im Gegensatz zur Tafelextrusion wird die Kunststoffschmelze nicht horizontal, sondern schräg nach unten aus der Breitschlitzdüse gedrückt. Sie trifft auf die erste der beiden gekühlten Walzen und wird von einem sogenannten **Luftmesser** mit Kaltluft an die Walze gepreßt. Um den Kühleffekt der Walzen voll auszunutzen, führt man die Folie mit großem Umschlingungswinkel um die Walzen.

Weil der Lippenspalt der Breitschlitzdüse wegen der hohen Drücke nicht beliebig klein eingestellt werden kann, müssen zur Fertigung dünner Folien die Walzen schneller laufen als beim Normalbetrieb. Nach der letzten Kühlwalze erfolgt die Dickenmessung mittels $\beta$-Strahler und die Randbeschneidung. Die Randstreifen können gemahlen und dem Extruder wieder zugeführt werden. Dieses Kühlwalzenverfahren wird auch oft nach der englischen Übersetzung als «**Chill-Roll-Verfahren**» bezeichnet.

### 5.7.3 Anlagen zur Herstellung von Blasfolien

> Die Blasfolienanlage besteht aus dem Extruder mit Schlauchfolienwerkzeug, dem Kühlring, der Flachlegeeinrichtung, den Abquetsch- bzw. Abzugswalzen und der Aufwickelvorrichtung (Bild 5.41).

Kunststoffe, die sich zur Herstellung von Blasfolien eignen, sind: PE, PP, PVC und expandierbares PS.
Im allgemeinen fertigt man Folien mit einem Umlenkkopf (PE, PP, PVC weich), wobei am vorteilhaftesten die Arbeitsrichtung von unten nach oben gewählt wird. Hierbei bleiben die schweren Maschinen am Boden, nur die Abquetschwalzen und die Flachlegebleche werden auf ein über dem Extruder stehendes Gestell montiert.
Die Schlauchfolie wird nach dem Verlassen der Ringdüse durch eingeblasene Luft – je nach gewünschter Foliendicke – auf das Drei- bis Vierfache des Durchmessers aufgeblasen. Die Luftzufuhr erfolgt über den Dorn des Werkzeugs.
Zur Erhöhung der Fertigungsgeschwindigkeit tauscht man im Inneren des Schlauchs die Warmluft ständig gegen Kaltluft aus. Auch von außen kühlt man den Schlauch mit Kaltluft ab. Diese wird aus einem Ringschlitz des Kühlrings an den Schlauch geblasen. Bevor die Schlauchfolie in den Walzspalt der Abquetschwalzen einläuft, sorgen **Leitbleche** oder **-rollen** dafür, daß der Schlauch flach gelegt wird.
Die Folie führt man nach dem Abquetschen über **Leitrollen** wieder nach unten und wickelt sie entweder als Schlauchfolie oder seitlich aufgeschnitten als Flachfolie auf.

Zur Fertigung qualitativ hochwertiger Folien, die z.B. anschließend über Druckmaschinen oder Verpackungsautomaten laufen, müssen die Folienwickel frei von **Wulsten oder «Kolbenringen»** sein. Sind irgendwelche Dickstellen am Folienumfang vorhanden, addieren sich diese beim Aufwickeln immer an der gleichen Stelle, so daß sich am Wickel Wulste bilden. Abhilfe schafft man dadurch, daß man das Extruderwerkzeug oder die Abquetschvorrichtung oder bei kleineren Anlagen den Extruder mit Werkzeug langsam rotieren läßt. Die Dickstellen werden jetzt auf den ganzen Umfang des Schlauches bzw. auf die Breite des Wickels verteilt.
Es lassen sich auch **Mehrschichtfolien** aus verschiedenen Kunststoffen auf Folienblasanlagen fertigen.
Durch diese Mehrschichtextrusion bzw. **Coextrusion** werden Folien hergestellt, die im Verpackungsbereich Anforderungen wie z.B. hohe Sauerstoffundurchlässigkeit und gute Schweißbarkeit erfüllen, die von einem einzigen Kunststoff nicht wahrgenommen werden können.

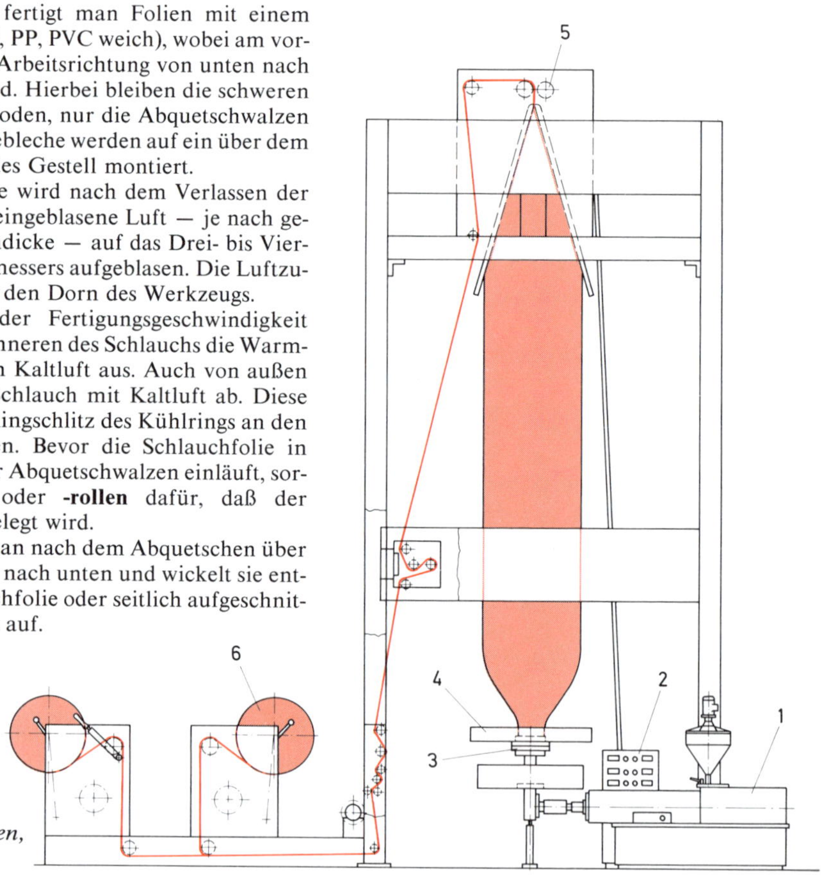


*Bild 5.41*
*Folienblasanlage*
*1 Extruder,*
*2 Schaltschrank,*
*3 Blaskopf,*
*4 Kühlring,*
*5 Abquetschwalzen,*
*6 Aufwickler*

Zwei oder mehrere Extruder speisen dabei einen Blaskopf. Die Schmelzeströme vereinigen sich kurz vor dem Verlassen des Blaskopfes und verbinden sich unter Druck miteinander (Bild 5.42).

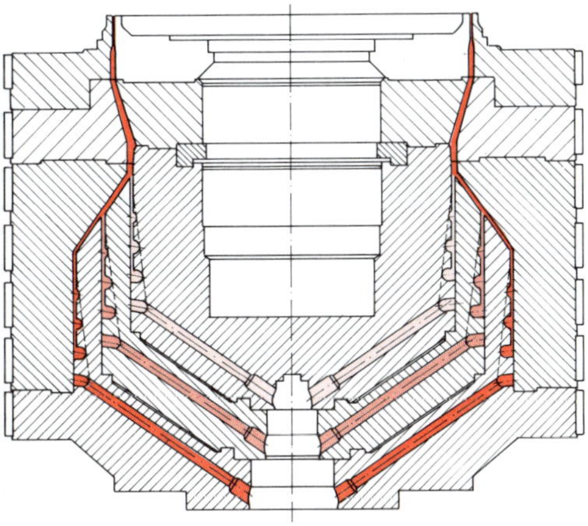

*Bild 5.42 Dreischicht-Blaskopf (Spiraldornprinzip)*

Bei schlechter Haftung der Schichten muß mit einer Zwischenschicht aus einem sogenannten Haftvermittler der dauerhafte Verbund hergestellt werden.
Die Coextrusion wird ebenso im Bereich von Profilen, z.B. weichen PVC-Lippen an Hart-PVC-Profilen, oder in der Flachfolien- sowie Tafelbahnextrusion von z.B. normalem mit schlagzähem Polystyrol praktiziert.

## 5.7.4 Anlagen zur Ummantelung

Hier soll als Beispiel eine Anlage zur Ummantelung von Drähten vorgestellt werden.

> Zu einer Drahtummantelungsanlage gehören: Drahtabwickler, Drahtrichtgerät, Vorwärmgerät, Extruder mit Quer- oder Schrägspritzkopf, Kühlwanne, Prüfgerät, Abzug und Aufwickler (Bild 5.43).

Es eignen sich die Kunststoffe PE, PP und PVC für die Ummantelung von **Drähten** und **Kabeln.** Je nach Art und Größe der zu ummantelnden Drähte, Litzen oder Kabel sind die Durchlaufgeschwindigkeiten der Leitungen sehr unterschiedlich. Sie betragen z.B. für große Seekabel 2 m/min und für dünne Schwachstromleiter bis 1600 m/min. Entsprechend gibt es auch bei den Anlagen Unterschiede im Detail.
Bei der Drahtummantelung unterscheidet man zwei Arten von Abwicklern. Für dünne Drähte werden sogenannte **Überkopfabwickler** eingesetzt. Diese Einrichtung arbeitet mit einem sich um die stationäre Drahttrommel drehenden Arm, der den Draht abwickelt. Der Überkopfab-

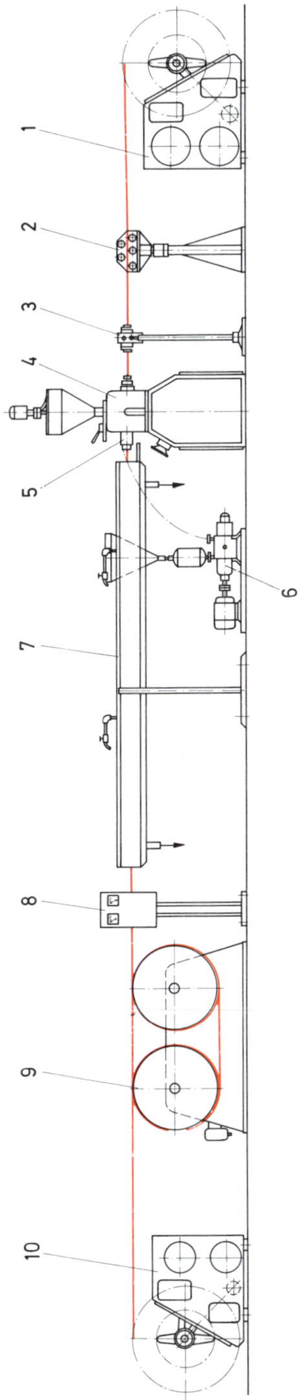


*Bild 5.43 Drahtummantelungsanlage*
*1 Drahtabwickler, 2 Drahtrichtgerät, 3 Vorwärmgerät, 4 Extruder, 5 Ummantelungskopf, 6 Vakuumpumpe, 7 Kühlwanne, 8 Prüfgerät, 9 Abzug, 10 Aufwickler*

wickler erlaubt hohe Arbeitsgeschwindigkeiten. Litzendrähte und verseilte Leitungen sowie dicke Kabel werden von sich drehenden aber gebremsten **Trommeln** abgewickelt.
Aber auch synchron geschaltete Antriebe – von der Drahtabwicklung über den Extrudermotor bis zur Drahtaufwicklung – werden heute eingesetzt. Um Knickstellen oder starke Krümmungen zu richten, ist der Abwicklung ein **Drahtrichtgerät** nachgeschaltet. Anschließend wird der Draht elektrisch oder mit einem Gasringbrenner vorgewärmt.
Das Umspritzen erfolgt im Winkelkopf, wobei die zu ummantelnde Leitung durch den Mittelpunkt des Werkzeugs gezogen wird.
Danach durchläuft der ummantelte Draht die Kühlwanne. Für hohe Arbeitsgeschwindigkeiten können Wasserbäder sehr lang sein. Es besteht auch die Möglichkeit, die Drähte mehrfach über Umlenkrollen durch das gleiche Wasserbad zu ziehen.
Eine Prüfeinrichtung beurteilt die Dickentoleranz, die Zentrizität und die Durchschlagsfestigkeit der Ummantelung.
Dünnere Drähte zieht man mit einem Trommel- oder Doppelscheibenabzug, schwere Kabel mit einem Raupenabzug ab.
Das Aufwickeln erfolgt für Drähte durch einen drehenden Arm in einen Behälter (Faßwickler) oder auf die Trommel. Auch schwere Kabel werden auf die Trommel gewickelt.
Auf ähnliche Weise wie Drähte ummantelt man auch Seile, Taue, Schläuche und Rohre. Es werden aber auch starre Werkstoffe — wie Holz, Stahl und Aluminium — als tragendes oder dekoratives Kernprofil mit Kunststoffen umspritzt.
So lassen sich Möbelteile, Zäune, Latten von Bänken oder Balkonbrüstungen sowie Zierleisten für die Auto- und Möbelindustrie herstellen. Für Zierleisten verwendet man im allgemeinen Zelluloseester als Kunststoff.

## 5.7.5 Anlagen zum Recyceln von Kunststoffabfällen (PE)

### Allgemeines

Unter **Recycling** versteht man im einfachsten Sinn den Wiederverwendungskreislauf von Produktionsabfällen und gebrauchten Endprodukten, soweit sie sich wirtschaftlich in neue Produkte zurückführen lassen.

Von den Kunststoffen lassen sich die Thermoplaste aufgrund ihres molekularen Aufbaus mehrmals aufschmelzen. Eine Wiederverwertung ist daher ohne weiteres möglich.
Das Recycling ist beim Kunststoffverarbeiter schon seit langem bekannt, denn bei der Herstellung von Kunststoffartikeln fallen Abfallteile sowie, bedingt durch die Verfahrenstechnik, Angüsse und Abquetschanteile an. Diese werden unter Vermeidung von Verunreinigungen gemahlen und unter Umständen der Neuware in bestimmten Anteilen wieder zugegeben oder, wenn das bei hochwertigen Artikeln nicht möglich ist, zu weniger anspruchsvollen Teilen verarbeitet. Problematisch ist das Recycling von gemischten und verschmutzten Kunststoffabfällen. Die Verträglichkeit verschiedener Kunststoffschmelzen untereinander ist vielfach nicht gegeben. Hiermit ist gemeint, daß die Schmelzen sich nicht zu einer homogenen «Legierung» vereinen, sie entmischen sich auch in fester Form wieder. Eine Trennung vermischter Kunststoffsorten ist deshalb angeraten.
Im Bereich der kurzlebigen Anwendungen, insbesondere in der Verpackung, nehmen Kunststoffe einen erheblichen Anteil ein, so daß die Frage des Recycelns dieser Abfälle berechtigt erscheint. Hauptsächlich der Gewerbemüll enthält relativ sauberes Verpackungsmaterial aus Kunststoff, das zum Verbrennen bzw. zum Deponieren zu schade ist.
Man kann in der Regel davon ausgehen, daß Polyethylen in Anteilen von mehr als 65% im Abfall vorliegt. Es lohnt sich daher nicht immer, andere Kunststoffsorten zu separieren, wenn sie nicht auch in höheren Anteilen vorhanden sind.

### Anlage und Verfahrensablauf

Die Kunststoffabfälle, wie z.B. Folien oder Hohlkörper, werden von entsprechenden Entsorgern in gepreßten Ballen den Recyclingfirmen angeliefert. Als erster Arbeitsgang erfolgt eine Grobzerkleinerung durch einen sogenannten **Shredder.**
Ein Shredder besteht aus einem gegenläufigen Walzenpaar, bei dem die Walzen mit vielen stark dimensionierten Reißzähnen bestückt sind.
Ein Transportband mit integriertem **Metallsuchgerät,** das die Anwesenheit von Metallteilen anzeigt, die dann heraussortiert werden müssen, leitet die Kunststoffschnitzel vom Shredder einer **Schneidmühle** zu. Es empfiehlt sich bei starker Verschmutzung eine Naßmahlung vorzunehmen, d.h., Wasser wird während des Zerkleinerns zugeführt, um gleichzeitig grobe Schmutzanteile abzuspülen.
Danach gelangt das Mahlgut in eine Wasch- und Trennanlage. Mit gegenläufig angetriebenen Paddelwellen wird das Material langsam durch den Waschtrog transportiert und dabei gewaschen. Nach dem Schwimm- und Sinkprinzip sinken Schmutz und Kunststoffanteile, deren Dichte größer als die des Wassers ist, auf den Boden und können dort von Zeit zu Zeit abgelassen werden. Über eine Austragsschnecke wird bei gleichzeitiger Vorentwässerung die Polyolefin-

fraktion (überwiegend Polyethylen) von der Wasseroberfläche abgezogen und einem Trocknungsaggregat übergeben.
Eine neuere Entwicklung im Bereich des Trennens spezifisch leichter von schweren Kunststoffsorten sind leistungsstarke Hydrozyklone (Bild 5.44) oder Zentrifugen. Das Prinzip der Trennung erfolgt über Zentrifugalkräfte, bei dem aus einer wäßrigen Kunststoffsuspension die schwereren Kunststoffteilchen nach außen geschleudert werden und die leichteren Anteile innen abfließen können.
Über eine Vorentwässerung gelangen die Polyolefinschnitzel ebenso zur Trocknung.
Das für die Reinigung der Abfälle erforderliche Wasser wird im Kreislauf geführt und nach Gebrauch von Fremdstoffen und Schmutz befreit, damit der Frischwasserbedarf möglichst gering gehalten wird.
Über einen **Silomischer,** der relativ groß dimensioniert ist, um mehrere Chargen zu durchmischen, wird die Kunststoffmasse dem Extruder zugeführt.

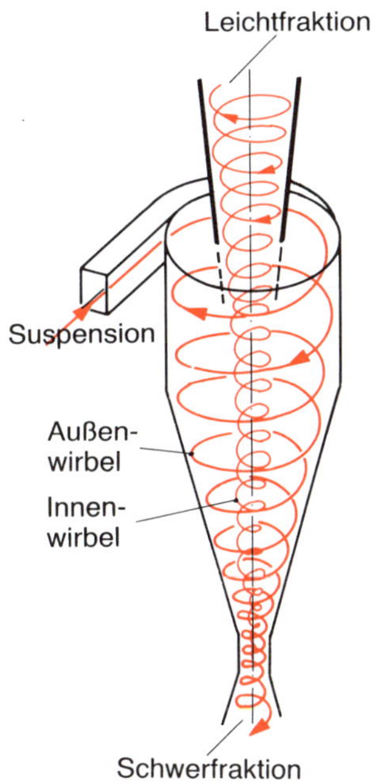


*Bild 5.44 Hydrozyklon*

> Es sind sowohl **Einschnecken-** als auch gleich- sowie gegenläufige **Doppelschneckenextruder** für das Aufschmelzen und Homogenisieren im Einsatz (Abschnitt 5.3).

Bei Einschneckenextrudern ist es üblich, daß die Kunststoffmasse über eine Stopfschnecke in die Einzugszone der **Plastifiziereinheit** eingebracht wird, damit für einen gleichmäßigen Durchsatz gesorgt ist.
Eine Entgasung im Mittelabschnitt des Extruders kann bei nicht ausreichender Trocknung hilfreich sein, ist aber bei Polyethylen nicht immer erforderlich. Dafür ist die **Schmelzefilterung** ein wichtiges Kriterium. Es können Verunreinigungen unterschiedlichster Art vorliegen, wie z. B. Papier, Holz, Steinchen, nicht abgewaschener Schmutz, Klebebänder usw., die abgetrennt werden müssen. Verschmutzte Siebe sollten während des Extrusionsprozesses ohne Unterbrechung der Verarbeitung gewechselt werden können. Dazu ist ein kontinuierlich arbeitendes **Siebwechselsystem** zwischen Extruder und Werkzeugkopf einzubauen.
Die Granulierung, d. h. die Herstellung der Granulatkörner, erfolgt in der Regel über den **Heißabschlag,** ist aber auch nach der **Kaltgranulierung** durchführbar (Abschnitt 2.5).
Eine Schemaskizze der beschriebenen Anlage ist in Bild 5.45 dargestellt.

Neben der Regranulierung ist auch die direkte Verarbeitung von gemischten Kunststoffabfällen möglich. In diesem Falle werden die gemahlenen nicht gewaschenen Kunststoffschnitzel über Spezialextruder aufgeschmolzen sowie homogenisiert und dann entweder zu starken Vollprofilen z. B. Weinpfählen aus einem Werkzeug extrudiert oder als Schmelzepaket in einer Presse zu einfachen dickwandigen Teilen verpreßt, wie Platten, Paletten, Kabeltrommeln, Fahrradständer usw.

### 5.7.6 Sonstige Extruderanlagen

Es gibt neben den bereits beschriebenen auch noch Extruderanlagen zur Herstellung spezieller Extrudate. Hier sei an Anlagen gedacht, mit denen sich Fäden, Netze oder Beschichtungen von Trägerbahnen (Abschnitt 4.4.5) sowie Granulate (Abschnitt 2.5) herstellen lassen.
Bei der **Fadenextrusion** ist nach der Abkühlung im Wasserbad eine Reckung erforderlich. Die Reckanlage besteht aus zwei Reckständern mit den Galetten und einem Warmluftkanal (Bild 5.46). Durch die Reckung der Fäden erfolgt eine Orientierung der Moleküle in Längsrichtung und damit eine enorme Festigkeitszunahme.
Anlagen zur Herstellung von **Polyolefin-Bändchen** von 1 bis 2 mm Breite haben bezüglich des

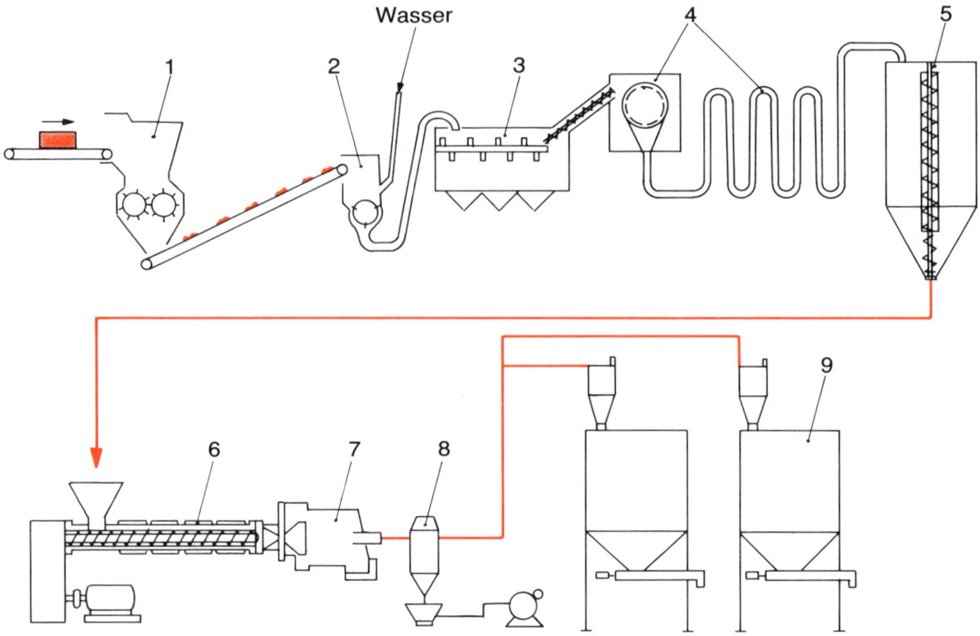


*Bild 5.45 Anlage zum Recyceln von Polyethylenabfällen*
*1 Shredder, 2 Naßmühle, 3 Waschtrog, 4 Zentrifugal- und thermische Trocknung, 5 Silomischer, 6 Extruder, 7 Heißabschlagsgranulierung, 8 Trocknung, 9 Silo*

*Bild 5.46 Fadenreckanlage*

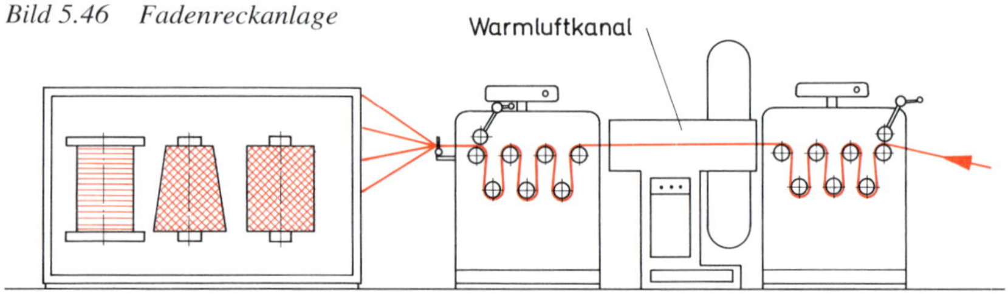


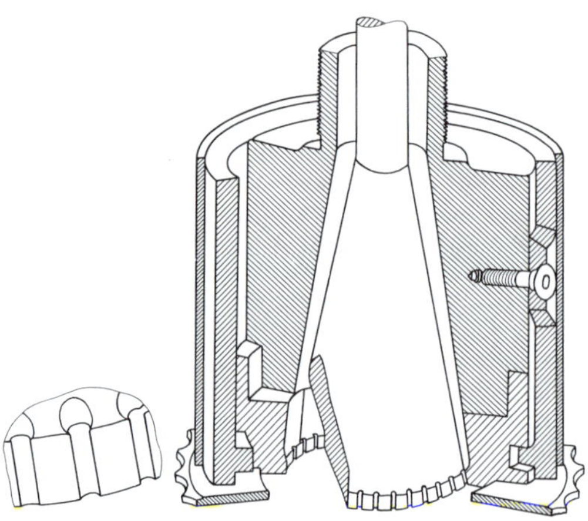

Reckens einen ähnlichen Aufbau. Das Ausgangsprodukt dafür ist eine Blas- oder Flachfolie, die vor der Reckung in etwa 10 mm breite Streifen geschnitten wird.

Zur kontinuierlichen Herstellung von **Netzen** verwendet man Umlenkwerkzeuge mit vielen kreisförmig angeordneten Löchern oder Schlitzen. Dreht man während der Produktion Düsenmundstück und Innendorn gegeneinander, so bilden sich Knotenpunkte beim Überlappen der Innen- und Außenschlitze sowie rautenförmige Vernetzungen beim Fortbewegen der Schlitze voneinander (Bild 5.47).

*Bild 5.47 Werkzeug für das Extrudieren schlauchartiger Netze*

Eine Sonderform im Bereich des Extrudierens ist die **RAM-Extrusion**. Es handelt sich um ein Druck-Sinterverfahren zur Herstellung von Rohren und einfachen Profilen aus hochmolekularen bzw. nicht aufschmelzbaren Thermoplasten (UHMWPE und PTFE).
Der Extruder für PTFE ist meist in vertikaler Arbeitsrichtung aufgestellt (Bild 5.48).
Das über einen rotierenden Verteilerteller zugeführte Polymerpulver wird von einem sich auf- und abwärts bewegenden Stempelkolben (z. B. bei der Rohrfertigung ein Ringstempel) durch ein beheiztes, langes Extrusionsrohr mit Innendorn gepreßt. Die Sinterung des eingepreßten Pulvers erfolgt durch äußere Beheizung sowie Reibungswärme in Verbindung mit hohen Drükken (bis zu 800 bar) im Extruderrohr.

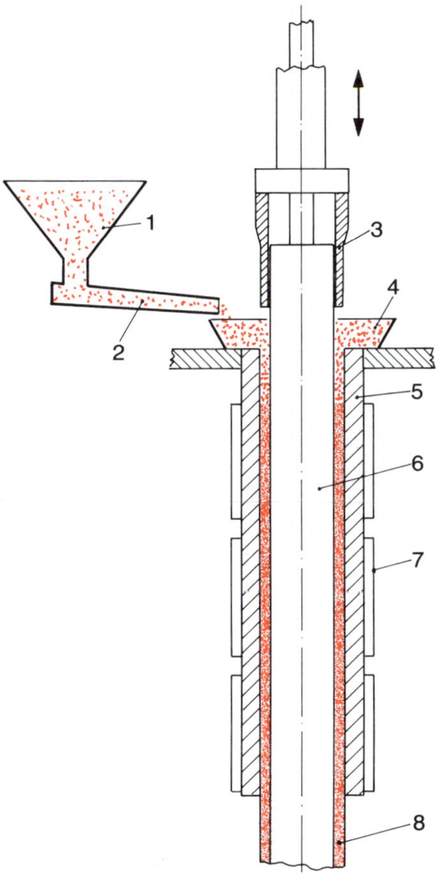


*Bild 5.48 RAM-Extruder zur Herstellung eines Rohres*
*1 Trichter, 2 Rüttelrinne, 3 Stempel, 4 rotierender Verteilerteller, 5 Extruderzylinder, 6 Dorn, 7 Heizung, 8 gesintertes Rohr*

## 5.8 Produktionstechnik

Die Produktionstechnik umfaßt alle verfahrenstechnischen Arbeitsgänge, die in einer Maschine oder Maschinenanlage ablaufen, sowie die dazu notwendigen Bedingungen, um ein bestimmtes Produkt herstellen zu können.
Stellvertretend für alle in diesem Buch beschriebenen maschinellen Kunststoffverarbeitungsverfahren sollen am Beispiel der Extrusion einige wichtige Maßnahmen der Produktionstechnik beschrieben werden.

### 5.8.1 Produktionsüberwachung

Beim Betrieb einer Extrusionsanlage müssen alle Maschinen und Einrichtungen richtig aufeinander abgestimmt sein, um eine gleichbleibende Qualität für das herzustellende Extrudat zu erzielen. Eine Überwachung der Anlage durch das Bedienungspersonal ist normalerweise nicht mehr nötig. Moderne Anlagen sind mit Registriereinrichtungen für die wichtigsten Prozeß- und Betriebsdaten ausgerüstet. Dazu gehören Füllstandshöhe im Aufgabetrichter, Temperatur der Formmasse, des Extruderzylinders und des Werkzeugs, Schneckendrehzahl, Stromaufnahme des Antriebsmotors, Schmelzetemperatur und Schmelzedruck, Maße des herzustellenden Extrudats. Sollten vorgegebene Grenzwerte nicht eingehalten werden, dann signalisieren akustische oder optische Geräte dem Personal, daß ein Eingreifen in den Produktionsprozeß notwendig wird.
Prozeß- und Betriebsdatenkontrolle bedeutet indirekte Produktkontrolle. Man kann normalerweise davon ausgehen, daß gleichbleibende Herstellbedingungen auch eine gleichbleibende Qualität des Extrudats garantieren.
Zu kontrollieren sind lediglich die optische Qualität des Extrudats, die Geradheit bei Tafeln, Rohren und Profilen sowie die Wickelqualität bei Folien, Bändchen und Monofilen.

### 5.8.2 Messen, Steuern und Regeln an Extrusionsanlagen

Die Messung, Steuerung und Regelung von bestimmten Betriebsdaten soll dafür sorgen, daß die Anlage immer unter konstanten Bedingungen gefahren wird.

Bei Steuerungsvorgängen wird der Erfolg der Maßnahme nicht rückgemeldet, d.h., der Eingriff in den Prozeß erfolgt ohne Auswertung eines Meßwerts. Als Beispiel für einen Steuervorgang soll die Geschwindigkeitsänderung einer Abzugs-

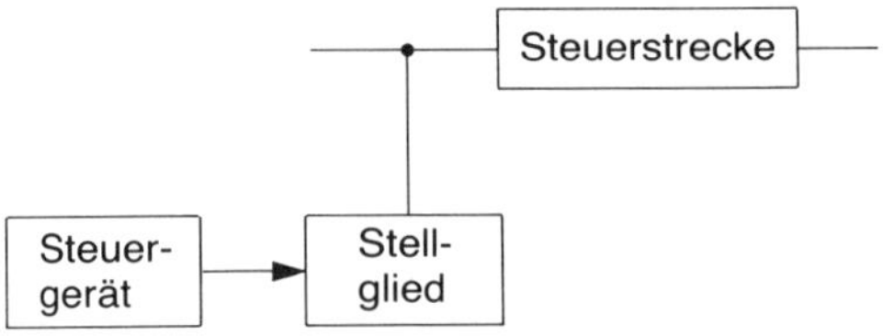


*Bild 5.49 Prinzip einer Steuerung*

einrichtung in einer Extruderanlage dienen (Bild 5.49).
Durch Knopfdruck läßt sich die Abzugsgeschwindigkeit in der **Steuerstrecke** schneller bzw. langsamer steuern. Als **Steuergerät** dienen die zwei elektrischen Taster «Schneller» bzw. «Langsamer». Das **Stellglied** ist ein kleiner Zusatzmotor, der z.B. auf ein Getriebe (PIV) einwirkt und die Drehzahl der Antriebswelle verändert.
Natürlich kann der gleiche Eingriff auch durch eine Regelung vorgenommen werden. Dazu müssen aber vom Extrudat kontinuierlich Meßwerte erfaßt und herangezogen werden, um die Geschwindigkeitsänderungen automatisch durchführen zu können.
Die Temperaturmessung und -regelung an Zylinder und Werkzeug ist seit Jahrzehnten Stand der Technik. Deshalb soll am Beispiel der Temperaturregelung das Prinzip der Regelung vereinfacht aufgezeigt werden (Bild 5.50).
Die **Regelstrecke** ist eine Heizzone am Extruderzylinder. Mit dem Meßfühler (Thermoelement) wird die Temperatur in der Bohrung des Zylinders gemessen und dem **Regler** als **Meßgröße** (Spannung in Millivolt) mitgeteilt. Der Regler vergleicht nun die Meßgröße (Istwert) mit der eingestellten **Führungsgröße** (Sollwert). Wird vom Regler eine Abweichung — z.B. durch eine Störung — festgestellt, greift er über die **Regelgröße** in die Regelstrecke ein. Die Regelgröße ist hierbei die Heizleistung, die über einen gewissen Zeitraum ein- (+) oder ausgeschaltet (−) wird. Ist die Temperatur von Ist- und Sollwert gleich, schaltet sich der Regler nicht ein.
Bei Extrusionsanlagen, die für spezielle Fertigungsaufgaben konzipiert werden, ist das Hinzuschalten automatisch arbeitender Regeleinrichtungen ein weiterer Schritt zur Verbesserung der Produktionskontrolle und damit zum Erzielen gleichbleibender Produktqualität.

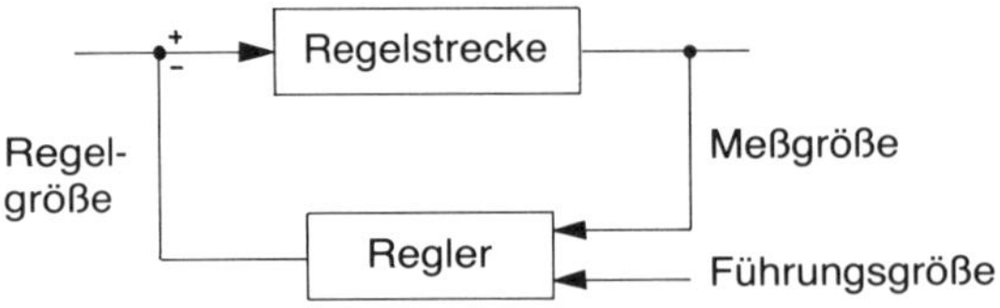


*Bild 5.50 Prinzip einer Regelung*

Insbesondere die Wanddickenregelung bei der Rohr- und Folienextrusion ist heute vielfach anzutreffen. Dazu ist während der Produktion eine kontinuierliche Messung — z.B. über die Ultraschallmeßtechnik oder über kapazitive oder induktive Meßgeräte (elektrisch) — erforderlich. Wird vom Regler eine Abweichung vom Sollwert registriert, wird durch automatisches Verstellen von Zentrier- oder Staubalkenschrauben und/ oder durch Verändern der Abzugsgeschwindigkeit eine Korrektur vorgenommen.
Weitere Regelungsmöglichkeiten sind bei der Schlauchfolienextrusion gegeben für die Einhaltung der Folienbreite durch die Blasluftmenge und für die Bahnlaufgleichmäßigkeit durch Kantenfühler.
Bei größeren Rohren und Profilen läßt sich die **Metergewichtsregelung** (Bild 5.51) über einen Rechner zur Kostenreduzierung und Qualitätsverbesserung heranziehen.
Oberhalb des Extrudertrichters wird die zu extrudierende Kunststoffmasse chargenweise gewogen und abhängig vom Signal eines Füllstandsmelders dem Extruder zugeführt. Durch die gewogene Masse und die dafür benötigte Zeit zum Extrudieren erhält man den Massedurchsatz. Daraus läßt sich in Verbindung mit der Längenmessung des Rohres oder Profils das Metergewicht errechnen. Über den Vergleich von eingegebenem Sollwert mit dem Istwert des Metergewichts kann eine Ansteuerung von Schnecke oder Abzug zur Einhaltung enger Toleranzen vorgenommen und somit neben der gleichbleibenden Qualität eine Kostenreduzierung gegenüber der herkömmlichen Extrusion erzielt werden.
Der Einsatz von **Zahnradpumpen,** die zwischen Plastifiziereinheit und Werkzeugkopf eingebaut werden, gewinnt bei der Extrusion immer mehr an Bedeutung. Aufgrund der Tatsache, daß Zahnradpumpen bei konstanter Drehzahl gleichmäßige Förderleistungen erbringen, kann die Kombination **Extruder–Zahnradpumpe** zur Druck-Drehzahl-Regelung herangezogen werden. Durch die Drucküberwachung vor der Pumpe kann die Extruderleistung über die Schneckendrehzahl ständig der Pumpenleistung angepaßt werden.
Die Konstanz des Durchsatzes der Pumpe garantiert andererseits einen gleichmäßigen Ausstoß und damit die Einhaltung enger Maßtoleranzen extrudierter Halbzeuge.
Auf Wunsch werden heute von den Extrusionsanlagenherstellern Steuerungs- und Regelungseinrichtungen mit Mikroprozessoren ausgerüstet, die die Steuerungs- und Regelungsvorgänge aus-

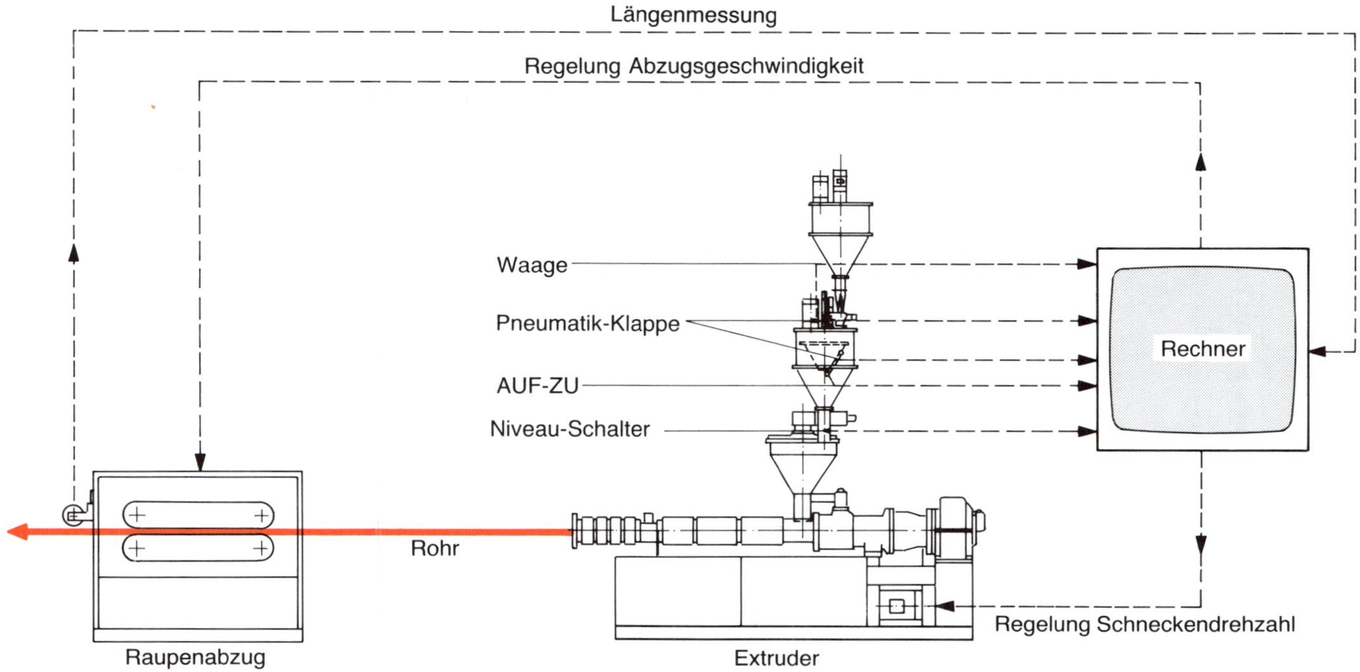


*Bild 5.51 Massedurchsatzmessung mit Metergewichtsregelung*

führen, überwachen und speichern. Von einem Drucker kann man die Prozeß- und Betriebsdaten ausdrucken lassen, womit man sich jederzeit einen protokollierten Überblick über den zurückliegenden Fertigungsablauf verschaffen kann.

### 5.8.3 Instandhaltung von Extrusionsanlagen

Der Verschleiß von Maschinen ist ein natürlicher Vorgang. Durch Instandhaltung läßt sich die Lebensdauer von Maschinen verlängern.

Unter Instandhaltung versteht man Maßnahmen zur Erhaltung und Wiederherstellung des Sollzustands und die Beurteilung des Istzustands eines technischen Geräts bzw. einer Maschine.

Maschinen sollen wirtschaftlich und langfristig eingesetzt werden. Deshalb sollen möglichst keine unvorhergesehenen Schäden auftreten. Für einen wirtschaftlich arbeitenden Betrieb ist es daher notwendig, eine planmäßige Instandhaltung der Maschinenanlagen zu betreiben.
Da im Extrusionsbereich der Produktionsprozeß meist durch Verkettung unterschiedlicher Verfahrensschritte abläuft, ist der gesamten Anlageninstandhaltung besondere Aufmerksamkeit zu schenken. Durch eine einheitliche Organisationsstruktur hinsichtlich Planung und Durchführung der vielfältigen Instandhaltungsaufgaben sollte hierbei ein günstiges Kosten-Nutzen-Verhältnis angestrebt werden.
Zu den Aufgaben der Instandhaltung gehört es, regelmäßige Wartungsmaßnahmen und Inspektionen durchzuführen sowie bei festgestellten Schäden diese möglichst sofort zu beheben.

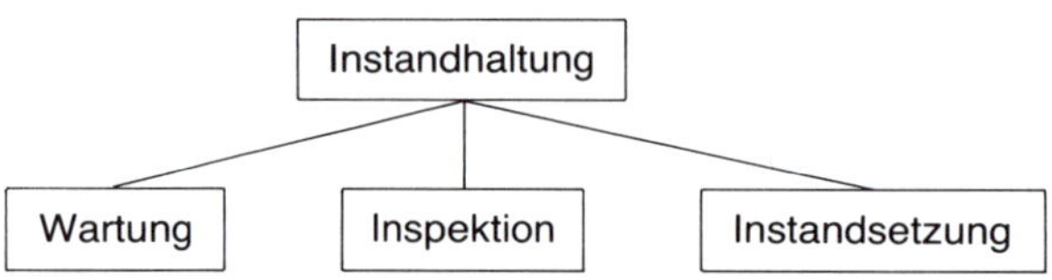


Wichtige Wartungsmaßnahmen sind Reinigen von Maschinenteilen, Schmiermittelergänzung, Ölwechsel, Wartung kraftübertragender Elemente (Keilriemen, Ketten, Kupplungen) und Abgleichen elektrischer Meßgeräte.

Die Inspektion einer Anlage soll im Stillstand, im Leerlauf und unter Vollast erfolgen. Bei einer großen Inspektion ist die Überprüfung von Maschinen bis zur teilweisen Demontage vorzunehmen.
Die Überwachung von Wartungsmaßnahmen und Inspektionen nach einem Zeitplan läßt sich am besten mit einer Wartungs- bzw. Inspektionskarte für jede Maschine einrichten.

Der Wartungs- und Inspektionszeitraum muß auf der Basis von Betriebsstunden, nicht über Datumsangaben erfolgen.

Wichtige Inspektionsaufgaben sind:

1. Kontrolle verfahrensbedingter Maschinenteile, wie Schnecke, Zylinder, Werkzeug.
2. Kontrolle elektrischer Teile, wie Motor, Kollektoren, Heizung, Kühlung, Zubehöraggregate.
3. Kontrolle regelungstechnischer Teile, wie Temperaturregler, Dickenmeßgeräte, Stellglieder der Regelungseinrichtungen, Temperatur- und Schmelzedruckmeßgeräte.
4. Kontrolle mechanischer Teile, wie Getriebe, Lager, Wellen, Ölpumpe, Vakuumpumpe, Antriebselemente der Zubehöraggregate.
5. Kontrolle von Sicherheitsvorrichtungen, wie Schutzgitter, Sägen, Abzüge, Glättwalzwerk, elektrische Isolierungen.

Gewisse Verschleißteile können bei der Inspektion regelmäßig ausgetauscht werden.
Zur Instandsetzung gehören Reparaturen von Schäden, die bei den Inspektionen festgestellt werden. Zur planmäßigen Instandhaltung ist ein Überblick über die Häufigkeit von Schäden statistisch festzuhalten, um die Ersatzteilhaltung zu erleichtern. Bei fortlaufend auftretendem Verschleiß gewisser Maschinenelemente soll überlegt werden, ob durch eine bessere Konstruktion oder Dimensionierung Abhilfe geschaffen werden kann.

Zusammenfassend kann festgestellt werden, daß durch planmäßige Instandhaltung Mängel an Maschinen und Geräten frühzeitig erkannt und behoben und größere Schäden durch rechtzeitige Inspektionen verhindert werden können, womit der größeren Wirtschaftlichkeit eines Extrusionsbetriebes Rechnung getragen wird.

# 6 Extrusionsblasformen

## 6.1 Allgemeines

Grundsätzlich ist die Hohlkörperfertigung nach verschiedenartigen Verfahren möglich. Diese sind das Extrusionsblasformen, das Spritzblasformen, das Rotationsformen, das Wickeln und das Zusammenbauen von zwei Schalen, hergestellt z.B. durch das Spritzgieß-, Preß- oder Umformverfahren.
Beachtenswert ist die große Wirtschaftlichkeit der Hohlkörperherstellung durch das **Extrusionsblasformen.**

Unter Blasformen versteht man in der Kunststofftechnik das **Aufblasen** eines extrudierten thermoplastischen **Schlauchabschnitts** in einem zweigeteilten **Hohlwerkzeug** (Negativwerkzeug), bis der Schlauch die Kontur der Innenhöhlung des Werkzeugs angenommen hat.

Es handelt sich also um einen zweistufigen Prozeß. Der erste Schritt ist das **Extrudieren** eines Schlauchs **(Vorformling)** aus meistens einem nach unten gerichteten Umlenkkopf, der zweite das **Umformen** dieses Schlauchs in einer taktweise arbeitenden **Blasstation** zu einem Hohlkörper. Nach dem Abkühlen öffnet das Hohlwerkzeug und der Hohlkörper wird entnommen.
Die dazu erforderlichen Maschinen unterteilt man nach den üblichen Erzeugnisgruppen in Blasformmaschinen zur Herstellung von

1. Verpackungshohlkörpern bis etwa 5 l,
2. Transportbehälter von 10 bis 200 l,
3. Großbehälter von 600 bis 3000 l Inhalt.

In den ersten beiden Volumenbereichen gibt es außerdem Maschinen zur Herstellung technischer Teile mit besonderem Schwierigkeitsgrad.
Der weitaus am meisten verwendete Kunststoff für das Blasformen ist das PE (ca. 50%), gefolgt von PET mit ca. 40% im Bereich der Getränkeverpackung. Danach folgen die Kunststoffe PVC, PP, PC und PA.
Weil sich die Extruder bei Blasformmaschinen in keiner Weise von den bereits im vorhergehenden Kapitel beschriebenen unterscheiden, sei auf dieses hingewiesen. Man verwendet grundsätzlich **Einschneckenmaschinen,** wobei der Einsatz der genuteten Einzugszone für die Verarbeitung von PE und PP Stand der Technik ist.

## 6.2 Werkzeuge zur Herstellung der Vorformlinge

Hierunter versteht man **Umlenkköpfe,** die im Prinzip ähnlich aufgebaut sind wie die Werkzeuge zur Herstellung von Blasfolien. Die Fließrichtung ist allerdings vertikal nach unten gerichtet. Im Düsenmundstückbereich verzichtet man aus Gründen der **Wanddickensteuerung** auf die zylindrische Bügelzone und gestaltet die Austrittsöffnung konisch.

Die Wanddickensteuerung ist eine Einrichtung am Werkzeugkopf, die während des Auspressens des Schlauchabschnitts die Wanddicke an gewünschten Stellen größer oder kleiner werden läßt, um unterschiedliche Streckgrade des Vorformlings (Schlauch) unter annähernder Beibehaltung der Wanddicke beim Aufblasen im Blaswerkzeug zu realisieren.

Bei der **axialen Wanddickensteuerung** wird entweder der Dorn (Bild 6.1) oder das Düsenmundstück auf oder ab bewegt. Dadurch kann aus dem runden Austrittsspalt bei der Dornabwärts- bzw. der Düsenmundstücks-Aufwärtsbewegung mehr Schmelze ausfließen, wodurch sich die Wanddicke in diesem Bereich vergrößert und umgekehrt bei der Dornaufwärts- bzw. Düsenmundstücks-Abwärtsbewegung die Wanddicke verjüngt.
Diese Technik wendet man in der Regel dann an, wenn für rotationssymmetrische Hohlkörper im Blaswerkzeug unterschiedliche Aufblasweiten vorliegen (Bild 6.2).
Die **partielle Wanddickensteuerung** (PWDS) ermöglicht bei nicht rotationssymmetrischen Hohlkörpern, wie z.B. Kanistern, Kraftfahrzeugtanks oder sonstigen technisch unregelmäßigen Artikeln, in bestimmten Bereichen des Vorformlings Materialverdickungen. Dazu wird ein flexibler Düsenring mittels eines Hydraulikgestänges aus der kreisrunden Normalstellung herausgedrückt bzw. eventuell auch herausgezogen (Bild 6.3).
Eine einfachere Lösung ist gegeben, wenn die Exzentrizität dauerhaft eingestellt werden soll. Dabei wird der flexible Düsenring in eine den Gegeben-

heiten angepaßte Position mit einer Stellschraube gedrückt.
Es wird bei den Werkzeugen zur Herstellung von Vorformlingen zwischen den **radial angeströmten** und den **axial angeströmten** sowie den **Speicherkopfwerkzeugen** für Großbehälter unterschieden.

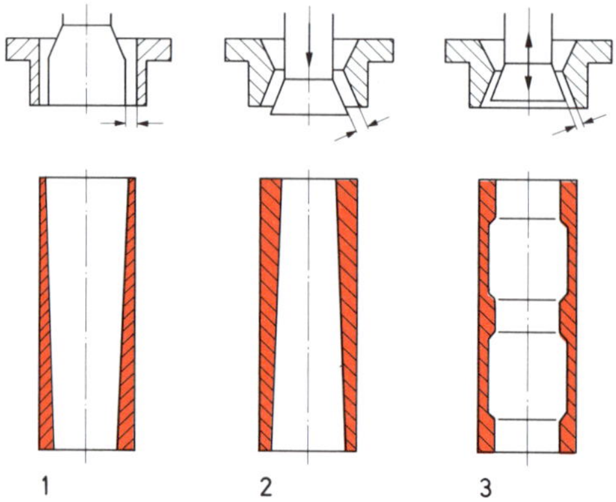


*Bild 6.1 Wanddickensteuerung*
*1 mit konstantem Spalt, 2 mit kontinuierlich vergrößertem Spalt, 3 mit wechselndem Spalt*

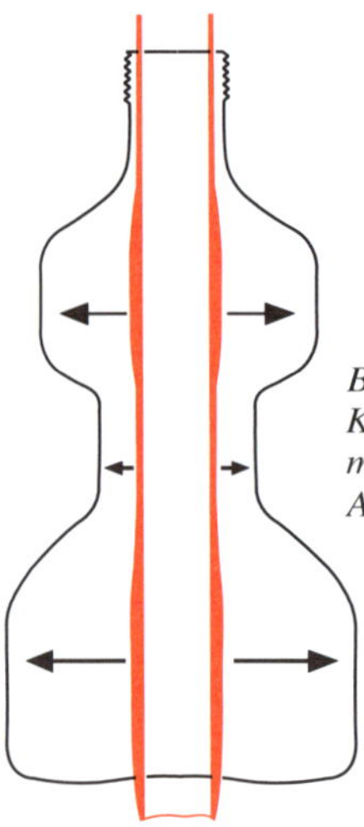

*Bild 6.2 Vorformling und Kontur einer Flasche mit unterschiedlichen Aufblasweiten*

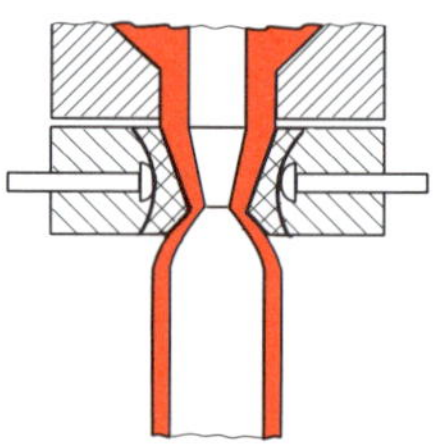

*Bild 6.3 Partielle Wanddickensteuerung*

### 6.2.1 Radial angeströmter Werkzeugkopf

Bei diesem Werkzeug spricht man auch von einem Pinolenkopf (Bild 6.4), der überwiegend für die Verarbeitung von PE und PP eingesetzt wird. Die von der Seite kommende Kunststoffschmelze umfließt den **Dorn** (Pinole) in einem Ring- oder Herzkurvenkanal und trifft an der entgegengesetzten Stelle wieder zusammen. Die Zusammenflußnaht ruft eine Schwachstelle im Schlauch hervor.
Bei qualitativ hochwertigen Blasteilen setzt man daher Werkzeuge ein, die den Massestrom aufteilen und ihn jeweils von der entgegengesetzten Seite auf den Dorn treffen lassen. Über zwei sich entgegengesetzt **überlappende Herzkurven** wird die Schmelze wieder vereint, womit die Schwachstellen teilweise kompensiert sind.
Die Wanddickenregulierung ist beim Pinolenkopf besonders gut durchführbar, weil man den konischen Dorn am Düsenring durch die Pinole ohne großen technischen Aufwand bewegen kann. Das geschieht in der Regel hydraulisch über ein Servoventil.

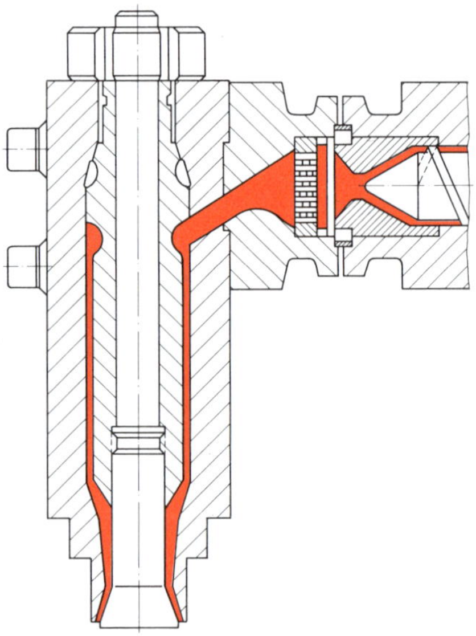

*Bild 6.4 Polyethylenschlauchkopf für das Hohlkörperblasen*

### 6.2.2 Axial angeströmter Werkzeugkopf

Dieses Werkzeug setzt man hauptsächlich für thermisch empfindliche Thermoplaste, wie z.B. das PVC, ein (Bild 6.5).
Der Massestrom trifft vom Extruder kommend über einen Krümmer auf die Kegelspitze des **Verdrängerkörpers** (Prinzip Rohrwerkzeug).

Gelegentlich wird dieser zentral angeströmte Umlenkkopf insbesondere bei größeren Blasteilen auch für PE verwendet. Um hierbei Schwachstellen am Schlauch beim Aufteilen des Massestroms durch die **Dornhaltestege** zu beseitigen, sind Dornhalter entwickelt worden, die versetzte Stege besitzen (Bild 6.6).

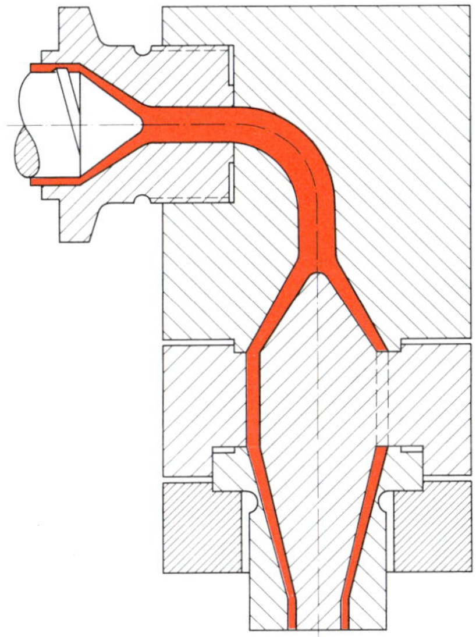

*Bild 6.5 Zentral angeströmter Umlenkkopf für PVC*

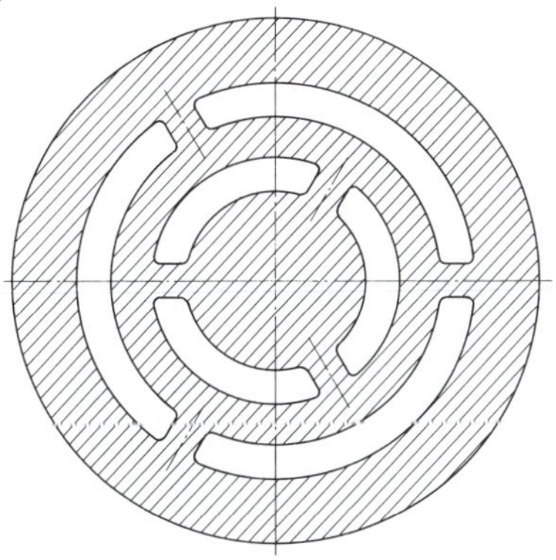

*Bild 6.6 Dornhalter mit versetzten Stegen*

Die Wanddickensteuerung ist bei PVC nicht immer notwendig, weil einmal die Hohlkörper aus PVC in ihrer Größe beschränkt sind (bis etwa 2 l), zum anderen die PVC-Schmelze schneller erstarrt. Wird sie trotzdem eingesetzt, muß das Düsenmundstück bei konischer Austrittsöffnung auf und ab bewegt werden.

### 6.2.3 Speicherkopfwerkzeug

Zum Herstellen von Hohlkörpern mit mehr als 5 l Inhalt muß man Werkzeuge mit **Schmelzespeicher** verwenden. In den letzten Jahren haben sich nur Speicherstationen durchgesetzt, die einen **ringartigen Speicher** im Werkzeug besitzen.

> Der wesentliche Vorteil des Speichers ist der, daß, während in der Blasstation ein Hohlkörper geformt wird, der Extruder laufend Schmelze in den Speicher fördert und die Entleerung des Speichers über einen Hydraulikkolben in kürzester Zeit geschieht.

Verschließt man durch Aufwärtsziehen des konischen Dorns oder Abwärtsbewegen des Düsenmundstücks die Austrittsöffnung des Werkzeugs, kann der Extruder Schmelze in den Speicher drücken.
Bei einem Ringkolbenspeicher wird der kreisförmige Kolben von der ankommenden Schmelze nach oben geschoben, bis der für das Blasteil notwendige Speicherraum gefüllt ist (Bild 6.7). Zum Entleeren des Speichers öffnet man den Düsenspalt und drückt den **Ringkolben** abwärts.

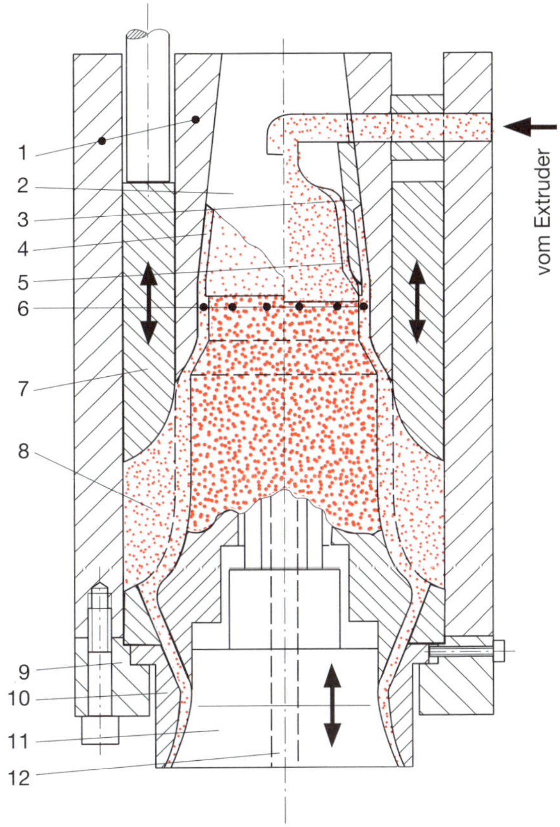


*Bild 6.7 Speicherkopf (Akkukopf) für die Herstellung von Großblasteilen*
*1 Schlauchkopfgehäuse, 2 Pinole, 3 kegelstumpfförmige Hülse, 4 äußerer Herzkurvenkanal, 5 innerer Ringkanal, 6 Zone des Zusammenfließens, 7 vertikal beweglicher Ringkolben, 8 Schmelzesammelraum, 9 Düsenhaltering, 10 horizontal verschiebbare Düse, 11 vertikal verstellbarer Dorn, 12 axial durchgehende Bohrung*

### 6.2.4 Sonstige Umlenkköpfe

Neben den bisher beschriebenen Umlenkköpfen sind bei kleineren oder dünnwandigen Flaschen auch **Mehrfachköpfe** anzutreffen. Hierbei treten gleichzeitig aus 2, 3 oder 4 Düsenöffnungen die Vorformlinge aus. Das Werkzeug muß zur Aufnahme der Vorformlinge ebenso 2, 3 oder 4 Formnesthöhlungen aufweisen.
Entsprechend der Coextrusion von Folien, Profilen und Tafelbahnen (Abschnitt 5.7.3) hat auch im Bereich des Hohlkörperblasformens für spezielle Anwendungen im Verpackungsbereich die Coextrusion Einzug gehalten. Hierdurch wird es möglich in Märkte einzudringen, die bisher wegen der Materialbedingungen anderen Werkstoffen, wie Metall und Glas, vorbehalten waren.
Mehrere Extruder speisen einen **Coextrusionsblaskopf** mit verschiedenen Kunststoffschmelzen sowie (wenn erforderlich) mit einem Haftvermittler. Die Schmelzeströme werden im Blaskopf so verteilt, daß sie nachher in fester Form Schicht auf Schicht im Blasteil vorliegen (Bild 6.8).

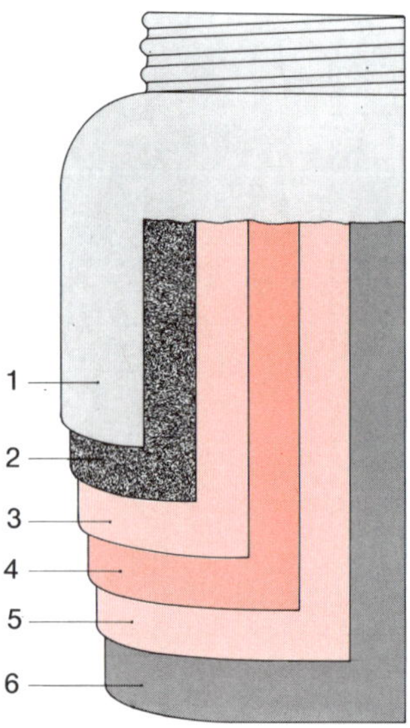


*Bild 6.8 Aufbau einer mehrschichtigen Flasche 1 Dekorschicht, 2 Coex-Regenerat, 3 und 5 Haftvermittler, 4 Barrierekunststoff, 6 Trägerschicht*

## 6.3 Blasstation

In der Blasstation befinden sich die Einrichtungen, die den Vorformling zum fertigen Hohlkörper verformen. Je nach Maschinenart und -größe gibt es Unterschiede hinsichtlich der Übergabe des Vorformlings an das **Blaswerkzeug,** des **Aufblasvorgangs** und der konstruktiven Gestaltung der **Schließeinheit.**

### 6.3.1 Übergabe des Vorformlings

Bei kontinuierlichem Schlauchaustritt darf sich das Blaswerkzeug nicht stationär unmittelbar unterhalb des Schlauchwerkzeugs befinden, denn während der Blasteilformung und -abkühlung muß ein neuer Vorformling extrudiert werden. Deshalb wird das Werkzeug zum Kopf geführt, um den Vorformling einzuklemmen und abzuholen.
Nach der Trennung des Schlauchs durch ein Schlagmesser oder einen Glühdraht senkt sich das Werkzeug wieder ab oder schwenkt seitlich weg (Bild 6.9).
Beim Einsatz eines Speicherkopfs erübrigt sich die vorgenannte Maßnahme. Hier ist das Werkzeug direkt unterhalb des Kopfs stationiert.

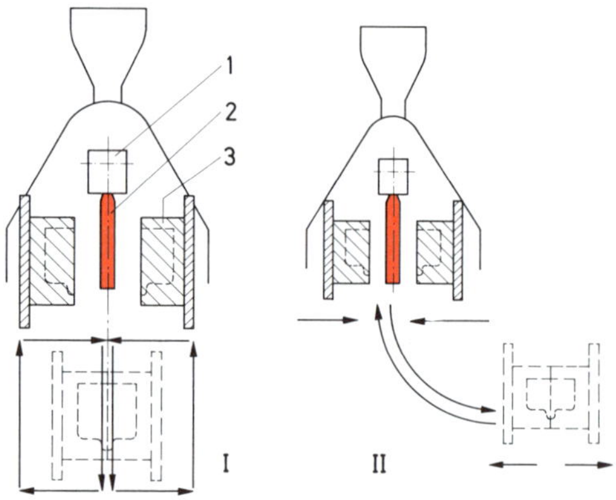


*Bild 6.9 Auf- und Abfahren des Blaswerkzeugs I vertikal, 1 Umlenkkopf, 2 Schlauch, 3 Werkzeug; II seitlich schräg*

### 6.3.2 Das Aufblasen des Vorformlings

Flaschen, Kanister und ähnliche Behälter brauchen zur Kalibrierung einer definierten Halsöffnung einen **Dorn.** Dieser ist gleichzeitig auch der Zuluft- und Abluftkanal (Bild 6.10). Zum Einführen des Dorns in den Schlauch kann man einmal den Schlauch bei geöffnetem Werkzeug über den Dorn extrudieren oder führen, zum anderen den Dorn in den vom Werkzeug bereits eingeschlossenen Schlauch drücken. Bei Flaschen wird meist letzteres angewandt.
Die Blasluft von 6 bis 8 bar übernimmt nun die Funktion des Ausformens des Vorformlings zum vorgesehenen Hohlkörper, wobei der Schlauch die Konturen der Werkzeuginnenhöhlung annimmt.
Für technische Artikel oder Spielzeug ist eine Halsöffnung wie bei Flaschen vielfach unerwünscht. Das Aufblasen erfolgt dann mit einer **Hohlnadel,** die an beliebiger vorher festgelegter

Stelle nach dem Schließen des Werkzeugs in den Schlauch sticht.
Je nach Verwendung des Blasteils kann man eventuell später das Einstichloch verschweißen oder einen vorher einkalkulierten verlorenen Teil, in dem sich das Loch befindet, abtrennen. Beim Herstellen von Spielzeug wird der Einstich meist nicht stören.

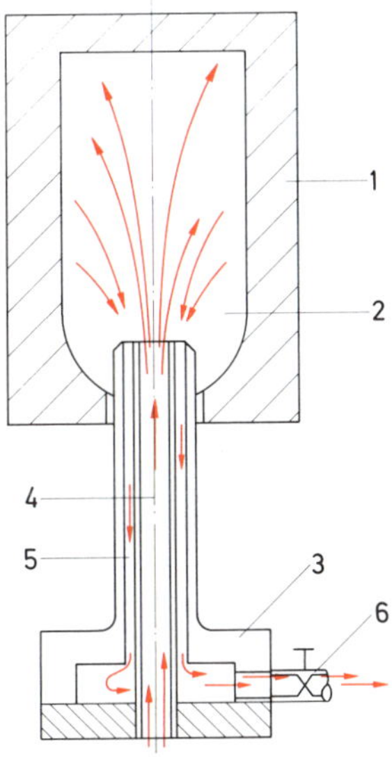


*Bild 6.10 Prinzip des Blasens*
*1 Werkzeug, 2 Hohlraum, 3 Blasdorn, 4 Luftzuführung, 5 Luftabführung, 6 Drosselventil*

### 6.3.3 Schließeinheit

Die **Schließeinheit** dient zur Aufnahme der beiden Werkzeughälften; sie muß diese Hälften zusammen- und auseinanderfahren und sie gegen den **Blasdruck** zuhalten.

Die **Werkzeughälften** sind dazu auf **Trägerplatten** montiert. Diese werden entweder mechanisch oder hydraulisch, bei kleinen Anlagen eventuell auch pneumatisch bewegt.
Weil beim Herstellen von Hohlkörpern gewöhnlich noch mehr Bewegungsvorgänge anfallen – z. B. **Bewegung** von **Blasdorn, Schlauchabschneider, Abfallentferner,** eventuell **Greiferzange, Speicherkolben** usw. – sind meist alle Blasformmaschinen neben dem elektrischen mit einem hydraulischen Antrieb ausgerüstet.
Beim Zusammenfahren der Werkzeughälften muß so vorgegangen werden, daß beide Hälften gleichzeitig mit gleicher Geschwindigkeit bewegt werden, damit der empfindliche Vorformling nicht vor dem Abquetschen schon deformiert wird. Dazu ist eine Gleichlaufeinrichtung nötig.
Werden beide Werkzeughälften z.B. von jeweils getrennt aber gleichzeitig arbeitenden Hydraulikzylindern bewegt, so ist der Gleichlauf damit noch nicht gewährleistet. Erst wenn man durch mechanische Hilfe — beispielsweise einer Zahnrad-Zahnstangeneinrichtung — dafür sorgt, daß sich die Platten gegenseitig mitziehen, ist der Gleichlauf sichergestellt (Bild 6.11).
Die Werkzeugträgerplatten führt man, um ein Verkanten beim Zusammenfahren der Werkzeughälften zu vermeiden, auf **Holmen** oder setzt ein stabiles holmenloses **U-Gestell** zur Aufnahme der Trägerplatten ein (Bild 6.11). Bei Großanlagen werden auch geschlossene quer- bzw. diagonalliegende **Rahmen** verwendet. Wichtig ist in jedem Fall, daß sich der doch meist großvolumige Hohlkörper bei Gewährung optimaler Stabilität des Schließsystems auch leicht entformen läßt. So werden häufig die Träger auf nur zwei sich diagonal gegenüberliegenden Holmen bewegt.

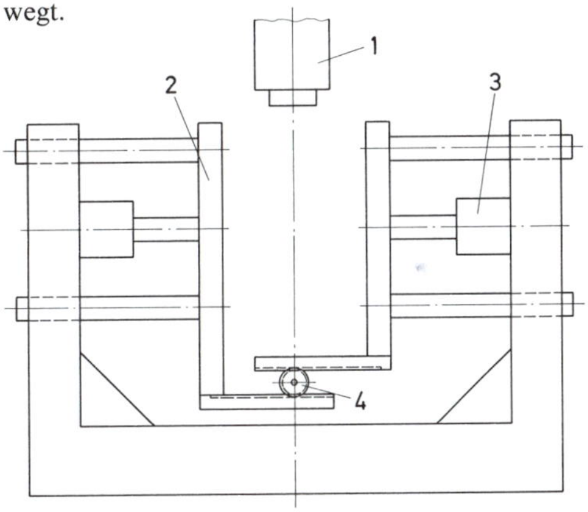


*Bild 6.11 U-Gestell mit Gleichlaufeinrichtung*
*1 Schlauchkopf, 2 Werkzeugträgerplatte, 3 Hydraulikzylinder, 4 Zahnrad-Zahnstangeneinrichtung*

## 6.4 Blaswerkzeuge

Die Blaswerkzeuge sind in der Regel zweiteilig aufgebaut und enthalten einen Hohlraum, der der Hohlkörperkontur entspricht.

Normalerweise wird die Teilung der Blaswerkzeuge in der **Symmetrieachse** des Blasteils vorgenommen. Dabei erhält man zwei gleiche oder spiegelbildlich gleiche Werkzeughälften mit einer planen Trennfläche (Bild 6.12).
Zur besseren Führung der Werkzeughälften verwendet man zwei oder vier relativ kurze **Führungsbolzen** für die eine Werkzeughälfte, die beim Zusammenfahren des Werkzeugs in **Füh-**

**rungsbuchsen** der anderen Werkzeughälfte gleiten.
Der Blasdorn zählt ebenfalls zum Blaswerkzeug. Seine Aufgabe ist es, neben der Zuführung der Blasluft die Größe der Halsöffnung zu kalibrieren und dafür zu sorgen, daß bei Flaschen mit Schraubgewinde die Kunststoffschmelze gut in die Gewinderillen des Werkzeugs eingedrückt wird.
Beim Zusammenfahren der Werkzeughälften wird der Schlauch so eingequetscht, daß ein geschlossenes Gebilde nur mit der Öffnung für den Blasdorn entsteht. Dabei lassen sich Mündungsränder, Befestigungslaschen, Verstärkungsrippen u.dgl. mit anpressen. Darüber hinaus können auch spritzgegossene Teile, wie Tragegriffe oder Ausgießstutzen, in die Werkzeuge eingelegt und mit dem Blasteil verschweißt werden. Dazu ist es nötig, die **Einlegeteile** aus dem gleichen Werkstoff herzustellen und eine Vorwärmung der Einlegeteile vorzunehmen, damit die Verschweißung optimal wird.
Die Werkzeuge sind aus **Stahl** oder gegossenen **Nichteisenlegierungen** gefertigt. Die Nichteisenlegierungen, wie Feinzink- und Aluminiumlegierungen, zeichnen sich durch ihre hohe Wärmeleitfähigkeit aus. Sie werden deswegen häufig als **Werkzeugplatte** (Werkzeug ohne Verschleißteile) eingesetzt.

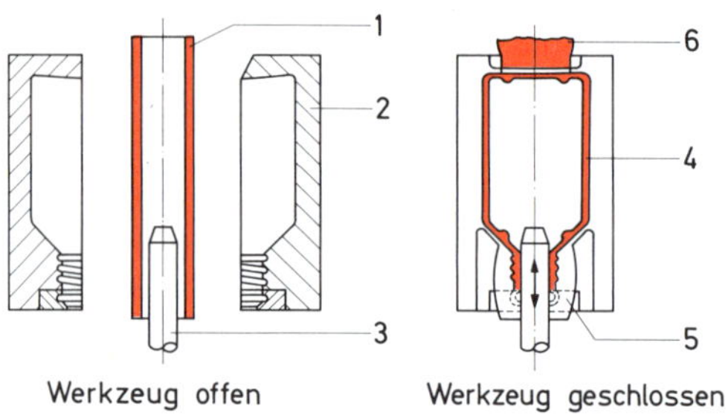


*Bild 6.12 Blaswerkzeug mit Blasdorn*
*1 Schlauch, 2 Werkzeug, 3 Blasdorn, 4 Flasche, 5 Halskalibrierung, 6 Abquetschteil des Schlauchs*

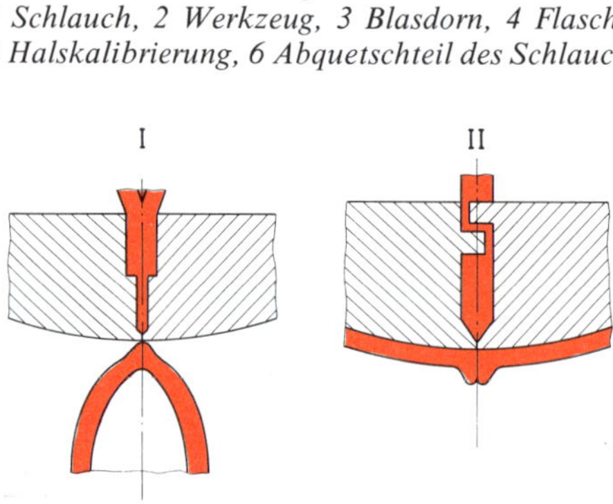


*Bild 6.13 Quetschkanten*
*I Normalausführung, II mit Staubalken*

Im Bereich der **Quetschkanten,** d.h. am unteren und oberen Ende, unterliegen die Werkzeuge einem erhöhten Verschleiß. Diese mechanisch stark beanspruchten Teile sollen daher auswechselbar und aus hochfestem Stahl hergestellt sein.

Die Gestaltung der Trenn- und Quetschkante stellt immer einen Kompromiß zwischen den beiden Funktionen **«Trennen»** und **«Verbinden»** dar. Die Qualität steht hierbei im Vordergrund. In wirtschaftlicher Hinsicht ist andererseits ein sauberes Abtrennen schon im Blaswerkzeug unumgänglich, um zu nachbearbeitungsfreien Artikeln zu kommen.
Die Quetschkanten sind nicht messerscharf, sondern als plane Fläche mit einer Breite von 0,1 bis etwa 2 mm — je nach Material, Größe und Wanddicke des herzustellenden Hohlkörpers — ausgebildet.
Zur Aufnahme des überstehenden Materials sollten die **Quetschtaschen** in ihrem Volumen geringfügig kleiner sein als der **Butzen (Abfallquetschling)** selbst. Damit erzielt man einerseits, daß noch genügend Schmelze in das Innere des Werkzeugs abfließt, um das Verschweißen zu verstärken und andererseits eine gute Wärmeabfuhr des Butzens an das gekühlte Werkzeug. Unterstützen läßt sich die Quetschwirkung durch einen zusätzlich angebrachten **Staubalken** in der Quetschtasche (Bild 6.13).
Die Oberfläche des Werkzeugnestes sollte fein geschlichtet oder sandgestrahlt sein. Das Hochglanzpolieren wird in der Regel nur zum Erreichen einer glatten Oberfläche – vorzugsweise bei der Verarbeitung von PVC hart und PET – vorgenommen.
Beim Aufblasen des Vorformlings muß die eingeschlossene Luft im **Werkzeugnest** verdrängt werden, weil der Hohlkörper sonst eine rauhe und narbige Oberfläche bekommt.
Für Polyethylen hart und weich haben sich Werkzeuge mit aufgerauhter (sandgestrahlter) Oberfläche bewährt. Bei Verwendung anderer Kunststoffe läßt sich die Luft durch feine Schlitze in der Trennebene oder durch **Entlüftungskanäle** entfernen.
Die richtige Bemessung und Anordnung der Kühlsysteme ist Voraussetzung für ein gutes Blaswerkzeug. In der Praxis arbeitet man mit der **Wasserumlaufkühlung** über gebohrte und miteinander verbundene **Kühlkanäle,** die dicht hinter der Werkzeugnestoberfläche liegen.
Hals- und Bodeneinsatz — d.h. die Quetschkantenbereiche — sind besonders gut zu kühlen, weil an diesen Stellen mit verfahrensbedingten Materialanhäufungen zu rechnen ist. Zweckmäßiger-

weise wird daher die Hals- und Bodenkühlung von der Werkzeugnestkühlung getrennt.
Es sind heute Blasformmaschinen im Einsatz, bei denen neben der Blasluft tiefgekühlte Flüssiggase – wie Kohlendioxid oder Stickstoff – zur schnelleren Wärmeabfuhr im Hohlkörper beitragen.
Auch kann man durch ein Intervallblasen nach Beendigen des Ausformprozesses die Kühlzeit verkürzen. Dazu wird je nach Behältergröße und Wanddicke mehrere Male der Blasdruck auf 1 bar reduziert und wieder auf einen Blasdruck von etwa 7 bar gebracht. Der ständige Austausch der Luft führt einen Teil der Wärme vom Blasteil ab, wodurch die Gesamtzykluszeit bis 5% reduziert werden kann.
Werden größere rechteckige oder ovale Hohlkörper, z.B. Kanister oder Batterietank, hergestellt, ermöglicht eine **Spreizvorrichtung** eine bessere Wanddickenverteilung im Bereich des Bodens oder der Halspartie.
Das Auseinanderziehen des zylindrischen Vorformlings parallel zur Trennebene geschieht durch von außen angreifende Klammern oder besser noch durch zwei Stifte oder Blasdorne, die in das offene Schlauchende hineinragen (Bild 6.14).
Mit der Spreizvorrichtung kombiniert man häufig ein **Vorblasen** des Vorformlings bei noch geöffnetem Werkzeug. Dazu muß der Schlauch unten abgeklemmt werden, damit die eingeblasene Luft nicht entweichen kann. Ziel des Vorblasens ist es, den Vorformling auf die annähernde Hohlkörpergröße zu dehnen und einen gewissen Stützeffekt auf den Schlauch auszuüben. Außerdem verkürzt sich dadurch der Arbeitstakt bei großvolumigen Teilen.
Um eine automatische Fertigung, beispielsweise bei Massenartikeln, zu erreichen, kann man den abgequetschten Materialanteil im geschlossenen Werkzeug kurz vor dem Entformen durch bewegliche **Backensegmente** vom Hohlkörper abreißen. Ebenso läßt sich auch bei Flaschen der überstehende Butzen, bevor das Werkzeug öffnet, mit einen **geriffelten Dornkragen** abdrehen (Bild 6.15).

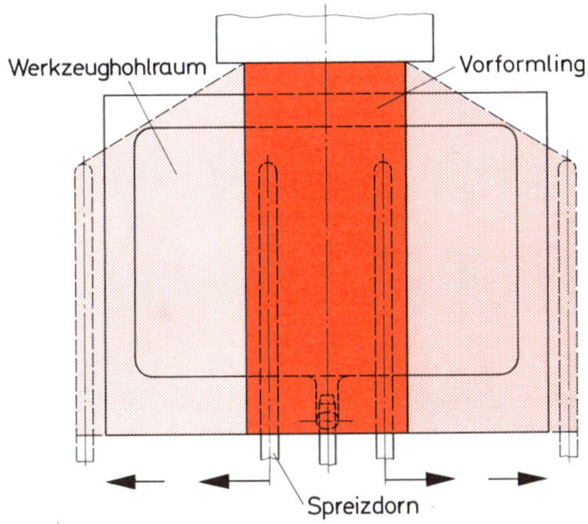


*Bild 6.14 Spreizvorrichtung*

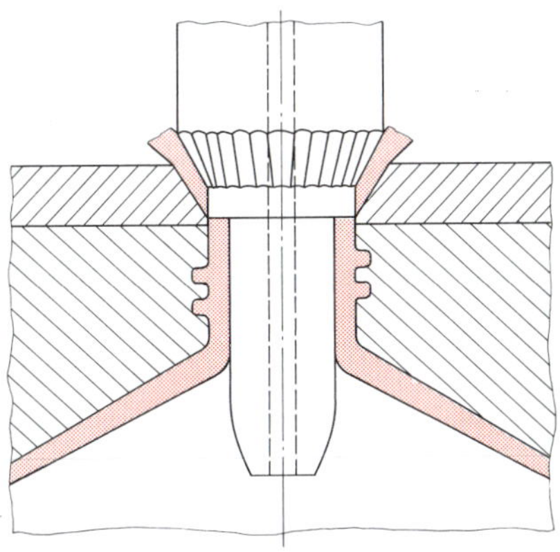

*Bild 6.15 Geriffelter Dornkragen*

## 6.5 Hohlkörper-Blasformmaschinen

> Die Zusammenstellung eines Extruders mit Umlenkwerkzeug und einer Blasstation mit Schließeinheit ergibt eine Hohlkörper-Blasformmaschine (Bild 6.16).

Weil die Maschinen sich hinsichtlich Konstruktion, Steuerung und Automationsaufwand durch die Größe der Maschine und von Hersteller zu Hersteller voneinander unterscheiden, wird auf die Beschreibung einer kompletten Anlage verzichtet.
Es soll aber nicht unerwähnt bleiben, daß es neben der Einstationanlage Maschinen gibt, die **Mehrfachköpfe** und entsprechend auch **Mehrfachwerkzeuge** besitzen und die mit einem **Drehtisch** oder mit einem endlosen doppelten **Kettenband** arbeiten, wobei mehrere Werkzeuge auf bzw. an diesen Einrichtungen montiert sind. Hierbei ist die Extruderleistung erheblich größer,

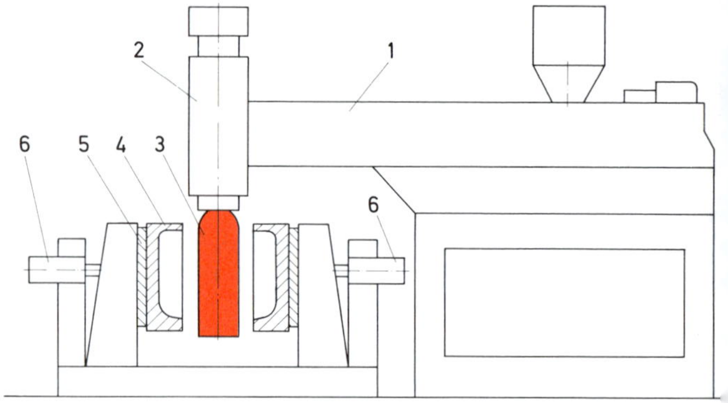


*Bild 6.16 Blasformmaschine*
*1 Extruder, 2 Speicherkopf, 3 Schlauch, 4 Werkzeug, 5 Aufspannplatten, 6 hydraulische Schließeinheit*

als es möglich ist, einen Hohlkörper zu formen und abzukühlen.
Die automatische Butzenentfernung in der Maschine durch **Abstanzvorrichtungen** gehört heute zur Standardausrüstung vieler Anlagen.
Dabei wird der Hohlkörper außerhalb des Werkzeugs in einer Maskenvorrichtung fixiert und durch eine hydraulisch bewegte Stanzvorrichtung von den Butzen befreit. Zusätzlich handelt man sich den Vorteil ein, daß eine geordnete Weitergabe der Blasteile an die Folgeeinrichtungen — wie Flaschenprüfgerät, Bedruckmaschine, Füllgerät usw. — erfolgt.
Die Herstellung von technischen Teilen, insbesondere für den Automobil- und Maschinenbau in Form von Achsmanschetten, Ansaugschläuchen, Ansaugkrümmern, Lenkmanschetten, Stoßdämpfern, Verbindungsrohren, Warmluftschläuchen usw., kann heute durch den Einsatz von mehrachsig gesteuerten **Manipulatoren** sehr wirtschaftlich erfolgen.
Der Manipulator legt hierbei den extrudierten Vorformling in die gekrümmte Werkzeughöhlung, so daß keinerlei seitliche Butzenanteile entstehen. Somit werden Produkte erhalten, die in den entscheidenden Bereichen quetschnahtfrei sind.
Der Manipulator muß in seinen Bewegungen dem herzustellenden Teil angepaßt und dementsprechend programmiert werden (Bild 6.17).
Bei Rohrabschnitten mit weniger starken Krümmungen kann das Saugblasverfahren eingesetzt werden. Hierbei wird der Vorformling mittels Vorblasluft und Vakuum, das den Werkzeughohlraum evakuiert, in den Innenhohlraum des Blaswerkzeugs gedrückt bzw. gesogen.
In Kombination mit dieser Fertigung ist die **sequentielle** (aufeinanderfolgende) **Coextrusion** zur Herstellung von Hart-weich-hart- oder Weich-hart-weich-Krümmerelementen anwendbar (Bild 6.18).
Dazu fließen die jeweiligen Schmelzen, die parallel plastifiziert werden, nacheinander aus dem Vorformlingskopf. Der Materialwechsel ist fließend, und die Übergangsphase beträgt nur wenige Millimeter. Es versteht sich, daß die eingesetzten Kunststoffe miteinander verträglich bzw. verschweißbar sein müssen.
Zur Verbesserung der Qualität von Blasformteilen und um wirtschaftlicher fertigen zu können, werden elektronische Steuerungen mit Betriebsdatenerfassung und Bildschirmdarstellung für die Verfahrensabläufe in Blasformmaschinen installiert. Dafür sind **speicherprogrammierbare Steuerwerke** nötig, die die eingespeicherten Anweisungen «lesen», sie mit den Istwerten (tatsächlichen Maschinendaten) vergleichen und in richtiger Reihenfolge über die Stellglieder ausführen.
Für die zu steuernden Vorgänge ist es nötig, daß alle Maschinendaten digital (d.h. in Zahlenkombinationen) einstellbar sind. Das gilt insbesondere auch für die Wegerfassung der Bewegungen beim Werkzeugschließen und beim Blasdorneinfahren. Darüber hinaus sind moderne Blasformmaschinen heute mit digitalen Einstellmöglichkeiten für Temperaturen, für Funktionszeiten — wie Blaszeit, Intervallblaszeit, Entlüftungszeit, Schließzeit usw. — sowie für die Wanddickenregulierung ausgerüstet. Mit einem Eingabegerät (Tastatur) wird die Maschine programmiert. Diese Daten kann man speichern und später, wenn das gleiche Blasteil noch einmal gefertigt werden soll, der Maschine wieder eingeben. Bildschirme dienen dazu, den Einstellprozeß zu überwachen und Soll- und Istdaten während der Fertigung zu kontrollieren bzw. abzurufen.
Wieweit man eine Maschine zum kompletten Verpackungsautomaten vervollständigen kann, sollen folgende sich in einer Maschinenanlage abspielenden Vorgänge zeigen:

Extrudieren des Vorformlings,
Blasen des Hohlkörpers,
Bedrucken des Hohlkörpers,
Füllen des flüssigen Inhalts,
Verschließen des Behälters durch Schweißen,
Auswerfen der fertigen Packung.

Welche Vielfalt und Volumengröße von Hohlkörpern durch das Extrusionsblasen herstellbar sind, wird die Aufzählung folgender Blasteile verdeutlichen:

| | |
|---|---|
| Kosmetikfläschchen | (0,05 bis 0,1 l) |
| Essigflaschen | (0,5 bis 1 l) |
| Spülmittelflaschen | (1 bis 4 l) |
| Gießkannen | (3 bis 8 l) |
| Benzinkanister | (5 bis 10 l) |
| Weithalsfässer | (60 bis 200 l) |
| Heizölbatterietanks | (600 bis 2000 l) |

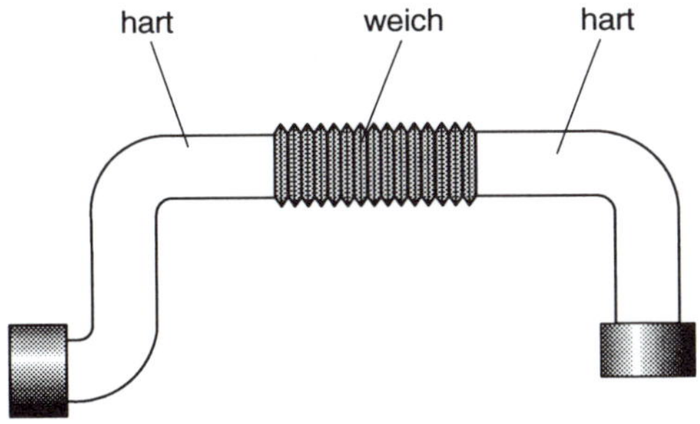


*Bild 6.18 Hart-weich-hart-Luftschlauchkrümmer*

*Bild 6.17 3D-Vorformlingsmanipulator*
*1 Schlauchkopf, 2 Greiferarm, 3 Werkzeug, 4 Manipulator oben, 5 Manipulator unten*

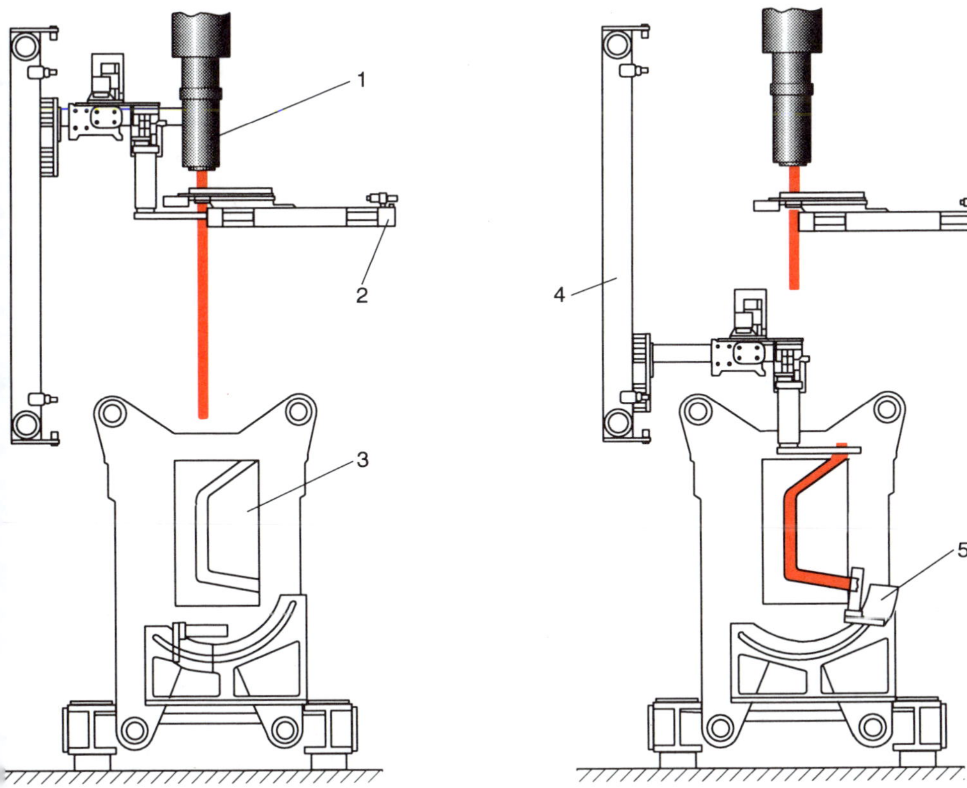


## 6.6 Extrusionsstreckblasen

Eine Variante des herkömmlichen Hohlkörperblasens ist das **Streckblasformen**. Bei diesem Verfahren erzielt man trotz geringerem Materialeinsatz bessere Produkteigenschaften. Allerdings lassen sich vorerst nur rotationssymmetrische Hohlkörper aus den Kunststoffen PVC, PET und seit neuem transparentes PP herstellen.

Der Unterschied zum Extrusionsblasformen besteht darin, daß ein vorgeformter Hohlkörper in einem zweiten Verfahrensschritt im thermoelastischen Bereich in seine endgültige Form weiter verstreckt wird (Bild 6.19).

Die bei der ersten Formgebung statistisch verknäulten Makromoleküle oder Kristallstrukturen erfahren bei der Verstreckung eine Ausrichtung in Längs- und Umfangsrichtung. Damit ergibt sich eine **biaxiale Orientierung** der Makromoleküle, was sich durch Verbesserung von Zugfestigkeit, Schlagzähigkeit, Transparenz und Glanz ausdrückt. Auch lassen sich bessere Sperreigenschaften gegen Wasserdampf, Sauerstoff, Kohlendioxid und eine gute Aromadichtheit erzielen.

Maschinentechnisch hat man die Aufgabe so gelöst, daß in einer Maschine zwei Blasstationen installiert sind. Die erste Blasstation formt den Vorformlinghohlkörper mit der endgültigen Halspartie. Hals- und Bodenbutzen werden im

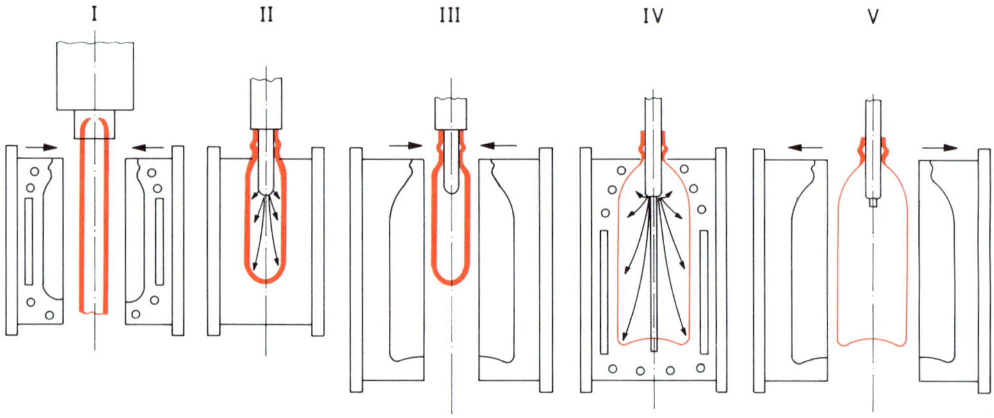


*Bild 6.19 Verfahrensablauf des Streckblasens*
*I Extrusion eines Schmelzeschlauchs,*
*II Erste Formgebungsphase, Abquetschen und Verschweißen des Bodens, Kalibrieren und Aufblasen des Vorformlings,*
*III Übernahme des entbutzten Vorformlings in die zweite Blasform,*
*IV Strecken und Aufblasen des Vorformlings zum fertigen Hohlkörper,*
*V Entformen des Hohlkörpers*

Werkzeug abgetrennt. Größte Aufmerksamkeit muß man der Temperaturführung im Werkzeug widmen. Die Abkühlung des ersten Hohlkörpers kann nur bis zu einer Temperatur erfolgen, die knapp über dem Erweichungspunkt liegt. Dieser temperierte Hohlkörper wird dann der zweiten Blasstation übergeben. Hier erfolgt nun die Verstreckung in zwei sich überlagernden Einzelschritten:

1. Schritt: Verstrecken mit einem **Streckstempel** in Längsrichtung,
2. Schritt: Verstrecken mit Blasluft in Umfangsrichtung.

Nach erfolgtem Abkühlen erhält man dann einen dünnwandigen, aber qualitativ hochwertigen Hohlkörper, dessen Vorteile insbesondere in der Lebensmittelverpackung – z.B. für Speiseöl oder Mineralwasser – bereits anerkannt worden sind.

Bei der Herstellung von streckgeblasenen Polyesterflaschen mit hohen Produktionsleistungen hat sich ausschließlich das Zweistufenverfahren durchgesetzt.

Die Vorformlinge werden dabei auf Spritzgießmaschinen in Mehrfachwerkzeugen hergestellt.

In der eigentlichen Streckblasmaschine erfolgt dann mittels rotierender Rundtische die Weiterverarbeitung der Vorformlinge zum einen in der Aufheizstrecke und zum anderen im Streckblaswerkzeug zur gewünschten Flaschenform.

# 7 Gießen von Folien

Das Gießen von Folien erfolgt durch Ausgießen einer Kunststofflösung aus einer **Breitschlitzdüse** auf eine umlaufende **Trommel** oder ein endloses **Metallband** (Bild 7.1).

Dieses Verfahren findet heute nur noch bei der Herstellung von **Zelluloseazetatfolien** Anwendung. Die Folien müssen für die meisten Anwendungen ausreichende Geschmeidigkeit und Weichheit besitzen. Deshalb werden bis zu 5% Weichmacher – vorwiegend Phthalsäure- und Phosphorsäureester – dem reinen Zelluloseazetat zugesetzt.
Die Herstellung der Lösung erfolgt unter Verwendung eines Lösungsmittelgemischs, um eine niedrige Lösungsviskosität bei hohem Feststoffgehalt zu erhalten. Aus Sicherheitsgründen hinsichtlich der Brennbarkeit und der Bildung explosibler Gemische mit Luft verwendet man für das Lösungsmittelgemisch u.a. chlorierte Kohlenwasserstoffe, wie Methylenchlorid und Chloroform.
Nach dem Lösungsvorgang wird die Lösung über Pumpen durch Filterpressen gedrückt, um feinste Schmutzteile zu entfernen. Die **Gießmaschinen** sind in der Regel in gasdichten geschlossenen Gehäusen untergebracht, damit Staubpartikel der Umgebungsluft ferngehalten werden. Die Gießeinrichtung besteht aus einem wannenförmigen Gefäß mit Breitschlitzdüse. Man unterscheidet zwischen drucklos arbeitenden **Abstreifgießern** und **Druckgießern.** Das Lösungsmittel wird in einer Heiz- und Absaugstation entfernt und aus wirtschaftlichen Gründen zurückgewonnen. In den meisten Fällen erfolgt die Abführung des Lösungsmittels durch sorgfältig aufbereitete, erwärmte Trockenluft. Die Folien treten aus der Maschinenumhüllung durch einen Schlitz aus und gelangen zur Aufwickelvorrichtung.
Bei diesem Gießvorgang entstehen nur relativ dünne Folien. Die Möglichkeit, dickere Folien zu erhalten, ist gegeben, wenn man in mehreren hintereinanderfolgenden Gängen mehrere Schichten gießt.
Gegossene Zelluloseazetatfilme werden hauptsächlich dort verwendet, wo eine optisch hohe Transparenz besonders gebraucht wird. So finden diese Filme im Bereich der Fotofilmindustrie ihre Hauptanwendung. Darüber hinaus setzt man sie im gewissen Umfang in der Verpackung und in der Elektrotechnik (Kondensatoren) ein.

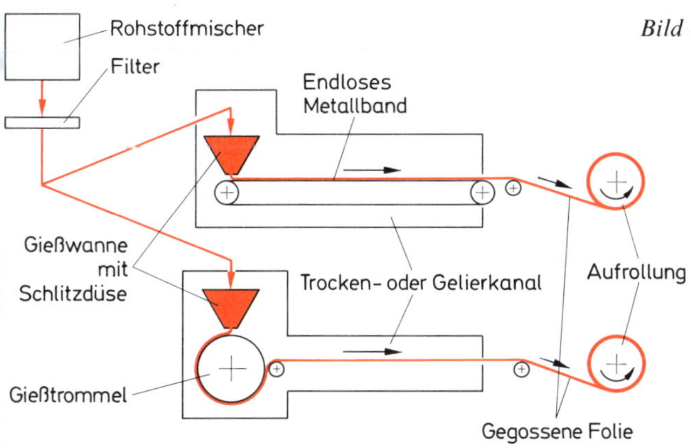


*Bild 7.1 Schema des Gießens von Folien*

# 8 Spritzgießen

## 8.1 Allgemeines

Spritzgießen ist das am häufigsten eingesetzte Verarbeitungsverfahren zum vollautomatischen Herstellen von Kunststoffteilen.
Es wird sowohl für Massenartikel als auch für technische Formteile eingesetzt.
Mit Hilfe des Spritzgießverfahrens können sowohl kleine Teile wie Zahnräder für Uhren als auch große Teile wie Mülltonnen oder Stoßfänger für Kraftfahrzeuge hergestellt werden. In den meisten Fällen ist keine Nacharbeit an den gefertigten Formteilen erforderlich.

> Das Spritzgießen umfaßt das Plastifizieren des pulverförmigen oder granulierten Aufgabegutes (Formmasse) und seine Überführung unter hoher Geschwindigkeit und hohem Druck in die Werkzeughöhlung, in der es durch Abkühlen oder Vernetzen erstarrt, so daß das Formteil entformt werden kann.

Die zum Herstellen eines Spritzlings erforderlichen Schritte laufen vollautomatisch ab, sie bilden den Zyklus mit den Zykluszeiten, während sich der periodisch ablaufende Fertigungsablauf vollzieht.

### 8.1.1 Formmassen

Im Spritzgießverfahren werden Kunststoffe als Granulat oder in Pulverform verarbeitet. Entsprechend der Ausrüstung der Spritzgießmaschine können **Thermoplaste, Duroplaste** und **Elastomere** verarbeitet werden.
**Thermoplaste** werden durch Erwärmen plastisch und können mehrmals verarbeitet werden. Sie liegen in naturfarbenem Zustand, eingefärbt, mit Zusatzstoffen verstärkt oder mit Treibmitteln versehen vor. Zu unterscheiden sind aufgrund ihrer Struktur **amorphe** und **teilkristalline Thermoplaste.**
**Duroplaste** und **Elastomere** vernetzen durch Einwirkung von Wärme und lassen sich im Gegensatz zu Thermoplasten nicht mehr aufschmelzen.

### 8.1.2 Spritzgießmaschinen

Spritzgießmaschinen sind Maschinen, mit denen aus Formmassen (Pulver oder Granulat) diskontinuierlich Kunststoffteile hergestellt werden. Die in der Spritzgießmaschine plastifizierte Formmasse wird unmittelbar durch den Angußkanal in die Werkzeughöhlung eingespritzt.
Eine Spritzgießmaschine besteht aus drei wichtigen Baugruppen (Bild 8.1):

- □ Schließeinheit (1),
- □ Spritzeinheit (2),
- □ Maschinenbett mit dem Antriebs- und Steuerungssystem (3),

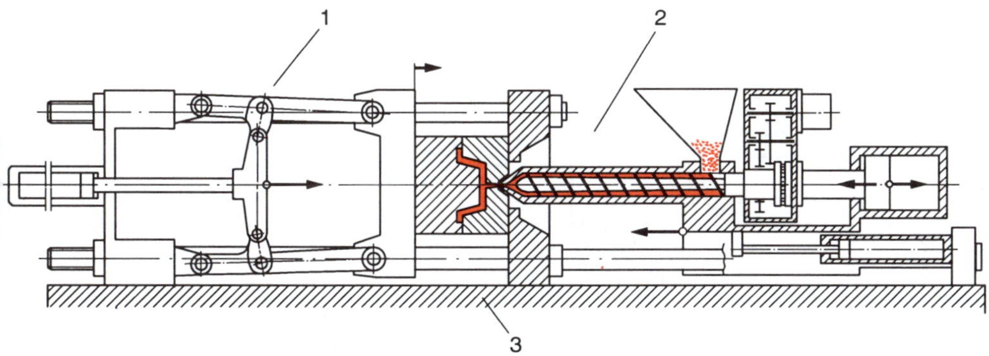


*Bild 8.1 Schematischer Aufbau einer Spritzgießmaschine*
*1 Schließeinheit, 2 Spritzeinheit, 3 Maschinenbett*

**Spritzeinheit**

Die Spritzeinheit besteht im wesentlichen aus einer in einem feststehenden heizbaren Zylinder rotierenden Schnecke, die zum Einspritzen in Richtung Düse wie ein Kolben verschoben wird und während des Plastifizierens sich unter dem Rückdruck der Masse in ihre Ausgangslage zurückdreht.
Zur Drehbewegung der Schnecke dient ein Hydraulik- oder Elektromotor. Die Axialbewegung bewirkt der Arbeitskolben mit Hydraulikzylinder.
Die Aufgaben der Spritzeinheit sind:

*Einziehen*

Die Formmasse in Pulver- oder Ganulatform gelangt durch die Drehbewegung der Schnecke über den Einfülltrichter in den Zylinder.

*Fördern*

Durch die Rotation der Schnecke wird die Formmasse vom Einfülltrichter zur Düse befördert.

*Plastifizieren*

Durch die Wärmezufuhr über die elektrischen Heizbänder und die Reibung (Friktion) wird die Formmasse plastifiziert.

*Dosieren*

Dosieren heißt, daß eine bestimmte Menge plastifiziertes Material durch die Schnecke vor die Schneckenspitze gefördert wird. Aufgrund des Drucks, der sich im Schneckenvorraum aufbaut, wird die Schnecke axial in Richtung Einfülltrichter zurückgedrückt. Nach dem Dosieren endet die Schneckenrotation.

*Einspritzen*

Durch axiales Verschieben der Schnecke in Richtung Düse wird die plastifizierte Formmasse in den Werkzeughohlraum gespritzt. Während des Einspritzens wirkt die Schnecke als Kolben.

Diese Vorgänge laufen neben- bzw. nacheinander ab.

**Schließeinheit**

Die Aufgaben der Schließeinheit sind:
- □ Spritzgießwerkzeug aufnehmen,
- □ Spritzgießwerkzeug öffnen und schließen,
- □ Werkzeugzuhaltekraft aufbringen,
- □ Entformungsvorgang durchführen.

Die Schließkraft kann mechanisch durch Kniehebel oder durch Hydraulikzylinder erzeugt werden.

**Maschinenbett**

Das Maschinenbett nimmt die einzelnen Bauelemente auf und sorgt für eine stabile Halterung. Die Steuerung des Funktionsablaufs erfolgt durch Schaltuhren oder elektronische Zeitgeber. Durch zusätzliche Überwachungseinheiten versucht man den Einspritzvorgang und die Nach-

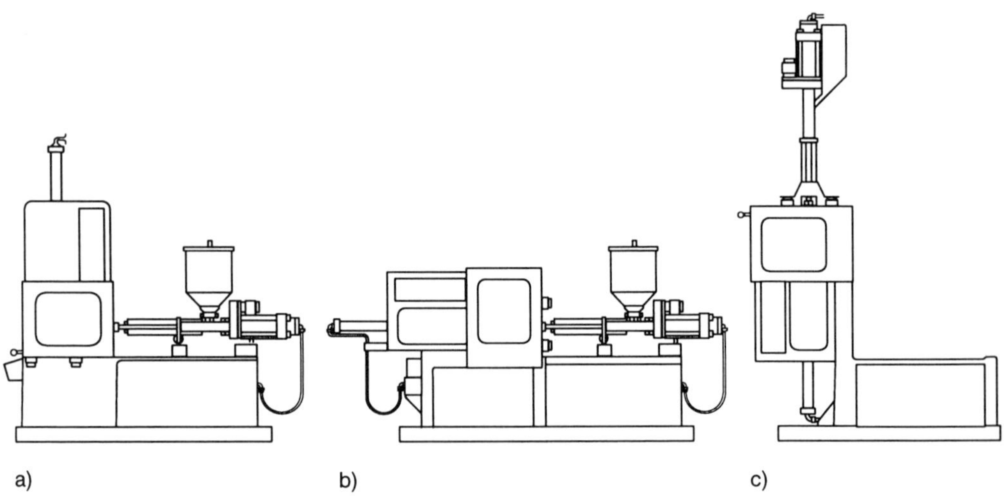


*Bild 8.2 Unterschiedliche Bauarten von Spritzgießmaschinen*
*a) Spritzeinheit horizontal, Schließeinheit vertikal angeordnet*
*b) Spritzeinheit und Schließeinheit horizontal angeordnet*
*c) Spritzeinheit und Schließeinheit vertikal angeordnet*

druckphase abhängig vom Massedruck im Werkzeug zu überwachen. Zur Beheizung der Spritzeinheit verwendet man elektrische Bandheizkörper. Die Zylindertemperatur wird überwiegend durch elektronische Regler geregelt.

**Unterschiedliche Bauarten von Spritzgießmaschinen** (Bild 8.2)

Vertikale Schließeinheiten für Werkzeuge mit horizontaler Trennebene sind für das Einlegen von Metallteilen zweckmäßig.
Mit schwenkbaren Spritzeinheiten spritzt man in horizontalen Schließeinheiten senkrecht stehende Werkzeuge in der Trennebene an.
Für Teile, die Vorbereitungen und lange Standzeiten erfordern, sind Rundläufermaschinen mit mehreren auf einem Drehtisch umlaufenden Schließeinheiten auf dem Markt. Des weiteren gibt es Maschinen mit mehreren Spritzeinheiten für den Mehrfarben- und Mehrkomponentenspritzguß.

**Die wichtigsten Bauelemente der Spritzgießmaschine sind**

**Spritzeinheit** (Bild 8.3)
*Einfülltrichter*

Der Einfülltrichter enthält die zu verarbeitende Formmasse. Diese muß rieselfähig sein.
Für Formmassen, die vorgetrocknet werden müssen (z.B. PC, PMMA, ABS), kann ein heizbarer Trichter eingesetzt werden. Bei der Verarbeitung von Elastomeren und BMC ist der Trichter mit einer Stopfvorrichtung ausgerüstet.
In der Regel befindet sich am Trichter ein Fenster, um dem Bedienpersonal die Überprüfung des Füllstandes im Trichter zu ermöglichen.

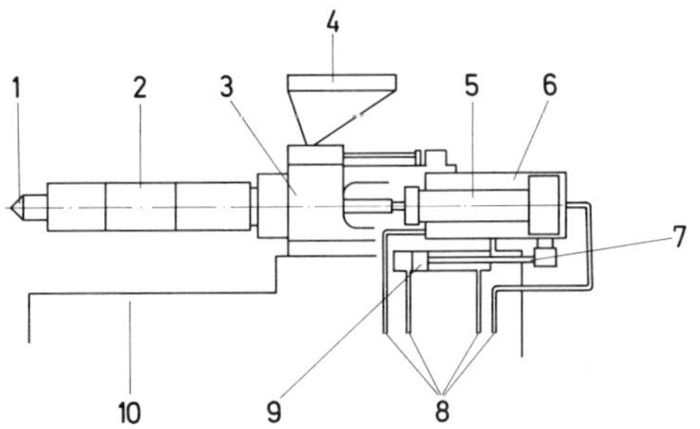


*Bild 8.3 Spritzeinheit*
*1 Düse, 2 Massezylinder, 3 Schneckengetriebe, 4 Einfülltrichter, 5 hydraulischer Arbeitskolben für die axiale Schneckenbewegung, 6 Hydraulikzylinder, 7 Hydraulikzylinder für die Düsenabhebbewegung, 8 Hydraulikanschlußleitungen, 9 Hydraulikkolben für die Düsenabhebbewegung, 10 Maschinenbett*

*Massezylinder und Heizbänder*

Der Massezylinder besteht aus einem dickwandigen Stahlrohr. Er wird mit elektrischen Heizbändern temperiert (Bild 8.4).
Bei Duroplasten wird ein doppelwandiger Massezylinder eingesetzt, der mit Öl temperiert wird. Durch Temperaturregler wird die Zylinderheizung innerhalb eines gewünschten Temperaturbereiches konstant gehalten.

**Schnecke**

Die Schnecke hat die Aufgabe, das Material zu fördern, zu plastifizieren und zu homogenisieren. Die gängige Universalschnecke (Bild 8.5) zur Verarbeitung der wichtigsten Thermoplasten ist eine Dreizonenschnecke, aufgeteilt in Einzugszone, Kompressionszone und Meteringzone (Ausstoßzone). Moderne Universalschnecken haben eine Länge von 20 *D*. Die Schneckenlänge wird üblicherweise als Vielfaches des Schneckendurchmessers *D* angegeben. Gesteigerte Anforderungen an Durchsatzleistung, Homogenität der Schmelze und ausreichendem Widerstand gegen Verschleiß verlangen diese Länge. Außer für PVC-U können diese Schnecken für alle gängigen Thermoplaste eingesetzt werden. Längere Universalschnecken bergen die Gefahr des Materialabbaus durch lange Verweilzeiten und zu intensive mechanische und thermische Beanspruchung. Auch bringen die 20-D-Schnecken eine für nahezu alle Fälle ausreichende Plastifizierleistung.
Des weiteren werden Mischteilschnecken eingesetzt in Fällen, in denen besonders intensiv homogenisiert werden muß (z.B. Einfärben auf der Maschine). Anwendung in erster Linie für Polyolefine.
Mit Hilfe von Entgasungsschnecken kann man hygroskopische Materialien (PMMA, PC, PA) ohne Vortrocknen verarbeiten. Der Plastifizierstrom wird gegenüber der Normalschnecke allerdings um 15 bis 50% reduziert.
Für PVC-U werden Schnecken mit einer anderen Zonenaufteilung und anderen Gangtiefen eingesetzt. Die Schneckenstege setzen sich auf der Schneckenspitze fort. Für die Verarbeitung von PVC-U sollen keine Rückstromsperren eingesetzt werden.

**Rückstromsperre**

Die Rückstromsperre verhindert, daß beim Einspritzen Formmasse in die hinteren Schneckengänge zurückfließt. Sie verbessert die Kolbenwirkung beim Einspritzen. Bei Thermoplast-Spritzgießmaschinen werden in erster Linie Ringrückstromsperren eingesetzt. Bild 8.6 veranschaulicht das Funktionsprinzip.

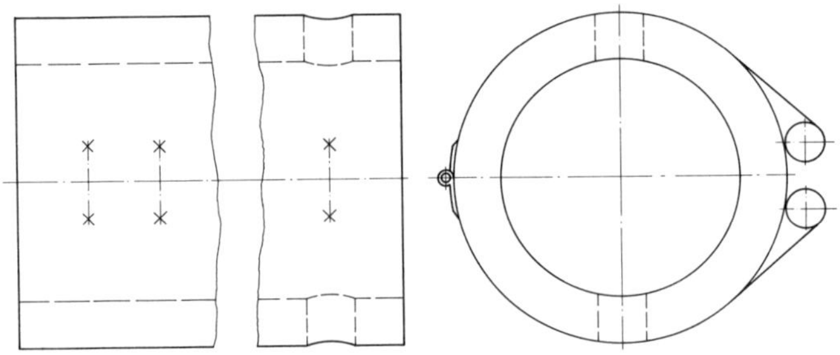

Bild 8.4 *Elektrisches Heizband zur Beheizung von Massezylindern*
*1 innerer Blechmantel, 2 Isolierung, 3 und 5 Heizdraht, 4 und 6 Isolierung, 7 Blechzwischenmantel, 8 Außenblechmantel, 9 Spannschrauben, 10 Gerätestecker*

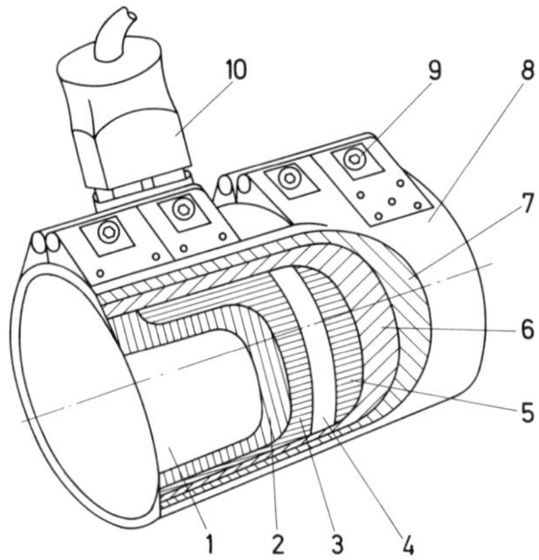


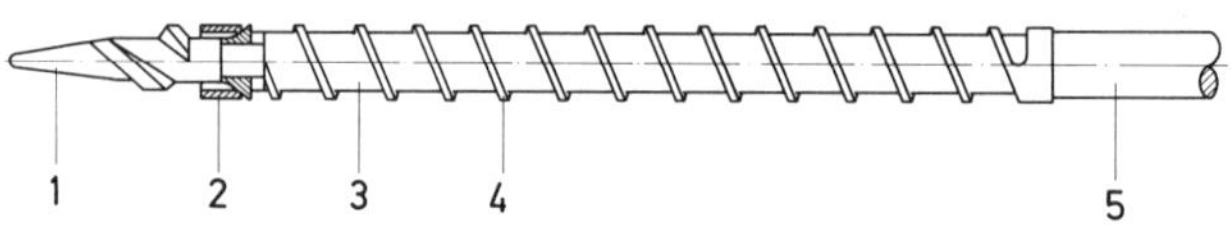


Bild 8.5 *Universalschnecke*
*1 Schneckenspitze, 2 Rückstromsperre, 3 Schneckenkern,*
*4 Schneckensteg, 5 Schneckenschaft*

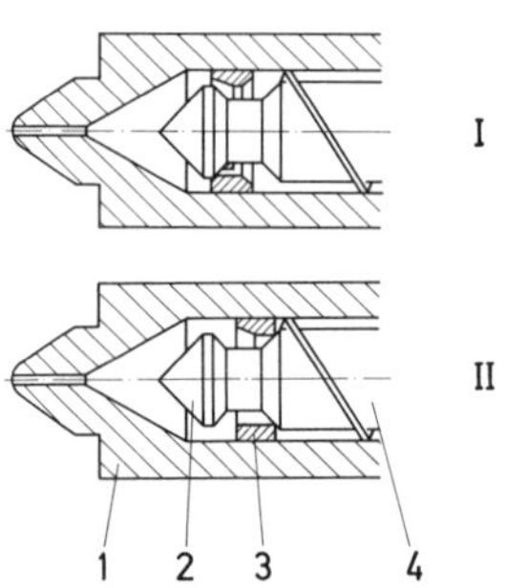


Bild 8.6 *Rückstromsperre*
*I Plastifizieren, II Einspritzen und Nachdrücken, 1 Massezylinder, 2 Schneckenspitze, 3 Sperring, 4 Schnecke*

**Düsen**

Die Düse stellt das Verbindungsstück zwischen dem vorderen Teil des Massezylinders und dem Werkzeug dar. Das Befestigen der Düse am Massezylinder erfolgt durch einen Gewindeflansch oder durch einen Schnellverschluß.
Der Fließkanal der Düse sollte möglichst strömungsgünstig konstruiert sein und während des Einspritzvorgangs dicht am Spritzgießwerkzeug anliegen, um ein Austreten der Schmelze zwischen Düse und Angußbuchse des Werkzeugs zu verhindern. Hierbei ist zu beachten, daß der Radius der Düse stets kleiner ist als der Radius der Angußbuchse, ebenfalls muß der Durchmesser der Düsenbohrung kleiner sein als der Durchmesser des Kanals der Angußbuchse.

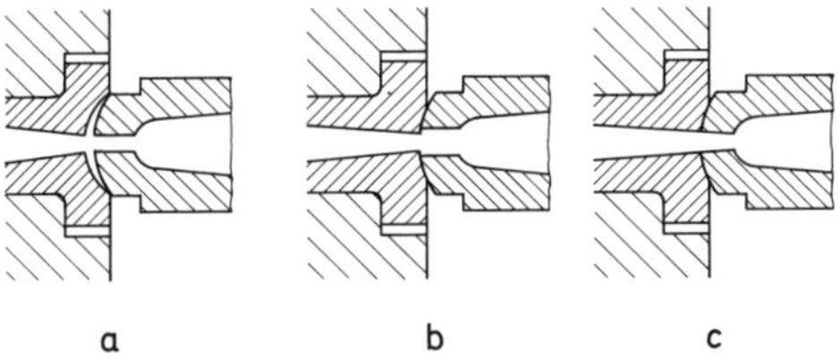


*Bild 8.7 Schematische Darstellung von Düsen mit unterschiedlichen Düsenradien*
*a größerer Radius der Düse – Masse setzt sich zwischen Angußbuchse und Düse fest*
*b gleich große Radien, jedoch größere Düsenbohrung als die der Angußbuchse – Anguß läßt sich nicht entformen*
*c richtige konstruktive Lösung*

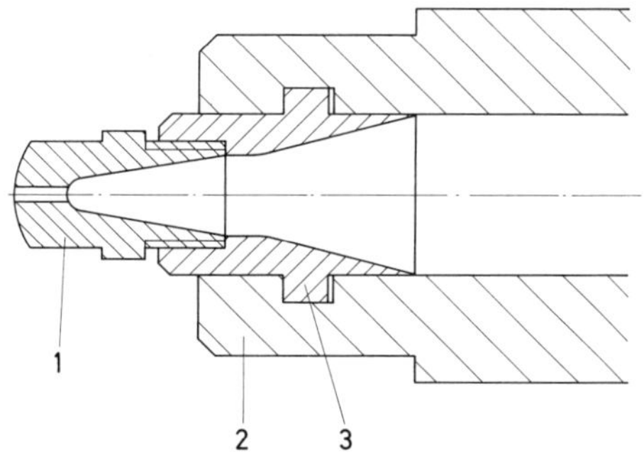


*Bild 8.8 Offene Düse*
*1 offene Düse, 2 Massezylinder, 3 Schnellverschluß*

In Bild 8.7 werden diese Forderungen nochmals veranschaulicht. Nur bei Beachtung dieser Forderungen ist ein guter Kontakt zwischen Düsenmund und Angußbuchse gegeben und eine völlige Abdichtung des Düsenmundes gewährleistet (Bild 8.7). In den Fällen a und b würde Masse zwischen Düse und Angußbuchse austreten, dort erstarren und einen Pfropfen bilden, der ein Entformen des Spritzlings verhindern würde.

Je nach zu verarbeitenden Formmassen gibt es unterschiedliche Düsenbauarten. Man unterscheidet **offene Düsen** und **Verschlußdüsen.**
Offene Düsen sind einzusetzen, wenn die Zähigkeit der Formmasse so groß ist, daß beim Dosieren keine Schmelze aus der Düse austritt. Durch die Möglichkeit der Dekompression kann in den meisten Anwendungsfällen eine offene rheologisch günstige Düse eingesetzt werden.
Bei einigen Kunststoffen müssen offene Düsen verwendet werden, damit freiwerdende Gase entweichen können (z.B. bei PVC oder POM).
In Bild 8.8 ist eine offene Düse schematisch dargestellt.

*Nadelverschlußdüse* (Bild 8.9)

Die Verarbeitung dünnflüssiger Schmelzen erfordert zum Teil Verschlußdüsen. Ein Beispiel ist die Nadelverschlußdüse.
Die Nadel verschließt durch Federdruck die Düse, so daß keine Formmasse austreten kann. Durch den Spritzdruck auf den konischen Teil der Nadel wird diese gegen den Federdruck nach hinten bewegt, die Düse öffnet sich.
Mit der Nadelverschlußdüse kann man im Gegensatz zur Schiebeverschlußdüse, Masse ins Freie spritzen.

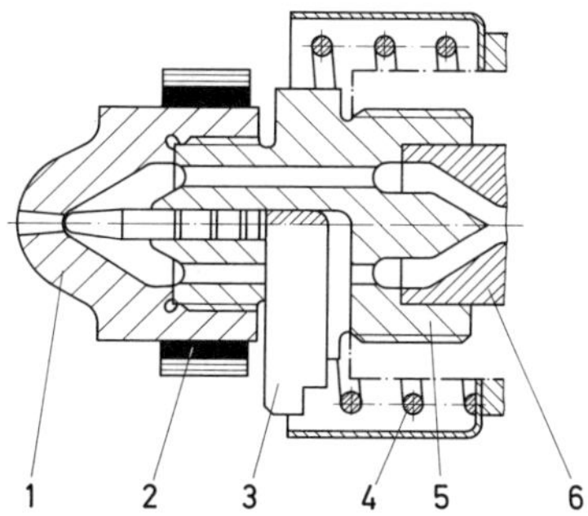


*Bild 8.9 Nadelverschlußdüse*
*1 Düse, 2 Heizband, 3 Federbrücke, 4 Druckfeder, 5 Ventilgehäuse und Nadel, 6 Übergangsstück*

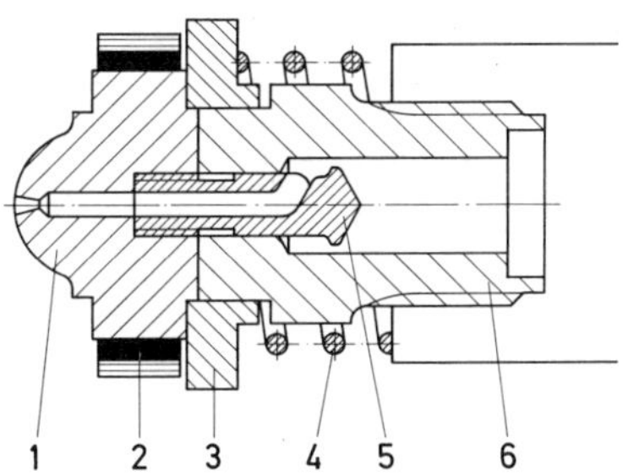


*Bild 8.10 Schiebeverschlußdüse*
*1 Düse, 2 Heizband, 3 Druckscheibe, 4 Druckfeder, 5 Ventilkörper, 6 Verschlußkopf*

*Schiebeverschlußdüse*

Eine weitere Verschlußart ist die Schiebeverschlußdüse (Bild 8.10).
Beim Anfahren der Spritzeinheit an die Angußbuchse des Werkzeugs wird der Schieber gegen die Federkraft nach hinten gedrückt. In dieser Stellung kann die Schmelze aus der Düse austreten. Schiebeverschlußdüsen werden aus Sicherheitsgründen nur noch selten eingesetzt.

**Schließeinheit** (Bild 8.11)

Wie bereits erwähnt, hat die Schließeinheit der Spritzgießmaschine folgende Aufgaben:

- □ Spritzgießwerkzeug aufnehmen,
- □ Spritzgießwerkzeug öffnen und schließen,
- □ Werkzeugzuhaltekraft aufbringen,
- □ Entformungsvorgang durchführen.

Die Werkzeugaufspannplatten haben Zentrierbohrungen zur Aufnahme der Zentrierflansche des Spritzgießwerkzeugs. Dadurch wird die genaue Zusammenführung der Werkzeughälften gewährleistet.
Die der Spritzeinheit zugewandte Aufspannplatte ist fest, die gegenüberliegende ist beweglich. Sie führt die Schließ- und Öffnungsbewegung des Werkzeugs aus.
Die Schließeinheit hat neben den auszuführenden Bewegungen die Aufgabe, die Werkzeughälften geschlossen zu halten.
Man unterscheidet zwischen mechanischen und hydraulischen Schließsystemen.

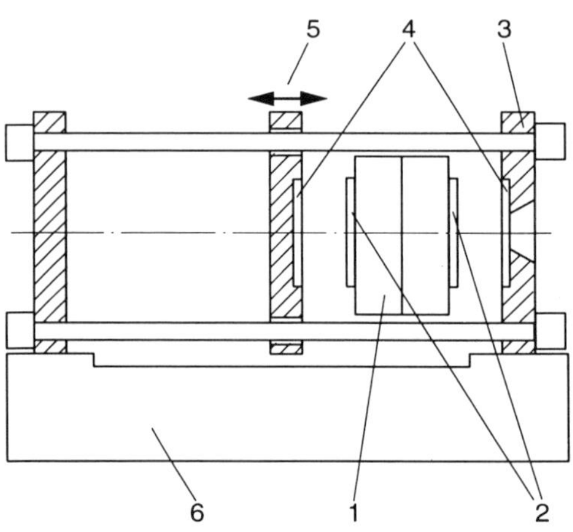


*Bild 8.11 Aufbau einer Schließeinheit*
*1 Werkzeug, 2 Zentrierflansche, 3 feste Aufspannplatte, 4 Zentrierbohrungen, 5 bewegliche Aufspannplatte, 6 Maschinenbett*

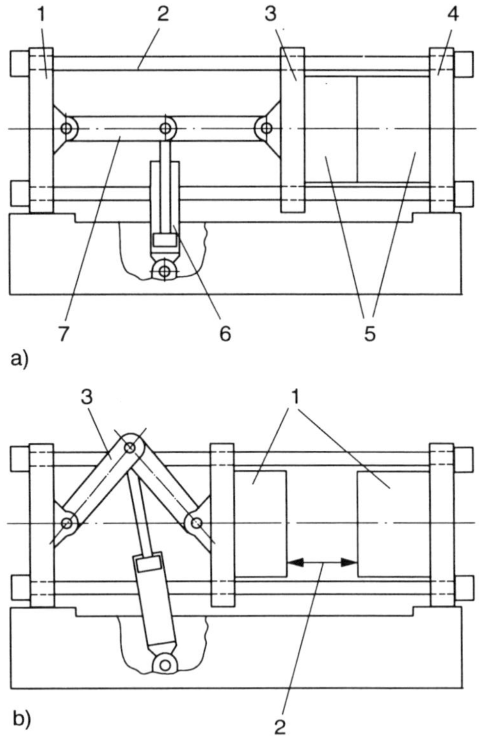


*Bild 8.12 Mechanisches Schließsystem mittels Kniehebel*
*a) Kniehebel, gestreckt*
*1 verstellbare Gegenplatte, 2 Holm, 3 bewegliche Aufspannplatte, 4 feste Aufspannplatte, 5 Werkzeug, 6 Hydraulikzylinder, 7 Kniehebel*
*b) Kniehebel in Öffnungsstellung*
*1 Werkzeug*
*2 Öffnungsweg*
*3 Kniehebel*

**Mechanisches Schließsystem**

Beim mechanischen Schließsystem erfolgt der Schließ- und Zuhaltevorgang über einen Kniehebel, wobei der Kniehebel hydraulisch betätigt wird. Bei gestrecktem Knie ist das Werkzeug verriegelt (Bild 8.12).

**Hydraulisches Schließsystem**

Beim hydraulischen Schließsystem wird die Werkzeugöffnungs- und Werkzeugschließbewegung mit dem inneren Hydraulikzylinder (kleine Kolbenfläche) ausgeführt (Bild 8.13). Das Zuhalten des Werkzeugs geschieht durch den Hydraulikzylinder mit der großen Kolbenfläche.

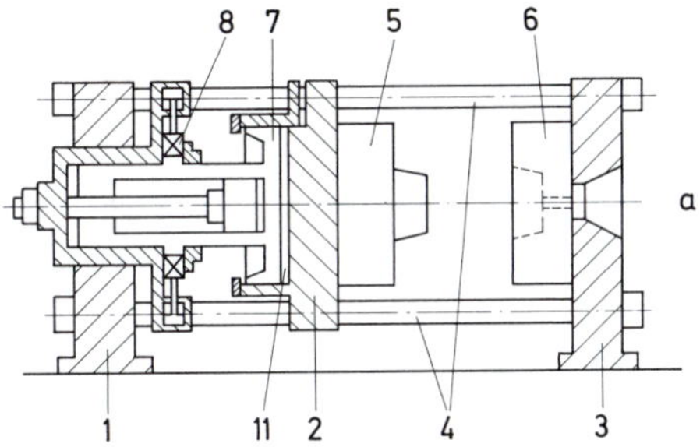


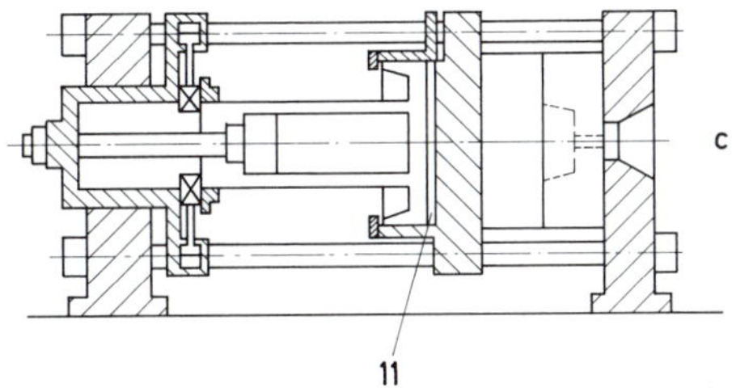


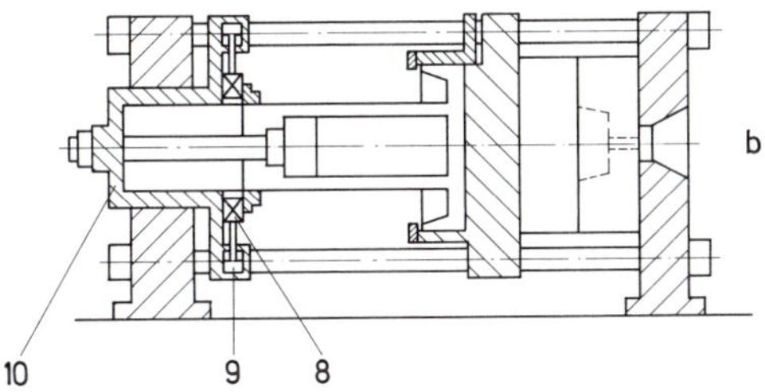


*Bild 8.13 Hydraulisches Schließsystem*
*a Schema der Schließeinheit mit geöffnetem Werkzeug. Sie besteht aus den Platten 1, 2 und 3, wovon Platte 1 und 3 fest mit dem Maschinenbett verbunden sind. Platte 2 ist beweglich und gleitet auf vier Säulen (4). Die Platten 2 und 3 tragen die beiden Werkzeughälften 5 und 6. Platte 2 wird mit Hilfe eines Kolbens (7) unter Anwendung der Werkzeugzuhaltekraft gegen Platte 3 gepreßt. Kolben 7 stützt sich gegen die feststehende Platte 1. Zur Einsparung größerer Ölmengen und zur Vermeidung höherer Öltemperaturen wird der Kolben 7, nachdem der Verschiebezylinder das Werkzeug geschlossen hat (Bild b), mechanisch verriegelt (8) (Bild c). Die Zuhaltekraft wird über die Verriegelung 8, in der Schlußplatte 9, die Gewindebuchse 10 auf die hintere Platte 1 übertragen. Die Gewindebuchse 10 gestattet eine Anpassung des Abstands beider Werkzeugaufspannplatten 2 und 3 an die jeweilige Werkzeughöhe. Das Druckkissen 11 spannt die vier Säulen.*

Neben der Aufgabe des Werkzeugschließens muß die Schließeinheit einer Spritzgießmaschine zusätzlich eine Kraft aufbringen, um beim Einspritzvorgang, d.h. beim Füllen des Werkzeughohlraumes, das unter Druck erfolgt, die beiden Werkzeughälften geschlossen zu halten. Diese **Schließkraft** muß größer sein als die **Werkzeugauftriebskraft,** die durch den Werkzeuginnendruck hervorgerufen wird. Wird der Werkzeuginnendruck größer als der Schließdruck, so würde sich das Werkzeug öffnen, die Schmelze an der Werkzeugtrennebene austreten und einen Grat bilden. Um diesen Vorgang mit Sicherheit zu vermeiden, muß bei der Auswahl einer Spritzgießmaschine für ein gegebenes Spritzgießwerkzeug das Verhältnis von **Zuhaltekraft** zu Werkzeugauftriebskraft überschlägig errechnet werden. Zu dieser Berechnung ist die vom Maschinenhersteller angegebene größte Zuhaltekraft zugrunde zu legen. Dieser Zuhaltekraft wirkt der Einspritzdruck entgegen. Die unter Druck in den Werkzeughohlraum eingespritzte Masse beaufschlagt die Spritzfläche (Bild 8.14). Als Spritzfläche ist die auf einer Ebene senkrecht zur Achse der Schließeinheit projizierte Fläche aller Werkzeugnester und des Verteilersystems zu verstehen. Multipliziert man den wirksamen Druck mit der Spritzfläche, so erhält man eine Kraft, die der Zuhaltekraft entgegenwirkt und nicht größer als diese sein darf.

Die Zuhaltekraft einer Spritzgießmaschine sollte nicht mehr als 80% beansprucht werden. Die Zuhaltekraft muß immer größer sein als die Werkzeugauftriebskraft.

**Vollelektrische Spritzgießmaschinen**

Nahezu ölfrei arbeiten die vollelektrischen Spritzgießmaschinen. Dadurch sind sie für hohe Sauberkeitsansprüche (Reinräume) prädestiniert. Sie sind seit einigen Jahren auf dem Markt. Gegenüber hydraulischen Maschinen weisen sie folgende Vorteile auf:

*Niedrigerer Energieverbrauch*

Zum geringeren Energieverbrauch tragen mehrere Faktoren bei. Zunächst haben elektrische Einzelantriebe einen höheren Wirkungsgrad, da sie die elektrische Energie direkt in mechanische Energie umwandeln. Bei Hydrauliksystemen findet statt dessen zunächst eine Umwandlung von elektrischer in hydraulische Energie und anschließend von hydraulischer in mechanische Energie statt. Dies ist mit Leistungs-, Steuer- und

*Bild 8.14 Darstellung der Spritzfläche*
*$F_Z$ Zuhaltekraft, $p_i$ Werkzeuginnendruck,*
*A Spritzfläche*
*Das Diagramm zeigt die erforderlichen Zuhaltekräfte für Spritzgußteile bestimmter Spritzfläche in Abhängigkeit vom Werkzeuginnendruck für thermoplastische und duroplastische Formmassen.*

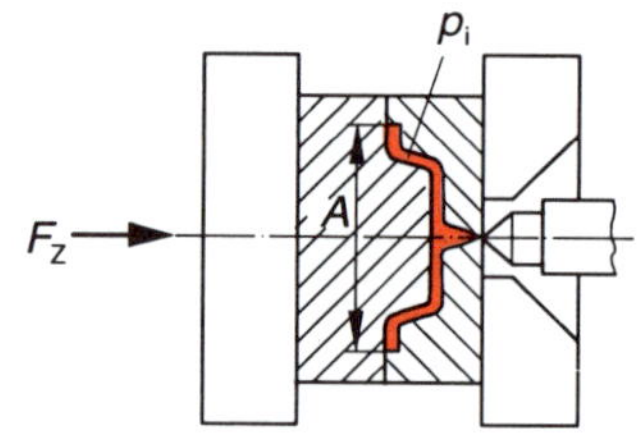


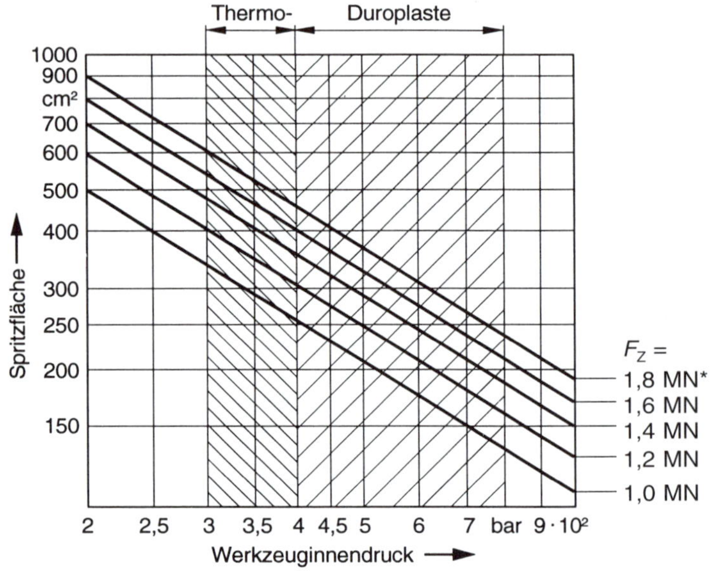


* Meganewton

Leckverlusten verbunden. Verglichen mit hydraulischen Zentralantrieben fallen bei elektrischen Antriebssystemen die Wirkungsgradverluste zwischen Voll- und Teillastbetrieb geringer aus. Die bei den meisten hydraulischen Antrieben vorliegenden Leerlaufverluste der Pumpen entfallen, da sich elektrische Antriebe gezielt an- und abschalten lassen und demnach nur im Bedarfsfall Energie verbraucht wird. Andererseits treten bei schnellaufenden hydraulischen Maschinen kaum Leerlaufverluste auf.

*Geringere Lärmbelästigung*

Hydraulische Maschinen haben den Nachteil, daß deren Pumpen bereits im «Stand-by» mit maximaler Drehzahl laufen. Dadurch ist ein permanenter Grundlärmpegel vorhanden, der sich unter Last noch erhöht. Elektrische Maschinen verursachen nur Lärm, wenn sie wirklich arbeiten.

*Weitgehend wartungsfrei*

Die Zentralschmierung erfolgt nur bei Bedarf. Sie erfolgt immer dann, wenn die Schmierqualität in den Lagern nachläßt und dadurch das resultierende Drehmoment zunimmt. Für die präzise Steuerung wird der Zusammenhang zwischen Stromaufnahme und Drehmoment genutzt. Eine Überschmierung mit daraus resultierenden Verschmutzungen an den Schmierstellen wird durch diese Steuerung vermieden.

Darüber hinaus weisen vollelektrische Spritzgießmaschinen eine höhere Dynamik bei den Start-Stopp-Bewegungen und eine exaktere Steuer- bzw. Regelbarkeit auf; verkürzte Zykluszeiten sind die Folge. Zudem entfallen die Schaltzeiten für die Hydraulikventile. Elektrische Einzelantriebe erlauben Parallelbewegungen und Ablaufüberschneidungen. Beispielsweise kann der Einspritzvorgang schon beginnen, bevor das eingestellte Schließkraftmaximum erreicht ist.
Trotz ihrer hohen Dynamik erreichen elektrische Einzelantriebe nicht die aus der Hydraulik bekannte Energiedichte, weshalb sie größeren Bauraum beanspruchen. Hochdynamische elektrische Antriebe sind zwar realisierbar, doch die dazu nötigen konstruktiven Maßnahmen, beispielsweise Hochleistungsmagnete in den Motoren, verteuern die Antriebe erneut. Für die Bereit-

stellung hoher Leistungsspitzen, wie sie für das Einspritzen erforderlich sind, bieten elektrische Antriebe keine mit der Speicherhydraulik vergleichbare Alternative.
Ob bei vollelektrischen Maschinen mit der gleichen Lebensdauer wie bei hydraulischen Maschinen gerechnet werden kann, läßt sich erst nach einer längeren Erfahrungsphase beurteilen. Die vollelektrischen Spritzgießmaschinen sind momentan in der Anschaffung teurer, allerdings mit fallender Tendenz.
Die Betriebskosten sind jedoch geringer.

## Zusatzeinrichtungen

Während bei der Verarbeitung von thermoplastischen Formmassen die Beheizung des Massenzylinders mit elektrischen Heizbändern erfolgt, wird bei der Verarbeitung von duroplastischen Formmassen eine Heizung mit Öl bevorzugt. Das umlaufende Öl wird aus einem gesonderten Gerät mit Hilfe einer Pumpe durch Verbindungsschläuche vom Heizgerät durch die Doppelwandung des Massezylinders gepumpt, nachdem es durch die Heizschlangen auf die am Regler eingestellte Temperatur erwärmt wurde. Dadurch erwärmt sich der Massezylinder auf eine gleichbleibende Temperatur, die für die Verarbeitung von duroplastischen Formmassen von größerer Bedeutung ist als bei thermoplastischen Formmassen. In besonderen Fällen wird die Heizung der Schnecke erforderlich, so daß ein weiterer Ölkreislauf mit gesonderter Temperiermöglichkeit erforderlich und von dem beschriebenen Heizgerät abverlangt wird.

### *Werkzeugtemperierung*

Beim Spritzgießverfahren wird die Schmelze mit hoher Temperatur in den Werkzeughohlraum eingespritzt und beginnt dort bei Berührung der Wand des Werkzeughohlraumes abzukühlen. Um im Dauerbetrieb möglichst schnell eine konstante Werkzeugtemperatur zu erhalten, ist eine Temperierung des Spritzgießwerkzeugs erforderlich. Die Wirtschaftlichkeit des Spritzgießverfahrens wird entscheidend durch einen effektiven Wärmeaustausch im Spritzgießwerkzeug beeinflußt.

Der Abkühlvorgang im Spritzgießwerkzeug beeinflußt die Formteilqualität hinsichtlich:
- Formteiloberfläche,
- Verzug,
- Eigenspannungen,
- gleichmäßige Gefügeausbildung,
- Maßabweichungen.

Hieraus ergibt sich die Forderung nach einer Temperierung des Werkzeugs, d.h., das Werkzeug muß sowohl gekühlt als auch geheizt werden können. Zur Erzielung einer weitgehend gleichbleibenden Werkzeugoberflächentemperatur ist eine Kontroll- und Regelmöglichkeit der Temperatur erforderlich. Betrachtet man den Temperaturverlauf im Werkzeug während eines Spritzzyklus, so ergibt sich im Moment des Einspritzens eine Temperaturerhöhung bis zu einem Höchstwert. Im Verlauf der Abkühlung der Schmelze fällt die Werkzeugoberflächentemperatur bis zur Entformung des Formteils. Der Temperaturunterschied an der Werkzeugoberfläche zwischen Füllvorgang und Entformungszeitpunkt ist beträchtlich und sollte durch ein gutes **Temperiergerät** so gut als möglich ausgeglichen werden, d.h., die Temperaturschwankungen um den Wert einer mittleren Werkzeugtemperatur sollen in möglichst engen Grenzen gehalten werden. Hierzu sind Maßnahmen bei der Konstruktion des Werkzeugs hinsichtlich Anordnung und Dimensionierung der Kühlkanäle vorzusehen.
Zusätzlich sind Temperiergeräte einzusetzen, die je nach Verwendungszweck mit einem geschlossenen Kreislauf mit Wasser oder Öl als Kühl- bzw. Heizmedium arbeiten. Das Gerät ist meist fahrbar und besteht aus einem Blechgehäuse, in dem für beide Werkzeughälften getrennt je eine Pumpe angeordnet ist, die aus zwei separaten Behältern das Umlaufmedium über Anschlußschläuche in die Kühlkanäle der Werkzeughälften pumpt. Für das Beheizen des Werkzeugs werden über entsprechende Regler Heizvorrichtungen, die in dem Flüssigkeitsbehälter angeordnet sind, eingeschaltet und vor Erreichen der eingestellten Solltemperatur abgeschaltet. Das temperierte Umlaufmedium hält nach einer entsprechenden Anlaufphase die Werkzeughälften auf einer weitgehend konstanten Temperatur.

### *Trocknungseinrichtungen*

Richtiges Trocknen der Formmassen erspart Ausschuß und Produktionsunterbrechungen. Feuchtigkeit in und auf den Formmassen verdampft während der hohen Verarbeitungstemperaturen und bildet Schlieren bzw. Blasen auf der Formteiloberfläche. Bei hydrolyseempfindlichen Materialien findet zusätzlich noch ein Abbau der Molekülketten statt. Dies beeinflußt zusätzlich die mechanischen Eigenschaften der Formteile, sie werden spröde. Dies macht eine Vortrocknung der Formmasse vor dem Verarbeiten erforderlich. Formmassen, die in jedem Fall vor der Verarbeitung vorgetrocknet werden müssen, sind z.B. PMMA, PA, PC, PBT, PET, ABS sowie PC/ABS-Blends.

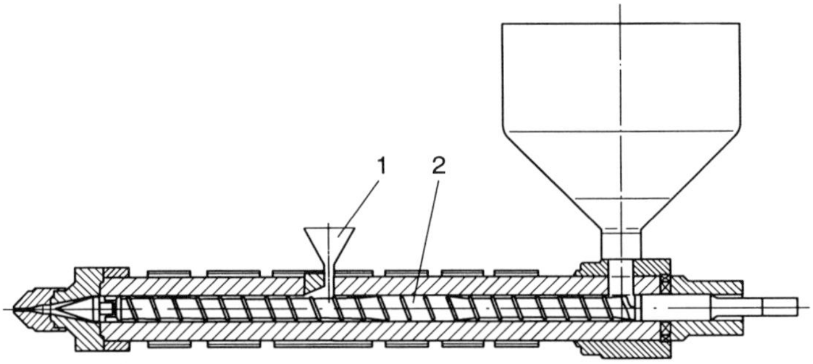


*Bild 8.15 Entgasungsschnecke mit Zylinder*
*1 Entgasungsöffnung*
*2 Entgasungsschnecke*

Für die Trocknung der Formmassen stehen folgende Einrichtungen zur Verfügung:
- □ Umlufttrockenschrank,
- □ Schnelltrockner mit Frischluftbetrieb,
- □ Trockenlufttrockner (siehe Abschnitt 2.6),
- □ Vakuumtrockner.

Es ist entscheidend, daß die vom Rohstoffhersteller empfohlenen Trockenbedingungen (Zeit, Temperatur, Verfahren) beachtet werden.
Teilweise werden Spritzgießmaschinen mit Entgasungsschnecken eingesetzt (Bild 8.15). Auf diese Weise kann das Vortrocknen entfallen, da die vorhandene Feuchtigkeit in Form von Wasserdampf über eine Öffnung im Massezylinder entweichen kann. Es ist jedoch zu beachten, daß die Plastifizierleistung beim Einsatz von Entgasungsschnecken zurückgeht.

### 8.1.3 Spritzgießwerkzeuge

Ein Spritzgießwerkzeug besteht im wesentlichen aus der feststehenden und der beweglichen Werkzeughälfte, den Kernen, dem Angußsystem, der Auswerfereinrichtung und dem Kühlsystem.
In Bild 8.16 ist der grundlegende Aufbau eines Spritzgießwerkzeugs dargestellt. Die einzelnen Bauelemente können individuell hergestellt oder als sog. standardisierte Normalien von entsprechenden Firmen bezogen werden. Lediglich das Element mit dem Formnest ist dann herzustellen und in das Werkzeug einzubauen.

Die vier Hauptaufgaben eines Spritzgießwerkzeugs sind:
- □ Masse leiten,
- □ Masse formen,
- □ Masse kühlen,
- □ Formteil auswerfen.

**Angußarten**

Die von der Düse der Spritzgießmaschine kommende Masse wird durch einen Kanal oder ein Kanalsystem im Spritzgießwerkzeug zu den Werkzeughohlräumen geleitet. Sowohl das Kanalsystem als auch die darin erstarrende Masse werden als Anguß oder Angußsystem bezeichnet.

Ein Angußsystem besteht im wesentlichen aus Angußstange oder Angußkegel, Verteilerkanal und Anschnitt (Bild 8.17).
Der Anschnitt ist der Querschnitt, mit dem der Angußkanal in den Werkzeughohlraum mündet.

Das Angußsystem soll so dimensioniert werden, daß der Nachdruck über ausreichend lange Zeit im Formteil wirksam sein kann.
Der Schmelzetransport zur Kavität soll möglichst schonend erfolgen:
- □ geringe Scherung der Formmasse,
- □ geringe Temperaturerhöhung im Anguß,
- □ geringer Druckverlust.

Der Verarbeiter hat folgende Anforderungen an das Angußsystem:
- □ geringer Angußabfall,
- □ kurzer Spritzzyklus,
- □ möglichst automatische Angußabtrennung,
- □ großes Verarbeitungsfenster,
- □ störungsfreier Betrieb.

*Bild 8.17 Angußsystem*
*1 Angußstange, 2 und 3 Verteilerkanal, 4 Anschnitt, Anbindung*

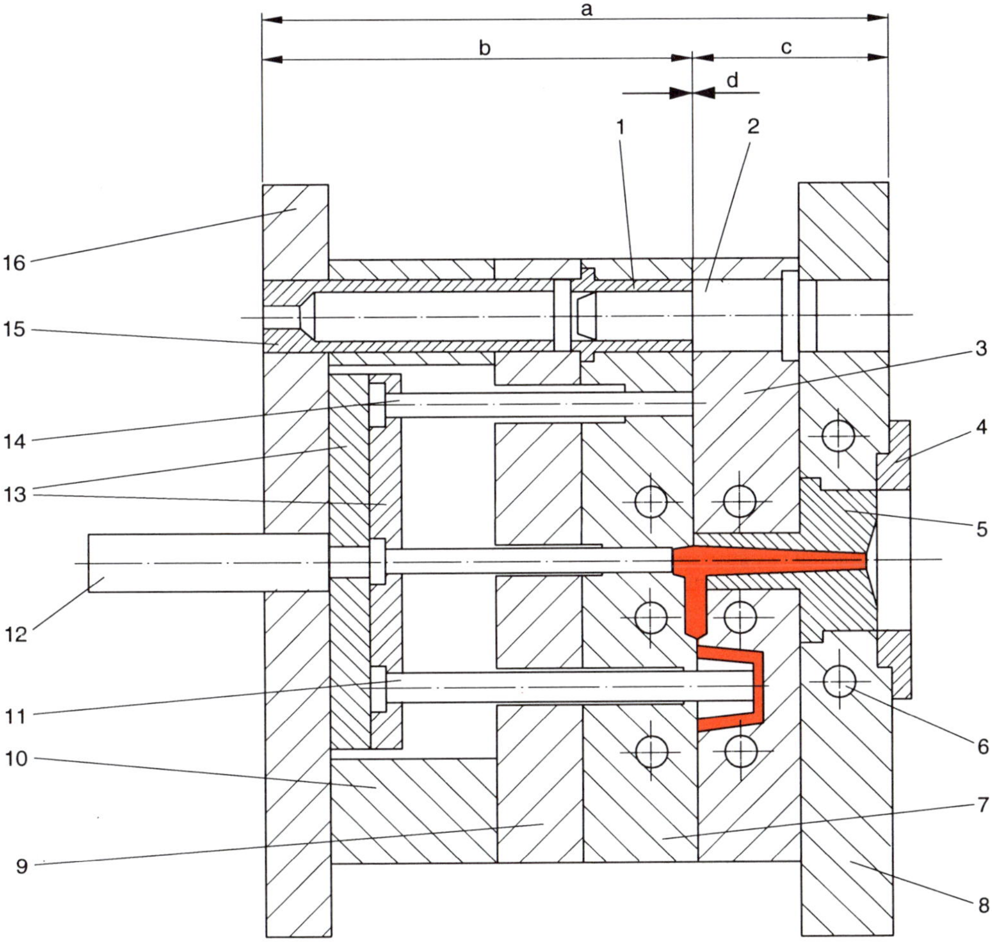


*Bild 8.16 Aufbau eines Spritzgießwerkzeugs*
*a Einbauhöhe, b bewegliche Seite, c feste Seite, d Trennebene*
*1 Führungsbuchse, 2 Führungssäule, 3 Formplatte (feste Seite), 4 Zentrierflansch, 5 Angießbuchse, 6 Kühlbohrung, 7 Formplatte (bewegliche Seite), 8 Aufspannplatte (FS), 9 Zwischenplatte, 10 Leisten, 11 Auswerferstift, 12 Auswerferbolzen, 13 Auswerferhalteplatte und -grundplatte, 14 Rückdruckstift, 15 Zentrierhülse, 16 Aufspannplatte (BS)*

*Bild 8.18 Querschnitte von Verteilerkanälen*

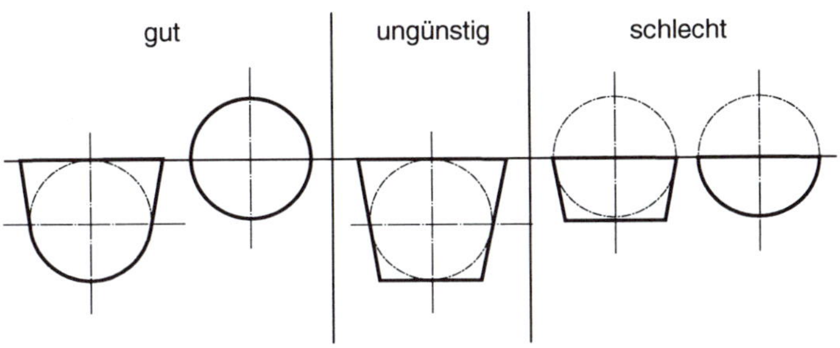

*Verteilerkanal*

Beim Eintritt der Schmelze in das Werkzeug kühlt die an der kalten Außenwand strömende Masse ab und erstarrt. Die in der Angußkanalmitte strömende Schmelze – die «plastische Seele» – wird durch die isolierende Wirkung der äußeren erstarrten Schicht vor dem Einfrieren geschützt und erstarrt später.
Der Kreisquerschnitt hat das günstigste Verhältnis von Fließquerschnitt zu Abkühloberfläche. Die Verteilerkanalquerschnitte (Bild 8.18) sollten deshalb der Kreisform so weit wie möglich angenähert werden.

Die Werkzeughohlräume können bei Mehrfachwerkzeugen in bezug auf das Verteilersystem unterschiedlich angeordnet sein. Teilweise findet man Werkzeuge, bei denen die zu den Werkzeughohlräumen führenden Verteilerkanäle ungleich lang sind. Hier muß die Schmelze verschieden hohe Strömungswiderstände überwinden, bevor sie zu den Werkzeughohlräumen gelangt. Bei gleichen Abmessungen der Anschnitte und Verteilerkanäle werden die Formnester mit unterschiedlichem Druck und zu unterschiedlichen Zeiten gefüllt. Einzelne Formnester können überladen werden, während andere nicht voll ausgespritzt sind.
Die unterschiedlichen Strömungswiderstände im Verteiler müssen daher durch eine Anpassung der Verteilerquerschnitte ausgeglichen werden. Dies erfordert jedoch rheologische Berechnungen.
Eine Möglichkeit, die rechnerische Abstimmung zu umgehen, besteht darin, jedem Werkzeughohlraum die gleiche Länge des Verteilerkanals zuzuordnen (Bild 8.19). Der Nachteil dieser «natürlichen Balancierung» des Verteilersystems kann ein erhöhter Angußabfall sein.

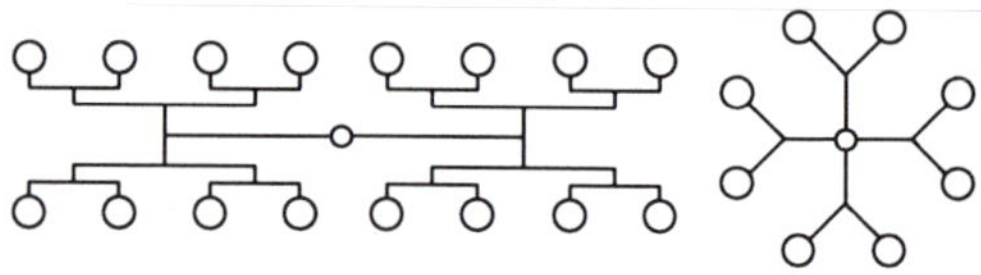

*Bild 8.19 Mehrfachpunktanguß mit «natürlich balanciertem» Verteilersystem*

*Kegel- oder Stangenanguß* (Bild 8.20)

Die einfachste Form des Angusses ist der Kegel- oder Stangenanguß. Hier mündet der kegelförmige Angußkanal mit seinem größten Querschnitt in die Werkzeughöhlung.
Von allen Angußarten bietet der Kegelanguß den geringsten Fließwiderstand. Er wird daher vorwiegend bei schwer zu füllenden Kavitäten eingesetzt oder wenn temperaturempfindliche oder zähflüssige Formmassen verarbeitet werden. Auch bei dickwandigen Teilen, die eine gute Maßhaltigkeit haben müssen, wird der Kegelanguß bevorzugt.
Der Durchmesser des Kegels wird gleich groß oder etwas größer als die größte Wanddicke des Spritzlings gewählt und das Teil nach Möglichkeit an der dicksten Stelle angespritzt. Hierdurch wird erreicht, daß der Anguß erst einfriert, wenn

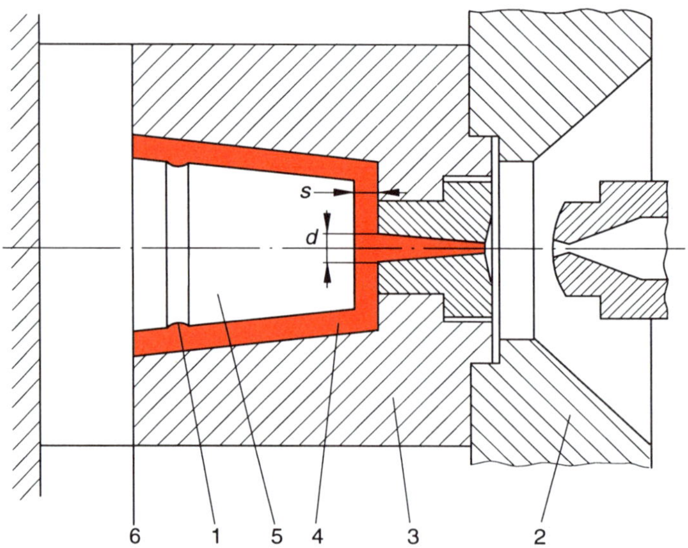


*Bild 8.20 Kegel- oder Stangenanguß*
*1 Hinterschneidung,*
*2 Werkzeugaufspannplatte,*
*3 bewegliche Werkzeughälfte,*
*4 Spritzling,*
*5 feste Werkzeughälfte,*
*6 Trennebene*

der Spritzling erstarrt ist. Ist der Anguß wesentlich dicker als die Wanddicke des Formteils, so wird die Abkühlzeit nicht mehr durch das Teil, sondern durch den Anguß bestimmt.
Ein Nachteil ist, daß der Anguß nach der Entformung mechanisch abgetrennt werden muß und eine sichtbare Angußmarkierung hinterläßt.

*Schirmanguß*

Spritzt man ring- oder hülsenförmige Teile an einer oder mehreren Stellen an, so werden die Masseströme aufgeteilt, und an den Zusammenfließstellen der Schmelzeströme entstehen Bindenähte. Außerdem weicht die geometrische Gestalt bei der Verwendung einzelner Angußpunkte von der Kreisform ab.
Schließt man an den Angußkegel einen Schirm oder eine Scheibe an, so kann der Massestrom den gesamten Ringquerschnitt gleichmäßig füllen, und so entstehen keine Bindenähte.
Mit dem Schirm- oder **Scheibenanguß** (Bild 8.21) können qualitativ hochwertige Teile mit guter Formtreue hergestellt werden. Er erfordert jedoch teure Nacharbeit, außerdem kann der Kern nur einseitig gelagert werden.

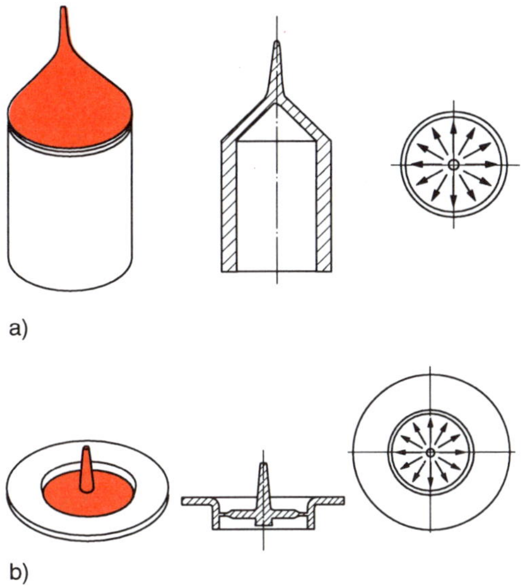


*Bild 8.21 Schirm- oder Scheibenanguß*
*a) Schirmanguß, Trichteranguß*
*b) Scheibenanguß*

*Ringanguß*

Bei langen rohrförmigen Teilen kann ein Schirmanguß Schwierigkeiten bereiten, weil die Werkzeugkerne nur einseitig gelagert und deshalb durch den Druck der einströmenden Masse verbogen werden können. Für solche Anwendungen bietet sich der Ringanguß (Bild 8.22) an.

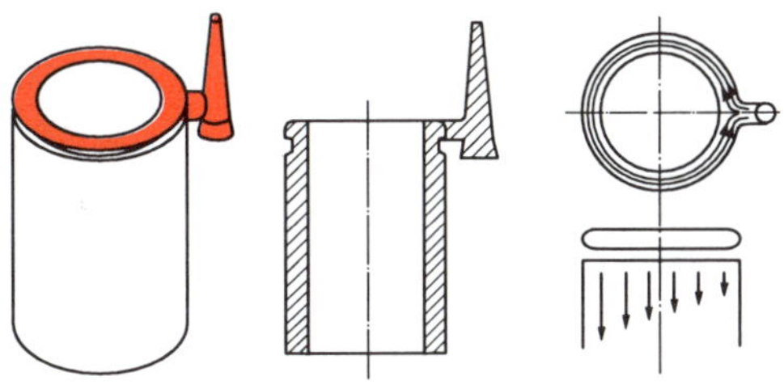

*Bild 8.22 Ringanguß*

*Filmanguß*

Der Filmanguß kann als Ringanguß aufgefaßt werden, der aufgeschnitten und zu einer Geraden gestreckt wurde. Ein dem Werkzeughohlraum vorgeschalteter dicker Verteilerkanal und eine daran anschließende Verjüngung sorgen dafür, daß die Masse auf der ganzen Länge des Angusses gleichmäßig in die Form eintritt.
Sollen flächige Teile so gefüllt werden, daß die Masse vom Anguß aus vorwiegend in einer Richtung durch den Werkzeughohlraum fließt – was günstig ist, um ein Verziehen des Teils zu vermeiden –, so setzt man den Band- oder Filmanguß (Bild 8.23) ein.

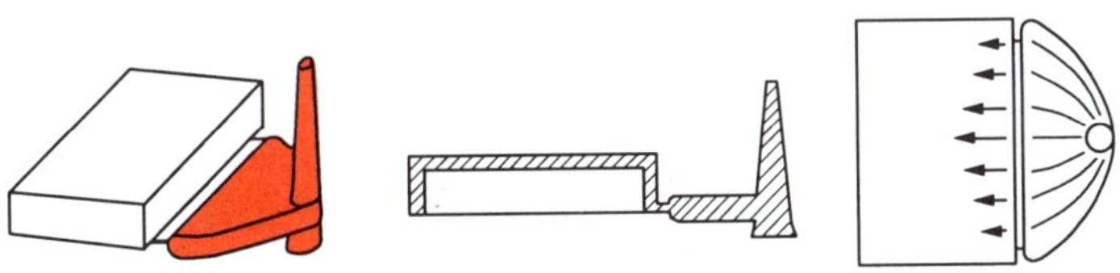

*Bild 8.23 Band- oder Filmanguß*

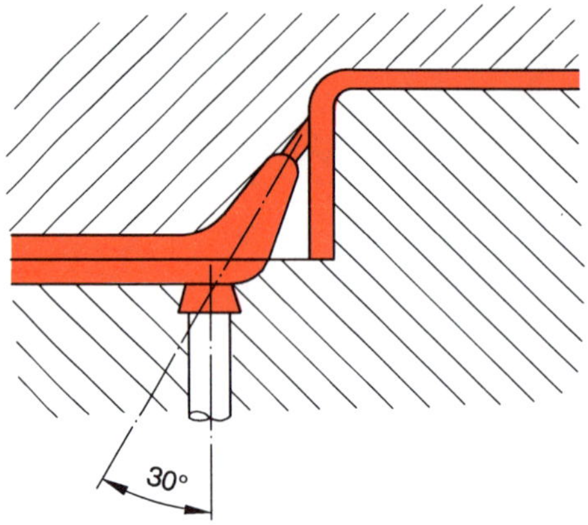


*Bild 8.24 Tunnelanguß*

*Bild 8.25 Funktionsprinzip Tunnelanguß*
*Das Bild zeigt, wie beim Öffnen des Spritzgießwerkzeugs der Tunnelanguß vom Formteil getrennt wird.*
*a) geschlossenes Werkzeug*
*1 bewegliche Werkzeughälfte, 2 feste Werkzeughälfte, 3 Schneidkante, 4 Tunnel, 5 Verteilerkanal, 6 Trennebene*
*b) offenes Werkzeug*
*1 Spritzgußteil und Anguß getrennt, 2 Angußauswerferstift, 3 Auswerfer*

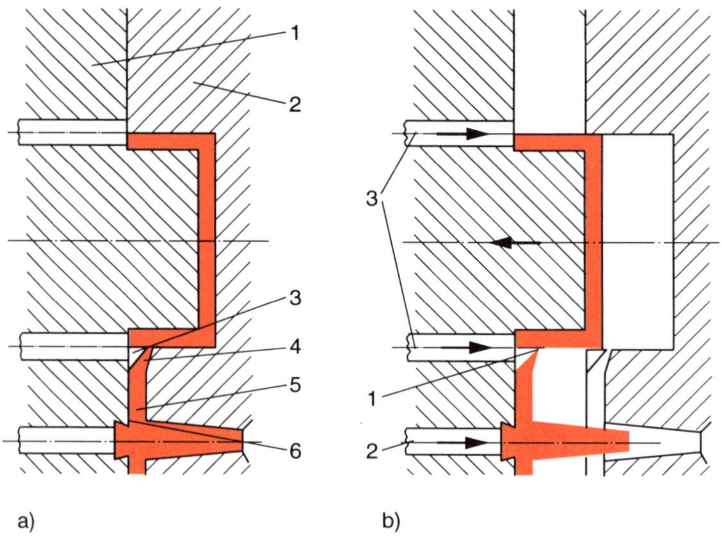


*Tunnelanguß*

Beim Tunnelanguß (Bild 8.24) wird das Spritzgußteil seitlich angespritzt und automatisch beim Öffnen der Formhälften bzw. bei Auswerfen des Formteils vom Anguß getrennt. Das Funktionsprinzip ist in Bild 8.25 dargestellt.
Der Verteilerkanal führt entlang der Trennebene nicht direkt in die Werkzeughöhlung, sondern er geht kurz zuvor als konischer Tunnel durch die feststehende Werkzeughälfte in den Werkzeughohlraum. Wird die bewegliche Werkzeughälfte aufgefahren, so müssen das Spritzteil und das Angußsystem auf der beweglichen Werkzeughälfte mitgenommen werden. Dabei wird der Tunnel am Anschnitt durch die im Werkzeug entstandene Schneidkante abgeschert. Anschließend werden das Spritzteil und das Angußsystem durch die Auswerfer entformt.
Da beim Tunnelanguß die Druckverluste hoch sind, wird er überwiegend zur Herstellung kleiner Spritzgußteile mit seitlicher Anspritzung in Mehrfachwerkzeugen eingesetzt.
Ein besonderer Vorteil des Tunnelangusses ist die automatische Angußabtrennung beim Öffnen des Werkzeugs bzw. beim Entformen des Formteils und des Angußsystems.
Als Nachteil ist der hohe Druckverlust sowie die seitliche Anbindung der Formteile zu sehen.

*Seitlicher Punktanguß*

Beim seitlichen Punktanguß (Bild 8.26) liegt der Verteiler in der Haupttrennebene des Spritzgieß-

*Bild 8.26 Seitlicher Punktanguß*

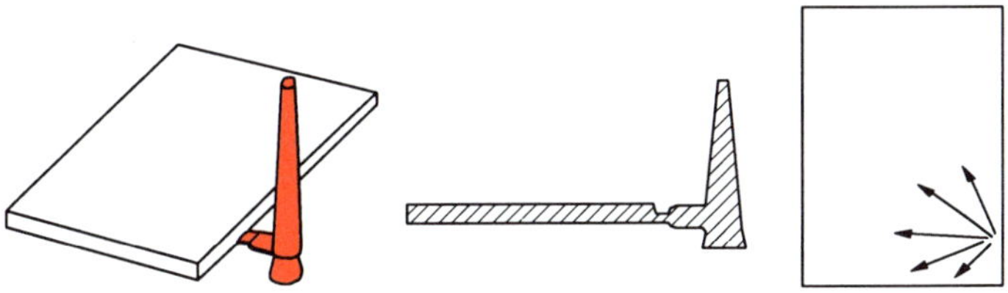

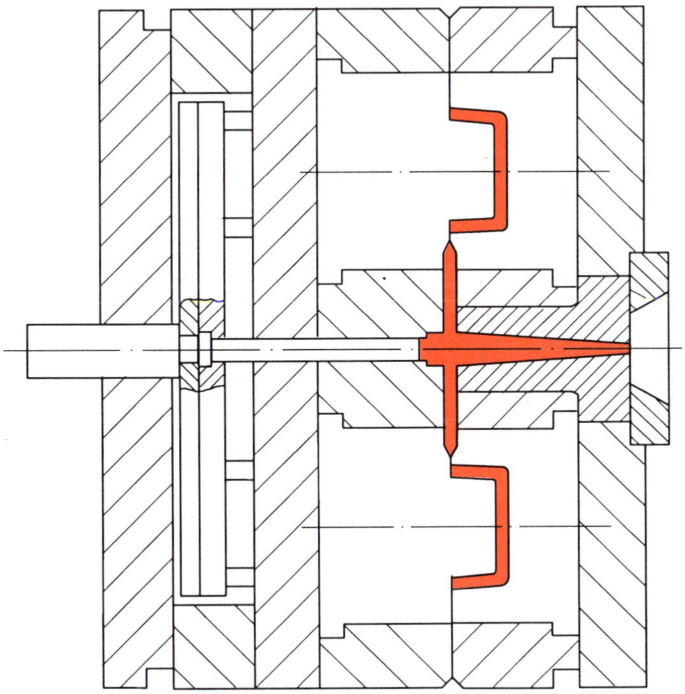

werkzeugs. Die Teile werden seitlich angespritzt und zusammen mit dem Verteiler entformt. Zwischen Angußkanal und Werkzeughohlraum liegt nur eine kurze Engstelle mit nahezu punktförmigem Querschnitt. Die Größe dieses punktförmigen Anschnitts ist von der Wanddicke und der Größe des Formteils abhängig. Der Punktanschnitt kann deshalb so klein dimensioniert werden, weil die Schmelze im Anschnittkanal durch die hohe Geschwindigkeit beim Einspritzen und die dadurch entstehende Reibungswärme stark erwärmt wird.

Der Anschnittkanal soll sich an das Zentrum des Verteilerkanals anschließen, weil dort die Schmelze am längsten plastisch ist und somit vermieden wird, daß erstarrte Schmelze von der Verteilerkanalwand mit in das Formnest gerissen wird.

*Zentraler Punktanguß – Dreiplattenwerkzeug*

Mit einem Dreiplattenwerkzeug (Bild 8.27) ist es möglich, Teile in der Mitte mit einem Punktanguß anzuspritzen. Ein Dreiplattenwerkzeug hat zwei Trennebenen. Die eine Trennebene dient zum Entformen der Formteile, die andere Trennebene dient dem Entformen des Verteilerkanals. Der Punktanguß am Formteil wird beim Öffnen des Werkzeugs abgerissen, dann können die Formteile und das Angußsystem getrennt voneinander entformt werden.

*Vorkammerpunktanguß*

Der erste Schritt in Richtung angußloses Spritzgießen war der Vorkammerpunktanguß. Die Angußbuchse (Bild 8.28) hat in ihrer der Zylinderdüse zugewandten Seite eine große Aushöhlung

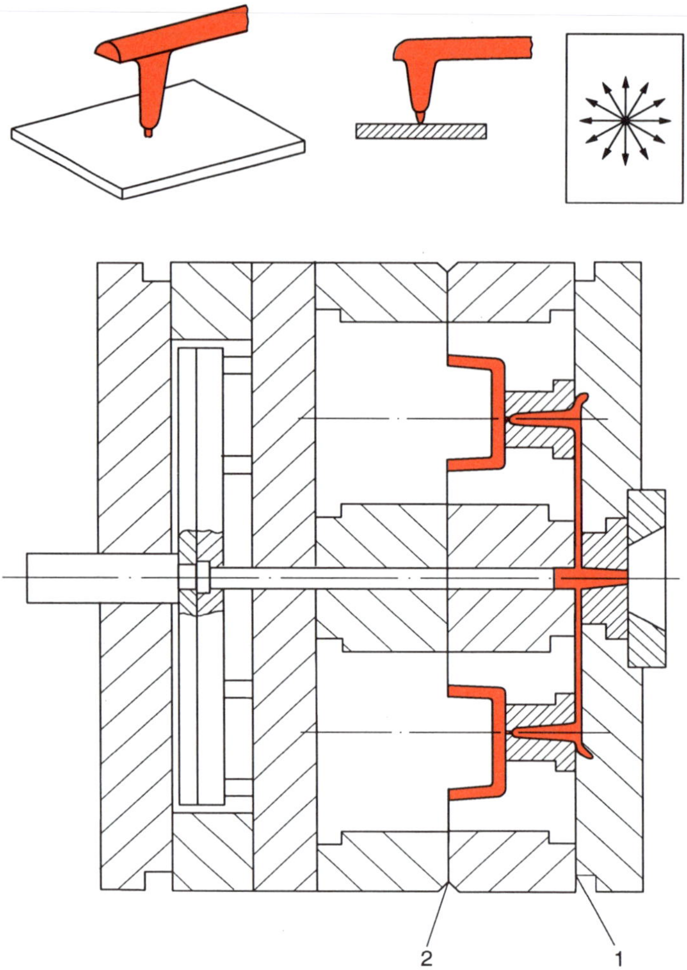


*Bild 8.27 Zentraler Punktanschnitt, Dreiplattenwerkzeug*
*1 Trennebene 1, 2 Tennebene 2*

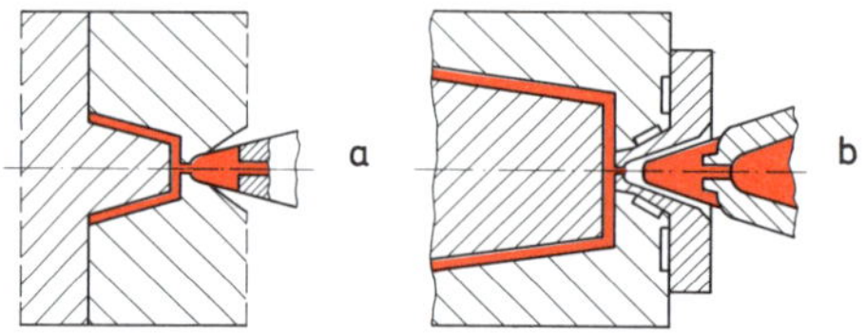


*Bild 8.28 Vorkammerbuchsen*
*a ohne Beheizung*
*b mit Beheizung*

(Vorkammer), die in einen Punktanschnitt mündet. Die Vorkammer füllt sich beim ersten Schuß mit Schmelze, die im Randbereich abkühlt und die innenliegende Schmelze gegen die Werkzeugwand thermisch isoliert. Bei hinreichend schneller Schußfolge bleibt eine plastische Seele erhalten.

Der unerwünschte Wärmeübergang von der Vorkammerwand zum kalten Werkzeug kann reduziert werden, indem die Vorkammer in eine Vorkammerbuchse eingearbeitet wird, die an ihrem Außenumfang eine als Isolierung wirkende Nut hat.

Um Wärme von der Zylinderdüse in die Vorkammer einzuleiten, kann eine Kupferspitze verwendet werden. Die Kupferspitze wird hauptsächlich bei dickwandigen Spritzlingen erforderlich, wenn die Gefahr besteht, daß die Schmelze in der Vorkammer während der notwendigen Abkühlzeit einfriert.

*Bild 8.29 Isolierkanalwerkzeug*
*Die Art von Werkzeug findet Verwendung, wenn angußlos gefertigt werden soll und eine Formmasse zum Einsatz gelangt, die über einen größeren Temperaturbereich fließfähig bleibt. Die Verteilerkanäle füllen sich mit Formmasse, die an den Außenwänden erstarrt und die plastische Seele gegen weitere Wärmeabgabe isoliert.*

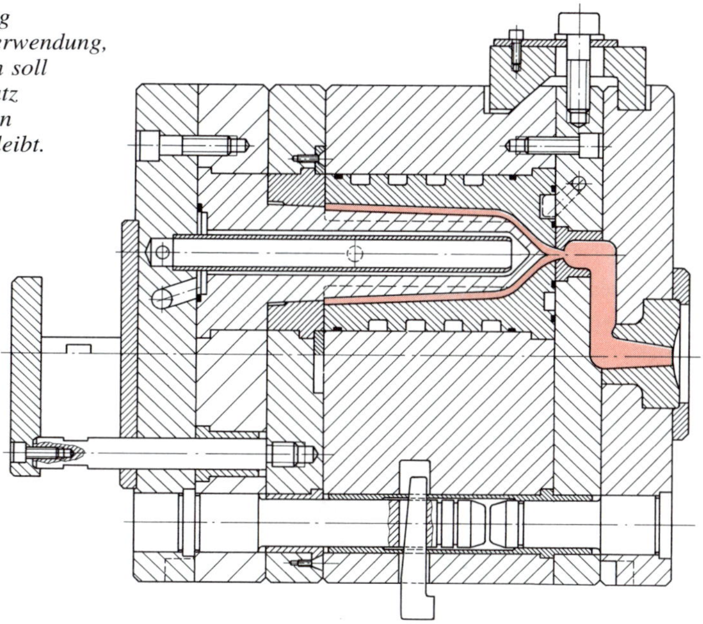

**Isolierverteiler**

Mit Hilfe des Isolierverteilers (Bild 8.29) konnte man das Prinzip der plastischen Seele auch für Mehrfachwerkzeuge einsetzen.
Der Isolierverteiler arbeitet nach dem gleichen Prinzip wie die Vorkammerbuchse, d.h., die von der Angußbuchse zu den einzelnen Anschnitten führenden Kanäle sind in ihrem Querschnitt so groß ausgelegt, daß in der darin befindlichen Masse stets eine plastische Seele vorhanden ist. Auch hier muß mit schnellen Zyklen gefahren werden, um ein Erstarren der Schmelze zu verhindern. Die Spritzgießwerkzeuge mit Isolierverteiler müssen so ausgelegt sein, daß ein schnelles Öffnen im Bereich des Verteilers möglich ist.

**Heißkanalwerkzeuge**

Heißkanalwerkzeuge werden dann verwendet, wenn bei mehrfach angespritzten großen Spritzgußteilen oder in Mehrfachwerkzeugen das Ausspritzen und Entformen der Angußverteiler vermieden werden soll.
Sie setzen wegen ihres erhöhten Bauaufwandes höhere Fertigungskosten voraus und bieten dabei folgende Vorteile:

- □ Energieaufwand zum Aufheizen und Abkühlen des Verteilersystems entfällt.
- □ Kühlzeit ist unabhängig vom Abkühlen der Angüsse.
- □ Es sind lange Fließwege realisierbar.
- □ Keine Betriebsstörung infolge Hängenbleibens der Angüsse.
- □ Angußabfall entfällt.

Beim Heißkanalwerkzeug bleibt die Schmelze vom Eintritt in das Werkzeug bis zum Werkzeughohlraum warm und fließfähig.
An ein Heißkanalsystem werden folgende Anforderungen gestellt:

- □ Optimale Verarbeitungsbedingungen für die Formmasse, d.h. Temperaturhomogenität und keine thermische Schädigung.
- □ Der Spritzgießzyklus soll durch die Heißkanaleinrichtung nicht beeinträchtigt werden.
- □ Das Werkzeug soll leicht angefahren und störungsfrei betrieben werden können.
- □ Farb- und Materialwechsel sollen einfach und rasch durchführbar sein.

Man unterscheidet grundsätzlich zwischen innenbeheizten und außenbeheizten Heißkanalsystemen.

*Außenbeheizte Systeme*

Bei außenbeheizten Heißkanalsystemen sind die Verteilerkanäle in einer auf Schmelzetemperatur erwärmten Verteilerplatte eingearbeitet. Die Temperatur dieser Platte wird mittels Temperaturfühler und Regelgeräten konstant gehalten.

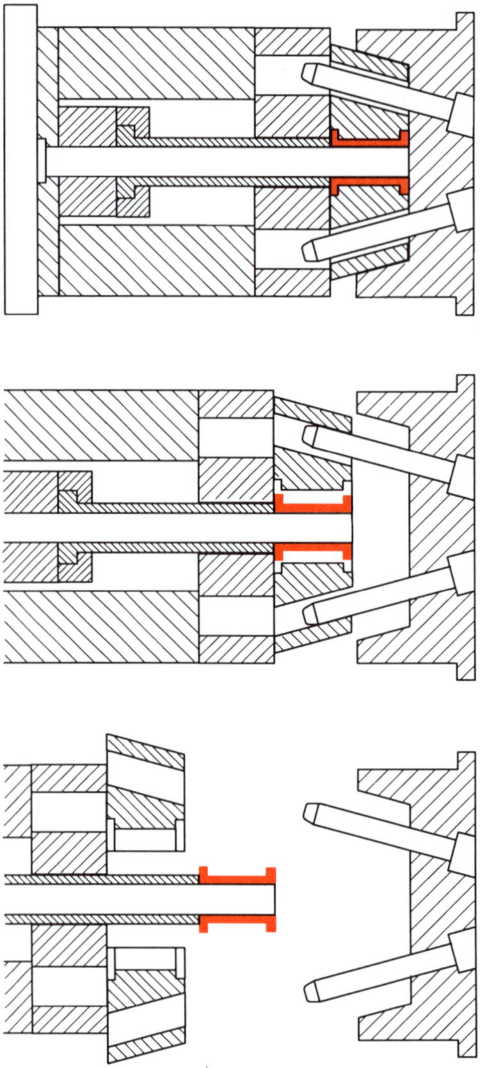

Bild 8.30 *Funktionsprinzip eines Backenwerkzeugs*

Die thermische Isolierung dieser Verteilerplatte gegenüber dem kalten Werkzeug wird mittels Luftspalt realisiert. Besonderer Wert ist dabei auf die Einbaulage des Verteilers zu legen. Bei senkrechtstehenden Verteilern, die oben und unten offen sind, entsteht eine Kaminwirkung, und die Isolierwirkung wird dadurch beeinträchtigt.
Die Verteilerkanäle münden in beheizte Düsen, die die Verbindung zwischen Verteilerplatte und Formhohlraum darstellen. Diese Düsen können außen- oder innenbeheizt und offen oder mit Nadelverschluß ausgelegt sein.

*Innenbeheizte Systeme*

Bei innenbeheizten Heißkanalsystemen sind die Verteilerkanäle direkt in die feststehende Werkzeughälfte eingearbeitet. Die Verteilerkanäle sind so dimensioniert, daß im Inneren rohrförmige Heizpatronen angebracht werden können. Die Schmelze hat jetzt nur noch einen Ringkanal zwischen Heizpatrone und Verteilerkanalwand zum Fließen zur Verfügung. An der Kanalwand bildet sich eine erstarrte Randschicht aus, die die innenliegende Schmelze gegen das kalte Werkzeug isoliert.

*Werkzeugarten*

Bisher wurden die Werkzeuge nach der Art des Angußsystems eingeteilt, wie z.B. Heißkanalwerkzeug oder Dreiplattenwerkzeug. Weiterhin können Werkzeuge auch nach der Art der Entformungseinrichtung eingeteilt werden.

*Backenwerkzeug*

Um umlaufende Hinterschneidungen zu entformen, sind Backenwerkzeuge geeignet. Bild 8.30 zeigt, wie das Teil freigegeben und entformt wird. Die Öffnungsbewegung des Werkzeugs wird durch die Schrägbolzen auf die Backen umgelenkt. Diese werden so senkrecht zur Öffnungsbewegung des Werkzeugs bewegt. Beim Öffnen des Werkzeugs wird das Teil von den Backen freigegeben und kann dann mit dem Auswerfer vom Kern geschoben werden.

*Schieberwerkzeug*

Für einen Hinterschnitt, der einen kleinen Teil der Formkontur außen oder innen betrifft, werden Schieber eingesetzt. Diese können – wie die Backen – mittels Schrägbolzen oder Zahnstangen mit der Öffnungsbewegung des Werkzeugs bewegt werden. Wenn erforderlich, können die Schieber auch hydraulisch bewegt werden. Dies erfolgt dann unabhängig von der Werkzeugbewegung über die Steuerung der Spritzgießmaschine.

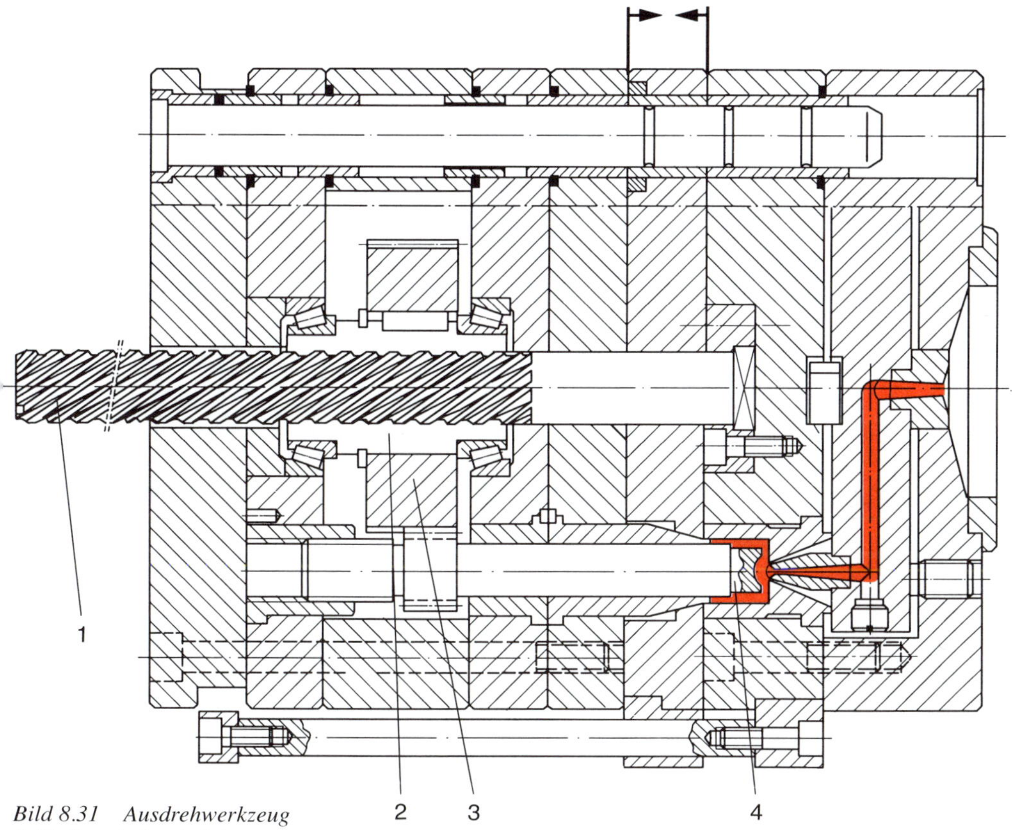


*Bild 8.31 Ausdrehwerkzeug*
*1 Steilgewindespindel*
*2 Spindelmutter*
*3 zentrales Zahnrad*
*4 Gewindekern*

*Ausdrehwerkzeug* (Bild 8.31)

Ein Innengewinde stellt für eine geradlinige Entformung einen Hinterschnitt dar, deshalb muß der Kern noch im Werkzeug ausgeschraubt werden. Danach kann das Teil entformt werden.

Die Schraubbewegung wird durch die Öffnung des Werkzeugs über die Steil-Gewindespindel erzeugt. Die Steil-Gewindespindel bleibt mit der festen Werkzeughälfte stehen. Die Spindelmutter, die ein Zahnrad trägt, wird über die Spindel gezogen und so in Drehung versetzt. Die Drehbewegung wird über das zentrale Zahnrad an die einzelnen Gewindekerne übertragen, die sich über das Führungsgewinde aus dem Spritzteil ausschrauben. Die Drehbewegung kann ebenso über eine Zahnstange oder einen Motor erzeugt werden.

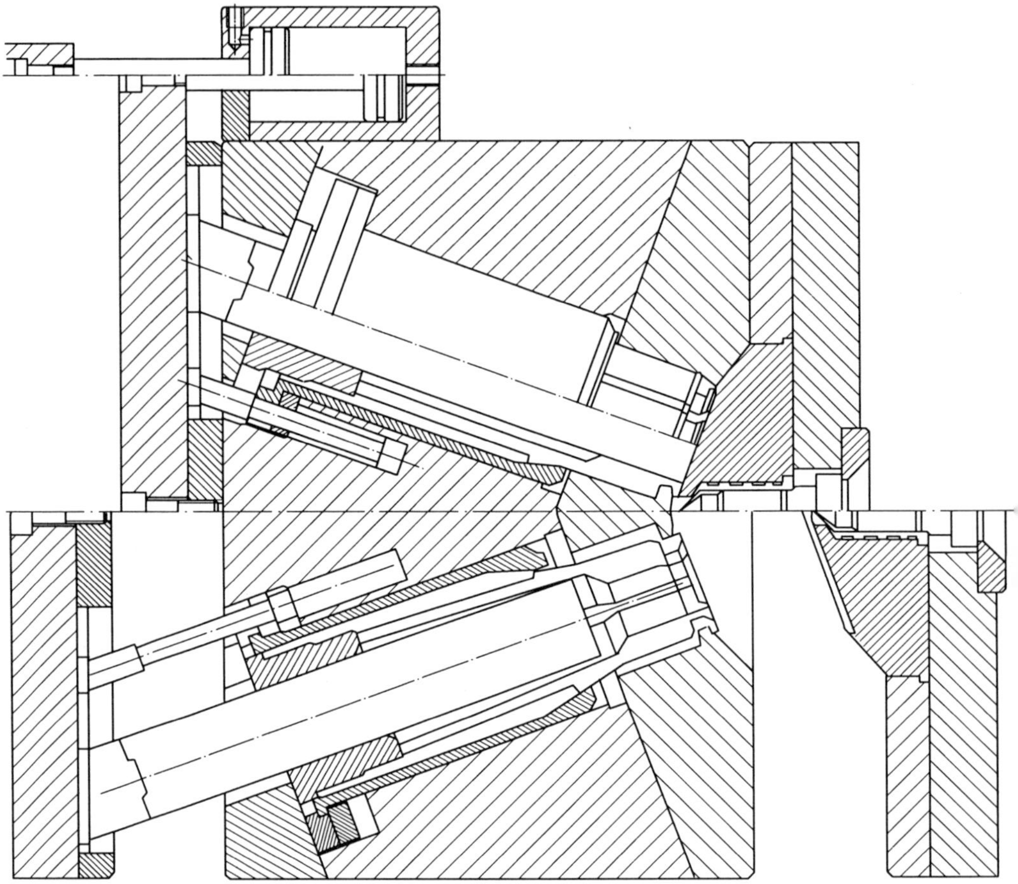

*Bild 8.32 Fallkernwerkzeug*

*Fallkern*

Für innere Hinterschneidungen, die nicht ausgedreht werden können, sind Fallkerne eine praktizierte Lösung. Der Fallkern besteht im wesentlichen aus zwei Teilen, dem temperierbaren Mittelkern und der formgebenden beweglichen Segmenthülse (Bild 8.32).
Die Arbeitsweise eines Fallkern-Werkzeugs ähnelt der eines herkömmlichen Abstreiferwerkzeugs. Nach dem Öffnen des Werkzeugs wird die Entformungseinrichtung nach vorne geschoben. Dabei werden die Segmenthülsen von den Mittelkernen wegbewegt. Die Segmente müssen dann selbständig nach innen fallen und den Spritzling freigeben.

*Etagenwerkzeug*

Wenn von großflächigen Spritzgußteilen, die eine große projizierte Fläche im Verhältnis zum Dosiervolumen aufweisen, sehr große Stückzahlen benötigt werden, können Etagenwerkzeuge eingesetzt werden. In einem Etagenwerkzeug sind die Formnester nicht nur nebeneinander angeordnet, sondern auch in einer zweiten Trennebene hintereinander. Hierdurch wird der Maschinenöffnungsweg und das Dosiervolumen der Maschine besser ausgenutzt. Bild 8.33 zeigt oben ein Etagenwerkzeug mit 2 × 2 Formnestern. Die Werkzeuge sind mit einem Heißkanal versehen. Zur Entformung öffnen sich die Werkzeuge in zwei Ebenen und geben die Teile frei.

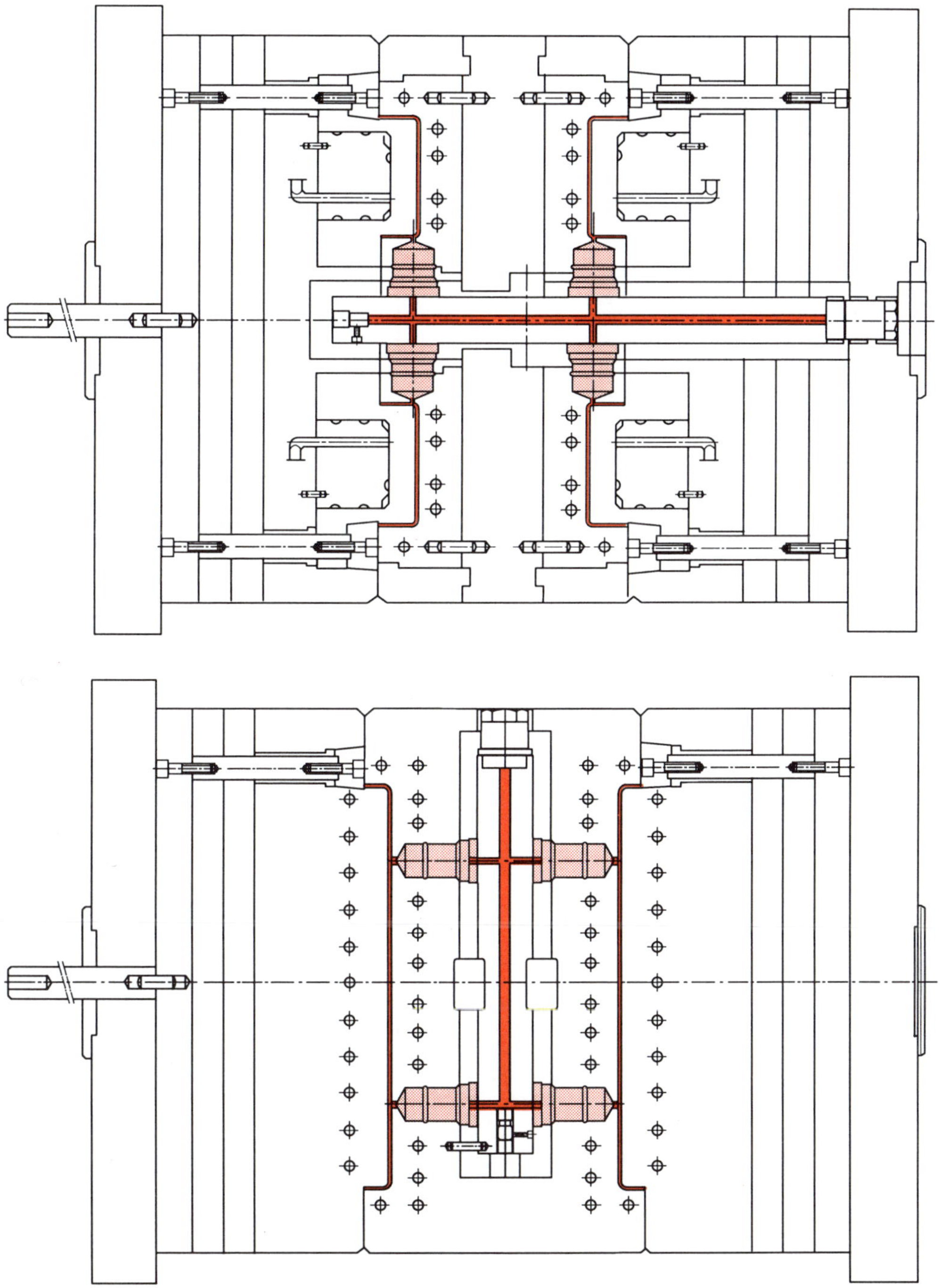

*Bild 8.33 Etagenwerkzeuge*

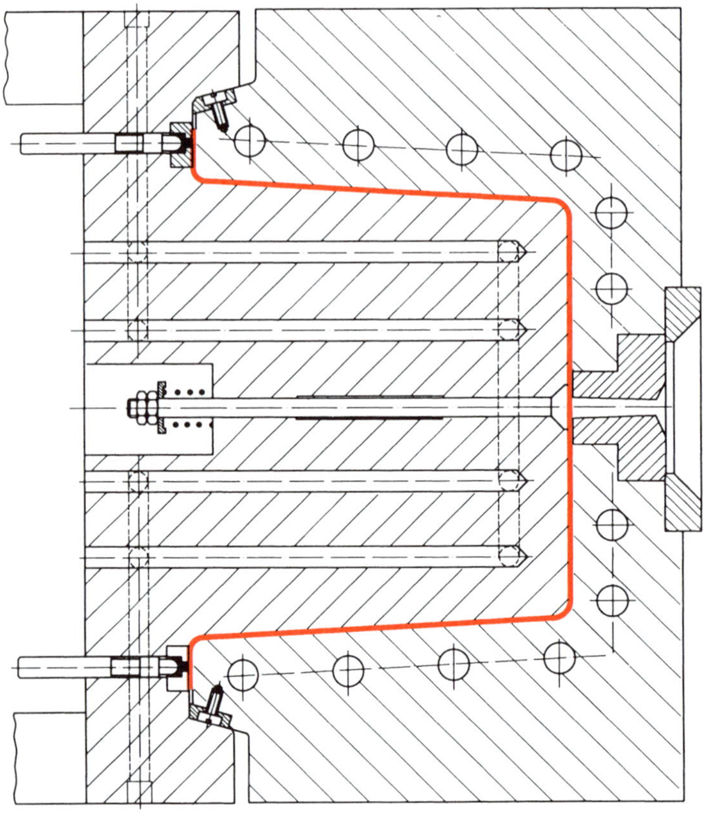

*Bild 8.34 Zentrierung an einem runden Werkzeug*

**Werkzeugzentrierung**

Spritzgießwerkzeuge müssen in ihrem Aufbau so gestaltet sein, daß die Werkzeughälften schnell zusammenführbar sind. Dies wird durch Führungsbolzen und Führungsbuchsen erreicht. Die dadurch erreichte Genauigkeit beim Zusammenfahren reicht oftmals nicht aus, so daß eine zusätzliche Zentrierung der Werkzeughälften über Zentrierelemente erforderlich ist (Bild 8.34).
Bei dünnwandigen Formteilen ist teilweise eine zusätzliche Zentrierung unerläßlich, da während des Füllvorganges beträchtliche Kräfte auf die Werkzeugwände wirken. Infolge der Gestalt des Formteils oder auch infolge von Ungleichmäßigkeiten beim Füllen können hierbei sehr hohe Kräfte auf Kern und Gesenk wirken, die zu einem Versatz dieser beiden Formhälften und zu einem fehlerhaften Formteil führen.
Für eine gute Fixierung von Kern und Gesenk werden vorwiegend Schrägflächen verwendet, die an Kern und Gesenk direkt angearbeitet sind und somit hohe Seitenkräfte aufnehmen können. Aufgesetzte Hartmetalleisten erlauben ein nachträgliches Justieren.

**Entlüftung**

Die Spritzgießwerkzeuge müssen einerseits bei der Formfüllung dicht schließen, um eine Gratbildung zu verhindern, andererseits muß die im Werkzeughohlraum enthaltene Luft entweichen können, wenn die Kunststoffschmelze eingespritzt wird.
Kann die Luft nicht entweichen, so wird sie durch die Schmelze im Werkzeug eingeschlossen, und eine vollständige Füllung des Werkzeughohlraumes ist nicht möglich. Außerdem kann der hohe Spritzdruck die Luft so stark erhitzen, daß es zu «Brennern» oder «Dieseleffekten» kommt.
Eine gute Werkzeugentlüftung kann dazu beitragen, Teile mit geringerem Gewicht und geringeren inneren Spannungen herzustellen. Die Gefahr des Lufteinschlusses ist um so größer, je mehr Anschnitte an einem Formteil vorhanden sind.
Häufig tritt der Lufteinschluß nicht immer an derselben Stelle auf. Dies kann durch ein unterschiedliches Fließverhalten der einzelnen Masseströme verursacht werden. Entlüftungsmöglichkeiten sind z.B. Lamellenpakete oder Entlüftungseinsätze aus porösem Material. Weiterhin

können Entlüftungskanäle in die Werkzeughälften eingeschliffen werden. Es darf nicht übersehen werden, daß sich Entlüftungselemente am Spritzgußteil abzeichnen. Dort, wo keine Markierungen zulässig sind, muß durch die Konstruktion des Teils und die Wahl des Angußsystems dafür gesorgt werden, daß sich Lufteinschlüsse gar nicht erst bilden können.

### Werkzeugtemperierung

Es ist heute allgemein bekannt, daß die Werkzeugtemperierung einen erheblichen Einfluß auf die Formteileigenschaften und auf die erreichbare Zykluszeit hat.
Obwohl diese grundsätzlichen Erkenntnisse vorhanden sind, stellt man häufig fest, daß bei aller Genauigkeit, mit der die Kavitäten und das Angußsystem hergestellt werden, das Kühlsystem aber rein gefühlsmäßig angelegt wird.
Es gibt keine allgemeingültigen Verfahren, Lage und Abmessungen der Temperierkanäle zu berechnen. Außerdem wird man ohnehin immer Kompromisse schließen müssen, da z.B. auch die Auswerferstifte, Schrauben und Formeinsätze untergebracht werden müssen.
Grundsätzlich ist darauf zu achten, daß eine gleichmäßige Werkzeugoberflächentemperatur erreicht wird. Geschlossene Kühlsysteme sind offenen vorzuziehen, denn Korrosion kann sehr schnell eine leistungsfähige Kühlung stark beeinflussen.
Ein optimal angelegtes Kühlsystem kann jedoch nur soweit zur Geltung kommen, wie es die gewählten Verarbeitungsbedingungen zulassen.
Die Effektivität eines Temperiersystems läßt sich in zehn Punkten charakterisieren:

1. Die Kühlung bzw. Temperierung eines Spritzgießwerkzeugs beeinflußt die Qualität und die Fertigungszeit des Spritzgußartikels.
2. Das Kühlsystem muß im Werkzeug so angelegt werden, daß die Wärme der Kunststoffschmelze rasch über die ganze Oberfläche des Spritzgußteils möglichst gleichmäßig abgeführt wird.
3. Die Kühlkanäle sind unter Berücksichtigung der für den Formwerkstoff zulässigen Beanspruchung so nahe wie möglich unter die formbildenden Flächen des Werkzeugs zu legen.
4. Die Kühlkanäle sind ebenfalls dicht nebeneinander zu legen.
5. Die Kühlkanalbohrungen sind möglichst nicht kleiner als 8 mm im Durchmesser auszuführen.
6. Die Werkzeugkühlung ist bei verzugsanfälligen Spritzgußteilen und bei Teilen mit örtlichen Masseanhäufungen in mehrere Kühlkreisläufe aufzuteilen.
7. Die Länge der Kühlkreise ist so zu begrenzen, daß eine Temperaturerhöhung des Kühlmediums zwischen Zu- und Ablauf um 3 bis 5 °C nicht überschritten wird.
8. Kühlkreise mit unterschiedlichen Durchflußwiderständen sind nach Möglichkeit nicht parallel zu schalten.
9. Bei einer Reihenschaltung von mehreren Kühlkreisen mit großem Gesamtdurchflußwiderstand ist zu prüfen, ob der verfügbare Druck eine ausreichende Wärmeabfuhr durch die entsprechend hohe Durchflußmenge des Kühlmediums gewährleistet.
10. Die Leistung eines Kühlgerätes wird erst dann optimal genutzt, wenn durch eine intensive Werkzeugkühlung (Punkte 3 bis 5) die aus dem Werkzeug abzuführende Wärmemenge rasch von der Formoberfläche an das Kühlmedium geleitet wird.

### Temperatur- und Druckfühler

Zur optimalen Überwachung der Werkzeugoberflächentemperatur sind Temperaturfühler im Spritzgießwerkzeug anzubringen. In jeder Werkzeughälfte sollte ein separater Temperaturfühler angebracht sein, um bei unterschiedlicher Temperierung der beiden Werkzeughälften die Temperaturen getrennt zu überwachen.
Der Meßort des Temperaturfühlers soll möglichst nahe an der Formnestoberfläche sein und möglichst nicht in der Nähe einer Temperierbohrung.

#### *Meßort für Druckaufnehmer*

Die Position des Druckaufnehmers im Werkzeug wird von der gestellten Aufgabe bestimmt.

Folgende Hinweise seien erwähnt:

Ein aussagekräftiges Drucksignal wird von einem Aufnehmer geliefert, der den Druck in der Werkzeugkavität am Teil nahe beim Anschnitt erfaßt. Es ist empfehlenswert, im vorgesehenen anschnittnahen Bereich die Stelle mit der größten Wandstärke zu wählen, da diese am spätesten erstarrt.
Bei einer Werkzeugkavität mit mehreren Anschnitten sollte der Aufnehmer dort eingebaut werden, wo die größten Schwierigkeiten am Teil zu erwarten sind.
Die Messung des Druckes im Angußverteiler ergibt keine relevante Aussage über den Formfüllprozeß.
Eine angußferne Plazierung des Aufnehmers ist nur in wenigen speziellen Fällen vorteilhaft. Dies ist bei komplizierten Werkzeugen der Fall, wenn es innerhalb der Kavität kritische Zonen gibt wie Kernzüge, Gewindespindeln usw, die vor Druckspitzen geschützt werden müssen.

**Pflege und Wartung von Spritzgießwerkzeugen**

Die letzte Inspektion des Werkzeugs soll stets vor dem Umrüsten erfolgen. Dies hat den Vorteil, daß die Instandhaltungsabteilung keine eigene Verarbeitungsmaschine benötigt, um die Funktionskontrolle durchführen zu können. Bei dieser Inspektion können die letzten Spritzlinge begutachtet werden, die wichtige Aufschlüsse über die Funktionstüchtigkeit und den Zustand des Werkzeugs geben.
Am Spritzteil läßt sich z.B. erkennen, ob die Werkzeugoberfläche beschädigt ist, ob die Auswerferstifte sich in ihrer Lage verändert haben, ob die Temperierung noch einwandfrei arbeitet und ob die Trennflächen noch abdichten.
Werden keine Mängel festgestellt, so sind nach dem Umrüsten nur die üblichen Pflege- und Instandhaltungsarbeiten durchzuführen.

**Pflege und Wartung des Temperiersystems**

Die Reinigung verschmutzter Temperierkanäle erfolgt in der Regel mit einem Reinigungslösungsmittel. Solche Reinigungsmittel und spezielle Reinigungsgeräte werden von mehreren Herstellern angeboten.
Bevor das Werkzeug dann eingelagert wird, ist das Temperiersystem auszublasen und mit Warmluft zu trocknen.

**Pflege und Wartung der Werkzeugoberflächen**

Nach Produktionsende muß das Werkzeug von anhaftenden Kunststoffresten sorgfältig gereinigt werden.
Es wird empfohlen, das Werkzeug mit einer Seifenlauge von den anhaftenden Kunststoffresten und Belägen zu reinigen.
Das Werkzeug ist nach einer solchen Behandlung wieder sorgfältig zu trocknen.
Außerdem müssen noch die beweglichen und formbildenden Teile mit geeigneten Reinigungsmitteln von Schmieröl- und Fettresten gereinigt werden.

**Maßnahmen nach der Kontrolle und Reinigung**

Sind die Wartungsarbeiten abgeschlossen, ist das Werkzeug sorgfältig zu trocknen und mit harz- und säurefreien Fetten leicht einzufetten.

## 8.1.4 Formteilgestaltung

### Einflußgrößen auf die Formteileigenschaften

Zur Herstellung qualitativ hochwertiger Spritzgießformteile ist es notwendig, alle Einflußgrößen auf die Formteilqualität zu kennen und zu berücksichtigen.

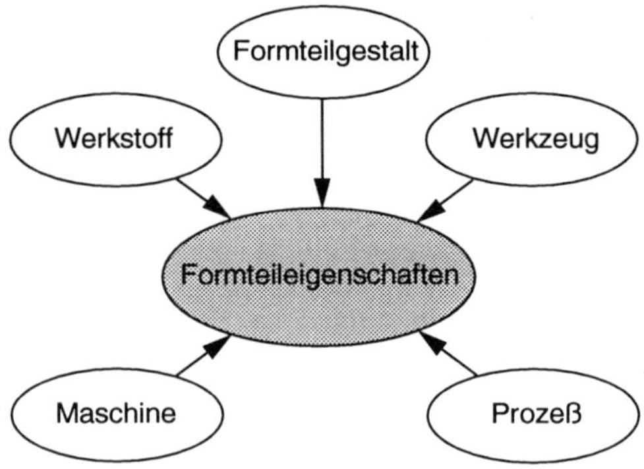


*Bild 8.35 Einflußgrößen auf die Formteileigenschaften*

Bild 8.35 zeigt die wichtigsten Einflußgrößen auf die Formteileigenschaften.

**Werkzeug**

Das Werkzeug beeinflußt durch die Auslegung des Angußsystems und der Anguß-/Anschnittlage die Füllung der Kavität und damit die Orientierung der Schmelze.
Berücksichtigt werden muß auch die thermische Auslegung des Werkzeugs, denn optimale Abkühlbedingungen setzen optimal dimensionierte und positionierte Temperierkanäle voraus. Lokale Unterschiede der Werkzeugoberflächentemperatur oder der Wanddicken führen unterschiedliche Abkühlbedingungen nach sich und beeinflussen die Formteileigenschaften.

**Spritzgießprozeß**

Der Einrichter kann mit den in bestimmten Grenzen variierbaren Prozeßparametern die Formteilqualität beeinflussen.
Die wichtigsten Parameter sind:

- □ Massetemperatur,
- □ Werkzeugoberflächentemperatur,
- □ Einspritzgeschwindigkeit,
- □ Nachdruck,
- □ Nachdruckzeit,
- □ Kühlzeit (Zykluszeit).

Die Vielzahl der Beeinflussungsmöglichkeiten macht deutlich, wie schwierig es ist, den Prozeß auf seine Auswirkungen auf das Teil richtig zu beurteilen und zu optimieren. Der Konstrukteur sollte aber eine Vorstellung vom Fließen der Schmelze in der Kavität und der Einflüsse von Material und Prozeßparametern auf die Formteileigenschaften haben.

Im Folgenden werden das Fließen der Schmelze und die Auswirkungen auf die inneren Formteileigenschaften (Orientierungen, Eigenspannungen) näher erläutert.

**Maschine**

Die Maschine beeinflußt im Plastifizierzylinder die Aufbereitung, die Homogenität und die Temperatur der Schmelze. Darüber hinaus spielen Dosiervolumen und Schließkraft eine große Rolle in bezug auf die Formteileigenschaften.

**Werkstoff**

Der Werkstoff Kunststoff geht in der Hauptsache mit seinen verarbeitungstechnischen Eigenschaften wie:

- Fließverhalten,
- Erstarrungsverhalten und
- Schwindung

in die Formteileigenschaften ein.

**Formteilgestalt**

Bei der Formteilgeometrie spielen vor allen Dingen die Wanddicke und deren Verteilung sowie die Fließweglänge eine wichtige Rolle. Abkühlbedingungen, Eigenspannungen und Orientierungen sowie Oberflächenfehler wie Bindenähte oder Einfallstellen beeinflussen die späteren Eigenschaften des Formteils.

**Fließen der Schmelze**

Beim Eintreten in die Kavität soll sich die Masse mit einer gleichmäßigen Fließfront vorwärts bewegen. Durch diesen sogenannten **Quellfluß** erreicht man, daß die Schmelze zuerst außen an der Werkzeugwandung erstarrt. Durch die Isolierwirkung der erkalteten Masse bleibt die Schmelze im Inneren länger plastisch und bildet eine plastische Seele, so daß ein Nachfließen der Schmelze möglich ist und der Nachdruck zum Schwindungsausgleich wirken kann.
Aufgrund zu hoher Einspritzgeschwindigkeiten oder falscher Lage des Anschnittes kann es passieren, daß sich ein voreilender Strang im Formhohlraum querlegt, abkühlt und mit der nachfließenden Schmelze nicht mehr gut verschweißt. Diesen voreilenden Strang nennt man **Freistrahl** (Bild 8.36).
Weiterhin ist zu beachten, daß jeder Kern, der von der Schmelze umströmt werden muß, die Schmelzefront aufteilt. Die beiden Schmelzefronten vereinigen sich hinter dem Kern wieder und müssen dort gut verschweißen. Es entsteht aber in jedem Fall eine Bindenaht. Eine warme Schmelzefront kann besser verschweißen als eine kalte und bildet eine weniger sichtbare Bindenaht (Bilder 8.37 und 8.38).

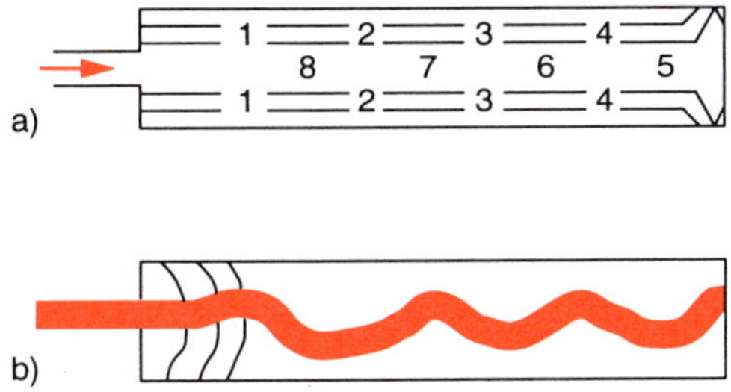


*Bild 8.36 Quellfluß und Freistrahl*
*a) Quellfluß*
*b) Freistrahl (freier Massestrahl)*

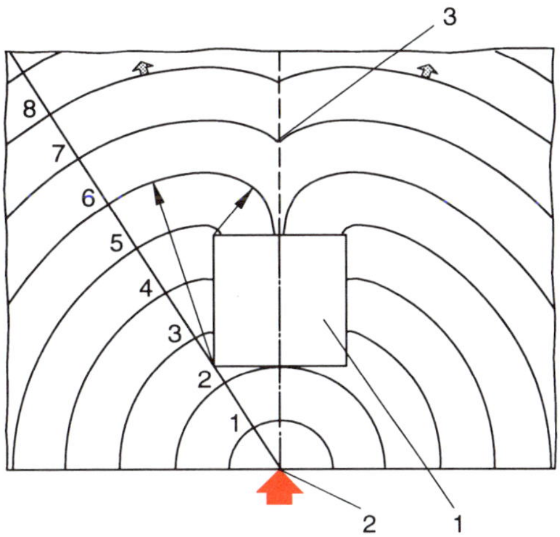


*Bild 8.37 Formteil mit Rechteckloch*
*1 rechteckiger Kern im Werkzeug,*
*2 Anspritzpunkt, 3 Bindenaht*

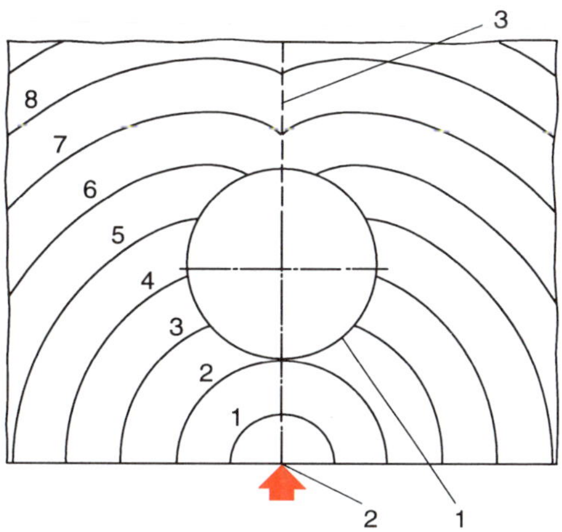


*Bild 8.38 Formteil mit Rundloch*
*1 runder Kern im Werkzeug,*
*2 Anspritzpunkt, 3 Bindenaht*

Bei Wanddickenunterschieden verhalten sich zwei Fließwege der Länge $l_1$ und der Länge $l_2$ zueinander wie die Wanddicken $s_1$ und $s_2$.

$$l_1 / l_2 = s_1 / s_2$$

Bei einer Platte mit zwei verschiedenen Wanddicken, angespritzt an der dicken Seite, schreitet die Schmelze in der dicken Wand z.B. 20 mm fort. Entsprechend dem Fließweg-Wanddicken-Verhältnis legt die Schmelze im halb so dicken Bereich in der gleichen Zeiteinheit nur die Hälfte des Weges zurück (Bilder 8.39 und 8.40).

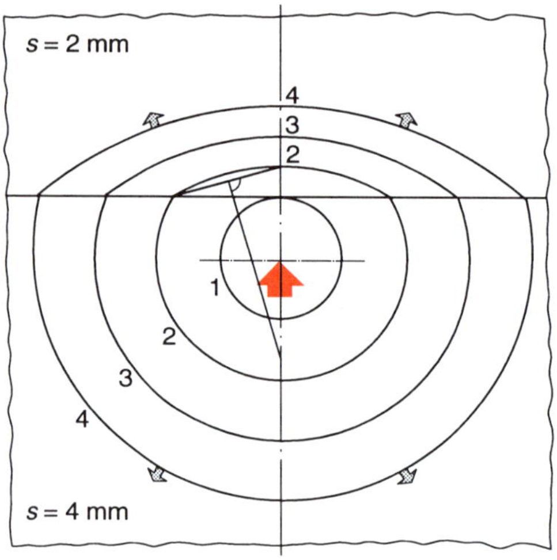


*Bild 8.39 Übergang dick zu dünn*

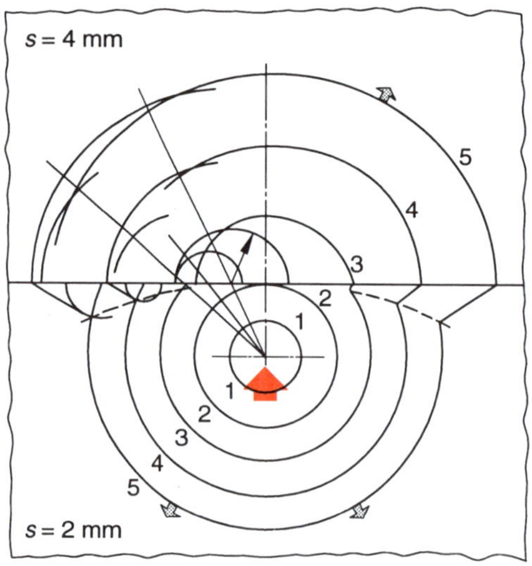


*Bild 8.40 Übergang dünn zu dick*

Bild 8.41 zeigt den Anwendungsfall für einen Rahmen mit Boden, der im dünnen Bodenbereich angespritzt wird. Man kann erkennen, daß die Schmelze im dicken Bereich entsprechend dem Fließweg-Wanddicken-Verhältnis voreilt und sich durch das Ausbreiten der Schmelzefront Bindenähte im Bodenbereich bilden. Außerdem bildet sich beim Zusammenfließen der Schmelzefronten ein Lufteinschluß.
Durch die Kenntnis der Fließvorgänge im Formteil konnten die Wanddicken so angepaßt werden, daß gerade kein Lufteinschluß mehr auftritt.

**Schwindung**

Beim Spritzgießen von Formteilen fallen die Teile kleiner aus als das Kaltmaß des Werkzeugs. Der Grund sind die Verarbeitungsschwindung und die Nachschwindung des Kunststoffes.

*Verarbeitungsschwindung (VS)*

Den Unterschied zwischen Kaltmaß des Werkzeugs und dem Maß des erkalteten Formteils (16 Stunden nach der Herstellung nach DIN 16901) bezeichnet man als die Verarbeitungsschwindung (Bild 8.42).

Wenn die Formmasse abkühlt und vom plastischen in den festen Zustand übergeht, beginnt der Schwindungsvorgang. Das Material zieht sich aufgrund der Temperaturdifferenz zusammen.
Wenn sich kristalline Bereiche ausbilden, ist die Schwindung größer als bei amorphen Thermoplasten.
Durch den Nachdruck wird die Schwindung, die sonst zwischen 15 und 20 Volumenprozent betragen würde, auf Werte zwischen 0 und 3% ausgeglichen. Deshalb ist es notwendig, den Anguß so zu gestalten, daß der Nachdruck wirken kann, solange noch ein Bereich des Formteiles plastisch ist.
Die Schwindung erfolgt selten gleichmäßig (isotrop) in einem Teil. Durch Orientierungen und innere Spannungen erfolgt eine ungleichmäßige (anisotrope) Schwindung, die dann zum Verzug führen kann.

*Nachschwindung (NS)*

Zu der Verarbeitungsschwindung kommt nach längerer Lagerung und bei späterer Erwärmung noch die Nachschwindung.
Die beiden Schwindungen ergeben zusammen die **Gesamtschwindung.** Die Schwindungsvorgänge werden nicht nur vom verwendeten Kunststoff, sondern von vielen Einflußgrößen des Werkzeugs, der Verarbeitung und der Teilege-

*Bild 8.41 Rahmen mit Boden*
*1 Lufteinschluß*
*2 Bindenähte*
*3 Anspritzpunkt*

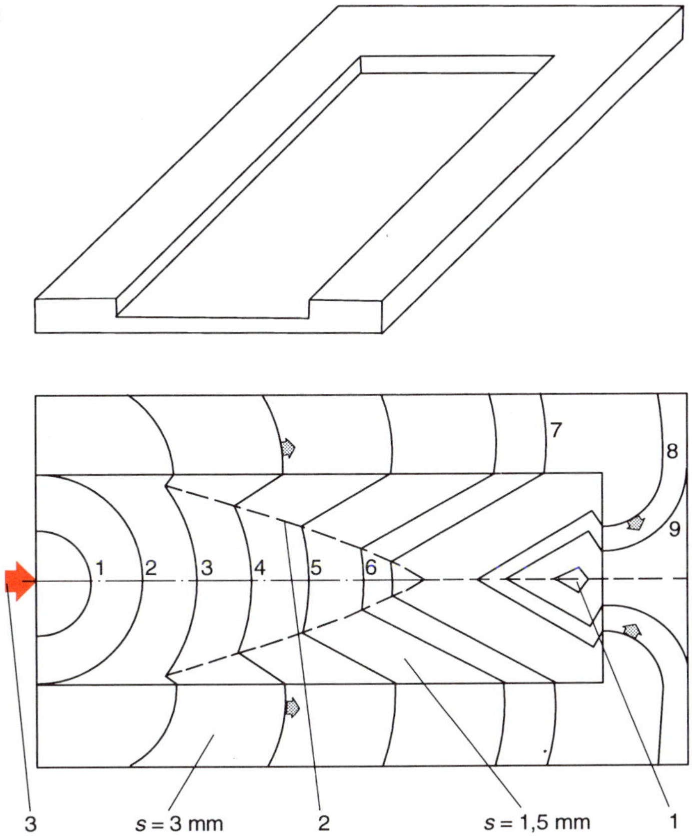


*Bild 8.42 Schematische Darstellung von Verarbeitungsschwindung (VS), Nachschwindung (NS) und Gesamtschwindung (GS)*

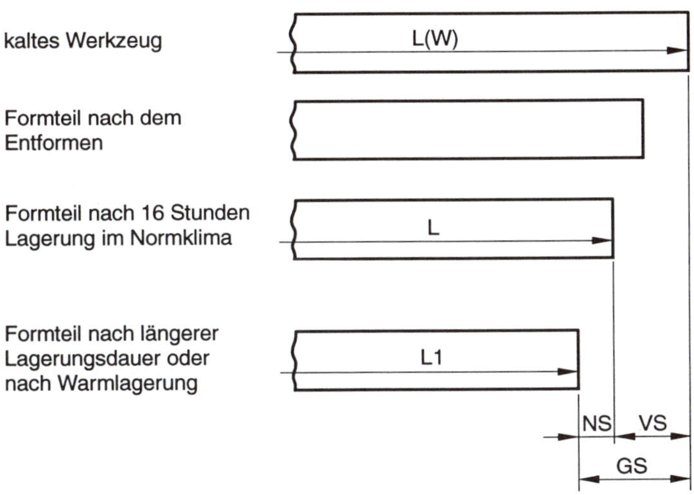

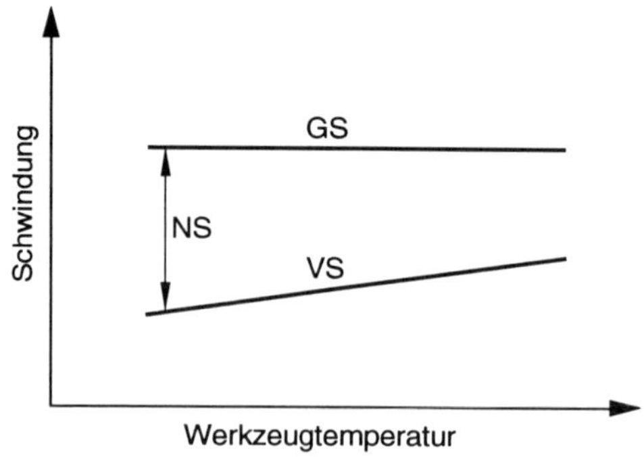


*Bild 8.43 Schwindung als Funktion der Werkzeugtemperatur*

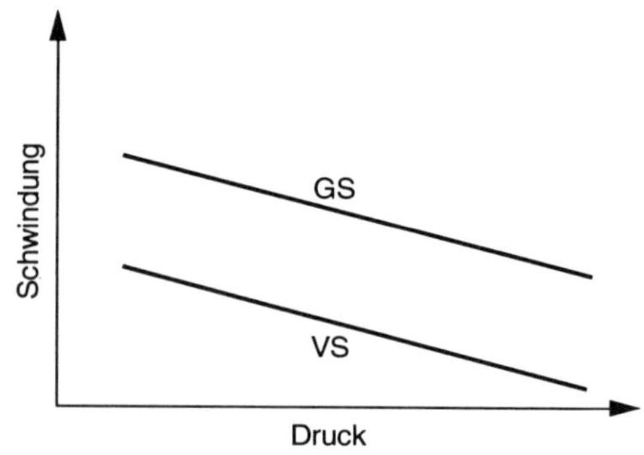


*Bild 8.44 Schwindung als Funktion des (Werkzeuginnen-)Druckes*

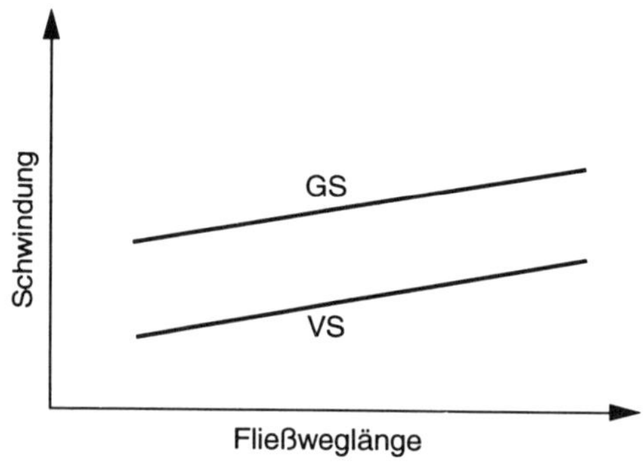


*Bild 8.45 Schwindung als Funktion der Fließweglänge (konst. Strömungsquerschnitte)*

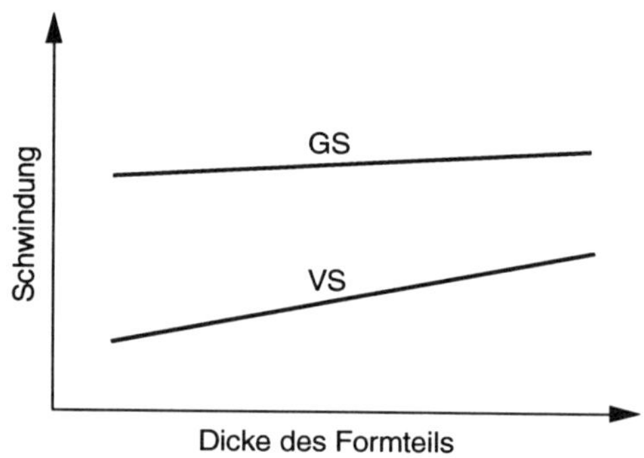


*Bild 8.46 Schwindung als Funktion der Formteildicke*

staltung beeinflußt, so daß in der Literatur immer nur Schwindungsrichtwerte angegeben werden können.
Die einzelnen werkstoffunabhängigen Einflußparameter auf Schwindung und Verzug sind:

**Werkzeugtemperatur**

Mit steigender Werkzeugtemperatur nimmt die VS zu, die NS jedoch deutlich ab (Bild 8.43). Präzisionsspritzgußteile sollen deshalb bei möglichst hohen Werkzeugtemperaturen gefertigt werden. Die Teile bleiben dann länger maßstabil. Die höhere Verarbeitungsschwindung muß bei der Werkzeugkonstruktion berücksichtigt werden.

**Druck**

Bei höherem Verarbeitungsdruck nehmen VS und NS ab (Bild 8.44). Durch Veränderung von Spritz- bzw. Nachdruck lassen sich kleine Maßkorrekturen durchführen. Auf die Größe der NS hat dies bei optimalen Verarbeitungsbedingungen jedoch praktisch keinen Einfluß.

**Fließweglänge**

Die VS steigt, je länger der Fließweg ist, da mit der Fließweglänge auch der Werkzeuginnendruck abnimmt. Im angußfernen Bereich ist die VS größer. Die NS ändert sich praktisch nicht (Bild 8.45).

**Formteildicke**

Je größer die Wanddicke, desto größer ist die VS. Die im Betrag jedoch wesentlich kleinere NS nimmt ab (Bild 8.46). Wenn das Formteil nennenswerte Wanddickenunterschiede hat, muß mit Verzug gerechnet werden.

**Verstärkungsstoffe**

Durch Zusatz von Verstärkungsstoffen wie Glasfasern, Glaskugeln oder Talkum kann die Schwindung der Formmasse veringert werden. Bei der Wahl von geeigneten Verstärkungsstof-

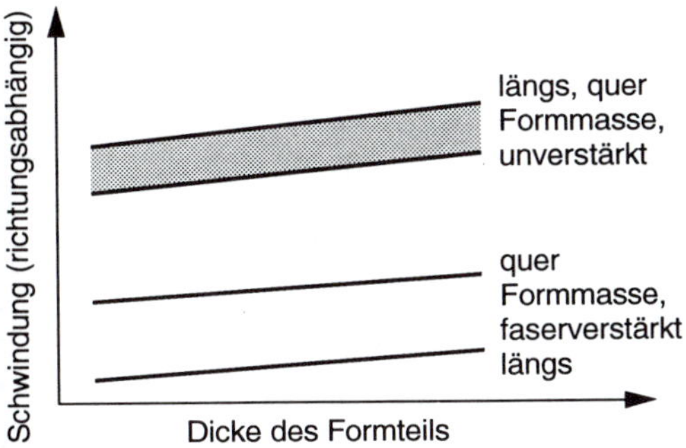


*Bild 8.47 Schwindung als Funktion der Formteildicke für unverstärkte und mit Fasern verstärkte Kunststoffe*

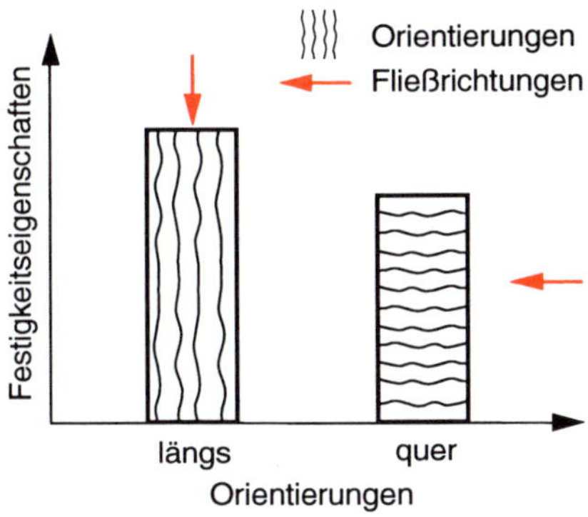


*Bild 8.48 Festigkeitseigenschaften als Funktion der Orientierungen*

fen kann das Formteil bezüglich Steifigkeit und Festigkeit sehr verbessert werden (Bild 8.47). Es ist jedoch zu beachten, daß faserförmige Verstärkungsstoffe zu einer Richtungsabhängigkeit der Schwindung führen. Das heißt, die Schwindungswerte in Fließrichtung der Schmelze sind kleiner als die Schwindungswerte senkrecht zur Fließrichtung der Schmelze. Diese richtungsabhängigen Schwindungsunterschiede können zu Verzug des Formteils führen, wenn diese bei der Formteilgestaltung und Wahl des Anspritzpunktes nicht beachtet wurden.

**Orientierungen**

Beim Füllen der Kavität mit Kunststoffschmelze werden die Moleküle in Fließrichtung ausgerichtet. Diese Molekülorientierung wird durch das Abkühlen eingefroren. Je schneller abgekühlt wird, desto weniger können die eingebrachten Orientierungen rückgängig gemacht werden (relaxieren).

Die eingebrachten Orientierungen können zum Verzug führen, wenn sich bei einer nachträglichen Beanspruchung der Teile mit Wärme die Orientierungen zurückstellen.

Die Festigkeit des Formteils ist in Orientierungsrichtung höher als quer dazu (Bild 8.48). Die mechanischen Eigenschaften (Bild 8.49) des Teiles sind von der Orientierungsrichtung der Moleküle abhängig (Anisotropie). Formmassen mit einer hohen Schmelzviskosität neigen mehr zu Orientierungen als niederviskose Schmelzen.

**Spannungen**

Eigenspannungen in einem von außen nicht beanspruchten Formteil entstehen durch unterschiedliche Volumenänderung im Teil während der Abkühlung. Diese unterschiedliche Volumenänderung kann durch unterschiedliche Abkühlung, Kristallisation, Molekülorientierung und Überspritzen des Formteils hervorgerufen werden. Die Eigenspannungen überlagern sich mit den Spannungen, die sich aus dem Gebrauch des Teiles ergeben (Bild 8.50). Diese Gesamtspannung kann geringer oder höher als die Eigenspannungen sein.

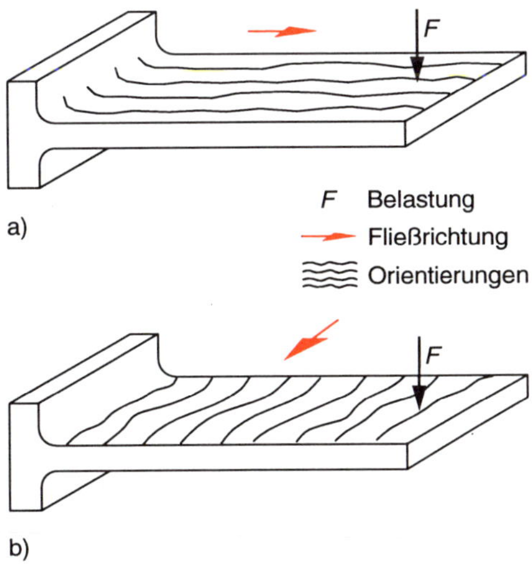


*Bild 8.49 Einfluß der Orientierungen bei mechanischer Belastung*

**Gestaltungsrichtlinien**

Bei der Gestaltung von Spritzgußteilen sind fertigungstechnische und werkstoffspezifische Gesichtspunkte zu beachten.

Die folgenden sieben Gestaltungsregeln sind als Anhaltspunkte zu sehen.

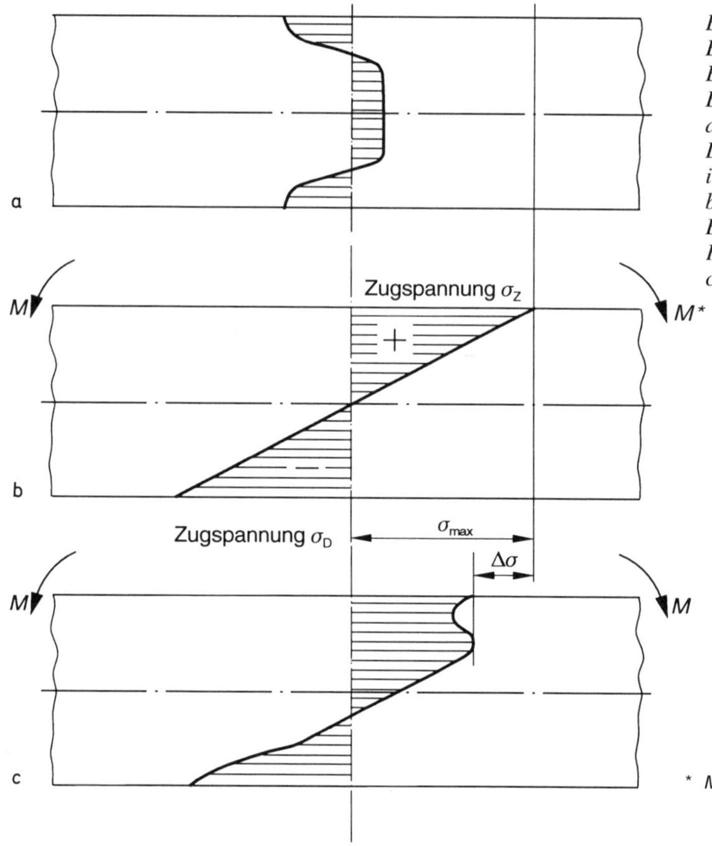


*Bild 8.50 Überlagerung von Betriebsspannungen und Eigenspannungen eines auf Biegung beanspruchten Formteils*
*a Eigenspannungen im Formteil, Druckspannungen im randnahen Bereich*
*b Spannungen infolge Beanspruchung eines Formteils auf Biegung*
*c Überlagerung der Spannungen*

* M = Biegemoment

*Bild 8.51 Fließweg-Wanddicken-Diagramm*

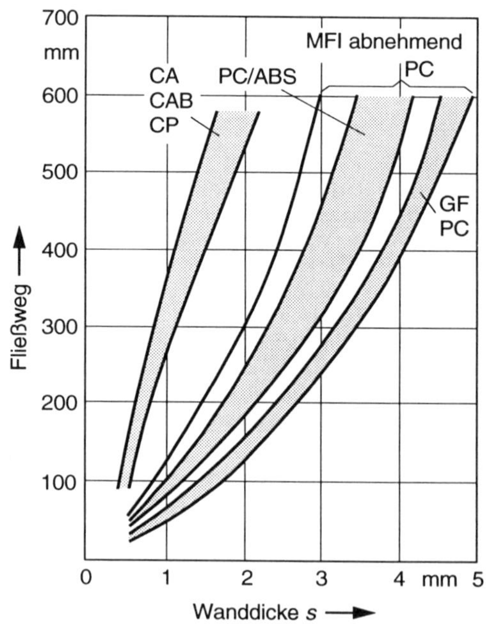


*Wanddicken so gering wie möglich und so groß wie nötig*

Große Wanddicken führen zu hohen Kühlzeiten und enthalten die Gefahr einer unkontrollierten Schwindung. Kleine Wanddicken erfordern einen hohen Fülldruck. Anhaltsgrößen ergeben sich aus den Fließweg-Wanddicken-Diagrammen (Bild 8.51), die von den Rohstoffherstellern für ihre Materialien bereitgehalten werden. Eine genaue Druckbedarfsanalyse kann durch die Berechnung mit einem rheologischen Rechenprogramm ermittelt werden.

*Wanddicken möglichst gleichmäßig halten* (Bild 8.52)

Wenn Formteile unterschiedliche Wanddicken haben, herrschen in diesem Teil beim Füllen und Abkühlen unterschiedliche Bedingungen. Der dünnere Bereich wird schneller abgekühlt, ist also bereits fest, während der dickere Bereich noch weiter schwindet. Dies führt zum Verzug der Formteile.

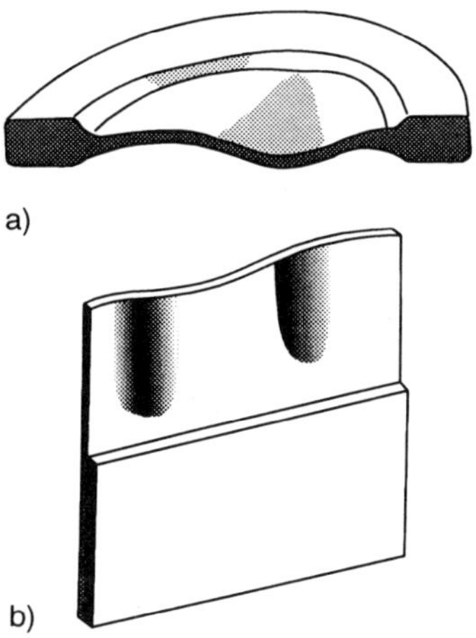


*Bild 8.52 Gleichmäßige Wanddicken*
*a) Verzug der dünnen Mittelwand*
*b) Verzug der dünnen Wand*

Wenn schon Wanddickenunterschiede sein müssen, dann sollte der Übergang allmählich, also nicht abrupt erfolgen. Keine Wanddickensprünge.

*Masseanhäufungen vermeiden* (Bild 8.53)

Masseanhäufungen können bei der Gestaltung von Rippen, Augen, Ecken und Wanddicken allgemein auftreten. Masseanhäufungen führen zu ungleichmäßigen Abkühlbedingungen im Formteil und damit zu Einfallstellen, Vakuolen und Verzug.

*Scharfe Ecken und Kanten vermeiden* (Bild 8.54)

Scharfe Ecken werden ungleichmäßig abgekühlt. An der Ecke bildet sich innen ein Wärmenest, da dort die Werkzeugkontaktfläche im Verhältnis zum Volumen des Formteils sehr gering ist. Durch dieses Wärmenest kann das Material hier länger schwinden. Die Folge sind sehr hohe innere Spannungen des Formteils an dieser Stelle. Diese Spannungen verursachen Verzug und Vakuolen.
Abhilfe schaffen hier möglichst große Radien im Eckenbereich.

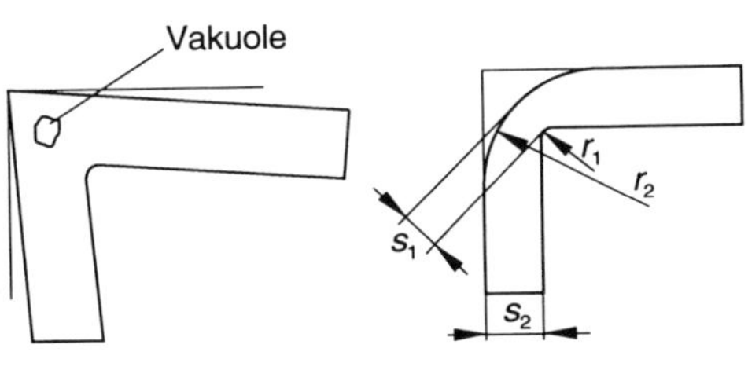


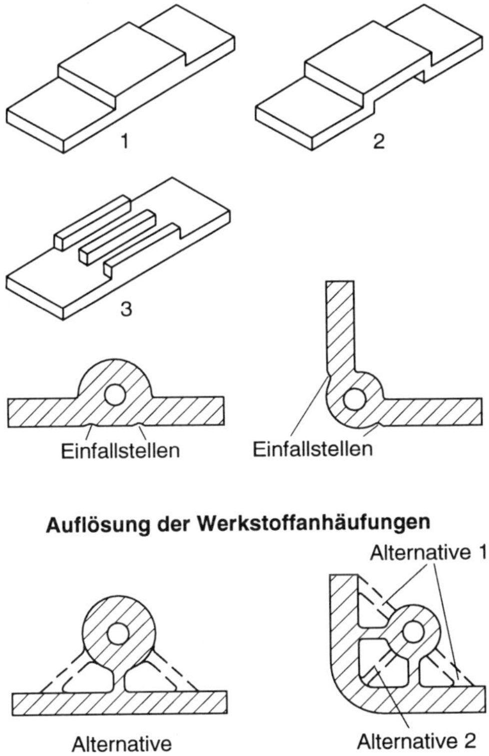


*Bild 8.53 Masseanhäufungen vermeiden*
*1 Materialanhäufung sehr ungünstig*
*2 und 3 Vermeidung von Materialanhäufungen*

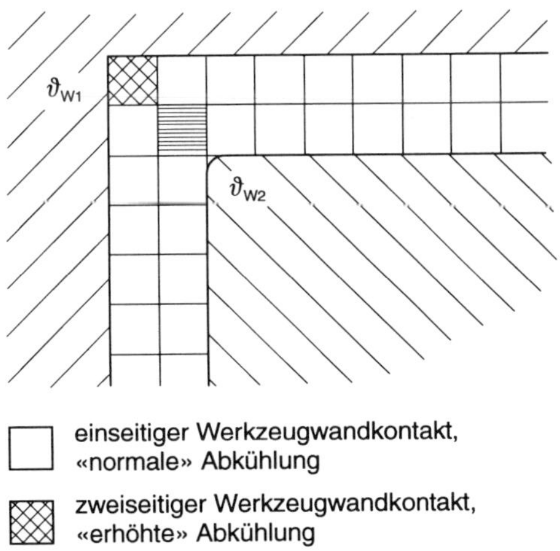


*Bild 8.54 Scharfe Ecken und Kanten vermeiden*

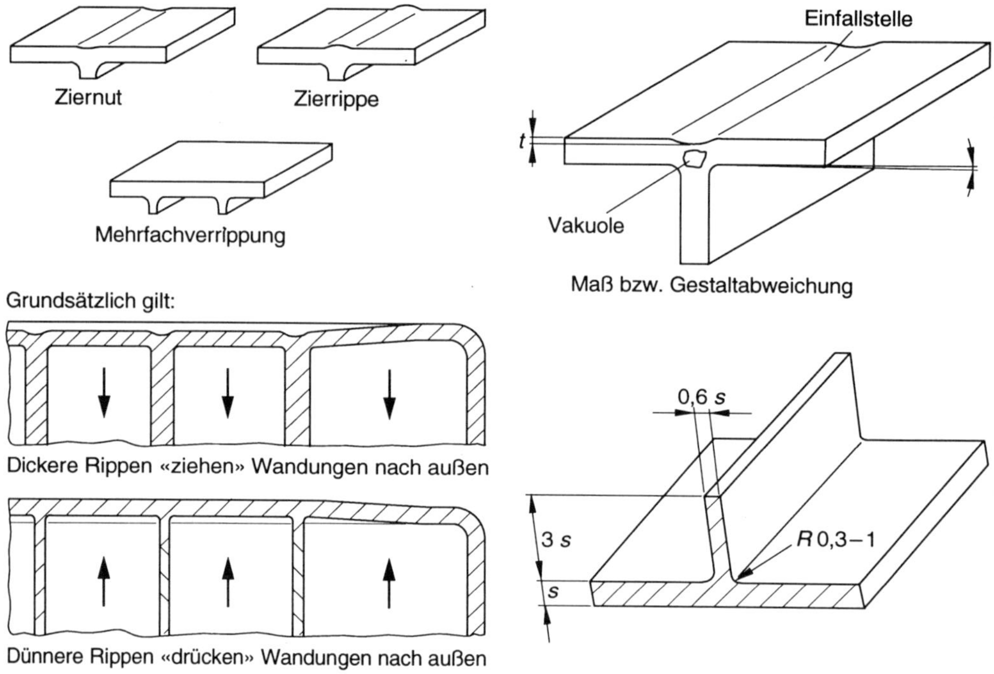


*Bild 8.55 Rippen richtig gestalten*

*Rippen richtig gestalten*

Rippen sollen in ihrer Höhe, Dicke und der Anordnung der Radien an ihrem Fuß so gestaltet werden, daß Masseanhäufungen und Kerben vermieden werden (Bild 8.55).

*Entformungsschrägen*

Alle Teilekonturen, also auch Rippen usw., die in Entformungsrichtung des Werkzeugs liegen, sollen eine Entformungsschräge abhängig vom Spritzgußmaterial und der Rauhigkeit der Werkzeugoberfläche haben (Tabelle 8.1).
Jede Rauhigkeit – beabsichtigt oder nicht – stellt in Auswerfrichtung eine Hinterschneidung dar und muß, wenn keine Entformungsriefen erlaubt sind, durch eine entsprechende Entformungsschräge freigegeben werden.

*Hinterschneidungen vermeiden*

Hinterschneidungen verursachen hohe Werkzeugkosten, da die Entformung der Hinterschnitte aufwendigere Werkzeugkonstruktionen erforderlich macht. Die sicherste und kostengünstigste Lösung ist die Vermeidung von Hinterschnitten (Bild 8.56), sofern es möglich ist.

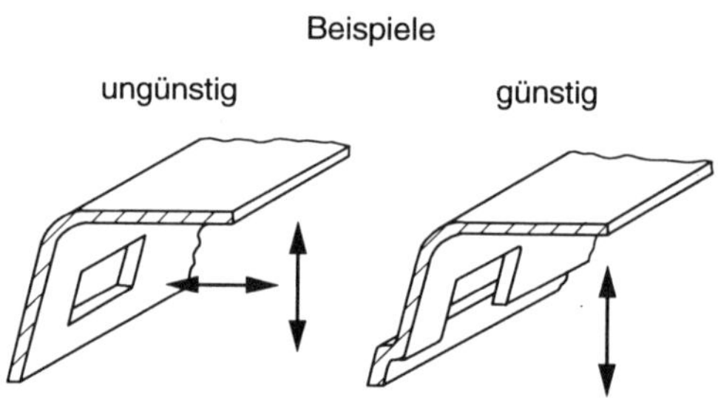


*Bild 8.56 Hinterschneidungen vermeiden*

**Tabelle 8.1 Entformungsschrägen**

| | | | Entformungsschräge ẋ | | |
|---|---|---|---|---|---|
| VDI 3400 Ref. | $R_3$ µm | $R_2$ µm | PA | PC | ABS |
| 12 | 0,40 | 1,5 | 0,5 | 1,0 | 0,5 |
| 15 | 0,56 | 2,4 | 0,5 | 1,0 | 0,5 |
| 18 | 0,80 | 3,3 | 0,5 | 1,0 | 0,5 |
| 21 | 1,12 | 4,7 | 0,5 | 1,0 | 0,5 |
| 24 | 1,60 | 6,5 | 0,5 | 1,5 | 1,0 |
| 27 | 2,24 | 10,5 | 1,0 | 2,0 | 1,5 |
| 30 | 3,15 | 12,5 | 1,5 | 2,0 | 2,0 |
| 33 | 4,50 | 17,5 | 2,0 | 3,0 | 2,5 |
| 36 | 6,30 | 24,0 | 2,5 | 4,0 | 3,0 |
| 39 | 9,00 | 34,0 | 3,0 | 5,0 | 4,0 |
| 42 | 12,50 | 48,0 | 4,0 | 6,0 | 5,0 |
| 45 | 18,00 | 69,0 | 5,0 | 7,0 | 6,0 |

**Inhalt einer Teilezeichnung**

Ob mit CAD erstellt oder von Hand gezeichnet, müssen auf dem Verständigungsmittel Zeichnung alle Angaben vorhanden sein, die zur vollständigen und eindeutigen Vereinbarung aller Qualitätsforderungen notwendig sind.
Was nicht festgelegt wird, ist beliebig zu handhaben. Die in der möglichst frühzeitig aufzunehmenden Verständigung zwischen Teile- und Werkzeugkonstrukteur gewonnenen Einzelheiten sind in die Zeichnung aufzunehmen.

*Werkstoffangabe*

Der für das Teil vorgesehene Werkstoff ist eindeutig zu beschreiben. Eine eindeutige Beschreibung enthält:

- □ Kurzzeichen (z.B. PA 6.6) mit Zusätzen (z.B. GF 30),
- □ Handelsnamen mit Typenbezeichnung,
- □ Farbangabe (z.B. RAL-Nummer).

Falls ein Material eines anderen Lieferanten zulässig ist, sollte dieses ebenso ausführlich beschrieben werden.

*Oberflächenangabe*

Eine gewünschte Rauhigkeit der Werkzeug- und damit der Teileoberfläche sollte nach DIN 4768 vereinbart werden.
Eine erodierte Oberflächenqualität kann nach einem der Standards (z.B. VDI 3400) festgelegt werden (Tabelle 8.2).
Eine spezielle, z.B. genarbte Oberfläche kann eigentlich nur durch ein Muster exakt festgelegt werden.
Sichtflächen sind besonders zu kennzeichnen. Diese Kennzeichnung gibt dem Werkzeugkonstrukteur Hinweise darauf, wo er Anguß, Auswerfer und Formtrennung nicht anbringen darf. Oberflächen hoher Qualität verursachen hohe Kosten. Deshalb sollten solche Anforderungen nur dort gestellt werden, wo sie notwendig sind.

*Werkzeugtrennung*

Die Werkzeugtrennung sollte in der Zeichnung an der Teilekontur eindeutig, evtl. nach Absprache mit dem Werkzeugbauer, eingezeichnet werden (Bild 8.57). Dies erleichtert die Anordnung der Entformungsschrägen und der Toleranzen.

**Tabelle 8.2 Oberflächenangaben**

| Oberflächencharakter | Zeichnungsangabe Kurzzeichen | Anwendungsbeispiele | Aufwand in % |
|---|---|---|---|
| spiegelklar ohne Mulden, Schlieren, sichtbare Riefen und Wellen | hochglanzpoliert $\sqrt{R_t = 1}$ | Transparente Außenflächen | 100 |
| glänzend ohne Mulden, sichtbare Riefen und Wellen | glanzpoliert $\sqrt{R_t = 6{,}3}$ | Flächen, die einen guten optischen Eindruck erzielen sollen | 85 |
| glatt ohne fühlbare Riefen | poliert $\sqrt{R_t = 10}$ | sichtbare Flächen innerhalb eines Gerätes | 60 |
| matt fühlbare Rauheit ohne Ansätze | $\sqrt{R_t = 16}$ | nicht nachpolierte Flächen | 40 |
| ohne besondere Anforderungen | ▽ | Flächen, die keine Funktion haben | 30 |

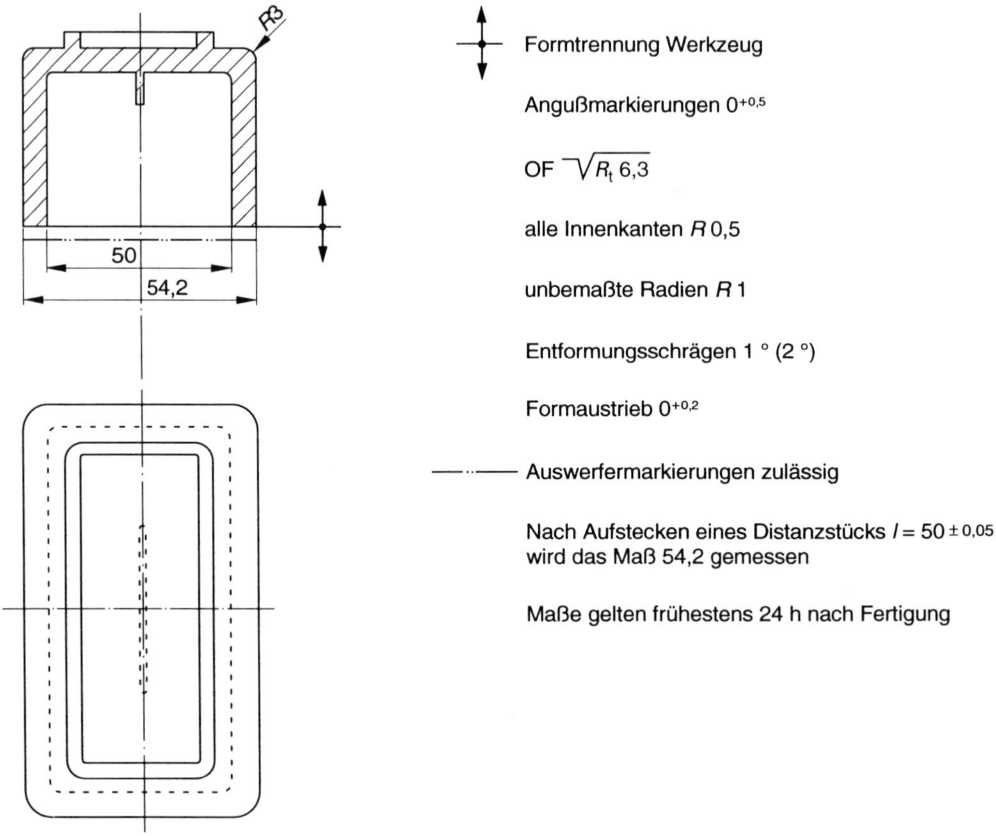


*Bild 8.57 Beispiel einer Teilezeichnung*

*Entformungsschrägen*

Wenn ein Teil ohne Beschädigungen entformt werden soll, muß es in Entformungsrichtung entsprechende Entformungsschrägen aufweisen. Diese Angabe kann allgemein gemacht werden. Sie gilt für Augen, Nuten, Rippen, Aussparungen, Durchbrüche und für mit Schiebern gebildete Konturen.
Werte für Entformungsschrägen sind den Tabellen der Rohstoffhersteller oder der Literatur zu entnehmen.
An in Entformungsrichtung tiefen Konturen sollen die Schrägen exakt eingezeichnet werden, um ein genaues Bild des Teiles in der Zeichnung zu bekommen.

*Abrundungen und Radien*

Scharfe Innenecken und Innenkanten sind in der Kunststofftechnik nicht zulässig. Deshalb sollte auf der Zeichnung allgemein ein Wert für nichtbemaßte Radien und Innenkanten angegeben sein.

*Lage der Auswerfer*

Wenn an dem Spritzgußteil wichtige Funktionsflächen keine Auswerfermarkierungen haben dürfen, ist dies auf der Zeichnung zu vermerken.

*Maße und Toleranzen*

Die Maße der Teilezeichnung sollten nach DIN 16 901 toleriert sein. Die Toleranzen, die diese Norm vorschreibt, sind so gewählt, daß sie mit normalen Spritzgießmaschinen und normalem Aufwand eingehalten werden können.
Es werden engere Toleranzen gefordert und auch gefertigt. Jedoch verlangen diese entsprechende Aufmerksamkeit bei der Werkzeugkonstruktion, der Fertigung und der Fertigungsüberwachung. Wichtig ist auch, die Meßbedingungen für das Kunststoffteil in der Teilezeichnung festzulegen.

### 8.1.5 Verfahrenstechnik beim Spritzgießen

Das Spritzgießverfahren ist ein diskontinuierliches Verarbeitungsverfahren für Kunststoffe. Die Formmasse wird in einem beheizten Zylinder plastifiziert und mit der als Kolben wirkenden Schnecke in das formgebende Werkzeug gespritzt. Während der Verdichtung im Werkzeughohlraum erstarrt die Schmelze und wird nach Ablauf einer bestimmten Kühlzeit schließlich als fertiges Teil entformt.
Die Verfahrensschritte beim Spritzgießen (Schließeinheit und Spritzeinheit) zeigt das Zyklusdiagramm in Bild 8.58.

**Dosieren**

Die Herstellung eines Formteils beginnt mit dem Dosiervorgang. Die Größe des Formteils bestimmt das Dosiervolumen. Durch Rotieren zieht die Schnecke Formmasse ein und wird durch die Schmelze im Schneckenvorraum nach hinten gedrückt.
Dieser Rückwärtsbewegung wirkt der Staudruck entgegen. Der Staudruck verbessert das Plastifizieren der Formmasse. Wenn sich das erforderliche Massevolumen vor der Schneckenspitze befindet, endet die Schneckenrotation.
Der maximale Dosierweg einer Schnecke sollte nicht größer als 4 D (vierfacher Schneckendurchmesser) sein. Bei Dosierwegen über 4 D

*Bild 8.58 Ablaufdiagramm des Spritzgießzyklus*

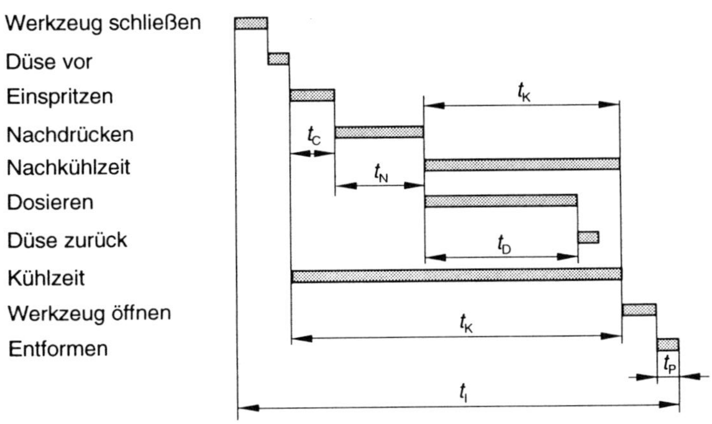

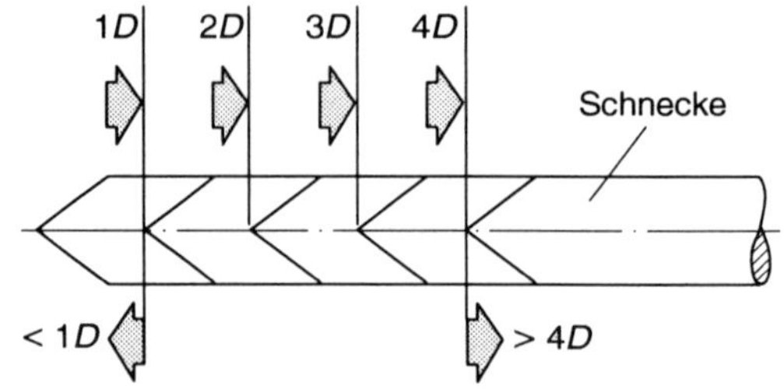


*Bild 8.59 Nutzbarer Dosierweg*

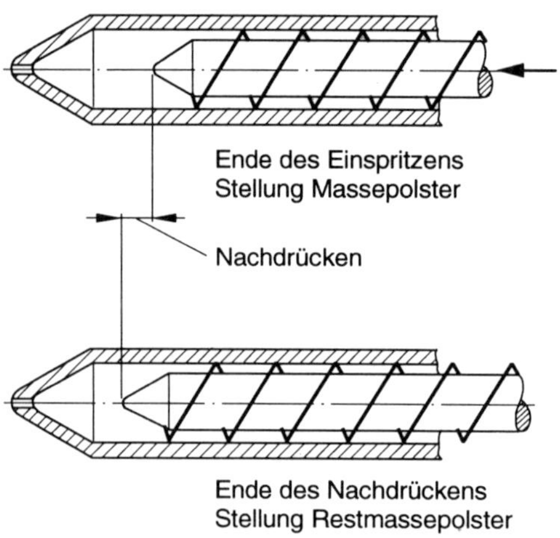


*Bild 8.60 Schneckenstellung Massepolster/ Restmassepolster*

können Fehler bei der Verarbeitung auftreten, wie
– starke Schlieren am Formteil oder
– Blasen auf der Oberfläche des Formteils.

Die Ursache ist meistens die beim Dosieren eingezogene Luft, die nicht mehr über den Maschinentrichter entweichen kann. Andererseits sollte auch der minimale Dosierweg nicht kleiner als 1 *D* sein, um die Verweilzeit der Masse im Zylinder nicht unnötig zu verlängern (Bild 8.59). Eine zu lange Verweilzeit kann zu einer thermischen Schädigung der Schmelze führen.

**Einspritzen**

Die Spritzeinheit wird gegen das geschlossene Werkzeug bewegt, bis die Düse an der Angußbuchse anliegt.

Die Schnecke wirkt jetzt als Kolben und bewegt sich axial nach vorne und bewirkt somit das Einspritzen der Formmasse.
Zum Ausgleich der Schwindung schaltet die Spritzeinheit von **Einspritzdruck** auf **Nachdruck** um. Der Nachdruck ist so lange wirksam, bis die Formmasse am Anschnitt eingefroren ist (Bild 8.60).

**Abkühlen**

Nach Abschalten des Nachdruckes beginnt die einstellbare Restkühlzeit. Während das Formteil im Werkzeug abkühlt, fährt die Schnecke in Dosierstellung zurück. Dabei fördert die Schnecke Schmelze für den nächsten Spritzzyklus vor die Schneckenspitze. Nach dem Dosieren fährt die Spritzeinheit von der Düse ab.

**Entformen**

Nach Beendigung des Kühlvorgangs öffnet sich das Werkzeug, das Formteil wird mit Hilfe des Auswerfersystems entformt.
Das Werkzeug schließt sich, die Düse fährt an das Werkzeug, und der nächste Füllvorgang (Einspritzen) kann beginnen.

**Maschineneinstellgrößen**

Vier Gruppen von Einstellgrößen bestimmen die Qualität eines Formteils:
- □ Temperaturen (Masse-, Werkzeugtemperatur),
- □ Zeiten (Einspritz-, Nachdruck-, Kühl- und Zykluszeit),
- □ Drücke (Einspritz-, Nach-, Stau- und Werkzeuginnendruck),
- □ Geschwindigkeiten (Einspritzgeschwindigkeit, Schneckendrehzahl).

Diese Einstellgrößen sind abhängig von
– dem verwendeten Kunststofftyp,
– der ausgewählten Maschine und
– dem eingesetzten Werkzeug.

Sie werden maschinenseitig an den dafür vorgesehenen Steuer- und Regeleinrichtungen (Temperaturregler, Zeitvorwahlen und Hydraulikkomponenten) eingestellt. Die wichtigen Werte werden in einem Herstellbericht oder auf einer Einstellkarte festgehalten. Beim Wiederanfahren des Werkzeugs erlaubt dies eine schnelle und optimale Maschineneinstellung.
Bei mikroprozessorgesteuerten Maschinen erfolgt die Dateneingabe zentral mit Hilfe einer Tastatur und eines Bildschirms. Die schriftliche Dokumentation der Einstelldaten erfolgt über Drukker; die Werte werden auf externe Datenträger (Kassette, Diskette) gespeichert. Einen Musterherstellbericht zeigt Bild 8.70 am Ende dieses Abschnittes.

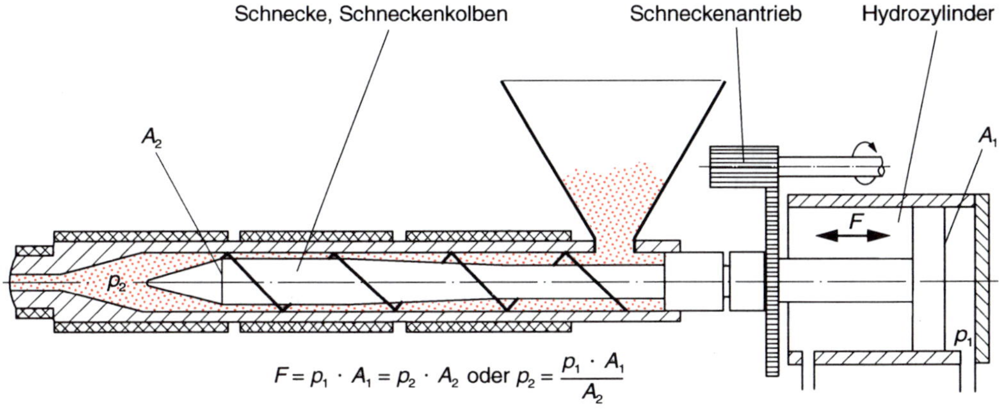


*Bild 8.61 Zusammenhang Hydraulikdruck und spezifischer Druck im Schneckenvorraum*

*Bild 8.62 Spezifischer Spritzdruck in Abhängigkeit des Hydraulikdruckes (bei unterschiedlichen Schneckendurchmessern)*

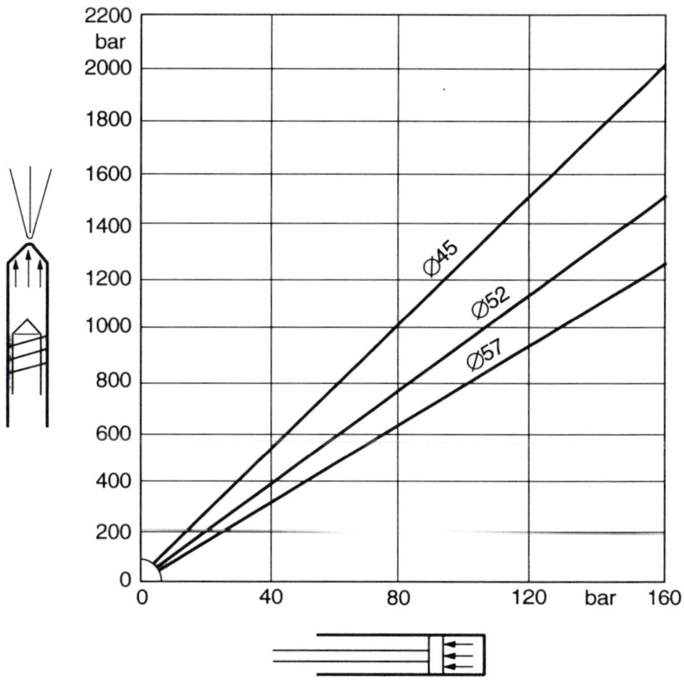


## Zusammenhang zwischen Hydraulikdruck und spezifischem Druck

Beim Spritzgießen unterscheidet man zwischen Hydraulikdruck (Systemdruck) und spezifischem Spritzdruck (im Schneckenvorraum). Die physikalischen Zusammenhänge sind aus Bild 8.61 zu entnehmen.

Diese Druckübersetzung ist meist an der Spritzgießmaschine oder in der Bedienungsanleitung als Diagramm dargestellt. Die Einstellung der verschiedenen Drücke wie Einspritz-, Nach- und Staudruck erfolgt entweder über den Hydraulikdruck oder direkt als Absolutwert (Bild 8.62).

**Qualitätsrelevante Maschinen- und Prozeßparameter**

Bei der ersten Einstellung der Maschinen- und Prozeßparameter an der Spritzgießmaschine konzentriert man sich zunächst auf optische Fehler (Oberflächenbeschaffenheit, Ausformung der Konturen, Gratbildung am Formteil). Dazu werden entsprechende Maschinenparameter ausgewählt. An vielen modernen Spritzgießmaschinen werden prozeßentscheidende Parameter geregelt. Es werden z. B. die Soll- und Istwerte für Einspritzgeschwindigkeit, Nachdruck und Staudruck miteinander verglichen und bei Abweichungen innerhalb von Millisekunden nachgeregelt. Dadurch werden Störgrößen wie Viskositätsschwankungen des Hydrauliköls und der Formmasse oder auch Verschleiß einzelner Hydraulikkomponenten sowie Umgebungseinflüsse weitgehend ausgeglichen. Prozeßparameter (Tabelle 8.3), die sich in weiterer Folge während des vollautomatischen Betriebs der Spritzgießmaschine ergeben, müssen streng getrennt von den eingestellten Maschinenparametern betrachtet werden. So kann z. B. die Erhöhung der Schneckendrehzahl zu einer Erhöhung der Massetemperatur und damit zu weniger Druckverlust im Werkzeug führen. Ohne Korrektur anderer relevanter Maschinenparameter wie Zylindertemperatur oder Nachdruck bleiben Maß- und Gewichtsabweichungen des Formteils nicht aus.
Alle diese Parameter beeinflussen die Formteileigenschaften. Um gleichbleibend gute Teile zu fertigen, werden heute viele prozeßentscheidende Parameter überwacht und/oder geregelt.
Geregelt werden z.B.
- □ Zylinder- und Düsentemperatur,
- □ Schließkraft,
- □ Nach- und Staudruck,
- □ Einspritzgeschwindigkeit,
- □ Schneckendrehzahl.

Überwacht werden z.B.
- □ verschiedene Zeiten wie Einspritz-, Dosier- und Zykluszeit,
- □ Nachdruckstellung (Beginn Nachdruckzeit),
- □ Restmassepolster (Ende Nachdruckzeit),
- □ Dosierstellung,
- □ Hydraulik-Umschaltdruck,
- □ Werkzeug-Innenumschaltdruck,
- □ Werkzeuginnendruckverlauf oder Flächenintegral.

**Einflüsse von Maschinenparametern**
*Einspritzgeschwindigkeit*

Die Einspritzgeschwindigkeit hat Einfluß auf die Füllphase des Werkzeughohlraumes und den damit zusammenhängenden Qualitätsmerkmalen, wie Oberflächenbeschaffenheit, Aussehen, Orientierungen und die Kristallinität bei teilkristallinen Thermoplasten. Eine niedrige Einspritzgeschwindigkeit ist oft günstig im Hinblick auf gute Festigkeitseigenschaften des Formteils.
Andererseits hat eine Erhöhung der Einspritzgeschwindigkeit folgende Auswirkungen:
- □ Bei teilkristallinen Thermoplasten wird die Kristallinität erhöht.

**Tabelle 8.3 Maschinen- und Prozeßparameter**

| **Maschinenparameter** | **Prozeßparameter** |
|---|---|
| Zylindertemperatur | Massetemperatur |
| Düsentemperatur | Werkzeugwandtemperatur |
| Schneckendrehzahl | Fließfrontgeschwindigkeit |
| Staudruck | Füllzeit |
| Zuhaltekraft | Werkzeuginnendruckverlauf |
| Einspritzgeschwindigkeit | Siegelzeit |
| Einspritz- und Nachdruck | Restmassepolster |
| Umschaltkriterium | |
| Zeiten | |
| Wege | |
| Temperiermittel (Temperatur und Umlaufmenge) | |

- □ Orientierungen werden verringert.
- □ Die Bindenahtfestigkeit wird verbessert.
- □ Oberflächenglanz bei polierten Teilen wird erhöht.
- □ Durch die indirekte Erhöhung der Massetemperatur entsteht weniger Druckverlust und damit eine bessere Druckübertragung in das Werkzeug;
- □ mögliche Brandstellen durch zu schnelles Füllen des Werkzeugs infolge hoher Luftkompression;
- □ mögliche Gratbildung;
- □ mögliche Schlierenbildung durch Entstehung eines freien Massestrahls.

*Programmiertes Einspritzen*

Beim programmierten Einspritzen (Bild 8.63) kann die Schneckenvorlaufgeschwindigkeit für die Werkzeugfüllung entsprechend der Kavität und der zu verarbeitenden Formmasse besser angepaßt werden (Tabelle 8.4). Die notwendige Schneckenvorlaufgeschwindigkeit wird jedoch nur dann erreicht, wenn der Einspritzdruck ausreichend hoch eingestellt ist. Dies gilt sowohl für konstante als auch für programmierte Geschwindigkeiten.

*Nachdruck*

Der Nachdruck wirkt auf das Massepolster im Schneckenvorraum, um die Volumenkontraktion der Formmasse im Werkzeug beim Abkühlen auszugleichen (Tabelle 8.5).

*Programmiertes Nachdrücken*

Bei längerem Nachdruckbedarf, bedingt durch die Geometrie des Formteils und/oder langsamer Erstarrungszeiten der Formmasse, ist ein Absenken des Nachdruckes zum Ende der Nachdruckzeit sinnvoll.
Die Vorteile können sein:
- □ weniger Verzug durch Berücksichtigung der unterschiedlichen Druckverluste angußnah und angußfern,
- □ weniger innere Spannungen,
- □ Materialeinsparung durch geringeres Gewicht und
- □ Energieeinsparung.

**Einflüsse von Prozeßparametern**
*Massetemperatur*

Die Massetemperatur im Schneckenvorraum resultiert hauptsächlich aus dem gewählten Temperaturprofil am Schneckenzylinder einschließlich

*Bild 8.63 Beispiel für programmiertes Einspritzen*

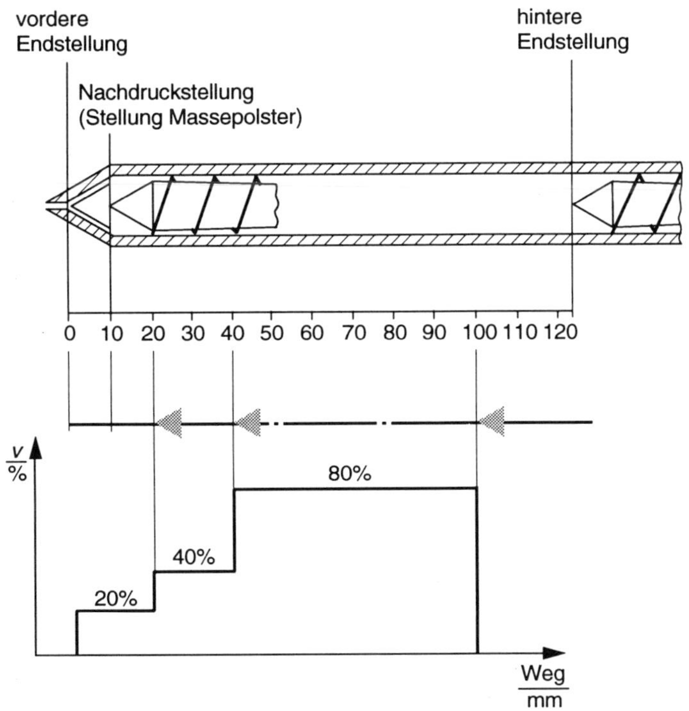

**Tabelle 8.4 Kriterien für langsames Einspritzen zu Beginn und am Ende der Werkzeugfüllung**

| Kriterien für langsames Einspritzen sind: zu Beginn der Werkzeugfüllung | zum Ende der Werkzeugfüllung |
|---|---|
| – Verhinderung von Freistrahlbildung<br>– Reduzierung matter Stellen im Anschnittbereich<br>– homogene Werkzeugfüllung bei dickwandigen Teilen oder bei Metallteilumspritzung | – geringe Schwankung beim Umschalten von Einspritzdruck auf Nachdruck<br>– geringe Neigung zur Gratbildung<br>– bessere Entlüftung durch Verringerung der Luftkompression<br>– Zuhaltekraft kann verringert werden |

**Tabelle 8.5 Auswirkungen des Nachdrucks**

| Zu geringer Nachdruck bewirkt: | Zu hoher Nachdruck bewirkt: |
|---|---|
| – Einfallstellen<br>– Lunker<br>– größere Schwindung<br>– Spritzteilabmessung zu klein<br>– größere Maßstreuung<br>– Orientierung im Inneren durch Schmelzerückfluß | – Überladung und matte Stellen, insbesondere im Angußbereich<br>– kleinere Schwindung<br>– Spritzteilabmessungen zu groß<br>– Erhöhung der Eigenspannungen<br>– Gratbildung<br>– Entformungsschwierigkeiten |

Düse und der Friktionswärme duch die Schnekkenrotation und den Staudruck.
Die Massetemperatur hat Einfluß auf

- □ Schmelzeviskosität,
- □ Druckverlust im Werkzeug,
- □ Füllzeit,
- □ Orientierungen im Formteil, Sichtbarkeit von Bindenähten und
- □ Kühlzeit.

*Werkzeugtemperatur*

Die Werkzeug-Oberflächentemperatur beeinflußt entscheidend die Qualität des Formteils. Eine höhere Werkzeugtemperatur wirkt sich in der Regel positiv auf die Formteileigenschaften aus, hat aber andererseits eine Erhöhung der Zykluszeit zur Folge.
Steigerung der Werkzeugtemperatur bedeutet im allgemeinen:

- □ geringerer Fließwiderstand,
- □ weniger Druckbedarf für die Werkzeugfüllung,
- □ geringere Orientierungen,
- □ geringere innere Spannungen im Formteil,
- □ bessere Oberflächenqualität,
- □ höhere Kristallinität und gleichmäßigeres Gefüge,
- □ höhere Verarbeitungsschwindung, jedoch kleinere Nachschwindung,
- □ längere Kühlzeit.

*Werkzeuginnendruck*

Die Formteilqualität entsteht durch physikalische Vorgänge bei der Plastifizierung und der Formteilbildung, wie z.B. das Fließen, Orientieren, Verdichten und Kristallisieren der Formmassen. Jeder dieser Vorgänge hängt von den Größen Druck, Temperatur und Volumen ab (Bild 8.64). Für die Entstehung einer gewünschten Formteilqualität ist deshalb der zeitliche Verlauf von Druck und Temperatur der Formmasse im Werkzeug verantwortlich.
Für die Prozeßsteuerung ist der Zusammenhang zwischen dem Druckverlauf im Werkzeug und der Formteilqualität von besonderer Bedeutung. Es ist nicht nur der Maximalwert des Werkzeug-

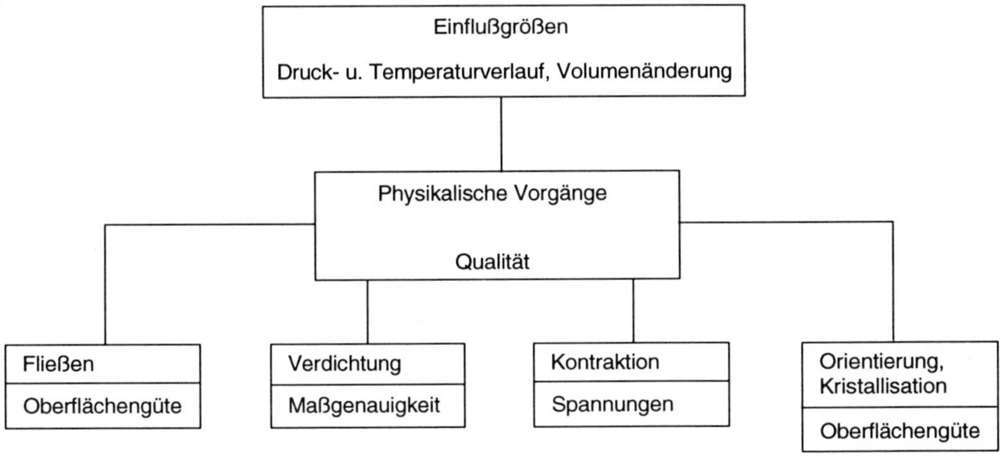


*Bild 8.64 Zusammenhang von Einflußgrößen und Formteilqualität*

*Bild 8.65 Zuordnung von Qualitätsmerkmalen zum Werkzeug-Innendruckverlauf*
*1 Füllphase, 2 Verdichtungsphase, 3 Nachdruckphase*
***Füllphase:***
*Beschaffenheit der Oberflächenschicht, Aussehen, Orientierungen, Kristallinität*
***Verdichtungsphase:***
*Konturen, Gratbildung, Schwimmhäute*
***Nachdruckphase:***
*Lunker, Einfallstellen, Gewicht, Schwindung, Verzug, Kristallisationsgrad, Orientierungen im Innern, Eigenspannungen*

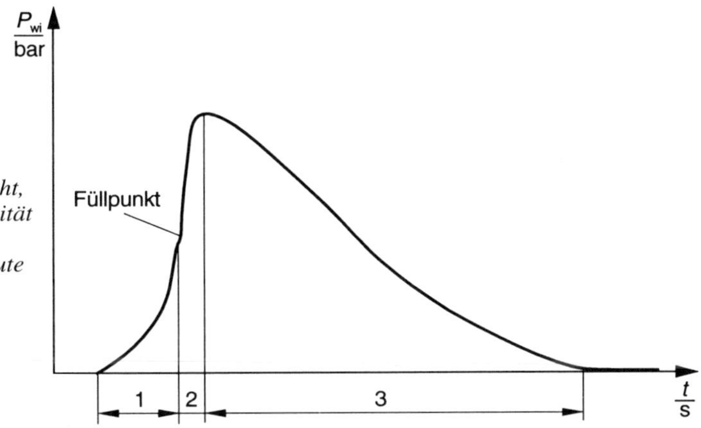


innendrucks für die Qualität des Formteils verantwortlich, sondern der gesamte Druckverlauf (Bild 8.65).
In der Füllphase hängt der Druckverlauf von den Fließwiderständen im Werkzeughohlraum und von der Schneckenvorlaufgeschwindigkeit ab. Hierbei spielt auch die Viskosität der Schmelze eine Rolle, welche durch die Masse und Werkzeugtemperatur beeinflußt wird.
Während der Verdichtungsphase hängt der Druckverlauf insbesondere vom eingestellten Zeitpunkt der Umschaltung von Spritzdruck auf Nachdruck ab. Die Höhe des eingestellten Nachdrucks hat zunächst noch weiteren Einfluß auf die Verdichtungsphase und auf den Maximalwert des Werkzeuginnendrucks (Bild 8.66).
In der Nachdruckphase wird der Druckverlauf von der gesamten Nachdruckeinstellung beeinflußt. Der Druckabfall kann z.B. stützend erfolgen, d.h., durch ein geeignetes Nachdruckprogramm wird der Nachdruck dem sich durch Abkühlung abbauenden Werkzeuginnendruck angepaßt. Dadurch wird vermieden, daß erstarrtes Gefüge durch nachgeschobene Masse zerschert wird.
Neben der möglichen Steuerung des Druckverlaufs im Werkzeug sind auch charakteristische Merkmale von Druckkurven zu berücksichtigen.

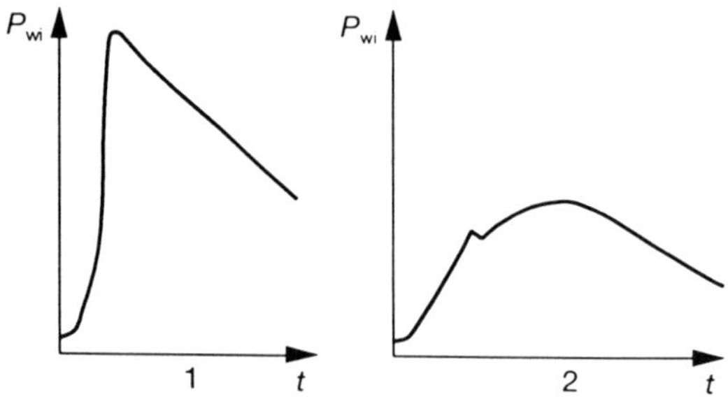


*Bild 8.66 Mängel durch falsches Umschalten – Umschaltkriterien*
***1 zu spätes Umschalten***
*unnötig hohes Verdichten*
*Überspritzen (Grat- und/oder Schwimmhautbildung)*
*Formteile sind bruchanfälliger infolge höherer Spannungen*
*Orientierung im Innern durch Entladung des Werkzeugs*
*Werkzeugschäden*
***2 zu frühes Umschalten***
*Füllung mit Nachdruck*
*unvollständige Werkzeugfüllung*
*Fließmarkierungen*
*Einfallstellen*
*schlechte Bindenähte*
*Gewichtsschwankungen*

So setzt z.B. ein merklicher Druckabfall bei teilkristallinen Thermoplasten erst beim Erstarren der Kristallite in der Schmelze ein. Bei angußferner Messung erfolgt entsprechend der dort relativ schnell abkühlenden Schmelze auch ein rascher Druckabfall (Bilder 8.67 und 8.68).

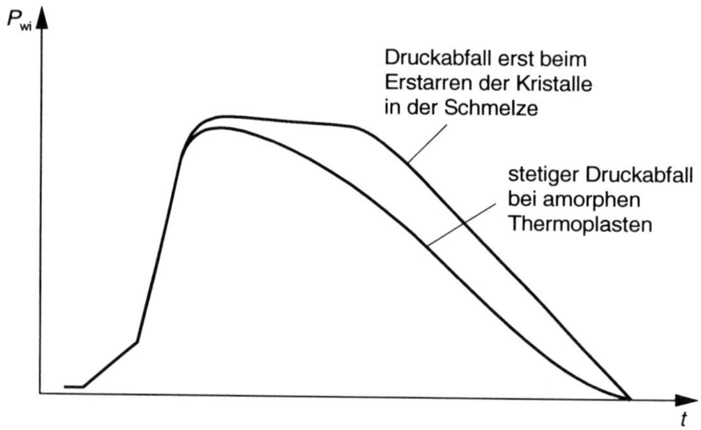


*Bild 8.67 Druckabfall im Werkzeug bei amorphen und teilkristallinen Thermoplasten*

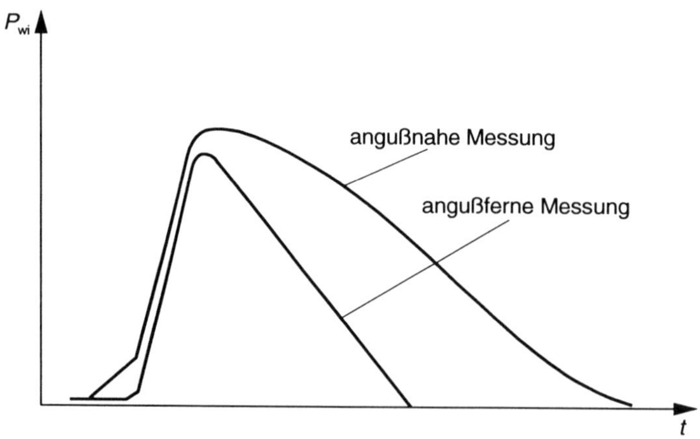


*Bild 8.68 Zeitlicher Verlauf des Werkzeuginnendrucks angußnah und angußfern*

*Bild 8.69 Druckintegral als aufgezeichnete Fläche unter der Istkurve*

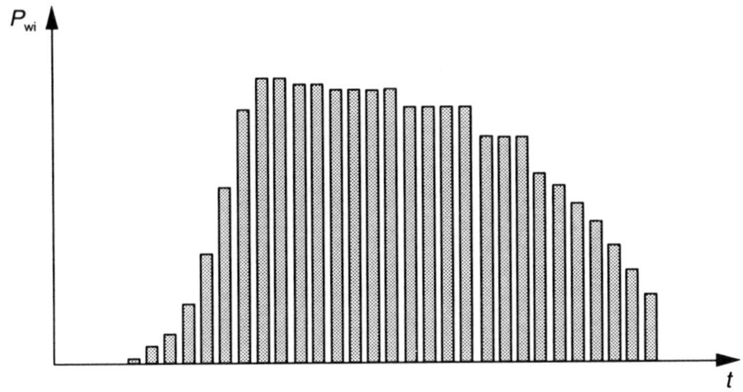


*Werkzeug-Innendruckintegral*

Bei einigen Spritzgießmaschinen mit Druckmeßprogramm wird anstelle der Werkzeug-Innendruckkurve der Druckverlauf über das sogenannte Druckintegral aufgezeigt (Bild 8.69). Das Druckintegral ist der während der Aufzeichnungszeit wirkende Gesamtdruck und stellt die verrichtete Arbeit dar. Die Steuerung errechnet die Fläche unter der Istkurve über die gesamte Aufzeichnungsdauer.

**Anwendung der Druckmessung**

Die Nutzung der Druckmeßtechnik beginnt mit dem Messen selbst. Mit dem Einsatz von praxisbewährten Meßgeräten und sachgerechter Meßmethode können u.a. folgende Aufgaben gelöst werden:

- □ Optimierung der Maschinen- und Prozeßparameter,
- □ Dokumentation der Produktion durch Erfassen des Werkzeuginnendruckes und des Hydraulikdruckes,
- □ Reproduzieren und Überwachen der Formteilqualität,
- □ Kontrolle und Überwachung der Produktion,
- □ Fehlersuche im Prozeßablauf,
- □ druckabhängiges Umschalten von Spritz- auf Nachdruck,
- □ Schutz der Werkzeuge.

*Reproduzieren der Formteilqualität beim Wiederanfahren*

Die beim Anfahren eines neuen Werkzeugs gefundene Druckkurve kann bei jedem wiederholten Einsatz desselben Werkzeugs zusammen mit dem üblichen Herstellbericht oder dem Datenträger als Ideal- oder Sollkurve benutzt werden. Das Maschinenbedienpersonal hat dann die Aufgabe, die Druckkurve mit Hilfe eines Schreibers oder Bildschirmgerätes zu reproduzieren. Dabei kann folgende Vorgehensweise empfohlen werden:

I. Grobeinstellung der Maschine nach Herstellbericht oder über Datenträger

II. Feineinstellung nach Druckkurve

1. Schließkraft überprüfen
2. Reproduzieren der Einspritzzeit mit der Schneckenvorlaufgeschwindigkeit
3. Kontrolle des Fülldruckes (tatsächlicher Einspritzdruck)
4. Wenn der Fülldruck abweicht, Masse- und Werkzeugtemperatur kontrollieren und korrigieren.
5. Druckmaximum durch Umschaltpunkt (zeit-, weg- oder druckabhängig) optimieren.
6. Einstellen des Druckabfalls durch programmierten Nachdruck.

*Werkzeuginnendruckabhängige Umschaltung*

In der Regel erfolgt die Umschaltung von Einspritz- auf Nachdruck weg- oder zeitabhängig. Beide Methoden haben folgende Nachteile:

- □ Veränderung des maximalen Werkzeuginnendruckes durch Verstellen anderer Einstellgrößen, wie z.B. Einspritzgeschwindigkeit, Werkzeug- und Massetemperatur,
- □ Druckschwankungen durch Störgrößen wie z.B. Dosierschwankungen,
- □ Entstehung von Zeitdifferenzen durch Erwärmung des Hydrauliköls.

Die werkzeuginnendruckabhängige Steuerung für das Umschalten von Einspritz- auf Nachdruck bietet mehr Sicherheit in der Bedienung und größere Stabilität des Druckverlaufes. Werkzeugschäden durch Überspritzen können vermieden werden. Der Einsatz einer solchen Steuerung ist immer dann sinnvoll, wenn vorhandene Schwankungen innerhalb der Plastifiziereinheit zu Druckschwankungen im Werkzeug führen.
Bild 8.70 zeigt einen Musterherstellbericht.

**Herstellbericht für Spritzgußteile** aus thermoplastischen Kunststoffen

| | | |
|---|---|---|
| **Herstellbericht Nr.:** | **Ersteller:** | **Datum:** |
| **Teilebezeichnung:** | **Teilenummer:** | **Werkzeugnummer:** |
| **Maschinenbezeichnung:** | **Zeichnungsnummer:** | **Materialbezeichnung:** |

**Spritzgießmaschine**
max. Zuhaltekraft (kN):
Schneckendurchmesser (mm):
max. Dosierweg (mm):
max. Hubvolumen ($cm^3$):
max. spez. Spritzdruck (bar):
Düsenart: Offen ☐ Verschluß ☐
Düsenbohrung (mm):
Düsenradius (mm):
Übersetzung Schnecke zu Hydraulikzyl.:

**Formmasse**
Typ:
Vortrocknung: Temp. (°C): Zeit (min):
Zusätze:
Bezeichnung:
Anteil (%):

**Einstelldaten Profile:**
Einspritzprofil ja ☐ nein ☐

| | 1 | 2 | 3 | 4 | 5 | 6 | 7 | 8 | 9 | 10 |
|---|---|---|---|---|---|---|---|---|---|---|
| | | | | | | | | | | |
| | | | | | | | | | | |

Nachdruckprofil ja ☐ nein ☐

| | 1 | 2 | 3 | 4 | 5 | 6 | 7 | 8 | 9 | 10 |
|---|---|---|---|---|---|---|---|---|---|---|
| | | | | | | | | | | |
| | | | | | | | | | | |

**Werkzeug**
Einbauhöhe (mm):
Radius der Angußbuchse (mm):
Durchmesser Zentrierflansch (mm):
Anzahl der Formnester:
Spritzfläche ($cm^2$):
Bemerkung:

**Spritzgußteil**
● Schußgewicht (g):
● Teilegewicht (g):
Bemerkung:

**Werkzeugtemperierung**
Heizkühlgerät: ja ☐ nein ☐
Vorlauftemp. feste Seite (°C):
Vorlauftemp. bew. Seite (°C):
● Rücklauftemp. feste Seite (°C):
● Rücklauftemp. bew. Seite (°C):
Durchflußmenge feste Seite (l/min):
Durchflußmenge bew. Seite (l/min):
Anschlußfolge der Brücken:
feste Seite:
bewegl. Seite:

**Bemerkungen:**

**Einstelldaten**
Schneckeneinstellung
Umschaltart: Weg ☐ Zeit ☐ Hydruck ☐ Wzdruck ☐
Dosierstellung (mm ☐ $cm^3$ ☐):
Umsch. auf Nachdruck (mm ☐ $cm^3$ ☐):
Restmassepolster (mm ☐ $cm^3$ ☐):
Schneckenrückzug (mm ☐ $cm^3$ ☐):
Schneckendrehzahl ($min^{-1}$):

Temperaturen
Zone 1 (°C): Zone 2 (°C):
Zone 3 (°C): Zone 4 (°C):
Zone 5 (°C): Düse (°C):
● Massetemperatur (°C):
Hydrauliköltemperatur (°C):

Zeiten
● Einspritzzeit (s):
Nachdruckzeit (s):
Plastifizierzeit (s):
Nachkühlzeit (s):
Pausezeit (s):
● Zykluszeit (s):

Kräfte und Drücke
Zuhaltekraft (kN):
● Einspritzdruck spez. (bar):
Nachdruck spez. (bar):
● $p_{Wi}$-Umschaltdruck (bar):
● $p_{Wi}$-max. (bar):
Staudruck (bar):

**Spritzgießfehler und ihre Beseitigung**

Es gibt eine Vielzahl von Fehlermöglichkeiten, die eine oder mehrere Ursachen haben können.

Der systematischen Abhilfe von Fehlern dient die Zusammenstellung von Fehlern und Beseitigungsmöglichkeiten in Tabelle 8.6.

**Tabelle 8.6** (+) vergrößeren, steigern; (–) verkleinern, verringern.

| **Fehler** | **mögliche Ursachen** | **Abhilfe** | (+)<br>(–) |
|---|---|---|---|
| unvollständige Formteile | – zu wenig Material | Dosierung<br>Nachdruck<br>Massetemperatur<br>Werkzeugtemperatur<br>Einspritzdruck<br>Einspritzgeschwindigkeit | +<br>+<br>+<br>+<br>+<br>+ |
| | – zu hohe Druckverluste im Abguß/Anschnitt | Anschnitt<br>Angußkanalquerschnitt | +<br>+ |
| | – ungenügendes Schußgewicht der Maschine | Zylinder oder Maschine | + |
| | – Werkzeugentlüftung nicht ausreichend | Werkzeugentlüftung optimieren | + |
| Einfallstellen | – ungenügende Füllung | Nachdruck<br>Nachdruckzeit<br>Massepolster<br>Dosierung<br>Einspritzgeschwindigkeit | +<br>+<br>+<br>+<br>+ |
| Lunkerbildung | – Volumenschwindung in der Abkühlphase wird nicht ausgeglichen<br>– Luftblasen | Nachdruck<br>Nachdruckzeit<br>Massepolster<br>Staudruck<br>Schneckendrehzahl | +<br>+<br>+<br>+<br>– |
| Feuchtigkeitsschlieren | – zu hohe Restfeuchtigkeit im Granulat | Granulat trocknen<br>Trocknungszeit einhalten | <br>+ |
| Silberschlieren | – freier Massestrahl<br>– zu hohe thermische Belastung der Schmelze | Einspritzgeschwindigkeit<br>Massetemperatur<br>Schneckendrehzahl<br>Düsen- und Angußkanalquerschnitt<br>Masseverweilzeit | –<br>–<br>–<br>+<br>– |
| verzerrte Luftblasen und Luftschlieren | – Staudruck zu niedrig eingestellt | Staudruck | + |
| | – zu große Auslastung der Plastifiziereinheit (Dosierung > $3D$ Hub) | Zylinder oder Maschine | + |
| matte Oberfläche | – Masse ist zu kalt | Massetemperatur<br>Werkzeugtemperatur<br>Einspritzgeschwindigkeit | +<br>+<br>+ |
| matter Fleck um den Anschnitt und an Kanten | – gestörter Schmelzefluß im Angußsystem, an Übergängen und Umlenkungen | Anschnitt nacharbeiten, scharfe Kanten besonders am Übergang vom Anschnitt in die Werkzeughöhlung beseitigen | |

| | | | |
|---|---|---|---|
| Brandstellen (Dieseleffekt) | – Materialüberhitzung durch:<br>1. Massetemperatur<br><br><br>2. Verweilzeit<br>3. Lufteinschlüsse<br>4. zu starke Friktionserwärmung beim Einspritzen | Massetemperatur<br>Anschnittgröße<br>Schneckendrehzahl<br>Verweilzeit<br>Werkzeugentlüftung<br>Einspritzgeschwindigkeit | –<br>+<br>–<br>–<br>+<br>– |
| Schallplatteneffekt | – hoher Fließwiderstand im Spritzgießwerkzeug | Massetemperatur<br>Werkzeugtemperatur<br>Einspritzgeschwindigkeit | +<br>+<br>+ |
| Abblätterungen der Oberflächenschicht | – Verunreinigung durch Fremdpartikel | Plastifiziereinheit reinigen<br>Trennmittel vermeiden | |
| rauhe, matte Bereiche (bei GF-verstärkten Thermoplasten) | – Massetemperatur zu niedrig<br>– Werkzeug zu kalt<br>– Einspritzgeschwindigkeit zu gering | Massetemperatur<br>Werkzeugtemperatur<br>Einspritzgeschwindigkeit | +<br>+<br>+ |
| Grat- und Schwimmhautbildung | – zu niedrige Werkzeugzuhaltekraft<br>– Überfüllung des Werkzeugs<br><br><br><br><br>– zu niedrige Viskosität | Zuhaltekraft<br><br>Umschaltstellung auf Nachdruck (Massepolster)<br>Dosierung<br>Einspritzgeschwindigkeit<br>Nachdruck<br>Fließfähigkeit | +<br><br>+<br><br>–<br>–<br>–<br>– |
| Bindenähte | – ungenügendes Zusammenfließen der Schmelze | Massetemperatur<br>Werkzeugtemperatur<br>Einspritzgeschwindigkeit<br>Entlüftung<br>Anguß/Anschnitt | +<br>+<br>+<br>+<br>+ |
| Bruchanfälligkeit<br>Risse | – Materialüberhitzung<br><br><br>– innere Spannungen<br><br><br><br>– Kerbempfindlichkeit<br>– Fremdmaterial | Massetemperatur<br>Verweilzeit<br>Granulat vortrocknen<br>Nachdruck<br>Einspritzgeschwindigkeit<br>Werkzeugtemperatur<br>Massetemperatur<br>Ecken mit Radius versehen<br>Zylinder reinigen, Material auf Reinheit prüfen | –<br>–<br>–<br>–<br>+<br>+<br>+ |
| Spritzteilabmessungen zu groß | – zu wenig Schwindung | Nachdruck<br>Nachdruckzeit<br>Massetemperatur<br>Werkzeugtemperatur | –<br>–<br>+<br>+ |
| Spritzteilabmessungen zu klein | – zu viel Schwindung | Nachdruck<br>Nachdruckzeit<br>Massetemperatur<br>Werkzeugtemperatur | +<br>+<br>–<br>– |

# 8.2 Spritzblasen

## 8.2.1 Spritzblasmaschinen

Das Herstellen von Formteilen mit dem Verfahren Spritzblasen erfolgt mit Hilfe von Spritzblasmaschinen.
Spritzblasen besagt, daß es sich um eine Kombination der beiden Verfahren Spritzgießen (Abschnitt 8.1) und Blasformen (Kapitel 6) handelt. Es werden die Vorzüge der beiden Verarbeitungstechniken – Präzision des Spritzgießens und Gestaltungsmöglichkeiten des Blasformens – miteinander verbunden. Das Verfahren bietet den Vorteil, weitgehend abfallfrei zu fertigen. Flaschenförmige Hohlkörper bleiben im Bereich von Hals und Boden nahtlos. Spritzblasen kommt vorwiegend für die Herstellung rotationssymmetrischer Hohlkörper, wie z.B. Flaschen, Becher und Dosen bis zu einem Volumen von ca. 2 Liter, zum Einsatz.
Spritzblasanlagen setzen sich zusammen aus der **Spritzeinheit** und der **Blasstation**.
Prinzipiell kommen zwei unterschiedliche Verfahren zur Anwendung, das **Einstufen-** und das **Zweistufenverfahren** (siehe hierzu auch Abschnitt 6.6). Beim Einstufenverfahren (Bild 8.71) wird in einer Maschine der sogenannte Vorformling durch einen Spritzgießprozeß hergestellt und danach im Blaswerkzeug zum Hohlkörper aufgeblasen. Dabei muß der Vorformling nicht noch einmal auf Blastemperatur aufgeheizt werden. Die Maschinen des Einstufenverfahrens zeichnen sich ferner durch Taktbetrieb aus.

Im Gegensatz dazu wird beim Zweistufenverfahren der Vorformling in einer Spritzgießmaschine hergestellt, in der Regel zwischengelagert, und erst «später» wird aus dem Vorformling in einer zweiten Maschine nach dem Streckblasverfahren ein Hohlkörper hergestellt. Die Streckblasmaschine kann an einem ganz anderen Standort stehen.
Beim Einstufenverfahren ist die Plastifiziereinheit gegenüber der Schließeinheit mit den Werkzeugaufspannplatten und der Vorformlingtransportstation angeordnet. Die üblicherweise angebotenen Maschinen unterscheiden sich durch die Art des Vorformlingtransportes. Der Antrieb kann mechanisch oder hydraulisch erfolgen.
In der Produktion haben sich Mehrstationenanlagen durchgesetzt, die zum Beispiel über einen horizontal angeordneten Drehteller verfügen (Bild 8.72). Dieser dient zur Aufnahme der Spritzblasdorne. Ein Schaltgetriebe führt die taktweise Drehbewegung um je 120° aus. Der Teller wird hydraulisch angehoben oder gesenkt.

## 8.2.2 Spritzblaswerkzeuge

Spritzblaswerkzeuge bestehen aus zwei Einheiten, dem Spritzgießwerkzeug und dem Blaswerkzeug. Zum Spritzgießwerkzeug gehört der sogenannte Kern, der während des Blasvorganges als Blasdorn dient. Eine weitere Aufgabe des Kerns

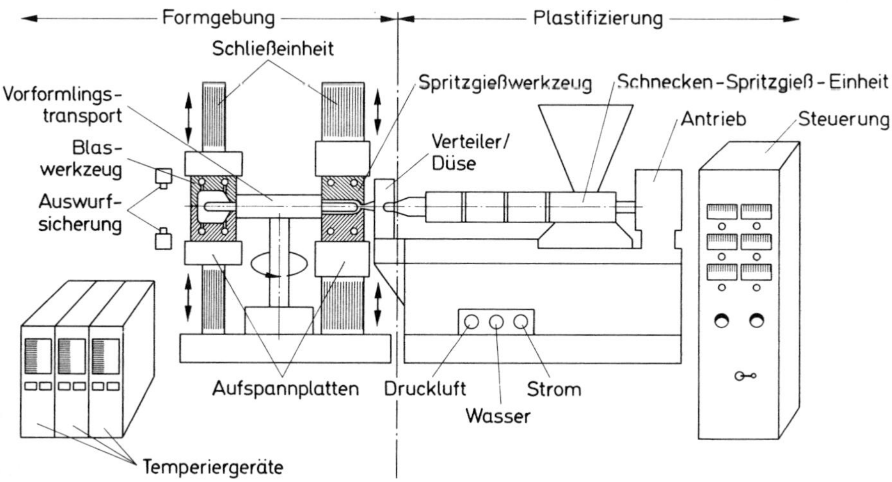


*Bild 8.71 Spritzblasmaschine, Einstufenverfahren*

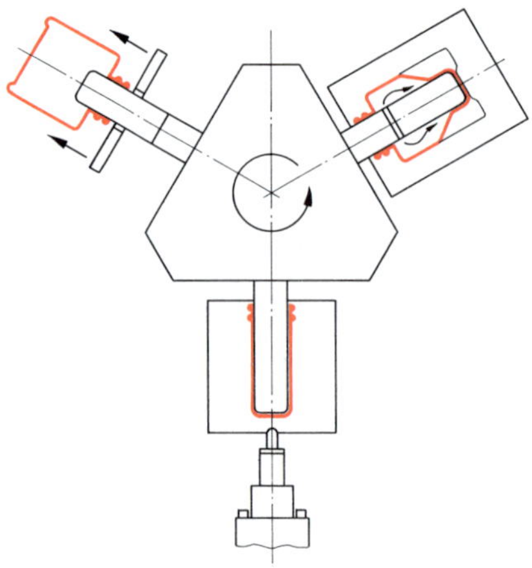

*Bild 8.72 Ablauf des Formvorganges mit Hilfe eines Drehtellers*

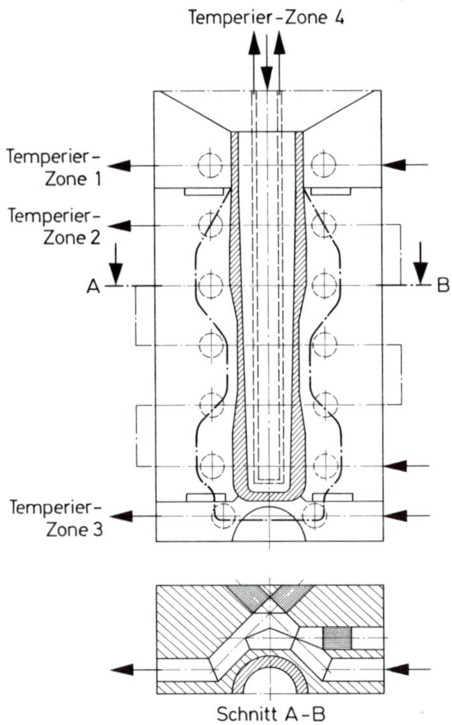


*Bild 8.73 Temperierzonen eines Blaswerkzeuges*
*Zone 1: Kühlung des Flaschenhalses*
*Zone 2: Temperierung des Flaschenmantels*
*Zone 3: Kühlung im Angußbereich*
*Zone 4: Temperierung des Kerns*

ist es, den Vorformling zur Blasstation zu transportieren.

Die Herstellung von Spritzblasteilen beschränkt sich auf Großserien, da die Werkzeuge aus zwei Einheiten, dem Spritzgießwerkzeug und dem Blaswerkzeug, bestehen. Die Werkzeuge werden in der Regel aus Stahl gefertigt.

Neben den formgebenden Elementen enthält jedes Spritzblaswerkzeug eine Entformungsvorrichtung in Gestalt einer Abstreifplatte mit anschließendem Auswerfer durch Druckluft. Ein weiterer Bestandteil von Werkzeugen ist die Temperierung in Form von Temperierbereichen, die gegeneinander isoliert und einzeln gesteuert werden können. Bild 8.73 zeigt ein Beispiel für eine Einteilung des Werkzeugs in Temperierzonen. Zone 1 soll zur Kühlung des Flaschenhalses dienen und muß wegen ihrer intensiven Kühlwirkung durch Luftkanäle gegen den weiteren Teil des Werkzeugs isoliert sein. Zone 2 temperiert den Mantel des Formteils, um eine optimale Verstreckungstemperatur zu gewährleisten. Im Angußbereich (Zone 3) ist wiederum eine intensive Kühlung erforderlich, um dem Aufheizen des Werkzeugs durch die anliegende Düse entgegenwirken zu können. Zone 4 dient zur Temperierung des Kerns, der wahlweise beheizt oder gekühlt werden kann.

### 8.2.3 Herstellen von Formteilen

Die zur Herstellung eines Formteils benötigte Zeit, auch Zykluszeit genannt, setzt sich zusammen aus:

**Plastifizierzeit** (Dosierzeit) = Zeit, in der die Formmasse plastifiziert wird,
**Einspritz- und Nachdruckzeit** = Zeit bis zur Füllung des Spritzgießwerkzeugs (Vorformling),
**Temperierzeit** = Zeit zur Temperierung des Vorformlings,
**Vorblaszeit** = Zeit zum Vorblasen des Vorformlings,
**Blaszeit** = Zeit zur Ausformung des Vorformlings,
**Entlüftungszeit** = Zeit zum Abbau des Druckes im Blasteil,
**Kühlzeit** (Werkzeugöffnungszeit, Entformungszeit, Werkzeugschließzeit).

## 8.3 Thermoplastschaumguß

### 8.3.1 Formmassen

Eine Abwandlung bzw. Ergänzung des Spritzgießverfahrens stellt das **Thermoplastschaumguß-(TSG-)Verfahren** dar. Mit der Entwicklung von treibmittelhaltigen Thermoplasten (Tabelle 8.7) können Spritzgußteile großer Abmessungen hergestellt werden, deren spezifisches Gewicht gering ist. Im Kern weisen diese Formteile eine **Schaumstruktur** auf, zur Oberfläche hin eine weitgehend kompakte, ungeschäumte und glatte Außenhaut. Die beim Thermoplastschaumgießen eingesetzten Formmassen entsprechen den thermoplastischen Formmassen, die beim konventionellen Spritzgießen verarbeitet werden. Sie enthalten als **Treibmittel** chemische Verbindungen, die bei einer bestimmten Temperatur Gase abspalten. Das Treibmittel wird in seiner Grundform als Pulver oder Treibmittelkonzentrat oder pastenförmig eingesetzt. Die Menge des Treibmittels hängt ab von der zu verarbeitenden Formmasse, der Art des Treibmittels und vom Formteil.
Treibmittelhaltige Formmassen können direkt vom Rohstoffhersteller in Granulatform bezogen oder selbst vom Verarbeiter hergestellt werden. Im letzteren Fall wird das pulver- oder granulatförmige Treibmittel der thermoplastischen Formmasse beigemischt oder mit Hilfe von Dosiervorrichtungen in der Maschine zugegeben.

### 8.3.2 TSG-Maschinen

Für das Verarbeiten von **TSG-Formmassen** wurden spezielle Maschinen entwickelt, nachdem erste Erfahrungen beim Spritzgießen mit treibmittelhaltigen Formmassen auf konventionellen Spritzgießmaschinen gesammelt worden waren. Die neu entwickelten **Niederdruckspritzgießmaschinen** (Bild 8.74) ähneln den bis dahin bekannten **Hochdruckspritzgießmaschinen** mit Ausnahme der äußeren Abmessungen.
Darüber hinaus verfügt die TSG-Maschine über andersartige Schließeinheiten. Wegen der geringen Werkzeuginnendrücke sind die Werkzeugaufspannplatten großflächig ausgelegt, die Öffnungswege sind lang bei geringen Werkzeugzuhaltekräften. Die Schließeinheit arbeitet meist hydromechanisch, d. h., die Öffnungs- und Schließfunktion wird getrennt von der Zuhaltefunktion. Die **Einspritzeinheit** gestattet hohe Einspritzgeschwindigkeiten, verhindert eine vorzeitige Expansion des Treibgases in der Schmelze und erzielt eine genaue Dosierung der Formmasse. Die erforderlichen Einspritzgeschwindigkeiten von etwa 500 mm/s werden von Pumpen- oder **Akkumaschinen** erzielt. Eine **Pumpenmaschine** erhält ihre Bewegung durch einen von einer Hydraulikpumpe geförderten Ölstrom, so daß die erreichbare Einspritzgeschwindigkeit unmittelbar von der Pumpenfördermenge abhängt, wofür große Pumpenantriebsleistungen erforderlich sind.
Eine Akkumaschine erzielt ihre zum Beispiel hohe Einspritzgeschwindigkeit durch einen zuvor in einen Akku (Druckspeicher) gespeicherten Ölstrom. Das erforderliche Ölvolumen wird in den Akku gefördert und komprimiert dort ein Gasvolumen wie zum Beispiel Stickstoff. Bei dieser Art Antrieb ist eine geringe Pumpenleistung ausreichend.
Neben dem bisher beschriebenen Maschinentyp gibt es Maschinensysteme, für die eine Kombination von Spritz- und Schließeinheiten unterschiedlicher Größe möglich ist.
Zur Erhöhung der Formteilstückzahlen wurden Mehrfachwerkzeuge auf Rundtische montiert, sogenannte **Rundläufer** mit zum Beispiel zehn Schließeinheiten, die von einer Einspritzeinheit beschickt werden.

**Tabelle 8.7 Übersicht über chemische Treibmittel**

| | Chemische Bezeichnung | Schmelz- bzw. Zersetzungs-temperatur (°C) | Effektive Gasausbeute (ml/g) | vorzugsweise Verwendung in |
|---|---|---|---|---|
| 1 | stickstoffabspaltende Treibmittel | | | |
| 1.1 | *Azo-Verbindungen* | | | |
| | Azodicarbonamid | 210 | 220 | PS, ABS PE, PP, PA |
| | Barium-azodicarbonat | 250 | 177 | ABS, PP |
| 1.2 | *Hydrazine* | | | |
| | Diphenylsulfon-3,3-disulfohydrazid | 155 | 110 | PE |
| | 4,4′-Oxybis-(benzol-sulfohydrazid) | 150 | 125 | PE |
| | Trihydrazinotriazin | 235 | 240 | ABS, PE, PP, PA |
| | Acrylbis (sulfohydrazid) | 175 | 120 | PE |
| 1.3 | *Semicarbazide* | | | |
| | p-Toluylensulfonyl-semicarbazid | 235 | 146 | ABS, PE, PP, PA |
| | 4,4′-Oxybis-(benzol-sulfonyl-semicarbazid) | 215 | 145 | ABS, PE, PP, PA |
| 1.4 | *Tetrazole* | | | |
| | 5-Phenyl-tetrazol | 210–215 | 190 | ABS, PPO, PC, PA |
| 2 | kohlendioxid-abspaltende Treibmittel auf Basis | | | |
| | Isatosäureanhydrid | 210 | 125 | ABS, PPO, PE, PP, PA, PBTP |
| | Isophthalsäurebis-Kohlensäureethyl-ester-Anhydrid | 190 | 75 | PC |
| | Bisbenzoesäure-biskohlensäure-1,4-butandiolester-anhydrid | 185 | 70 | PPO, PC, PA, PBTP |

### 8.3.3 TSG-Verfahren

Formteile, die im **TSG-Verfahren** hergestellt werden, unterscheiden sich von Kompaktspritzgußteilen durch ihr geringes Gewicht, größere Wanddicken (5 mm und dicker) – wodurch eine bessere Steifigkeit gegeben ist – und geringe eingefrorene Spannungen, so daß diese Formteile keine Verzugsneigung aufweisen. Die Oberflächenqualität von Formteilen, die im TSG-Verfahren hergestellt wurden, ist weniger gut ausgeprägt als bei Kompaktspritzgußteilen. **Strukturschaumformteile** finden Einsatz in der Möbel-, Rundfunk-, Phono- und Freizeitindustrie sowie im Automobilbau und für technische Teile. Der wesentlichste Unterschied zum Spritzgießverfahren besteht in der Verwendung von Formmassen, die ein Treibmittel enthalten. Die end-

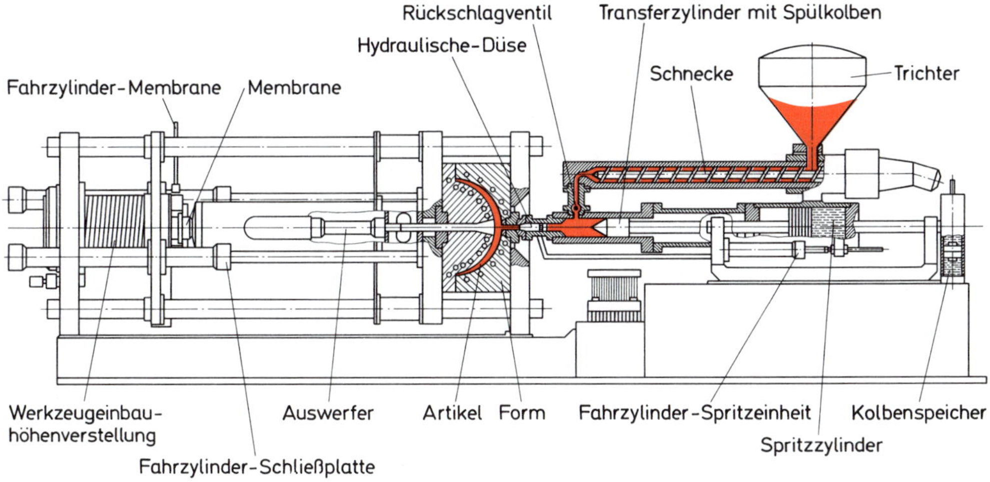


*Bild 8.74 Beispiel für eine Niederdruckmaschine*

gültige Werkzeugfüllung erfolgt durch die Expansion des Treibmittels. Der Verfahrensablauf gliedert sich in fünf Abschnitte:

1. Plastifizieren und Dosieren der Formmasse
2. Einspritzen der Formmasse
3. Aufschäumen im Werkzeug
4. Abkühlen des Formteils
5. Entformen des Teils

In den meisten Fällen enthält die thermoplastische Formmasse bereits das Treibmittel, so daß die Schnecke beim **Plastifiziervorgang** Granulat einzieht (dosiert), es aufschmilzt (plastifiziert) und in den **Transferzylinder** fördert. Dort wird die Schmelze unter einem Druck gehalten, der über dem des Treibmittels liegt. Eine **Verschlußdüse** verhindert ein unbeabsichtigtes Austreten vor dem Einspritzvorgang. Der Werkzeugfüllvorgang setzt sich aus zwei Phasen zusammen:

1. Einspritzen der Schmelze, deren Volumen kleiner als das Werkzeugvolumen ist, mit hoher Einspritzgeschwindigkeit
2. Expansion des Treibgases und damit vollständige Werkzeugfüllung

In der sich anschließenden Kühlzeit entzieht das gekühlte Werkzeug dem Formteil Wärme, bis die Außenhaut so weit erstarrt ist, daß sie dem Blähdruck im Innern des Formteils standhält. Anschließend wird der Spritzling entformt.
Neben dem TSG-Thermoplastschaumguß-Verfahren gibt es weitere Verfahren für die Verarbeitung von treibmittelhaltigen thermoplastischen Formmassen. Alle Entwicklungen hatten das gemeinsame Ziel, Struktur und Oberflächenbeschaffenheit günstiger zu gestalten. Eine Weiterentwicklung des TSG-Verfahrens ist die Mikroschaumtechnik, das sog. **MuCell**®-Verfahren.
Durch Eindüsen unter Druck von Treibgasen wie Stickstoff oder Kohlendioxid in den Schmelzezylinder und das anschließende Durchmischen mit der Schmelze, bilden sich im Spritzgießteil kleine, fein verteilte Gasbläschen aus. Der Mikroschaum wird dabei so eingestellt, daß je nach Kunststoff ein Schäumungsgrad von 5...10% erreicht wird. Es lassen sich somit verzugsarme größere Formteile mit hoher Kantenpräzision bei verkürzten Zykluszeiten herstellen.

### 8.3.4 Werkzeuge

Für das Herstellen von Thermoplastschaumguß-Formteilen werden Werkzeuge verwendet, die sich von den Normalspritzgießwerkzeugen in einigen Punkten unterscheiden. Wegen der geringeren Werkzeugauftriebkräfte können neben Stahl auch Werkstoffe wie Harz, Aluminium, Zink- oder Kupferlegierungen verwendet werden. Entscheidend sind die Stückzahl und die Anforderungen an die Maßgenauigkeit. Der Einsatz von Nichteisenmetallen hat den Vorteil der besseren Bearbeitbarkeit und höheren Wärmeleitfähigkeit. Als vorteilhaft hat sich die Kombination von Stahl und Nichteisenmetallen erwiesen, indem das Stammwerkzeug aus Stahl, die Werkzeugeinsätze aus Zink-Kupfer-Legierung oder Aluminium gefertigt werden.
Ein Kriterium für gute Schaumgußformteile ist die Oberfläche. Im Gegensatz zu herkömmlichen Spritzgußteilen, die meistens in Werkzeugen mit hochglänzender Oberfläche gespritzt werden,

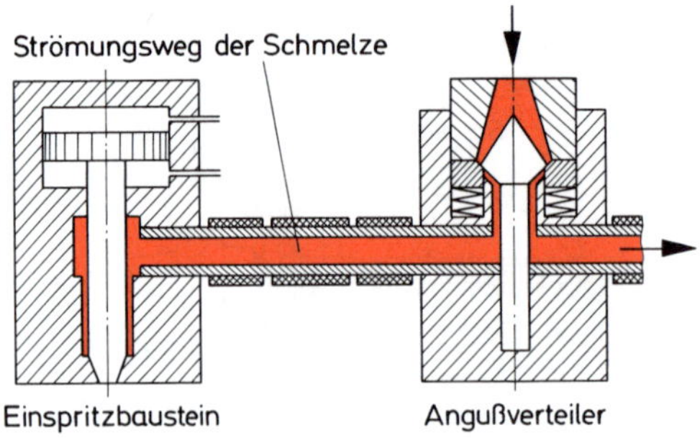


*Bild 8.75 TSG-Heißkanal mit verschließbarem Ein- und Ausgang*

werden bei Schaumgußformteilen teilweise strukturierte Oberflächen, wie Holzstrukturen oder rauhe Oberflächen durch sandgestrahlte Werkzeuge gewünscht. Der konstruktive Aufbau von Thermoplastschaum-Werkzeugen entspricht dem der Spritzgießwerkzeuge, wie sie in Abschnitt 8.1 beschrieben wurden.
Kann nicht in die Trennebene eingespritzt werden, so kommen **Dreiplattenwerkzeuge** zum Einsatz oder — als bessere Lösung — Werkzeuge mit **Heißkanalsystem.** Weil die treibmittelhaltige Formmasse im Schmelzezustand schäumfähig ist, muß der **TSG-Heißkanal** am Ein- und Ausgang verschließbar sein, damit die Schmelze im Kanal nicht expandieren oder entgasen kann (Bild 8.75). Im übrigen unterscheidet sich die Angußtechnik im Prinzip nicht von der für konventionelle Spritzgußteile. Hervorzuheben ist die größere Dimensionierung der Angußkanäle beim Thermoplastschaumguß. Bei flächigen Teilen hat sich Stangenanguß direkt oder über Verteilerkanäle bewährt, auch Filmanbindungen, Mehrfachanbindungen von einem oder mehreren Formteilen mit Verteilerkanälen können verwirklicht werden. Besonders wichtig beim Werkzeugfüllen ist die Steuerung der im Werkzeug befindlichen Luft. Sie soll der einströmenden Schmelze durch Entlüftungsöffnungen ohne wesentlichen Verlust von Treibgas weichen können. Bei optimaler Steuerung der entweichenden Luft kann eine gleichmäßigere Füllung des Werkzeughohlraums erreicht werden.

## 8.4 Gasinnendruckverfahren (GID)

### 8.4.1 Formmassen

**Das Gasinnendruckverfahren** ist als Ergänzung zum konventionellen Spritzgießen zu sehen und findet für dickwandige Formteile ebenso Anwendung wie für dünnwandige, verrippte Teile. Zum Einsatz kommen die vom konventionellen Spritzgießen her bekannten Thermoplaste. Das GID-Verfahren wurde entwickelt, um dickwandige Formteile ohne Einfallstellen mit geringen Eigenspannungen herstellen und dabei Material einsparen zu können.

### 8.4.2 Spritzgießmaschinen mit Zusatzausstattung für das GID-Verfahren

Der Grundgedanke ist, ein gasförmiges Prozeßmedium (inertes Gas wie Stickstoff) kurz nach der Kunststoffschmelze (seriell) in den Werkzeughohlraum einzuleiten (Bild 8.76). Das Gas bahnt sich einen Weg in die Bereiche des geringsten Widerstandes. Es strömt bevorzugt in Verdickungen oder Rippen, in denen sich ein plastischer Kern befindet. Die dadurch verdrängte Kunststoffmasse fließt entlang der Fließwege weiter und füllt die zuvor nur teilgefüllte Kavität. Die dafür entwickelten Spritzgießmaschinen sind so konzipiert, daß damit Formteile mit optimaler Oberflächenqualität gefertigt werden können und die Handhabung der Anlage so einfach wie möglich ist. Die GID-Anlage besteht aus den Bausteinen Gasaufbereitungsanlage, Düse und Sondersteuerung.

### 8.4.3 Technik des GID-Verfahrens

Die Gasaufbereitungsanlage ist steckbar mit der Maschinensteuerung verbunden. Der Verfahrenswechsel vom konventionellen Spritzgießen zum GID-Verfahren erfordert nur geringen Umbauaufwand. Aus Sicherheitsgründen wird als Gas Stickstoff ($N_2$) verwendet.
Das Gasaufbereitungsaggregat (Bild 8.77) besitzt eine Gas- und einen Hydraulikarbeitskreis. Alle Regeleinrichtungen sind auf der Hydraulikseite untergebracht; Kolbenspeicher bilden Schnittstellen zwischen beiden Medien. Der Gasdruck der Anlage liegt bei max. 450 bar, kann aber bei speziellen Anwendungsfällen durch konstruktive Maßnahmen erhöht werden. In der Gasaufbereitungsanlage (Bild 8.77) wird Stickstoff aus einer handelsüblichen Gasflasche a über einen Kolbenspeicher b vorverdichtet. Das maximal zur Verfügung stehende Gasvolumen ist bei frei wählbarem Vorfülldruck nach Bedarf einstellbar.

Die Anlage kann also auf eine bestimmte Formteilgröße eingerichtet werden und hat damit immer einen optimalen Arbeitsbereich. Das vorverdichtete Gas im zweiten Kolbenspeicher c wird über ein Proportionalventil d auf den gewünschten Startdruck verdichtet. Die Gasaufbereitung beeinträchtigt die Zykluszeit der Spritzgießmaschine nicht, sie findet während des Dosierens statt. Voraussetzung für den Beginn eines Spritzzyklus ist der Abschluß der Gasaufbereitung.

Das Einbringen des Gases startet schneckenpositionsabhängig, wobei das Gas über ein Ventil zur GID-Düse strömt. Über das Proportionalventil d ist an der Maschinensteuerung ein Gasdruckprofil einstellbar. Der schneckenpositionsabhängige Start der Gaseinbringung stellt sicher, daß zu diesem Zeitpunkt immer ein gleich großes Schmelzevolumen im Werkzeug vorliegt. Wie der Druckverlauf beim GID-Spritzgießen (Bild 8.78) zeigt, endet das definierte Füllen des Werkzeuges mit Schmelze schneckenwegabhängig am Nachdruckumschaltpunkt (Phasen a bis c in Bild 8.78). Anschließend bildet sich die Gasblase aus (d), darauf folgt der Gasnachdruck (e). Dieser Gasnachdruck entspricht dem Massennachdruck beim konventionellen Spritzgießen.

Am Ende des Gasnachdruckes (e) startet die Gasrückführung. Dabei wird das Gas in die beiden Kolbenspeicher zurückgefördert und kann somit zum größten Teil wiederverwendet werden, was den Gasverbrauch reduziert.

Nachdem das Gas aus dem Formteilinneren über den Druckausgleich entleert ist, kann der Anguß bei anliegender Maschinendüse versiegelt werden. Dazu öffnet der Masseverschluß der GID-Düse, eine definierte Menge Kunststoff wird eingespritzt, und der Masseverschluß schließt wieder. Die Öffnung im Anschnitt ist somit durch einen Massepfropfen verschlossen. Für die notwendige Schneckenbewegung stehen ein Wegpunkt, ein Spritzdruck und eine Spritzgeschwindigkeit als Einstellwerte zur Verfügung.

Eine entscheidende Rolle spielt beim Gasinnendruckverfahren die Trennung zwischen Gas und Masse während der Füllphasen. Dies ist die Aufgabe der GID-Düse. Sie ist eine mechanisch betätigte Nadelverschlußdüse, die sowohl mit Gaszu- und -rückführung als auch für das konventionelle Spritzgießen einsetzbar ist.

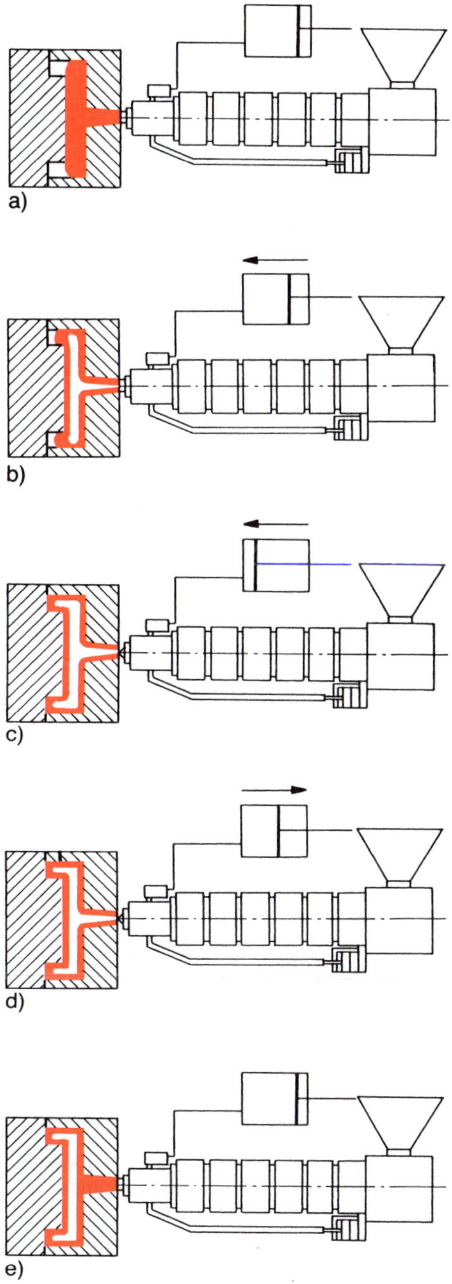


*Bild 8.76 Verfahrensschritte beim GID-Verfahren*
*a) Füllvorgang – Einspritzen von Kunststoffschmelze, b) Restfüllung unter Gasdruck, c) Gasdruck wirkt als Nachdruck zum Schwindungsausgleich, d) Druckentlastung durch Gasrückführung, e) Angußversiegelung (falls erforderlich)*

### 8.4.4 Werkzeuge

Für die Herstellung dünnwandiger Formteile – das sind flächige, plattenförmige Teile – wird das Gas in Gasführungskanälen gezielt geführt. Man erreicht so plane, spannungsarme und damit nicht zu Verzug neigende Teile mit großem Fließweg-Wanddicken-Verhältnis. Wichtig bei

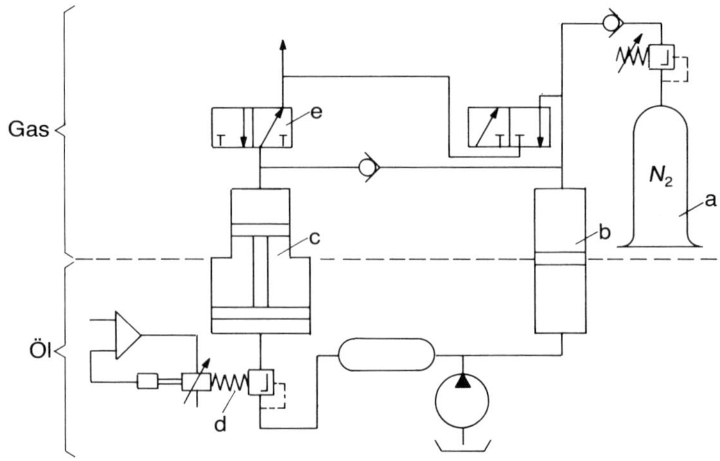


*Bild 8.77 Gasaufbereitungsanlage für das GID-Verfahren mit den getrennten Arbeitskreisläufen für Gas und Hydrauliköl*
*a) Gasflasche, b) erster Kolbenspeicher, c) zweiter Kolbenspeicher, d) Proportionalventil, e) Gasaustrittsventil, f) zur GID-Düse*

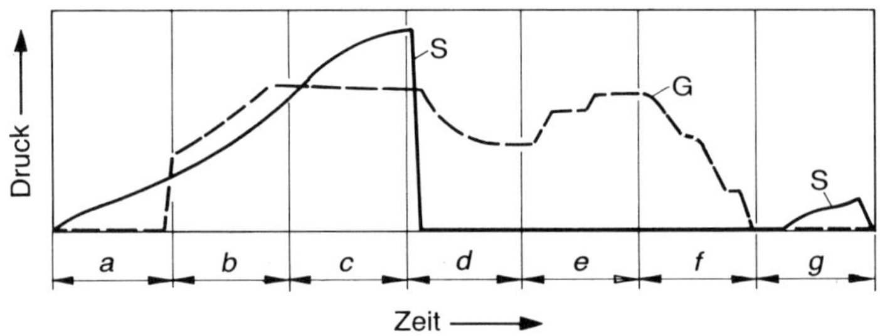


*Bild 8.78 Druckverlauf beim Einspritzen von Schmelze S und Gas G, a) bis d): Füllen der Kavität*
*a) reiner Schmelzstrom,*
*b) Schmelze- und Gasstrom,*
*c) reiner Schmelzestrom,*
*d) reiner Gasstrom,*
*e) Gasnachdruck,*
*f) Gasrückführung,*
*g) Angußversiegelung*

der Werkzeugauslegung ist das richtige Verhältnis von Formteilwanddicke und Gaskanalbreite, es sollte auf 1:2 bis 1:3 festgelegt werden. Bei der Konstruktion von Kunststoff-Formteilen, die im Gasinnendruckverfahren hergestellt werden sollen, ist ein hohes Maß an Detailwissen über das GID-Verfahren von Bedeutung. Die Werkzeugauslegung muß an den Verfahrensbedingungen orientiert sein.

### 8.4.5 Wasserinjektionstechnik WIT

Eine Variante des GID-Verfahrens ist die Wasserinjektionstechnik WIT. Auch hier wird durch Verdrängen der Kernschmelze mittels Wasserinjektion ein Hohlraum im Formteil geschaffen, der danach mit Druckluft ausgeblasen und trockengeblasen wird.
Aufgrund der höheren Wärmeleitfähigkeit von Wasser gegenüber Gas, hat man mit der WIT kürzere Taktzeiten als beim GID erzielen können.
Dazugestellt werden muß lediglich eine Hochdruckwassereinheit (Watermelt-Anlage), die mit der Spritzgießmaschinensteuerung gekoppelt ist.

## 8.5 Mehrkomponenten-Spritzgießen

Mit dem **Mehrkomponenten-Spritzgießverfahren** lassen sich Kunststoffe unterschiedlichen Typs zu Spritzgießteilen herstellen, die besondere Eigenschaften aufweisen.
Folgende Kombinationsmöglichkeiten sind gegeben:

- □ kompakte Außenhaut – geschäumter Kern
- □ kompakte Außenhaut – kompakter Kern
- □ geschäumte Außenhaut – kompakter Kern

### 8.5.1 Formmassen

Die Hauptanwendungsgebiete dieses Verfahrens bestehen in der Kombination einer kompakten

Außenhaut mit einem geschäumten Kern. Die so hergestellten Formteile weisen die bekannten Vorteile von Strukturschaumformteilen auf, haben jedoch eine Oberflächenqualität, die dem Spritzgießen vergleichbar ist. Formteile mit Wanddicken zwischen 5 und 6 mm werden zum Beispiel außen aus Polystyrol und innen aus geschäumtem Polystyrol oder geschäumtem Mahlgut hergestellt.

Die Kombination von verstärkten und unverstärkten Kunststoffen gestattet die Herstellung von Formteilen mit entsprechenden Oberflächen bei günstigen Rohstoffkosten.

Formteile, die eine abschirmende Funktion erfüllen müssen, enthalten im Kernmaterial z. B. leitfähigen Ruß, Aluminiumflocken, Stahl- oder Graphitfasern mit einer isolierenden Außenhaut. Auch der umgekehrte Anwendungsfall ist durchführbar.

Für Verpackungen und Lagerbehälter sind Formmassekombinationen gebräuchlich wie PE oder PP mit EVOH (Polyethylen, Polypropylen/Ethylen-Vinyl-Alkohol), um die Dampfdurchlässigkeit zu reduzieren. Eine weitere Formmasse-Variante sind Kombinationen aus Neumaterial mit Recyclingwerkstoffen im Kern.

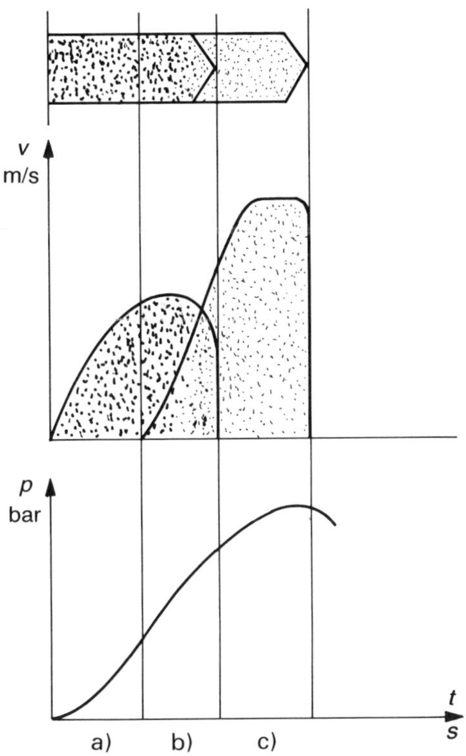


## 8.5.2 Mehrkomponenten-Spritzgießmaschinen

Diese Maschinen unterscheiden sich von den herkömmlichen Spritzgießmaschinen durch eine andere Spritzeinheit (Bild 8.79). Es werden zwei Spritzaggregate eingesetzt, die durch eine Zweikanaldüse miteinander verbunden sind. Die Steuerung und Regelung von Mehrkomponenten-Spritzgießmaschinen über Mikroprozessorsteuerungs- und -regelungssysteme ist Stand der Technik. Aufgrund der besonderen Bedeutung des Einspritzvorganges für diese Verfahren ist eine Regelung unbedingt erforderlich.

## 8.5.3 Verfahrenstechnik

Ziel des Mehrkomponentenspritzgießverfahrens ist es, das Formteil so zu füllen, daß bei einwandfreier Oberflächenqualität eine möglichst gleichmäßige Verteilung des Kernmaterials bis zum Fließwegende erreicht wird. Für rotationssymmetrische Teile ist dieses Ziel leichter realisierbar als bei nicht symmetrischen Teilen mit

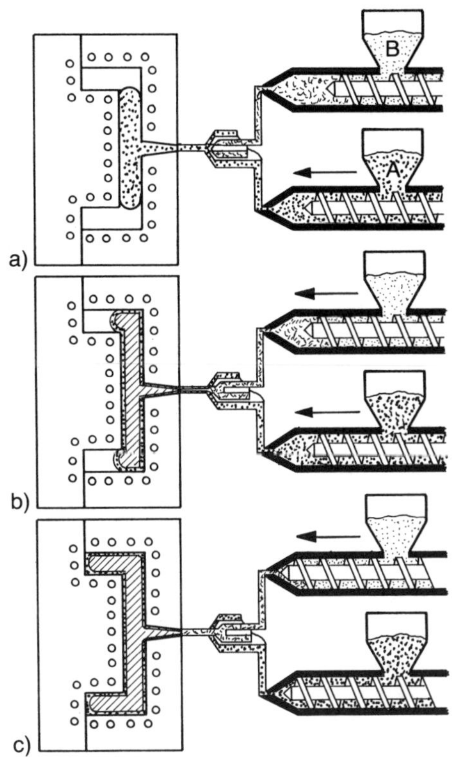


*Bild 8.79 Mehrkomponentenspritzgießen*
*a) Einspritzen der Hautkomponente*
*b) Einspritzen der Haut- und Kernkomponente*
*c) Einspritzen der Kernkomponente*

Durchbrüchen und Wanddickenunterschieden. Hier kommt es außer auf werkzeug- und formteilspezifischen Gesichtspunkten insbesondere auf das Wissen um verfahrenstechnische Einflußgrößen an. Es müssen beispielsweise die Viskositäten von Außen- und Kernmaterial aufeinander abgestimmt sein, um eine möglichst gute Verteilung des Kernmaterials zu erreichen. Die Viskosität des Außenmaterials sollte grundsätzlich niedriger sein als die des Kernmaterials. Um eine gute Oberflächenqualität ohne Markierungen und Glanzunterschiede zu erreichen, ist der Einspritzvorgang mit einer Simultanphase erforderlich. Das bedeutet, daß bereits die Einspritzung des Kernmaterials beginnt, bevor der Rohstoff für die Außenhaut vollständig eingespritzt ist. Auf diese Weise wird der Druckverlauf im Werkzeughohlraum so beeinflußt, daß weder Druckspitzen noch Druckeinbrüche entstehen, die zu Markierungen an der Oberfläche führen würden. Durch die richtige Wahl der Verarbeitungsparameter läßt sich eine gleichmäßige Verteilung der Wanddicken in angußnahen und angußfernen Bereichen erzielen.

### 8.5.4 Werkzeuge

Werkzeuge für das Mehrkomponentenspritzgießen sind genauso aufgebaut wie Werkzeuge für das herkömmliche Spritzgießen. Es sind keine besonderen Vorkehrungen oder werkzeugspezifischen Besonderheiten erforderlich. Die Unterschiede zu Werkzeugen für das herkömmliche Spritzgießen liegen im wesentlichen im Angußort und in der Angußart. Für die meisten Anwendungen ist es erstrebenswert, eine gleichmäßige Verteilung der Kernkomponente möglichst bis zum Fließwegende zu erreichen. Dies kann im wesentlichen durch den Angußort beeinflußt werden.

Bei der Wahl des Angußortes ist zu berücksichtigen, daß zunächst eine bestimmte Menge des Außenmaterials eingespritzt wird und daß danach Außen- und Kernmaterial gleichzeitig eingespritzt werden. Bereiche, die zu Beginn des Einspritzens von Kernmaterial bereits mit Außenmaterial gefüllt sind, lassen sich folglich nicht mehr mit Kernmaterial füllen. Grundsätzlich können die meisten vom konventionellen Spritzgießen her bekannten Angußarten verwendet werden; dabei können Unterschiede in der geometrischen Auslegung erforderlich sein. Stangenanguß, Filmanguß, Punktanschnitt und Tunnelanschnitt sind möglich. Die Verwendung von herkömmlichen Heißkanalsystemen ist jedoch für das Mehrkomponentenspritzgießverfahren nicht möglich, da es in diesem Fall zu einer Vermischung von Außen- und Kernmaterial im Heißkanal kommen würde. Es gibt jedoch Heißkanalsysteme, die für das Mehrkomponentenspritzgießverfahren entwickelt wurden.

# 9 Pressen

## 9.1 Allgemeines

Seitdem Formteile und Halbzeuge aus Duroplasten hergestellt werden, gibt es das Verarbeitungsverfahren Pressen. Das Pressen wird daher auch als die klassische Methode bezeichnet, aus härtbaren Formmassen in Werkzeugen Formteile oder zwischen Preßplatten Halbzeuge herzustellen.
Später folgten dann das Spritzpressen und das Spritzgießen. Die beachtlichen Fortschritte beim Spritzgießen von Duroplasten haben die Preßtechnik in den letzten Jahren weitgehend in den Hintergrund gedrängt. Jedoch kann das Pressen auch heute als modernes und wirtschaftliches Formgebungsverfahren angewendet werden. Ausschlaggebend für die Wahl des Fertigungsverfahrens sind die Konsistenz der Formmasse, die Anforderungen an das Formteil und die Wirtschaftlichkeit.

## 9.2 Definitionen

Beide Verfahren sind in DIN 16700 genormt.

Unter **Pressen** (Formpressen) versteht man die Verarbeitung einer Formmasse derart, daß sie (evtl. tablettiert, vorgewärmt oder verplastiziert) in ein geöffnetes Werkzeug eingefüllt wird und unter Druck und Temperatur durch Schließen des Werkzeuges den Hohlraum ausfüllt (DIN 16 700).

Dabei entsteht durch Vernetzen der Molekülketten bei höherer Temperatur ein Duroplast, durch Einfrieren (Abkühlen) der Schmelze ein Thermoplast.

Das **Spritzpressen** unterscheidet sich vom Pressen dadurch, daß die Formmasse nicht in das Werkzeug eingelegt wird, sondern von einem Spritzzylinder aus in das geschlossene Werkzeug eingespritzt wird. (DIN 16 700).

Das Spritzpressen ist in letzter Zeit gegenüber dem Formpressen mehr und mehr in den Hintergrund getreten. Beim Verarbeiten von Thermoplasten hat das Pressen nur noch Bedeutung für:

- ☐ dickwandige Tafeln
- ☐ geschäumte Halbzeuge und
- ☐ Formteile aus Polymeren mit sehr hohen Molekülmassen

## 9.3 Formmassen — Lieferformen, Typisierung und Aufbereitung

Es ist nicht Aufgabe dieses Buches, auf die **härtbaren Formmassen** und ihre Eigenschaften einzugehen. Erwähnenswert ist es aber sicherlich, daß sich die Hersteller und Verarbeiter dieser Formmassen auf gewisse Mindesteigenschaftswerte festgelegt haben, die nach DIN 7708, DIN 16 911, DIN 16 912 und DIN 16 913 typisiert sind. Anhand einer Zahlenkombination kann der Verarbeiter nicht nur die Eigenschaften, sondern darüber hinaus auch noch Harzart, Füllstoffart, Farbe und den prozentualen Anteil der Harze erkennen (vgl. DIN 7708, 16 911).
Einen Auszug aus der *Typisierung* zeigt Tabelle 9.1. Typ 31 z.B. sagt dem Verarbeiter, daß es sich hier um eine Kombination von Phenolharz mit Holzmehl handelt. Neben den genannten Typen gibt es aber noch eine Reihe von Sonderformmassen, aus denen z.B. als Ersatz für bisher asbestgefüllte Massen hochwertige technische Teile hergestellt werden.
Die Anlieferung der Formmassen ist als Pulver oder Granulat, in teigiger Form oder als Prepreg möglich. Die Darbietungsform entscheidet über die Art und Automatisierung der Verarbeitung. Bevor jedoch die Formmasse im verarbeitungsfähigen Zustand zum Einsatz kommt, muß sie aufbereitet werden. Beim Aufbereitungsprozeß werden die Füll-, Zuschlag- und Verstärkungsstoffe mit dem Harz imprägniert, wobei das Harz z.T. vorvernetzt wird.

**Tabelle 9.1 Typisierung härtbarer Formmassen**

| Füllstoffart | Beispiel | PF | UF | MF | MP | UP | EP |
|---|---|---|---|---|---|---|---|
| anorganisch | Gesteinsmehl | 11 | – | 155 | – | – | 870 |
| | Asbest | 12 | – | 156 | – | – | – |
| | Glasfaser, lang und Gesteinsmehl | – | – | – | – | 801/ 803 | 872 |
| | Glasfaser, kurz und Gesteinsmehl | – | – | – | – | 802/ 804 | 871 |
| organisch | Holzmehl | 31 | – | 150 | 180 | – | – |
| | Zellstoff | 51 | 131 | 152 | 181 | – | – |
| | Textilfasern | 71 | – | 153 | – | – | – |
| | Gewebeschnitzel | 74 | – | 154 | – | – | – |

Zur Erklärung:
EP wird nur mit Glasfasern verstärkt,
UP enthält Glasfasern und Mineralmehl

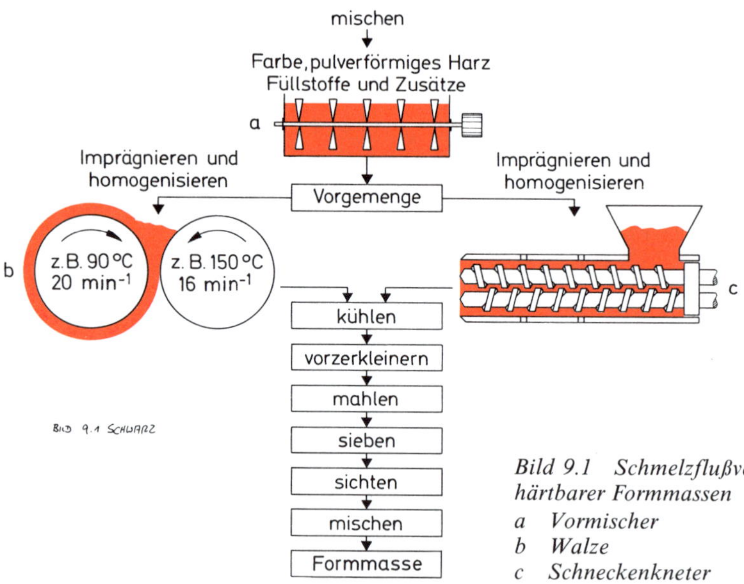


*Bild 9.1 Schmelzflußverfahren zum Aufbereiten härtbarer Formmassen*
*a Vormischer*
*b Walze*
*c Schneckenkneter*

Die drei gängigen Verfahren zur Aufbereitung sind

□ das Schmelzflußverfahren (Bild 9.1), das geeignet ist, pulverförmige oder kurzfaserige Füllstoffe einzuarbeiten
□ das Flüssigharzverfahren (Bild 9.2), mit dem auch langfaserige Füllstoffe schonend imprägniert werden können
□ das SMC-Verfahren* (Prepregverfahren), bei dem Glasfasermatten oder -gewebe mit Harz getränkt werden.

* SMC = Sheet moulding compound

Das Verarbeiten der Prepregs nimmt heute beim Pressen einen breiten Raum ein, weil die hohen Festigkeiten der aus SMC hergestellten Formteile von anderen Formmassen kaum erreicht werden.

*Bild 9.2 Flüssigharzverfahren zum Aufbereiten härtbarer Formmassen*
*a Kneter, b Kollergang*

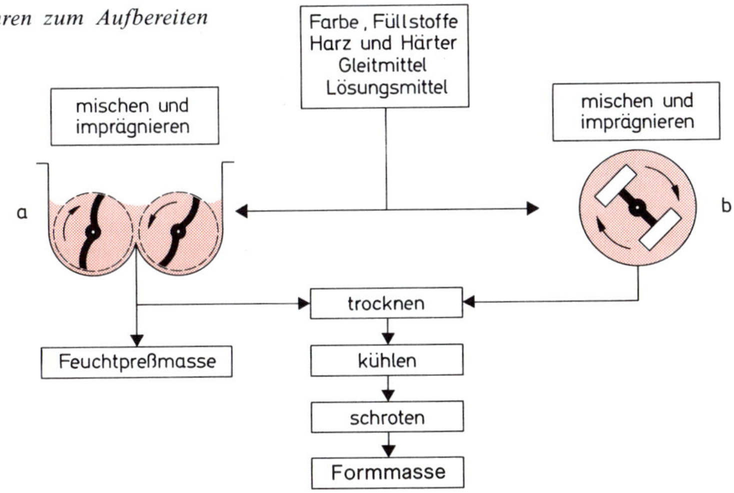


## 9.4 Vorbehandlung der aufbereiteten Formmasse

Wie schon erwähnt, erfährt die Formmasse noch einige Arbeitsgänge, bevor in der Presse ein Formteil entsteht. Diese möglichen Arbeitsschritte sind das Dosieren, das Tablettieren, das Vorwärmen und das Schneckenvorplastifizieren. Bild 9.3 zeigt schematisch diese Arbeitsgänge.

### 9.4.1 Dosieren

Für jedes Formteil muß genügend Formmasse dosiert werden. Eine exakte Dosierung ist dabei wichtig für die Eigenschaften und die Nacharbeit der Formteile. Unterdosierung führt zu porösen Stellen im Formteil, Überdosierung bringt zusätzlichen Grat am Formteil und dadurch unnötige Nacharbeit. Es gibt zwei Möglichkeiten der Dosierung, die volumetrische und die gravimetrische Dosierung. Entscheidend für die gewählte Methode ist die Darstellungsform der Formmasse.

**Volumendosierung**

Die **Volumendosierung** ist wohl die häufigste Dosierart. Wichtig ist aber, daß der Formmassehersteller eine gleichbleibende Schüttdichte garantiert und die Masse ausreichend rieselfähig ist. Beide Eigenschaften kann der Verarbeiter selbst mit geringem Aufwand nachprüfen.

Die Dosierung sollte immer automatisch erfolgen, um alle Werkzeugnester gleichzeitig zu füllen. Hierzu setzt man sog. Füllschablonen ein. Die Kontaktzeit der Formmasse mit dem heißen Werkzeug darf nur kurz sein, so daß der Werkzeugschluß sofort erfolgen soll.

**Gewichtsdosierung**

Die **Gewichtsdosierung** arbeitet genauer, aber in der Regel auch aufwendiger als die Volumendosierung. Geeignet ist diese Methode besonders

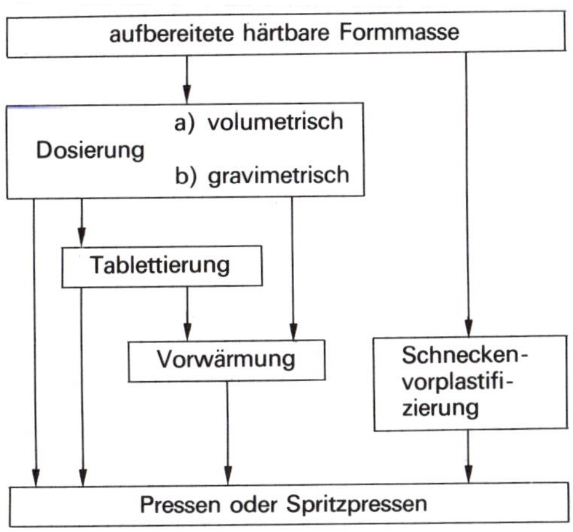


*Bild 9.3 Schematische Darstellung der Vorbehandlung*

für Formmassen mit Langfaser- oder Schnitzelfüllung, die nicht rieselfähig und daher auch nicht nach Volumen dosiert werden können.
Die Gewichtsdosierung verlangt vom Hersteller eine gleichbleibende Rohdichte, um Schwankungen im Füllvolumen zu vermeiden.
Aufwendiger ist die Dosierung der Prepregs. Diese werden aufgrund ihres klebrigen Zustands zwischen Folien eingebettet angeliefert. Nach Entfernen der Folie muß der Prepreg möglichst genau auf die Kavität zugeschnitten werden, weil sonst der starke Grat das Werkzeug vorzeitig verschleißen würde.

### 9.4.2 Tablettieren

Das **Tablettieren** von Formmassen hat folgende Vorteile:

- □ Entfernen der Luft, die in der losen Schüttung enthalten ist,
- □ Ermöglichen einer wirtschaftlichen HF*-Vorwärmung,
- □ bessere Ausnutzung der Füllraumhöhe beim Spritzpressen.

Es gibt verschiedene Arten von Tablettierpressen, wobei unterschiedliche Tablettenformen durch entsprechende Werkzeuge erreicht werden können.
Die Tablettierung erfolgt in der Regel bei Raumtemperatur und kann bei nahezu allen rieselfähigen Formmassen automatisch durchgeführt werden.
Bei der Tablettierung kann die Dosierung volumetrisch oder gravimetrisch erfolgen, der Presser hat aber die Möglichkeit, vor Eingabe in das Werkzeug noch einmal eine Gewichtsdosierung vorzunehmen. Das empfiehlt sich besonders, wenn die Tabletten aus einem Zwischenlager bezogen oder vom Hersteller angeliefert werden.

* HF = Hochfrequenz

### 9.4.3 Vorwärmen

Um die Zykluszeit zu verkürzen, wird die Formmasse außerhalb des Werkzeugs erwärmt.

Hierzu bietet sich eine Reihe von Möglichkeiten an, z.B.
- Vorwärmung zwischen warmen Metallflächen
- Ofenvorwärmung
- Infrarotvorwärmung
- Hochfrequenzvorwärmung
- Mikrowellenvorwärmung
- Vorwärmung in beheizten Füllschablonen
- Vorplastifizieren (eigenes Kapitel)

Durchgeführt wird die Vorwärmung hauptsächlich bei Kondensationsharzen und EP-Harzen.

### 9.4.4 Vorplastifizieren

Seit Anfang der siebziger Jahre sind **Schneckenvorplastifiziergeräte** auf dem Markt, die die Verarbeitung der Duroplaste noch weiter rationalisiert haben. In ihrer Bau- und Funktionsweise gleichen sie einem Extruder, der einen plastischen Strang aus härtbarer Formmasse kontinuierlich bzw. in einen Stauraum fördert.
Die Vorteile eines Schneckenvorplastifiziergerätes sind nicht nur in der Steigerung der Auslastung der Pressen zu sehen, sondern auch in der Schonung der Werkzeuge. Durch das bessere

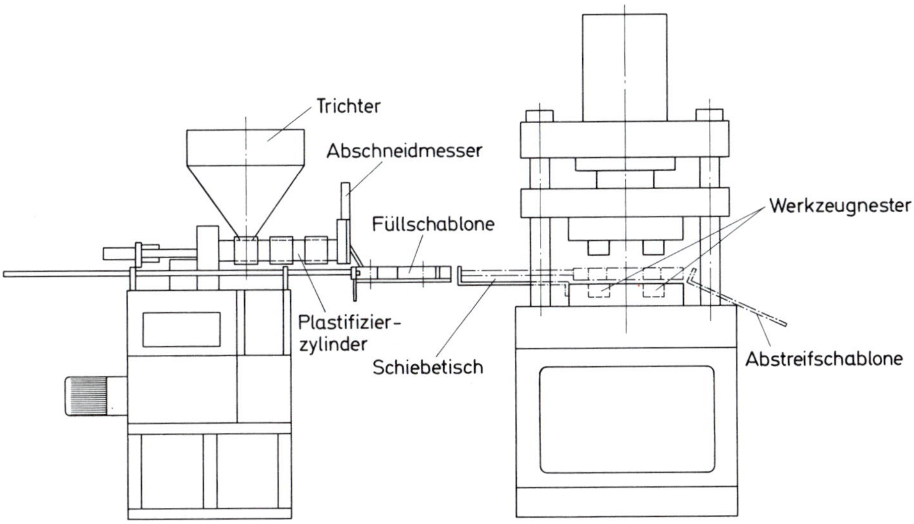


*Bild 9.4 Einsatz eines Vorplastifiziergeräts an der halbautomatischen Presse*

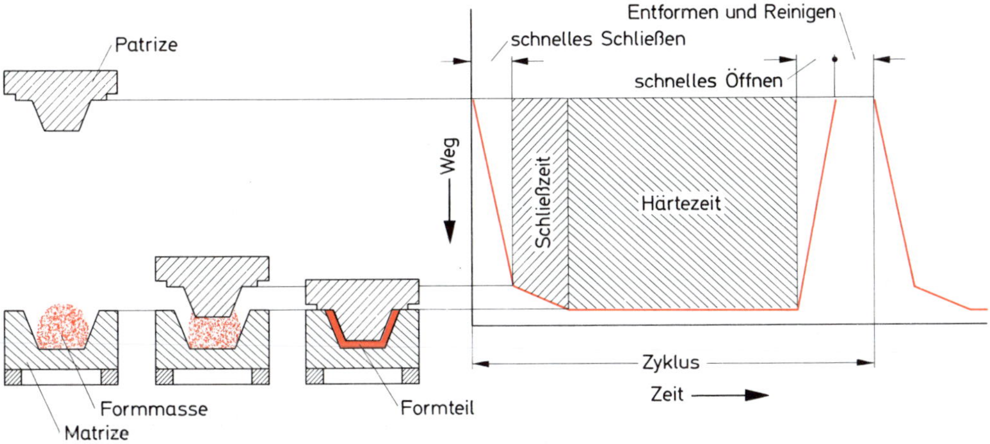


*Bild 9.5 Schematische Darstellung eines Preßzyklus*

Fließverhalten der plastischen Masse gegenüber der nicht vorgewärmten Masse tritt geringerer Verschleiß auf. Auch das Lüften bei feuchten Formmassen entfällt, da die flüchtigen Bestandteile schon weitgehendst entweichen können. Damit verbunden ist in der Regel eine bessere Oberfläche der Formteile und höhere mechanische Eigenschaftswerte. Plastifiziergeräte können an allen Pressen und Spritzpressen eingesetzt werden. Je nach Härtezeit der einzelnen Formteile kann ein Plastifiziergerät auch mehrere Pressen mit Masse versorgen. Bild 9.4 zeigt schematisch den Einsatz eines Plastifiziergerätes bei einer halbautomatischen Presse.

## 9.5 Pressen

Wie schon in der Definition erwähnt, wird beim **Pressen** die härtbare Formmasse in das Werkzeug eingefüllt und unter Druck bei erhöhter Temperatur ausgehärtet. Bild 9.5 zeigt schematisch den Verfahrensablauf beim Pressen. In der Ausgangsstellung ist das Werkzeug (Patrize und Matrize) so weit geöffnet, daß es bequem mit Material beschickt und nach Beendigung des Zyklus das fertige Formteil entnommen werden kann. Der Weg bis zum Beginn der **Schließzeit** muß dann in möglichst kurzer Zeit überbrückt werden, bevor die Masse während der Schließzeit plastifiziert und gleichmäßig im Werkzeughohlraum verteilt wird. Durch die von außen eingebrachte Temperatur und die zusätzliche Reibungswärme beim Schließen des Werkzeugs wird die Masse auf Härtetemperatur gebracht. Während der **Härtezeit** vernetzen die Makromoleküle miteinander, und es entsteht ein ausgehärtetes Formteil. Beim anschließenden Öffnen des Werkzeugs und Entformen muß der Härteprozeß soweit abgeschlossen sein, daß am Formteil durch die Auswerfer keine Beschädigungen auftreten können oder Verzugserscheinungen sichtbar werden. Eine zu geringe Härtezeit ist auch leicht an einer blasigen Oberfläche zu erkennen. Nach dem Entformen muß dann das Werkzeug gereinigt werden, wobei es sich in der Hauptsache um das Entfernen des Preßgrates handelt.

Bei diesem recht einfach beschriebenen Vorgang des Pressens handelt es sich in Wirklichkeit um einen doch komplizierten Prozeß, der vom Presser einige Erfahrung erfordert. In den Kapiteln vorher ist schon über die Beeinflussung des Pressens durch die Vorbehandlung der Formmasse geschrieben worden. Das **Vorwärmen** der Masse beeinflußt ganz entscheidend die Härtezeit, den Verschleiß des Werkzeugs und die Oberfläche der Formteile. Durch eine optimale Vorwärmung können die Zykluszeit verringert und Formteile hergestellt werden, die größere Wanddickenunterschiede aufweisen. Die sonst schlechte Wärmeleitung innerhalb der Formmasse wird dabei weitgehend ausgeschlossen.

Die **Härtezeit** wiederum entscheidet über die Eigenschaften der Formteile. Unterhärtung ergibt eine schlechte Temperaturbeständigkeit, erhöhte Wasseraufnahme und damit verbunden schlechtere elektrische Eigenschaften. Bei einer Überhärtung kann es an der Oberfläche zu feinen Haarrissen kommen, das dann auch wieder zu erhöhter Wasseraufnahme führt.

Die Qualität der Formteile sollte daher laufend kontrolliert werden.

### 9.5.1 Bauformen von Pressen

Das **Pressen** ist ein sehr altes Formgebungsverfahren in der Kunststoffindustrie. Daher findet man auch heute noch eine große Anzahl von Pressen älterer Bauart.

Zwei Bauformen werden unterschieden:

- ☐ die Kniehebelpresse
- ☐ die hydraulische Presse

Während früher fast ausschließlich Kniehebelpressen eingesetzt wurden, werden heute nur noch vollhydraulische Pressen angeboten.

Die hydraulischen Pressen haben eine exakte 4-Säulen-Führung (Bild 9.6), die ein gratarmes Pressen und enge Toleranzen zuläßt, weil sich der Preßdruck gleichmäßig über die gesamte Preßflä-

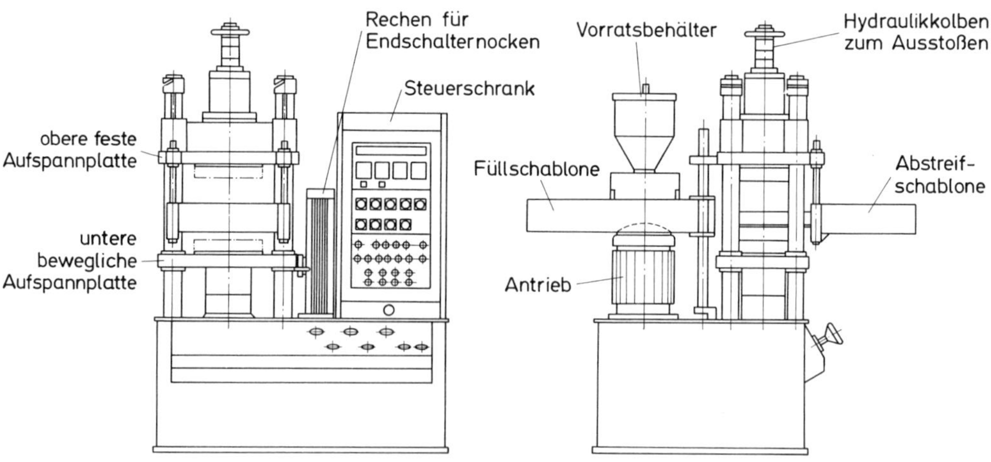


*Bild 9.6 Vollautomatische Presse mit Materialbeschickung über Volumendosierung (nach Bucher)*

che verteilt. Wichtig sind die Steuerungs- und Regelungseinrichtungen. Moderne hydraulische Pressen sind mit einer weg- und druckabhängigen Steuerung versehen, die alle Arbeitsgänge reproduzierbar durchführen lassen. Außerdem besitzen sie eine **Parallellauf-Regelung,** um ein planparalleles Schließen des Werkzeugs sicherzustellen.

Die Pressen – insbesondere die Aufspannplatten – müssen verwindungssteif ausgeführt sein.

Die Pressensteuerung geschieht über Prozessorsysteme, die alle wichtigen Daten erfassen und auf einem Bildschirm anzeigen.

Die Hersteller hydraulischer Pressen bieten zwei Systeme an, bei denen entweder ein Unterkolben die untere Werkzeugaufspannplatte zur Schließbewegung gegen die obere fährt oder ein Oberkolben die obere Werkzeugaufspannplatte nach unten bewegt. Wichtig ist, daß sich beide Systeme mit Vorplastifiziergeräten oder sogar Spritzaggregaten kombinieren lassen.

Um auch Einlegeteile positioniert einlegen zu können, gibt es Pressen, die mit Schiebe- oder Drehtischen ausgerüstet sind.

Der Vorteil dieser Bauart ist, daß, während in einem der Werkzeugunterteile die Einlegeteile umpreßt werden, in den anderen die fertigen Formteile entnommen und Einlegeteile wieder eingelegt werden können. Diese Tätigkeit wird zum Teil schon von Automaten übernommen.

Die vertikale Arbeitsweise der Pressen begünstigt diese Verarbeitungstechnik.

Folgende Forderungen sind an einen **Preßautomaten** zu stellen:

- exakte vollhydraulische 4-Säulen-Führung,
- leicht zugängliche und verwindungssteife Aufspannflächen,
- Gleichlaufregelung,
- weg- und druckabhängige Steuerung, Übertragung aller wichtigen Daten auf einen Bildschirm, Dokumentierung der Daten,
- Möglichkeit der Kombination mit Vorplastifiziereinrichtungen und der Weiterleitung der Formteile an Entgratungsvorrichtungen.

Preßautomaten sind heute schon so gut ausgerüstet, daß sie den Vergleich mit modernen Spritzgießmaschinen aufnehmen können, d.h. CNC-Steuerung, Proportional-Servohydraulik sowie Schnellfahrzylinder für die Schließbewegung. Die Reproduzierbarkeit der eingestellten Prozeßparameter von Zyklus zu Zyklus ist damit gegeben. Die Forderung der Verarbeiter nach einer flexiblen Fertigung, insbesondere bei der danach erfolgenden Montage zu kompletten Geräten, hat den Mehrstationen-Preßautomaten hervorgebracht. Es handelt sich hierbei um eine Fertigungsinsel, bei der mehrere unabhängig voneinander arbeitende Preßautomaten zu einer Einheit zusammengefaßt sind. Neben der individuellen Einstellung der Verarbeitungsparameter können gleichzeitig unterschiedliche Duroplast-Formmassen verarbeitet werden.

### 9.5.2 Preßwerkzeuge

Auch das Thema **Werkzeug** soll hier kurz angeschnitten werden, weil Formmassen — bedingt durch hohe Füllstoffanteile — **Verschleiß** hervorrufen. Durch eine entsprechende Masserezeptur und ausreichende Vorwärmung kann dieser Verschleiß in Grenzen gehalten werden. Für die Formmassenhersteller ist geringer Verschleiß zu einem Verkaufsargument geworden.

Bild 9.7 zeigt den Aufbau eines Preßwerkzeugs. Es wird bei den Preßwerkzeugen hauptsächlich zwischen zwei Bauformen unterschieden. Das sind das **Füllraumwerkzeug** (Bild 9.7) und das **Abquetsch-** oder das **Überlaufwerkzeug** (Bild 9.8). Das weitaus häufiger verwendete Preßwerkzeug ist das Füllraumwerkzeug. Hierbei muß die Masse gleichmäßig dosiert – je nach Art der Preßmasse entweder über Füllrahmenschablonen, als abgewogene lose Schüttung, tablettiert oder plastifiziert – in die Werkzeughöhlung eingebracht werden. Der in den Füllraum eintauchende Stempel übt auf die Formmasse jetzt immer den vollen und gleichmäßigen Druck aus.

Beim Abquetsch- bzw. Überlaufwerkzeug wird durch den oberen Werkzeugstempel beim Zusammenfahren der beiden Hälften die überschüssige Formmasse aus der Werkzeughöhlung seitlich herausgequetscht. Es muß mit Überschuß an Formmasse gearbeitet werden, und man erhält unterschiedlich verdichtete Preßteile.

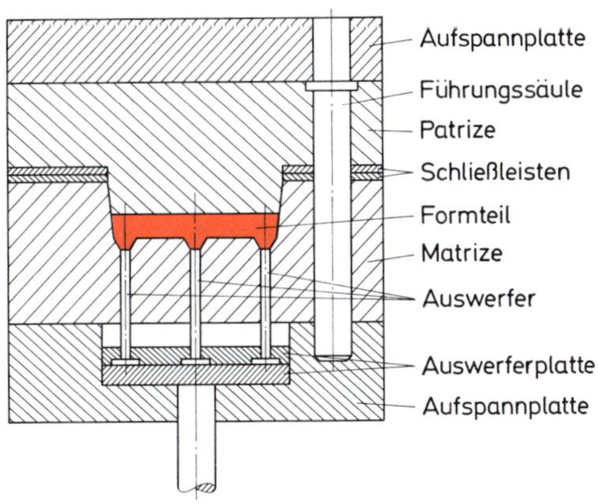


*Bild 9.7 Aufbau eines Preßwerkzeugs*

Zum Einsatz kommen heute überwiegend Einsatzstähle und vergütete Stähle, die eine ausreichende Oberflächenhärte besitzen, gut polierbar sind und einen weichen, aber zähen Kern besitzen. Meist sind die Oberflächen hartverchromt. Vergütete Stähle finden immer dann ihren Einsatz, wenn besonders maßhaltige Formteile hergestellt werden sollen.

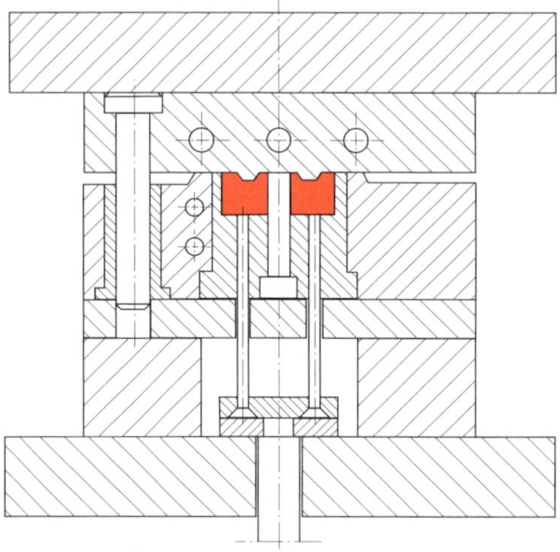

*Bild 9.8 Überlaufwerkzeug*

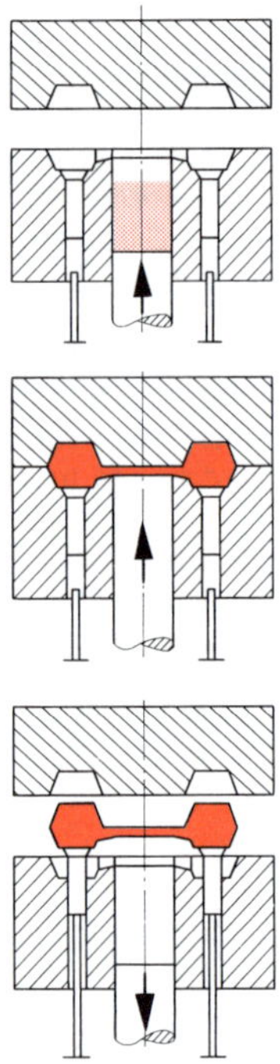


*Bild 9.9 Spritzpressen nach dem Unterkolbenverfahren*

## 9.6 Das SMC-Verfahren

Die Verarbeitung von **SMC** (= Sheet Moulding Compounds, **Prepregs**) hat in den letzten Jahren hohe Zuwachsraten zu verzeichnen. SMC sind Halbzeuge aus reaktionsfähigen Harzen (z.B. UP-Harze) mit Fasermatten- oder -gewebeverstärkungen (z.B. Glasfasern).
Voraussetzungen für die Erzeugung von qualitativ hochwertigen Formteilen nach dem **SMC-Verfahren** sind gleichmäßige Prepregs hinsichtlich Flächengewicht und Faser/Harz-Verteilung gleichmäßige Zuschnitte und exakt arbeitende, möglichst programmierbare Pressen. Für das SMC-Verfahren stehen heute hydraulische Kurzhubpressen zur Verfügung, bei denen alle Bewegungsvorgänge den Materialeigenschaften angepaßt werden können, d. h., die Geschwindigkeits-Zeit- und die Druck-Zeit-Verläufe sind exakt steuerbar und z. T. programmierbar. Besonders wichtig sind – auch wegen der häufigen Anwendung des In Mould Coating (IMC) – die Steifigkeit der Presse und die exakte Parallelität der Preßbewegungen.

## 9.7 Spritzpressen

Beim **Spritzpressen** wird die Formmasse durch relativ enge Verteilerkanäle in die **Werkzeugnester** gedrückt. Dabei entsteht Scherwärme, deren Auswirkung mit der Vorwärmung beim Pressen vergleichbar ist.
Nicht benötigte Formmasse verbleibt als Restkuchen im Spritzzylinder, so daß ein zu starkes Überspritzen und damit verbunden ein übermäßiger Grat verhindert werden kann. Aber auch beim Spritzpressen ist es ratsam, vorgewärmte bzw. vorplastifizierte Masse zu verarbeiten, um einen zusätzlichen Plastifiziereffekt zu erreichen. Der Nachteil des Verfahrens liegt in der Orientierung der Füllstoffe in Spritzrichtung und im zusätzlichen Abfall durch den Anguß. Bild 9.9 zeigt schematisch das Unterkolben-Spritzpreßverfahren.

### 9.7.1 Bauformen von Spritzpressen

Das Spritzpressen setzt hydraulische Pressen voraus, da das Einspritzen der Formmasse bei geschlossenem Werkzeug nur hydraulisch möglich ist.
Die meisten Pressen haben im Untertisch einen weiteren Kolben (Unterkolben- oder auch Zweikolbenverfahren), mit dem die Formmasse in die Werkzeugnester gedrückt wird. Nur wenige Pressen haben im Oberkolben einen weiteren Spritzkolben (Oberkolben- oder Einkolbenverfahren) zum Spritzpressen integriert.

Die Spritzpressen eignen sich eher zur Kombination mit Vorplastifiziergeräten, weil nur eine Tablette in den Spritzzylinder eingelegt werden muß.

### 9.7.2 Werkzeuge

Der wesentlichste Unterschied zwischen Pressen und Spritzpressen besteht im Aufbau der Werkzeuge. Die einzelnen Formnester sind durch ein Verteilersystem mit dem Spritzzylinder verbunden. Die Angußkanäle sollten daher als Einsätze gefertigt sein und aus hoch verschleißfestem Stahl bestehen.

### 9.7.3 Preßdruck und Preßtemperatur

In den Kapiteln Pressen und Spritzpressen ist die Verfahrenstechnik behandelt worden. Wichtig für den Verarbeiter ist aber auch, welche Temperaturen und Drücke er an den Maschinen einstellen muß. Als Richtlinie sind in Tabelle 9.2 für einige Typen diese Werte angegeben, die der Presser aber nicht unbedingt ohne Rückfrage beim Formmassehersteller verwenden sollte. Darüber hinaus sind heute viele nicht typisierte Massen auf dem Markt, die hier nicht einzeln aufgeführt werden können.

Die angegebenen **Preßdrücke** gelten nur für das Formpressen, beim Spritzpressen liegen die spezifischen Drücke des Spritzkolbens bei 50 bis 200 N/mm$^2$.

**Tabelle 9.2 Verarbeitungsdaten für typisierte härtbare Formmassen**

| Typ | Preßtemperatur °C | Preßdruck N/mm$^2$ |
|---|---|---|
| 12 | 150 bis 170 | >20 |
| 13 | 160 bis 175 | >25 |
| 31 | 160 bis 170 | >15 |
| 131 | 145 bis 150 | >25 |
| 150 | 140 bis 165 | >25 |
| 180 | 145 bis 165 | >25 |
| 801 | 140 bis 160 | > 5 |
| 871 | 150 bis 175 | >10 |

Bei den Kondensationsharzen kann es, wenn nicht vorgewärmt wird, erforderlich sein, daß mit **Vordruck** und **Lüften** gefahren werden muß, um die Feuchtigkeit entweichen zu lassen.

Oft genügt es, wenn nach dem Schließen des Werkzeugs kurz der Druck weggenommen wird und dann erneut der volle Druck bis zum Ende der Härtezeit aufgebracht wird. Die Dauer des Vordruckes und des Lüftens bestimmt die gewünschte Oberflächenqualität der Formteile.

## 9.8 Entgraten

Es ist kaum möglich, Formteile aus härtbarer Formmasse ohne Grat herzustellen.

Ziel einer jeden Fertigung sollte es aber sein, möglichst gratarme Teile herzustellen.

Grundsätzlich unterscheidet man zwei Arten der *Entgratung* (Bild 9.10):

- □ die manuelle Entgratung,
- □ die maschinelle Entgratung.

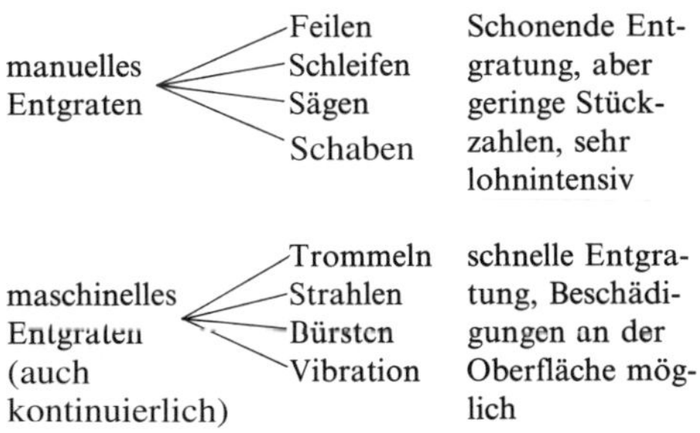


*Bild 9.10 Entgratungsmethoden; Vor- und Nachteile*

Bei einer automatisierten Fertigung ist nur eine automatische Entgratung möglich. Es werden heute Anlagen angeboten, die das fertige entgratete und entstaubte Formteil anliefern. Dabei sollte die Oberflächengüte der Formteile aber nicht beeinflußt werden.

Welche der gezeigten Entgratungsmethoden eingesetzt wird, hängt vom Formteil und vom Grad der Automatisation der Fertigung ab. Bei vielen Formteilen ist es durchaus üblich, noch manuell zu entgraten, weil es sich nicht lohnt oder verfahrenstechnisch nicht möglich ist, dies zu automatisieren.

Bei einer automatisierten Großserienfertigung ist es aber erforderlich, Automaten einzusetzen. Die Anlagenhersteller bieten eine Reihe von Automaten an, die auch auf spezielle Formteile abgestimmt werden können.

Auf die Entgratungsmethoden sollte bei der Fertigung duroplastischer Formteile großer Wert gelegt werden, weil sie die Fertigungskosten stark beeinflussen und im Vergleich zu den Thermoplasten oft über den Einsatz entscheiden.

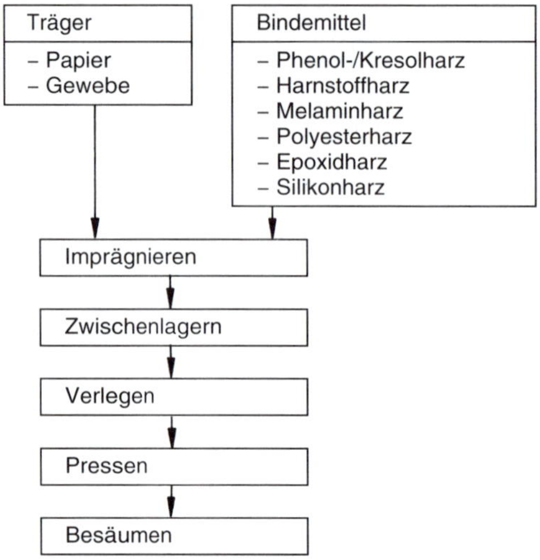


*Bild 9.11 Schematische Darstellung der Herstellung von Hartpapier und Hartgewebe*

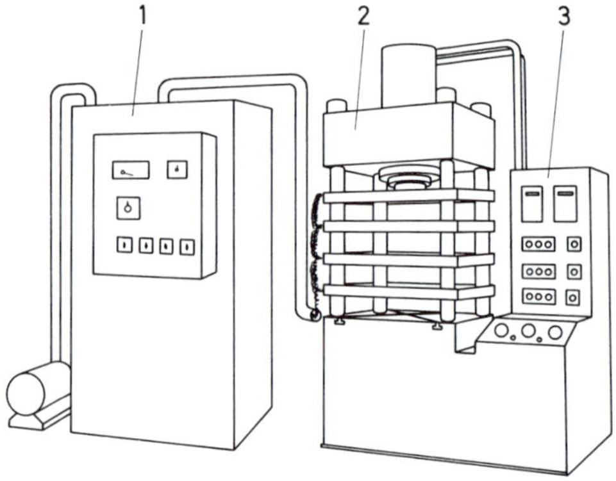


*Bild 9.12 Etagenpresse zur Herstellung von Hartpapier bzw. Hartgewebe*

## 9.9 Schichtpressen

> Unter **Schichtpressen** versteht man das Pressen von **kunstharzbeschichteten Trägerbahnen** unter Druck und Temperatur zu Hartpapier und Hartgewebe.

In der Normung sind diese Schichtstoffe und ihre Eigenschaften in DIN 7735, 40 802 und 16 926 festgelegt.

Bild 9.11 zeigt schematisch die Herstellung der Schichtstoffe.

In einem ersten Arbeitsgang werden die Trägerbahnen (Papier oder Gewebe) mit dem entsprechenden Harz imprägniert. Dazu durchlaufen die Bahnen ein Harzbad. Im anschließenden Trockenturm werden dann die Bahnen durch Verdunsten der Lösungsmittel getrocknet. Am Ende der Anlage stehen Wickler, die die Trägerbahnen bis zur Weiterverarbeitung aufwickeln.

Zu beachten ist, daß die bei der Trocknung entstehenden Dämpfe entsprechend den Vorschriften abgeführt werden.

Bei der Weiterverarbeitung werden die vollständig mit dem Harz benetzten Trägerbahnen auf Länge geschnitten und in einer entsprechenden Anzahl übereinander verlegt. Je nach Einsatz der Schichtstoffe muß der Schichtaufbau vorgenommen werden (Phenol- oder Kresolharze eignen sich nicht als Außenschichten für dekorative Zwecke, weil sie stark vergilben und nicht hell eingefärbt werden können).

Die Verlegearbeit muß äußerst sauber vorgenommen werden, weil sich Staubkörner nach dem anschließenden Preßvorgang an der Oberfläche genau abzeichnen.

Zum Pressen werden die verlegten Pakete dann in **Etagenpressen** (Bild 9.12) zwischen hochglanzpolierten **Preßblechen** bei 130 bis 180 °C gepreßt. Die Drücke liegen zwischen 7 und 20 N/mm$^2$.

Die Preßzeit ist von der Dicke der Schichtstoffe und vom Grad der Vorvernetzung abhängig. Bei Schichtaufbauten mit verschiedenen Harzen oder Dekorstoffen an der Oberfläche muß die Temperaturführung besonders beachtet werden, um Verfärbungen zu vermeiden. Der Grad der Vernetzung beeinflußt direkt die Eigenschaften der Schichtstoffe.

Nachdem die Härtezeit beendet ist, werden die Bleche bei bestehendem Druck langsam abgekühlt. Das ist erforderlich, um die Schichtstoffe möglichst verzugsfrei und ohne Blasen (wichtig bei Kondensationsharzen) entnehmen zu können.

## 9.10 Pressen von Thermoplasten

Von geringer Bedeutung ist das Pressen der Thermoplaste, weil Arbeitsaufwand und Zykluszeit entsprechend dem physikalischen Verhalten ziemlich groß sind. Das Verfahren eignet sich nur zur Herstellung von Blöcken und dickwandigen Tafeln, die nicht im Extruder- oder Kalandrierverfahren hergestellt werden können. Anwendung findet das Preßverfahren z.B. bei hochmolekularen, vernetzungsfähigen Polyolefinen (Polyethylen, Polypropylen) bzw. bei einigen Kunststoffschäumen.

Die pulverförmige oder granulatartige Formmasse wird in den heißen Werkzeughohlraum eingefüllt und unter Druck komprimiert. Sofern es möglich ist, empfiehlt sich natürlich ein Plastifizieren außerhalb in einem Extruder. Nachdem die Formmasse vollständig plastisch ist, kann der Druck weiter erhöht werden, bis sämtliche Lufteinschlüsse aus der Masse herausgedrückt sind. Im Vergleich zu den Duroplasten schließt sich nun keine Härtezeit an, sondern das Werkzeug muß gekühlt werden. Bei teilkristallinen Thermoplasten bestimmt die Abkühlungsgeschwindigkeit den Kristallisationsgrad und damit verbunden die Eigenschaften der Formteile. Diese Kühlzeit kann also recht lange dauern, ist aber erforderlich, um beim Entformen Beschädigungen und Verzug an den Formteilen zu vermeiden.

Das Pressen der Thermoplaste hat neben vielen Nachteilen aber den Vorteil, ähnlich wie bei den härtbaren Formmassen Teile mit geringen Orientierungen zu liefern.

Analog zum SMC-Verfahren hat sich in den letzten Jahren das Pressen der **glasfasermattenverstärkten Thermoplaste** (GMT) entwickelt. Die nach diesem Verfahren hergestellten Formteile eignen sich besonders als großflächige Schutz- und Versteifungsteile in der Automobilindustrie. Verwendung finden hier Polymere auf der Basis Polypropylen, Polyamid, Polybutylentherephthalat oder auch Blends. Beachtung wird dieses Verfahren in Zukunft in zunehmendem Maße finden, da hier sehr gut recycelte Polymere verarbeitet werden können.

Das Herstellungsverfahren gliedert sich in drei Abschnitte:

- Imprägnierung der Glasfasermatte
- Plastifizierung des Formstoffes (Halbzeugs) außerhalb der Presse
- Pressen des Formstoffes zum Fomteil

Die imprägnierte Glasfasermatte wird dem Verarbeiter vom Rohstoffhersteller meist als Tafel oder aufgerollt als Bahn angeliefert. Der Verarbeiter schneidet dann den Rohling auf Maß und erhitzt ihn im Ofen mittels Infrarot-Vorwärmung. Über die Schichtdicke des Formteiles entscheidet die Anzahl der aufeinandergelegten Lagen. Der plastifizierte Rohling wird dann in das Werkzeug eingelegt und die Presse sehr schnell geschlossen. Nach einer schichtdickenabhängigen Abkühlzeit wird das Formteil entformt. Die Zykluszeiten sind gegenüber dem oben erklärten Verfahren kürzer, da die Werkzeuge nur temperiert werden müssen. Die so hergestellten Formteile sind nicht gratfrei.

# 10 Schäumen

## 10.1 Allgemeines

In diesem Kapitel sollen Verfahren besprochen werden, bei denen Kunststoffe mit einer Schaumstruktur hergestellt werden.

> Dabei können zwei Arten der **Schaumkunststoffe** unterschieden werden:
> Schaumkunststoffe, die eine gleichmäßige Zellstruktur aufweisen
> und
> Schaumkunststoffe, die im Kern geschäumt, in der Randzone aber kompakt (ungeschäumt) aufgebaut sind.

Die zuletzt genannte Gruppe der Schäume wird als **Struktur-** oder besser als **Integralschäume** bezeichnet. In der DIN 7726 ist festgelegt, was unter dem Begriff Schaumstoffe zu verstehen ist. Danach sind Schaumstoffe künstlich hergestellte Werkstoffe mit zelliger Struktur und niedriger Rohdichte.

Die Schaumstoffe sind in den letzten Jahren immer stärker in den Markt eingedrungen, nicht zuletzt dadurch, daß fast jeder Kunststoff sich schäumen läßt, sondern sich auch fast jedes Verfahren zur Herstellung eignet. Deshalb muß auch gleich eine Einschränkung für dieses Kapitel vorgenommen werden. Nicht behandelt werden das Spritzgießen, Extrudieren, Kalandrieren, Beschichten und Pressen zur Herstellung der Schaumstoffe, da diese Themen in den entsprechenden Kapiteln abgehandelt werden.

Ausführlich beschrieben wird das Schäumen von expandierbarem Polystyrol und Polyurethan, da diese beiden Werkstoffe den größten Marktanteil besitzen. Schaumstoffe lassen sich nach verschiedenen Gesichtspunkten einteilen, und zwar nach ihrer **Zellstruktur,** Härte oder der Art der Herstellung.

Bei der Zellstruktur unterscheidet man **geschlossenzellige, offenzellige** und **gemischtzellige Schaumstoffe.** Als geschlossenzellig bezeichnet man einen Schaum, wenn die Hohlräume der Zellen nicht miteinander in Verbindung stehen, als offenzellig, wenn Gas (Luft) zwischen den Zellen frei zirkulieren kann. Besitzt ein Schaumstoff sowohl offene als auch geschlossene Zellen, so wird er als gemischtzellig bezeichnet. Die Zellstruktur läßt sich durch die Art der Verschäumung und des Treibmittels beeinflussen.

Teilt man die Schaumstoffe nach ihrer Härte ein, so gehören z.B. zu den Schaumstoffen

- mit hohem Verformungswiderstand und geringer Elastizität (Hartschaum)
  PS, PVC (hart), PUR (hart), UF, PF, UP, EP, PIR, PMI
- mit geringem Verformungswiderstand und elastischer Verformbarkeit (Weichschaum)
  PUR (weich), PVC (weich), PE

Gesondert sind hier jedoch die Integralschaumstoffe zu sehen, die aufgrund ihres Einsatzgebietes eine gewisse Elastizität bei hoher Formsteifigkeit besitzen sollen.

Zum Schluß dieses Abschnittes sollen noch einige wichtige hervorstechende Eigenschaften aufgezeigt werden.

> Es sind zu nennen:
>
> - niedrige Dichte,
> - geringe Eigenspannung
> - gute Isoliereigenschaften,
> - leichte Bearbeitbarkeit,
> - viele Möglichkeiten der Formgebung, durch niedrige Werkzeugkosten.

Die niedrige Dichte resultiert aus dem zelligen Aufbau der Schaumstoffe, ebenso wie geringere Materialkosten und gute Wärme- bzw. Kälteisoliereigenschaften. Durch das freie Aufschäumen auch in Werkzeugen sind die auftretenden Spannungen im Formstoff gering. Die leichte Bearbeitbarkeit, die allen Kunststoffen gemein ist, wird durch die Zellstruktur noch weiter vereinfacht. Bedingt durch die niedrigen Aufschäumdrücke sind auch größere Formteile bei niedrigen Werkzeugkosten herstellbar, da Werkzeuge nicht nur aus Stahl, sondern auch aus Holz oder Reaktionsharzen für größere Stückzahlen gefertigt sein können.

## 10.2 Herstellen der Schaumstoffe

Schaumkunststoffe besitzen eine zellige Struktur, die durch geeignete **Treibmittel** hervorgerufen wird. Gemein ist allen Treibmitteln, daß sie bei einer bestimmten Temperatur Gase bilden bzw. Gase während des Reaktionsprozesses abspalten. Bei diesem Schäumvorgang vergrößert sich das Volumen des Halbzeugs oder Formteils, so daß die Dichte in jedem Fall geringer ist als die Dichte des ungeschäumten Kunststoffs.

> Die schäumbaren Kunststoffe kann man in drei Gruppen einteilen; in die
> - blähfähigen Einzelteilchen, z.B. PS
> - Thermoplastschmelzen, z.B. PS, PE, PVC
> - reaktionsfähigen flüssigen Ausgangskomponenten, z.B. PUR, PF, UF

Bei den Treibmitteln (oder auch Blähmitteln) unterscheidet man physikalisch und chemisch wirkende Substanzen. In der Regel ist es aber außerdem noch erforderlich, Stabilisatoren und Keimbildner zuzugeben, um ein Zusammenfallen des fertigen Schaums zu verhindern bzw. durch Keimbildner eine Zellstruktur überhaupt erst zu ermöglichen. Bild 10.1 zeigt schematisch die Herstellung der Schaumstoffe.
Neben den drei genannten Gruppen der schäumbaren Kunststoffe muß noch erwähnt werden, daß bei Pasten (z.B. PVC) ein Schäumvorgang auch durch Einrühren von Luft erreicht werden kann. Diese Verfahrenstechnik besitzt aber nur geringe Bedeutung.

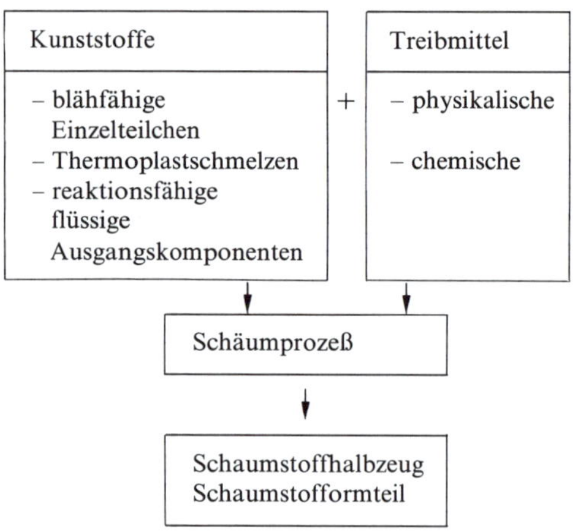


*Bild 10.1 Herstellung der Schaumstoffe*

### 10.2.1 Kunststoffe

Die mengenmäßig wichtigsten Kunststoffe für das Schäumen sind Polyurethan und Polystyrol. Die Entwicklung der Schäumtechnik begann für beide Massen ungefähr im Jahr 1950, wobei es zuerst um die Herstellung von Schaumstoffen mit gleichmäßiger Dichteverteilung ging. Die Integralschaumtechnik begann erst Jahre später.
Die hauptsächlichen Anwendungsgebiete für beide Schaumstoffe liegen in Isolierung, Verpakkung und bei PUR auch in der Herstellung von technischen Teilen (Integralschaumstoffe), Dichtstoffen und Polstermaterialien.
Weniger Bedeutung besitzen bei den Reaktionsschäumen die PIR-, PF-, UF-, UP- und EP-Harze, da sie nicht so problemlos verschäumbar sind wie PUR. Auch können die Eigenschaften nicht so breit variiert werden.
Bei den Thermoplastschäumen werden neben PS auch SB, ABS, PE, PP, PVC, modifiziertes PPO, PMI und PC geschäumt.

### 10.2.2 Treibmittel

Wie in Bild 10.1 dargestellt, wird der Aufschäumprozeß durch **Treibmittel** hervorgerufen. Dabei werden je nach Verfahren und gewünschter Dichte physikalische oder chemische Treibmittel eingesetzt. Das Einschlagen von Luft wird nur selten angewandt und ist möglich bei UF-Harzen, PVC und PUR. PUR ist darüber hinaus noch ein Sonderfall, weil hier der Schäumprozeß für einige Anwendungen ohne zusätzliche Treibmittel möglich ist. Bei der Reaktion von Isocyanat mit Wasser wird Kohlendioxid als Spaltprodukt frei. Das Kohlendioxid würde als Treibmittel ausreichen; in der Praxis werden aber zusätzlich noch physikalische Treibmittel zugesetzt, um bestimmte Eigenschaften und Dichten zu erreichen.

**Physikalische Treibmittel**

Ein wichtiges physikalisches Treibmittel ist Pentan (z. B. für PS-Partikelschaum). Die bei PUR-Schäumen vorrangig verwendeten Treibmittel auf der Basis **Fluor-Chlor-Kohlenwasserstoffe** (FCKW) dürfen wegen ihrer ozonschädigenden Wirkung (Ozonloch) in Zukunft nicht verwendet werden. Als Zwischenlösung wurden sog. teilhalogenierte FCKW eingesetzt. Ziel der Entwicklungen war und ist es jedoch, halogenfreie Treibmittel zu finden. Es stellte sich heraus, daß es keinen universellen Ersatz für die herkömmlichen FCKW, sondern anwendungsspezifische Lösungen geben wird:

- □ für PUR-Weichschäume Kohlendioxid, das in der Vernetzungsreaktion in Gegenwart von Wasser entsteht (chemisches Treibmittel),
- □ für weiche PUR-Integralschäume n-Pentan oder, wenn die Brennbarkeit hinderlich ist, ebenfalls Kohlendioxid,
- □ für harte PUR-Integralschäume t-Butanol,
- □ für PUR-Hartschäume Cycloalkane (z.B. Cyclopentan),
- □ für extrudierten PS-Hartschaum Kohlendioxid mit Ethanol.

Oberhalb des Siedepunkts gehen die physikalischen Treibmittel in den Gaszustand über. Die dabei erfolgte Volumenvergrößerung bläht die Kunststoffschmelze auf. Die physikalischen Treibmittel haben sich bei fast allen Kunststoffen und Fertigungsverfahren durchgesetzt. Sie ermöglichen durch ihre niedrigen Siedepunkte ein frühes Aufblähen und werden deshalb bei allen Schäumtechniken angewandt, bei denen eine gleichmäßige niedrige Dichte erzielt werden soll.

**Chemische Treibmittel**

Chemische Treibmittel benötigen zur Gasbildung höhere Temperaturen, die nur bei der Verarbeitung von Thermoplastschmelzen erreicht werden. Sie zersetzen sich oberhalb eines Zersetzungstemperaturbereichs und spalten dabei ein gasförmiges Reaktionsprodukt ab. Durch Zugabe sog. Kicker läßt sich die Zersetzungstemperatur und -geschwindigkeit in weiten Bereichen einstellen. Die Gasausbeute dieses Spaltprodukts ist unterschiedlich und entscheidet über die Zugabemenge und die zu erreichende Dichte. Folgende Forderungen werden an ein chemisches Treibmittel gestellt:

- □ physiologische Unbedenklichkeit
- □ Abspaltung des Treibgases in einem engen Temperaturbereich
- □ hohe Gasausbeute
- □ Reaktionsrückstände dürfen den Schaum nicht negativ in den Eigenschaften beeinflussen
- □ Einarbeitung muß homogen und problemlos möglich sein

Eingesetzt werden die chemischen Treibmittel hauptsächlich bei hohen Dichten und Thermoplastintegralschäumen.

### 10.2.3 Sonstige Zusatzstoffe

Wie bei allen Kunststoffen, so bestehen auch bei den Schäumen die Rezepturen aus mehreren Komponenten, um bestimmte Eigenschaftswerte zu erzielen.
Diese Zusatzstoffe können sein:

- □ Reaktionsbeschleuniger für einen schnelleren Ablauf der Schaumbildung
- □ Vernetzer für PE oder elastische PUR-Systeme
- □ Flammschutzmittel für den Einsatz im Bauwesen
- □ Stabilisatoren und Keimbildner für einen stabilen Schaum und gleichmäßige Zellstruktur
- □ Verstärkungsfasern und Füllstoffe
- □ Farbstoffe und -pasten für eine entsprechende Einfärbung

## 10.3 Übersicht über Schäumverfahren

Fast alle Kunststoffe sind schäumbar, und fast jedes bekannte Verarbeitungsverfahren eignet sich zur Herstellung der Schaumkunststoffe. Zusätzlich gibt es aber noch eine Reihe von Techniken, um **Form-**, **Block-** oder **Bandschäume** zu fertigen. In Tabelle 10.1 ist der Versuch unternommen worden, eine Einteilung vorzunehmen. Es ist jedoch schwierig, eine vollständige Aufstellung zu geben, weil ständig neue Techniken entwickelt werden.
In der Tabelle werden die Schaumkunststoffe in zwei große Gruppen unterteilt; in die

- □ Schaumstoffe mit gleichmäßiger Dichteverteilung über den gesamten Querschnitt und
- □ Integralschaumstoffe oder auch Strukturschaumstoffe genannt, die im Querschnitt eine ungleichmäßige Dichteverteilung aufweisen

Der Kunststoffrohstoff liegt zum Schäumen in drei verschiedenen Formen vor; als

- □ Thermoplastschmelze (diese Gruppe wird in Abschnitt 8.3 behandelt),
- □ blähfähige Einzelteilchen und Pasten,
- □ reaktionsfähige flüssige Ausgangskomponenten.

Die Tabelle nennt dazu die einzelnen Schäumverfahren und die gebräuchlichen schäumbaren Kunststoffe. Verfahren wie Spritzgießen, Extrudieren und Pressen sind in der Tabelle zwar erwähnt, werden aber im wesentlichen in den einzelnen Kapiteln behandelt.
Auch die im Abschnitt Treibmittel der Übersicht wegen erwähnten chemischen Treibmittel werden fast nur zum Aufschäumen der Thermoplastschmelzen — bedingt durch die hohe Zersetzungstemperatur — verwendet.

**Tabelle 10.1 Einteilung der Schäumverfahren und wichtiger schäumfähiger Formmassen**

| Schaumstoffe / Ausgangsstoff | Schaumstoffe mit gleichmäßiger Dichteverteilung | | Integralschaumstoffe | |
|---|---|---|---|---|
| | Verfahren | Formmasse | Verfahren | Formmasse |
| Thermoplast-schmelzen | Extrudieren<br>Kalandrieren<br>Pressen | PS, SB, ABS, PVC, PE | Extrudieren<br>Kalandrieren<br>Spritzgießen<br>Formschäumen | PS, SB, ABS, PVC, PE, PC, modifiziertes PPO |
| blähfähige Einzelteilchen, Pasten | Styropor-Verfahren<br>Trovipor-Verfahren | PS<br>PVC | – | – |
| reaktionsfähige flüssige Ausgangs-komponenten | kontinuierliches oder diskontinuierliches Schäumen (Gießen) in Werkzeugen oder auf Transportbänder | PF, UF, PUR, | Reaktions-Schaumguß (RSG) | PUR |
| | Verspritzen am Ort | PUR, UF | – | – |

## 10.4 Schaumstoffe mit gleichmäßiger Dichteverteilung

Schaumstoffe mit gleichmäßiger Dichteverteilung besitzen über ihren gesamten Querschnitt eine gleichmäßige Zellstruktur, die offen-, geschlossen- oder gemischtzellig sein kann.

An den Randzonen kann sich je nach Schäumverfahren eine Haut bilden, die aber nicht mit der Hautbildung der Integralschäume zu vergleichen ist. Die Herstellung dieser Schaumstoffe kann in die folgenden Verfahren eingeteilt werden:

- □ kontinuierliches Schäumen auf Bandanlagen zur Herstellung von Tafeln, Blöcken oder Sandwichkonstruktionen
- □ diskontinuierliches Schäumen von Blöcken, Tafeln, Sandwichelementen oder Formteilen
- □ Sprühen der Schaumstoffe auf Flächen oder in Hohlräume (Wärmedämmung am Bau)
- □ Streichen von Schaumstoffen auf Gewebebahnen

Für jeden Schaumstoff weichen die Verarbeitungsparameter voneinander ab, so daß die Beschreibung der folgenden Schäumtechniken nicht unbedingt auf verschiedene Kunststoffe übertragen werden kann.

### 10.4.1 Verfahren zur Herstellung von Reaktionsschäumen

Nach allen genannten Verfahren ist es möglich, Polyurethan zu verschäumen. Nicht allein durch die Vielzahl der Verarbeitungsverfahren (Bild 10.2), sondern auch durch die Breite des Eigenschaftsbildes (von weich bis hart) bezeichnet man die **PUR-Schaumstoffe** als die «Schaumstoffe nach Maß». Anhand der PUR- und PF-Schäume sollen die Verfahren erläutert werden.

#### 10.4.1.1 Kontinuierliche Verarbeitung

Bei der **kontinuierlichen Herstellung von PUR-Schäumen** können sowohl Weichschäume als auch Hartschäume hergestellt werden. Dazu wird das Reaktionsgemisch — bestehend aus Diisocyanat, Polyol und Treibmittel — in einer Mischkammer homogen miteinander vermischt und gleichmäßig auf ein Transportband aufgebracht. Nach dem Auftragen reagieren die einzelnen Komponenten miteinander, und das Gemisch treibt durch die Gasbildung des Treibmittels auf. Die Höhe des Schaumblocks kann dabei durch gasdurchlässige Bahnen beim Weichschaum bzw. durch Deckschichten bei harten Sandwichschäumen begrenzt werden. Nach dem Abkühlen können geeignete Schneidvorrichtungen dann eine

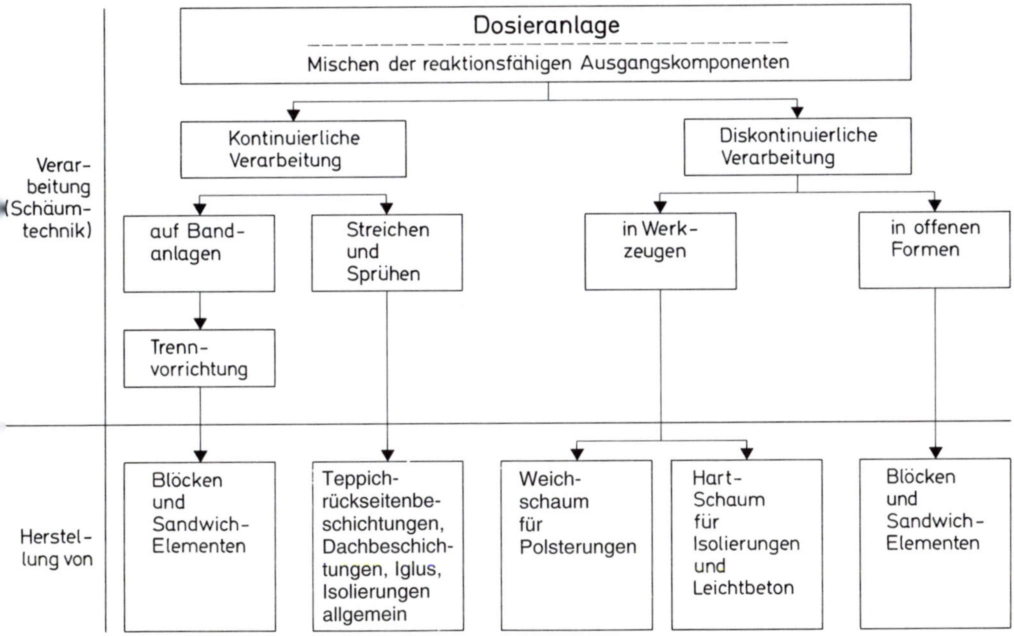


*Bild 10.2 Schema der Verarbeitung von Reaktionsschaum-Kunststoffen am Beispiel von PUR. Beispiele der Herstellung von Halbzeugen und Formteilen*

Trennung in Blöcke oder Tafeln bestimmter Breite und Höhe vornehmen. Bild 10.3 zeigt die schematische Darstellung einer **Blockschaumanlage** nach dem System Hennecke. Ein ebenfalls bekanntes Verfahren, um möglichst rechteckige Querschnitte zu erhalten, arbeitet nach dem System Draka/Petzitakis. Hierbei werden bei Beginn der Reaktion seitliche Bahnen kontinuierlich mit hochgezogen, um das langsame Steigen des Schaumes an den Randzonen gegenüber der Mitte zu vermeiden. Die Breite solcher Blockschaumanlagen beträgt etwa 2 m, die Höhe der Schaumblöcke bis zu 1 m. Auf die Temperaturführung innerhalb des Schaumes muß geachtet werden, weil zu hohe Erwärmung zum Kollabieren der Zellen führen kann.

Bei der Herstellung der **Sandwichelemente** auf Doppeltransportbändern können beidseitig beliebige Deckschichten verwandt werden. Die guten Klebeigenschaften der Polyurethane ermöglichen eine feste Verbindung. Die Höhe des Hartschaumes kann von wenigen Millimetern bis zu etwa 20 Zentimetern variiert werden.

Ähnlich arbeitet das Verfahren zur Herstellung von PF-Schaumplatten. In einem Vormischer werden Harz und Treibmittel (Pentan) vermischt und anschließend in einer Hauptmischkammer mit dem Säurehärter und eventuellem Flammschutzmittel zu einem reaktionsfähigen Gemisch vermengt.

Dieses Gemisch wird dann auf eine Bahn aufgetragen und mit einer Verteilerwalze gleichmäßig verteilt. Über diese Verteilerwalze läuft dann die obere Kaschierungsbahn. Der so hergestellte Schaumkern kann in der Dicke zwischen 20 und 100 mm bei Raumgewichten von 45 bis 200 kg/m$^3$ variieren. Kaschiert werden kann mit Papieren, Folien, Furnieren und Gipskartonplatten.

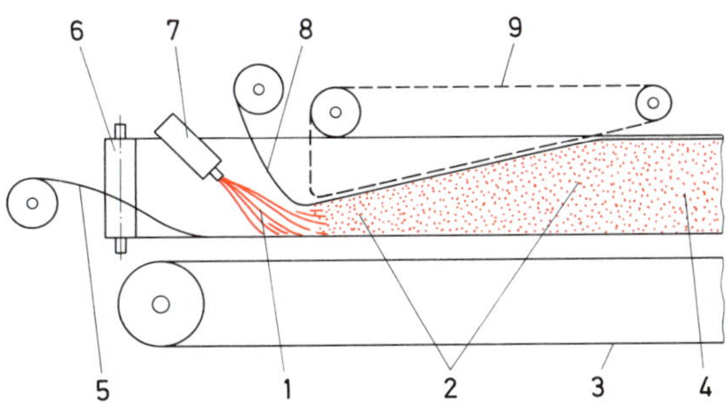


*Bild 10.3 Schema einer Blockschaumanlage nach System Hennecke*
*1 Reaktionsgemisch, 2 Steigprozeß, 3, Transportband, 4 Block-Endphase, 5 Bodenpapiereinlauf, 6 Seitenpapiereinlauf, 7 Mischkopf, 8 gasdurchlässige Bahn, 9 Egalisierungsvorrichtung*

### 10.4.1.2 Diskontinuierliche Verarbeitung

Die Herstellung von Blöcken, Tafeln, Formteilen oder Sandwichelementen soll hier nicht noch einmal behandelt werden, weil die Verfahrenstechnik nicht weit von der kontinuierlichen Herstellung abweicht. Wichtig ist aber die Herstellung von Formteilen aus weichem und hartem PUR-Schaum. Weichschaumformteile finden in der Automobilindustrie große Anwendungsgebiete.
Bei der Verarbeitung unterscheidet man kalthärtende und warmhärtende Systeme. Bei den warmhärtenden Systemen durchläuft das Formteil einen Nachheizprozeß, bevor es entformt werden kann, während kalthärtende Systeme ohne zusätzliche Wärmezufuhr aushärten. Das letztere System ist wohl als günstiger anzusehen, weil neben kürzeren Standzeiten im Werkzeug auch Werkzeuge aus Holz oder Reaktionsharzen verwendet werden können.
Zur Herstellung der Formteile wird das Reaktionsgemisch in das Werkzeug eingetragen. Nach Schließen des Werkzeugs beginnt der Schäumprozeß. Durch die Variation der Eintragsmenge und des Treibmittels kann die Dichte des Schaumes beeinflußt werden. Durch Veränderung einer Ausgangskomponente (meist Diisocyanat) ist es möglich, weitere Eigenschaften zu variieren. Für eine wirtschaftliche Produktion ist es erforderlich, mit mehreren Werkzeugen zu arbeiten, da ein **Zyklus** verhältnismäßig lang ist. Er umfaßt die folgenden Arbeitsschritte:

- □ Einsprühen des Werkzeuges mit Trennmittel
- □ Eintragen des Reaktionsgemischs
- □ Schließen des Werkzeugs
- □ Aufschäumen des Gemischs und Aushärten
- □ Kühlen des Werkzeugs
- □ Öffnen des Werkzeugs und Entnahme des Formteils
- □ Säubern des Werkzeugs

Bei den auf dem Markt befindlichen Dosiermaschinen ist es aber möglich, Werkzeuge mit verschiedenen Volumina hintereinander zu füllen, weil sie meist mehrere Programme für verschiedene Austragsmengen haben. Es ist also nicht unbedingt erforderlich, mehrere Werkzeuge für das gleiche Formteil zu bauen.
Ein ebenfalls interessantes Gebiet ist die Herstellung von **Leichtbaustoffen** — auch bekannt unter dem Begriff Hartschaumleichtbeton — aus Hartschaum. Auch hier eignet sich neben Polyester- und Epoxidharzen vortrefflich PUR.
In ein Werkzeug, das je nach Größe durch Stützkonstruktionen abgesichert oder in einer Presse gespannt sein sollte, wird der Füllstoff eingegeben. Als Füllstoff eignet sich vom Gewicht her besonders Blähton. Dazu wird dann das reaktionsfähige Gemisch eingetragen und das Werkzeug verschlossen. Beim Treibprozeß umschließt der Schaum den Füllstoff. Nach Aushärtung ist ein Leichtbaustoff mit guten mechanischen Eigenschaften entstanden. In das Werkzeug können als Deckschichten andere Werkstoffe eingegeben werden, wie zum Beispiel Hartfaserplatten, Gipskarton, Holz oder Keramikplatten.
Im Prinzip kann mit den gleichen Dosier- und Mischaggregaten auch bei der Phenolharzverschäumung gearbeitet werden, jedoch müssen die Aggregate wegen der Säurehärter korrosionsfest ausgelegt sein. Phenolharzschäume lassen sich ebenfalls als Blockware und als Sandwichelemente herstellen. Hervorzuheben sind bei diesem Schaumstoff besonders die Schwerentflammbarkeit und die mögliche Verarbeitung mit heißem Bitumen.
Das Werkzeug für die PF-Verschäumung kann aus Spanplatten oder Sperrholz gefertigt sein. Es sollte vor Einbringen des Reaktionsgemisches auf etwa 50 °C vorgewärmt werden. Das Schaumgemisch muß innerhalb von 3 min in das Werkzeug eingebracht werden; der Schäumprozeß läuft dann innerhalb von 3 bis 6 Stunden in der Wärmekammer ab.
Zum besseren Ablösen des Schaumblocks empfiehlt es sich, das Werkzeug mit Papier oder Folie auszulegen. Da bei der Reaktion Formaldehyddämpfe entstehen, sollte in der Wärmekammer eine Absaugung vorgesehen werden.

### 10.4.1.3 Sprühen und Streichen

Zur Herstellung von Schaumstoffen durch **Sprühen** eignen sich PUR, PF und UF. Dieses Verfahren ist in der Hauptsache zum Verschäumen der Reaktionskomponenten «am Ort» interessant. Mit PF- und UF-Schaum werden nachträglich Hohlräume zwischen Mauerwerk und Fassade, aber auch Installationsschlitze, Fugen und Zwischenwände ausgeschäumt. Mit PUR können zusätzlich zum gleichen Einsatzgebiet auch noch Dächer beschichtet und Iglus geschäumt werden. Es eignen sich dazu transportable Dosieranlagen. In der letzten Zeit sind im Handel für diese und weitere Anwendungsgebiete auch handliche 1-kg-Dosen zu sehen, bei denen das reaktionsfertige Gemisch unter Druck austritt und aufschäumt. Diese Gemische benötigen zum Härten ausreichend Luftfeuchtigkeit. Zum **Streichen** eignet sich von den reaktionsfähigen Kunststoffen wiederum nur PUR. Es wird hauptsächlich zur Beschichtung von Teppichrückseiten eingesetzt.

### 10.4.1.4 Schäumanlagen

Zur Verschäumung von Polyurethan und anderen Reaktionskunststoffen bietet der Markt heute eine Vielzahl von **Dosiergeräten** an. Die Palette reicht von einfachen transportablen Ge-

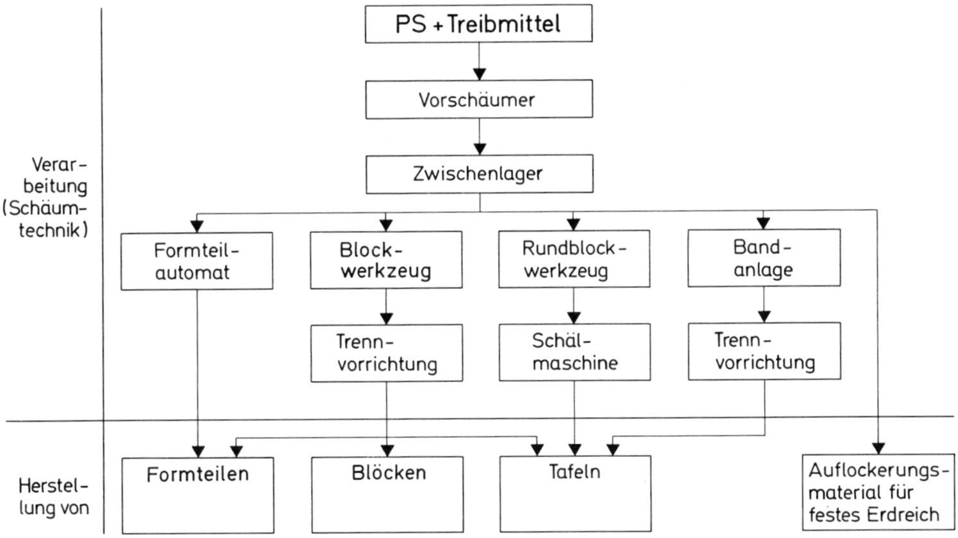


*Bild 10.4 Schema der Verarbeitung von EPS mit Anwendungsbeispielen*

räten für den Baustelleneinsatz bis zu stationären Dosiergeräten mit hohen Austragsleistungen und 12 und mehr Programmen. Der Verarbeiter hat die Wahl zwischen Hochdruck- und Niederdruckmaschinen, zwischen Hand- und Anbaumischkopf. Die Vermischung der Komponenten im Mischkopf kann durch eine Rührwerksvermischung, aber auch durch Hochdruckinjektionsvermischung erfolgen. Eine Gegenüberstellung der Anlagen ist in Abschnitt 10.5.1 aufgeführt.

## 10.4.2 Verfahren zur Herstellung von Thermoplastschäumen

Das bekannteste Verfahren zur Herstellung von **Thermoplastschäumen** mit gleichmäßiger Dichteverteilung ist das **Styroporverfahren.**

### 10.4.2.1 Styropor-Verfahren

Ausgangsprodukt sind blähfähige Einzelteilchen (Perlgranulate), die einen Anteil von etwa 5% Pentan enthalten. Durch Beaufschlagung von Wasserdampf siedet das Treibmittel Pentan, und die Perlen blähen sich zu kleinen Kugeln auf. Die Volumenvergrößerung beträgt etwa das 40fache. Nach einer Zwischenlagerungszeit, die 6 bis 48 Stunden dauern kann, werden die Polystyrolkügelchen in ein Blockwerkzeug eingefüllt und wieder mit Wasserdampf beaufschlagt. Dabei blähen sich die Kügelchen nochmals auf und verschweißen miteinander.

Während der Zwischenlagerungszeit, die üblicherweise bei Raumtemperatur durchgeführt wird, sollen die Schaumstoffteilchen trocknen und den beim Vorschäumen erlittenen Unterdruck durch Aufnahme von Luft ausgleichen. Daher erfolgt die Zwischenlagerung in Silos aus luftdurchlässigem Gewebe oder nichtrostendem Metall. Nach der Zwischenlagerung sind die Kügelchen elastisch und sollen zum Fertigschäumen noch einen Anteil von etwa 3% Pentan enthalten.

Zum Fertigschäumen werden Blockwerkzeuge mit allseitig perforierten Wänden benutzt. Die Werkzeuge werden vollständig mit zwischengelagertem Material gefüllt und mit Dampf von 110 bis 120 °C beaufschlagt. Andere Heizmedien wie Warmluft oder Hochfrequenzenergie werden nur in Sonderfällen eingesetzt. Um die Verweilzeit im Blockwerkzeug zu verkürzen, kann mit Wasser gekühlt werden. Der fertige Block kann nach einer bestimmten Trockenzeit durch geeignete Trennvorrichtungen zerteilt werden. Formteile für dekorative Zwecke oder Verpackungen können auch direkt in Formteilautomaten hergestellt werden. Die Möglichkeiten zeigt Bild 10.4.

### 10.4.2.2 Verschäumungstechnik

Das Vorschäumen von expandierbarem Polystyrol (EPS) kann sowohl kontinuierlich als auch diskontinuierlich erfolgen. Die Bilder 10.5 und 10.6 zeigen beide Vorschäumgeräte.

Diskontinuierliche Vorschäumer werden vorwiegend für Sondergebiete und zum Vorschäumen auf sehr niedrige Schüttdichten eingesetzt, wäh-

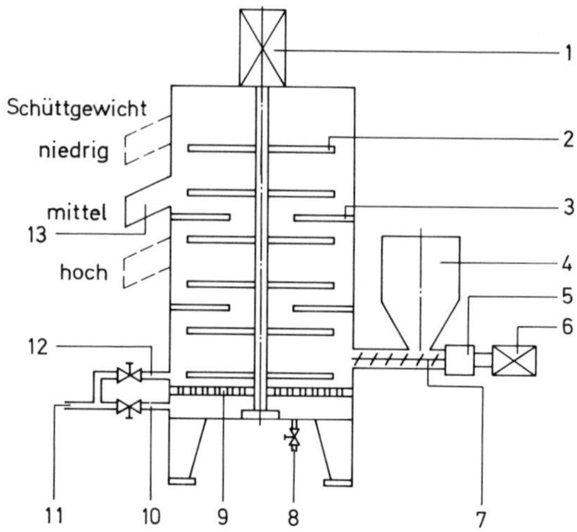


1 Rührwerk-Motor
2 Schaufelrührer
3 Brechschaufel
4 Einfülltrichter
5 stufenloses Getriebe
6 Schnecken-Motor
7 Dosierschnecke
8 Kondensatablaß
9 Siebboden
10 Bodenbedampfung
11 Dampfzuführung
12 Seitenbedampfung
13 Entleerungsschacht, zur Schüttgewicht-Einstellung höhenverstellbar

*Bild 10.5 Skizze eines kontinuierlichen Vorschäumers*

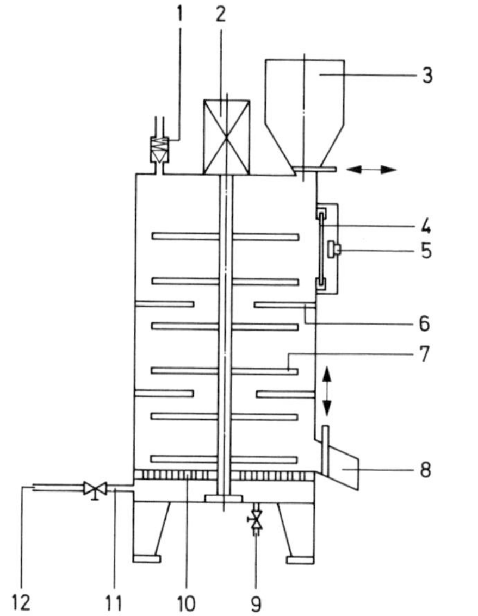


1 Sicherheitsventil
2 Rührwerk-Motor
3 Einfülltrichter
4 Schauglas
5 verstellbare Fotozelle zur Schüttgewicht-Einstellung
6 Brechschaufel
7 Schaufelrührer
8 Entleerungsschacht
9 Kondensatablaß
10 Siebboden
11 Bodenbedampfung
12 Dampfzuführung

*Bild 10.6 Skizze eines diskontinuierlichen Vorschäumers*

rend sich kontinuierlich arbeitende Geräte aufgrund der hohen Durchsatzmengen für die laufende Produktion eignen. Die Dampftemperatur sollte nicht über 106 °C liegen, was mit Sattdampf (möglichst trockener Dampf) von etwa 1,3 bar erreicht wird. Die gewünschten Schüttgewichte — in der Regel liegen sie zwischen 15 und 40 g/l — können durch die Menge des Dampfes oder des eingespeisten Materials eingestellt werden. In seltenen Fällen geschieht dies nur noch durch Einstellen des Überlaufs, wie in Bild 10.5 dargestellt ist.
Auf die für die Zwischenlagerung notwendigen Silos wurde bereits eingegangen. Es muß aber noch erwähnt werden, daß das dabei frei werdende Pentan schwerer ist als Luft und sich daher in Bodennähe absetzt. Auf die Sicherheitsvorschriften ist streng zu achten!
Das Fertigschäumen geschieht in Blockwerkzeugen, auf Bandanlagen oder in Formteilautomaten. Bei Automaten wird das Formteil in einem Werkzeug mit Dampf beaufschlagt und im zweiten Werkzeug gekühlt. Der Vorteil dieser Technik liegt in einer Zykluszeitverkürzung und einer hohen Energieeinsparung.

Bei der kontinuierlichen Herstellung von EPS-Platten auf Bandanlagen werden die vorgeschäumten Kügelchen in einen Tunnel eingebracht und ausgeschäumt. Die Tunnelwände bestehen aus dampfdurchlässigen Bändern oder Metallkästen. Beim Transport der Kügelchen durchlaufen diese zuerst eine Dampfzone und dann eine Kühlzone, bevor sie dann als verschweißtes Endlosband auf entsprechende Plattenlänge abgetrennt werden.
Bandanlagen konnten sich jedoch bislang auf dem Markt nicht durchsetzen. Der Grund dafür liegt wohl auch in der Tatsache, daß PS beim Schäumvorgang nicht (wie PUR) gleichzeitig mit anderen Werkstoffen verklebt. Bei Sandwichkonstruktionen müssen daher Klebstoffe verwendet werden.
Ebenso wie der Polystyrol-Partikelschaum ist seit einiger Zeit der **Polypropylen-Partikelschaum (EPP)** als Ergänzung auf den Markt gekommen. Dieser bietet eine hohe Energieabsorption bei niedrigem Gewicht besonders bei dynamischer Beanspruchung und nach mehrfacher Stoßbelastung. Die zusätzlich gute Beständigkeit gegen Chemikalien und Öle in Verbindung mit geringer

Wasseraufnahme sowie die problemlose Recyclingfähigkeit haben zu vielfältigen Anwendungen hauptsächlich im Automobilbau, wie für Einlagen in Stoßfängern, Seitenaufprallschutz, Kniepolster, Kopfstützen usw., geführt. Der Trend geht in die Entwicklung von Voll-PP-Textilien oder talkumverstärkten PP-Trägern.
Die Werkzeuge für das Schäumen sollten aus nicht rostendem Stahl, Aluminium bzw. Al-Legierungen gefertigt werden. Alle Maschinenelemente bedürfen einer entsprechenden Rostvorsorge.

#### 10.4.2.3 Trovipor-Verfahren

PVC gehört zu den Kunststoffen, die durch Variation der Zusatzstoffe in ihren Eigenschaften für die verschiedensten Anwendungszwecke eingestellt werden können. Dies gilt gleichermaßen für geschäumtes PVC. Es lassen sich Porenstruktur, Härte und Tieftemperaturelastizität variieren. Ausgangsprodukt für den PVC-Schaum ist eine Paste, die unter Druck mit inerten Gasen durchsetzt wird. Das so unter Druck stehende Gemisch wird mit Hilfe eines Sprühkopfs auf ein Transportband aufgebracht und gelatiniert. Die Gelatinierung erfolgt in einem Hochfrequenzfeld, die Stabilisierung der Bahnen dann in einer Nachheiz- und Kühlzone. Nach diesem Verfahren können Bahnen in verschiedenen Dicken hergestellt werden. Die hierfür benötigten Anlagen ähneln in ihrer Arbeitsweise den Anlagen für die Verschäumung von PUR und PF.

## 10.5 Integralschaumstoffe

**Integral-** oder auch **Strukturschaumstoffe** sind Schaumstoffe mit einem zelligen Kern und einer geschlossenen Außenhaut.

Sie stellen eine Weiterentwicklung der Sandwichkonstruktion dar, verbinden also eine niedrige Dichte im Innern mit einer hohen Dichte außen. Dadurch ergibt sich eine hohe Steifigkeit der Bauteile. Druckfestigkeit und Abriebfestigkeit werden ebenfalls erhöht.
Integralschaumstoffe können nach verschiedenen Verfahren hergestellt werden, und zwar durch Kalandrieren, Extrudieren, Spritzgießen (siehe Abschnitt 8.3) und durch das Reaktionsschaumgießen. Das Reaktionsschaumgießen soll in diesem Abschnitt näher beschrieben werden.

### 10.5.1 Reaktionsschaumgießen

Die Entwicklung des **Reaktionsschaumgießens,** kurz RSG, erfolgte mit PUR. Zur Herstellung von Formteilen wird das reaktionsfähige Gemisch, Diisocyanat und Polyol, mit Treibmitteln und Zusatzstoffen versehen, in ein Werkzeug eingefüllt. Durch die bei der Reaktion frei werdende Wärme wird das flüssige **Treibmittel** gasförmig und bläht das flüssige Gemisch auf. Bei Drücken von 3 bis 6 bar wird das Werkzeug vollständig gefüllt, wobei durch entsprechende Werkzeugtemperierung und gute Wärmeableitung sich das Gemisch in den Randzonen verdichtet, die Zellen also kollabieren. Durch die niedrigen Schaumdrücke ist es möglich, auch große Formteile ohne großen Werkzeugaufwand herzustellen. Die Standzeit im Werkzeug ist auch bei dickwandigen Formteilen kurz, weil nach Ausbildung einer ausreichend stabilen Randzone das Formteil entformt werden kann. Die Vernetzungsreaktion der Duroplaste bietet hier gegenüber den Thermoplasten Vorteile. Die Rohstoffhersteller bieten dem Verarbeiter für die RSG-Technik fest formulierte Systeme an, bei denen der Anteil Diisocyanat für eine entsprechende Menge Polyol genau berechnet ist.
Die Dichte der Formteile (Bild 10.7) kann durch die Menge der Eingabe in das Werkzeug und den

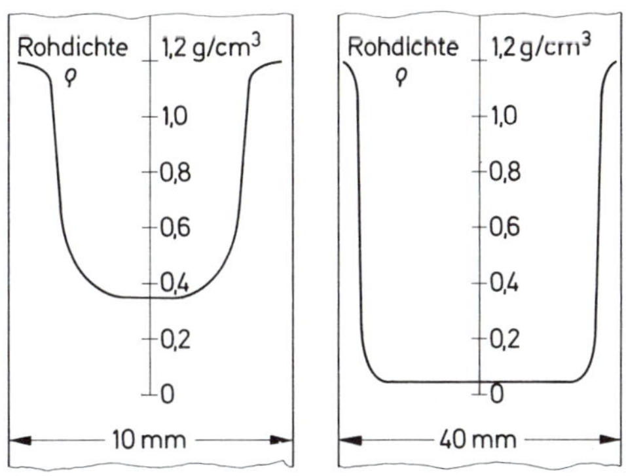


*Bild 10.7 Schematische Darstellung der Dichteverteilung von PUR-Integralschaum über dem Querschnitt*

Treibmittelgehalt bestimmt werden. Mit steigender Dichte wächst aber nicht nur das Gewicht der Formteile, sondern es wachsen auch die mechanischen Eigenschaften. Für tragende Bauteile sollte also immer eine höhere Dichte – im Mittel um 0,6 g/cm$^3$ – angestrebt werden. Ein Nachteil der Polyurethane liegt in der Vergilbung der Formteile. Eine Lösung suchte man anfangs in der Lackierung der Formteile. Weil aber das Trennmittel nicht immer restlos zu entfernen ist, ist der Ausschuß sehr hoch. Das Einfärben der Polyurethane ist zwar möglich, jedoch stellt sich auch hier mit einer gewissen Zeitverzögerung eine Vergilbung ein. Eine Lösung dieses Problems wird heute vielfach durch das IMC-Verfahren erreicht. Beim IMC-Verfahren (in-mould-coating) wird nach dem Auftragen des Trennmittels ein 1- oder 2-Komponenten-Lack in das Werkzeug eingebracht. Nach dem Trocknen wird dann das Werkzeug geschlossen und ausgeschäumt. Die so hergestellten Formteile sind gleich lackiert und haben je nach verwendetem Trennmittel eine matte bis glänzende Oberfläche. Eine aufwendige Nachbearbeitung der Teile bleibt erspart.

Zwei wichtige Punkte sind von der Verfahrenstechnik her noch zu berücksichtigen, die **Schutzmaßnahmen** gegenüber physiologisch bedenklichen Substanzen und die Lagerung der Rohstoffe.

Bei der Verarbeitung muß das Bedienungspersonal, an das von der Qualifikation hohe Anforderungen gestellt wird, unbedingt Handschuhe, Schutzbrille und Schutzkleidung tragen. Isocyanate und auch Zusatzstoffe, die dem Polyol beigegeben sind, können gesundheitliche Schäden hervorrufen. Aus dem Mischkopf austretende Masse läßt sich von der Kleidung und von der Haut sehr schlecht entfernen. Die Lagerung der Ausgangskomponenten soll bei Raumtemperatur erfolgen, die Vorratsbehälter sollen nach Möglichkeit ein Rührwerk besitzen, um Entmischungen beim Polyol zu vermeiden. Das Isocyanat neigt bei tieferen Temperaturen und bei Aufnahme von Feuchtigkeit zum Auskristallisieren. Eine Aufbereitung ist dann sehr schwierig.

#### 10.5.1.1 RSG-Anlagen

Eine Anlage für die Verarbeitung von **PUR-Integralschaum** besteht in der einfachsten Form aus einer Dosieranlage (Bild 10.8) und einem Werkzeugträger. Durch die Wahl einer Dosieranlage mit mehreren Programmen kann die Zahl der Werkzeugträger beliebig erhöht werden.

Die lange Standzeit im Werkzeug macht es erforderlich, daß von einer Dosieranlage so viele Werkzeuge gefüllt werden, daß die Anlage ausgelastet ist.

**Tabelle 10.2 Gegenüberstellung von Hochdruck- und Niederdruckgeräten**

| | Hochdruckgeräte | Niederdruckgeräte |
|---|---|---|
| Pumpen | Kolbenpumpen | Zahnradpumpen |
| Arbeitsdrücke | 150 bis 300 bar | 10 bis 40 bar |
| Viskosität der Flüssigkeiten | 3 bis 1500 mPa · s | 50 mPa · s |
| Materialkreislauf | möglich | möglich, bei Schraubenspindelpumpen |
| Einsatz mehrerer Mischköpfe | möglich | nicht möglich |
| Mischungsprinzip | Injektionsvermischung | Rührwerksvermischung |
| Mischkammervolumen<br>bei 2 l/min<br>bei 200 l/min | <br>0,5 cm$^3$<br>2,5 cm$^3$ | <br>ca. 30 cm$^3$<br>ca. 750 cm$^3$ |
| Materialverlust | niedrig | hoch |
| Anbau am Werkzeug | möglich | nicht möglich |
| Reinigung | leicht, mit Druckluft oder durch Entformen des Angusses mit Mischkammer | aufwendig, durch Lösemittel und Druckluft |

*Bild 10.8 Schema einer ND-Schäummaschine mit Rezirkulation der Komponenten*

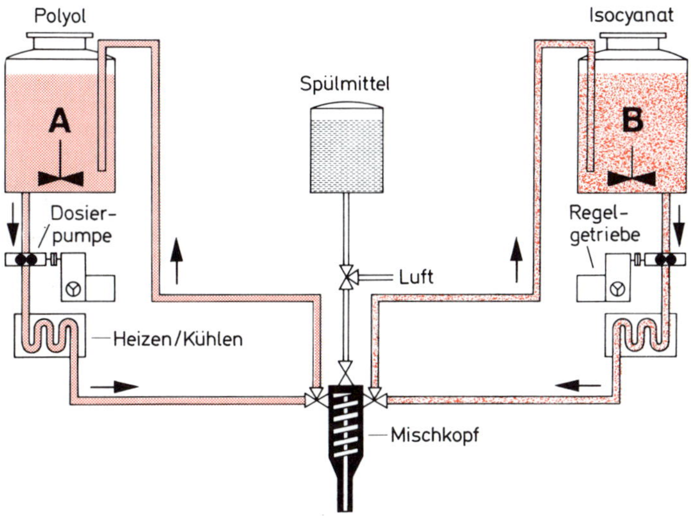


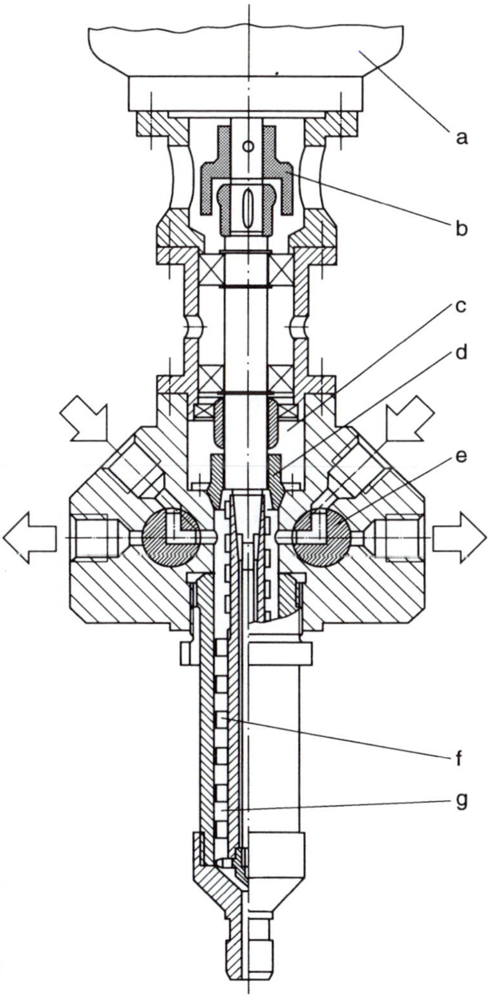


*Bild 10.9 Rührwerksmischkopf für intermittierenden Betrieb*
*a Antriebsmotor, b Kupplung, c Schmierflüssigkeitsanlage, d Gleitringdichtung, e Umschaltorgan, f Blattrührer, g Mischkammer*

Wichtig für die Auswahl einer **Dosieranlage** sind die **Förder- und Dosierpumpen** sowie die Art der Vermischung der Komponenten. Tab. 10.2 zeigt die Kriterien in einer Gegenüberstellung. Es hat sich in den letzten Jahren herausgestellt, daß sich der Markt zugunsten der Hochdruckgeräte entwickelt hat, weil sie eine bessere und genauere Dosierung ermöglichen und im Reinigungsaufwand problemloser sind.

#### 10.5.1.2 Mischköpfe

Zum Mischen der Komponenten und zum Austragen des Reaktionsgemisches dient der sog. **Mischkopf,** der wegen seiner Bedeutung auch als Herz der Anlage bezeichnet wird. Die Mischbedingungen müssen während des gesamten Arbeitsschrittes konstant bleiben.
Man unterscheidet im wesentlichen zwischen **Rührwerksmischung** und **Gegenstrom-Injektionsmischung.**
Rührwerksmischköpfe werden bei Niederdruckverfahren eingesetzt. Sie unterscheiden sich durch die Form der Rührer. In Bild 10.9 ist ein Rührwerksmischer mit Blattrührern dargestellt. Weit größere Bedeutung haben die Injektionsmischköpfe und die Hochdruckverfahren (bis 300 bar). Alle modernen Injektionsmischköpfe arbeiten nach dem Kreislaufprinzip. Bild 10.10 zeigt einen Hochdruck-Nadeldüsen-Mischkopf. Es ist wichtig, daß sich die Mischköpfe problemlos reinigen lassen.

#### 10.5.1.3 Werkzeugträger

Grundsätzlich ist es möglich, PUR-Schaumteile in Werkzeugen ohne **Werkzeugträger** herzustellen. Es reicht aus, das Werkzeug mit Scharnieren zu versehen und von Hand zu verriegeln.
Nicht mehr möglich ist dies bei den in der Automobilindustrie und im Bauwesen eingesetzten **RIM-** und **RRIM-Verfahren,** da bei diesen Werkzeugen weit höhere Expansionsdrücke vorliegen. Hier sind zur Aufnahme der Werkzeuge schwenkbare Werkzeugträger erforderlich.

Die Forderungen an Werkzeugträger lauten:

- □ möglichst große Aufspannflächen
- □ Schwenkbarkeit der Werkzeuge in allen Ebenen

RIM (Reaction injection moulding) und RRIM (Reinforced reaction injection moulding) sind Abkürzungen für Verfahren, nach denen großflächige Teile aus unverstärkten und verstärkten PUR-Schaumstoffen auf Hochdruckanlagen hergestellt werden.

*Bild 10.10 Schematische Darstellung des Nadeldüsen-Mischkopfes, Bauart Hennecke*
*a Injektionsdüsen, b Einstellvorrichtung für Injektionsdruck, c Mischkammer, d Reinigungskolben*

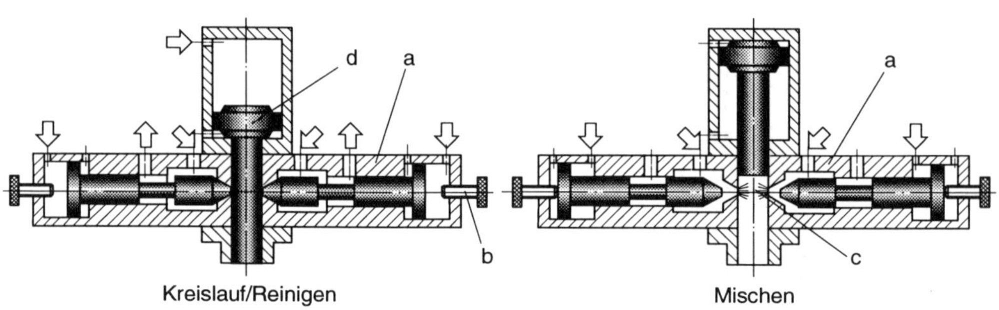

#### 10.5.1.4 Werkzeuge

Die **Werkzeuge** für die RSG-Verarbeitung können aus allen Werkstoffen gebaut werden, die den Schäumdrücken von 3 bis 6 bar standhalten. Das können Holzwerkstoffe, Polyester-, Epoxid- oder auch Silikonharze, Aluminium und Stahl sein. Die Stückzahl entscheidet meist über die Auswahl des Materials. Wie schon vorher erwähnt, ist für die Ausbildung der Randzone die Wärmeableitung und die Temperierung (etwa 40 bis 60 °C) der Werkzeugwerkstoffe von entscheidender Bedeutung.

Für eine Serienproduktion kommen aus diesem Grund nur Aluminium und Stahl in Frage; für Versuchszwecke und Kleinserien reichen Reaktionsharze mit anorganischen Füllstoffen.

Für eine gute Oberfläche der Formteile sollen die Werkzeuge fehlerfrei sein, weil PUR eine besonders gute Abformung erlaubt. Die Auswahl eines geeigneten Trennmittels ist für die Entformbarkeit wichtig. Neben der Lage des Werkzeugs beim Einspritzen ist die Ausbildung der Trennebenen für das Entweichen der Luft entscheidend. Die Trennebenen sollen also gasdurchlässig sein, aber die Bildung von Schwimmhäuten vermeiden.

#### 10.5.1.5 Nachbehandlung

Die entstandenen Grate an den Trennflächen, das Vergilben der Polyurethanharze und das anhaftende Trennmittel erfordern eine Nachbehandlung der Formteile. Zum Entfernen der Grate können Putzmaschinen, Dreikantenschaber, Schleifpapier oder Raspeln verwendet werden.

Die Oberfläche muß vor einer weiteren Veredlung von Trennmittelresten gesäubert werden. Bei glattflächigen Teilen gestaltet sich diese Nacharbeit weniger schwierig, bei Formteilen mit Ornamentstruktur kann es aber zu Problemen kommen.

Grundsätzlich unterscheidet man ein mechanisches und chemisches Bearbeiten der Teile. Mechanisch kann der Abtrag durch Schleifen oder Strahlen erfolgen, allerdings ist in der Regel eine Verminderung der mechanischen Eigenschaften die Folge. Chemisch kann die Reinigung durch Lösungsmittel vorgenommen werden. Hier empfiehlt sich das Bedampfen der Oberflächen, weil beim Waschen die Bäder durch Vermischen mit Trennmittel oft ausgewechselt werden müssen.

Die Lackierung der PUR-Formteile selbst ist dann problemlos, weil Lacke vom gleichen chemischen Aufbau im Handel sind.

### 10.5.2 Drucklose Schäumtechnik

Ein zweites Verfahren zur Herstellung von PUR-Integralschäumen ist die **drucklose Schäumtechnik** oder auch kurz DST-Verfahren genannt. Dieses Verfahren ist abgeleitet aus dem Rotationsformen. In ein Werkzeug wird zuerst ein Gemisch für die Ausbildung der Randzonen eingetragen, das kein Treibmittel enthält. Durch Rotation wird dann das Material gleichmäßig im Werkzeughohlraum verteilt. Danach wird ein mit Treibmittel versetztes Gemisch eingefüllt, das durch den Schäumprozeß den Hohlraum ausfüllt. Der Vorteil dieses Verfahrens liegt in der gleichmäßig dick ausgebildeten Randzone, jedoch dürfte die aufwendige Verfahrenstechnik die Grenze für die Anwendbarkeit aufzeigen.

# 11 Verarbeitung faserverstärkter Kunststoffe

## 11.1 Allgemeines

Grundsätzlich kann man jeden Kunststoff durch faserförmige Materialien verstärken. Üblich ist das Verstärken mit Fasern bei Reaktionsharzen (z.B. UP-Harzen, EP-Harzen) und bei einigen Thermoplasten (z.B. PE, PP, PA, POM). Durch das Verstärken mit Fasern entstehen **Verbundwerkstoffe,** die sich gegenüber den unverstärkten Stoffen durch einen wesentlich höheren Elastizitätsmodul (d.h. höhere Steifigkeit und damit höhere Belastbarkeit) auszeichnen.

In diesem Kapitel werden nur die mit Endlos- bzw. Langfasern (bis 50 mm) verstärkten Kunststoffe behandelt. Die Verarbeitung der kurzfaserverstärkten Kunststoffe (meist Thermoplaste) erfolgt nach dem für Thermoplastformmassen üblichen Verfahren und wird an entsprechender Stelle behandelt.
Die hier angesprochenen faserverstärkten Kunststoffe sind unter der Bezeichnung **Faserverbundwerkstoffe** (FVW) bekannt.

## 11.2 Werkstoffkomponenten für FVW

### 11.2.1 UP-Harz-Systeme

#### Harze

**Ungesättigte Polyesterharze** gehören zu den härtbaren Formmassen. Es sind meist Lösungen von ungesättigten Polyestern in ungesättigten bzw. reaktionsfähigen Lösungsmitteln, z.B. Styrol. Ungesättigte Polyester entstehen in einer chemischen Reaktion aus einer Mischung von gesättigten und ungesättigten organischen Säuren einerseits und 2-wertigen Alkoholen andererseits. Solche Reaktionen nennt man **Veresterungen**.
Stoffbeispiele für die Erzeugung von ungesättigten Polyestern sind
gesättigte organische Säuren:
Adipinsäure, Isophthalsäure
ungesättigte organische Säuren:
Fumarsäure, Maleinsäure
2-wertige Alkohole:
Ethylenglykol, Butandiol

Werden ungesättigte Polyester in reaktionsfähigen Lösungsmitteln gelöst, entstehen **ungesättigte Polyesterharze (UP-Harze),** das sind mehr oder weniger zähflüssige Massen (Viskositäten etwa 500 bis 1000 mPa s), die infolge der vorhandenen Doppelbindungen (von ungesättigten Säuren und vom Styrol) noch reaktionsfähig sind **(Reaktionsharze).** Je nach Wahl der Ausgangsstoffe unterscheidet man Standardharze, wärme- oder chemikalienbeständige Harze, elastische Harze, Harze mit Brandschutzausrüstung, schwindungsarme Harze (Low Profile Harze) u.a.
Das Verhältnis gesättigte Säuren zu ungesättigten Säuren sowie der Anteil Styrol bestimmen die Reaktivität der Harze. Ein höherer Anteil von ungesättigten Säuren ergibt höher reaktive Harze und umgekehrt.

Bei vielen Verarbeitungsverfahren bezieht der Verarbeiter das reine, ungesättigte Polyesterharz und stellt den gebrauchsfertigen Harzansatz (Harz + Reaktionsmittel + Zusatzstoffe) selbst her.
Beim Verarbeiten von **Preßmassen** sind die Reaktionsmittel und Zusatzstoffe (einschließlich der Faserverstärkungen) bereits in der Preßmasse enthalten. Man unterscheidet zwischen rieselfähigen und teigigen Preßmassen. Bei ungesättigten Polyesterharzen haben teigige Preßmassen in Form von vorimprägnierten Glasfasermatten oder -geweben besondere Bedeutung. Formmassen dieser Art heißen flächige Preßmassen oder **Prepregs** (von **preimpreg**nated). Über das Verarbeiten von Preßmassen aus UP-Harzen wird in Kapitel 9 berichtet.
Um den vorgeschriebenen MAK-Wert (MAK = maximale Arbeitsplatzkonzentration) für Styrol einzuhalten, bieten die Rohstoffhersteller Harze an, die feinverteilte Paraffinteile enthalten. Beim Laminieren schwimmen diese Paraffine an die Oberfläche und bilden eine styroldichte Schicht, die die Styrolverdunstung um mehr als 50% absenkt. Die so formulierten Harze sind unter der Bezeichnung **Milieuharze** bekannt.

#### Reaktionsmittel

Die Vernetzung (Härtung) der UP-Harze beruht darauf, die noch vorhandenen Doppelbindungen aufzusprengen und so die Moleküle miteinander zur Reaktion zu bringen. Das kann man erreichen durch Härter und Wärme **(Warmhärtung)** oder durch Härter und Beschleuniger **(Kalthärtung).** Härter und Beschleuniger heißen **Reaktionsmittel.** Bei der Anwendung von Wärme und Reaktionsmitteln polymerisiert das Styrol, wobei

die ungesättigten Polyester in den entstehenden Werkstoffverbund eingebaut werden. Die Härtung (Vernetzung) der UP-Harze ist eine **Copolymerisation,** während man die Bildung eines ungesättigten Polyesters den Polykondensationen zurechnet.
Für die Härtung von UP-Harzen sind organische Peroxide als Härter und Amin- bzw. Kobaltverbindungen als Beschleuniger von Bedeutung. Wichtige Vertreter dieser Verbindungen sind z.B.

**Härter:**
Benzoylperoxid (aus der Gruppe der Diaroylperoxide),
Methylethylketonperoxid und Cyclohexanonperoxid (aus der Gruppe der Ketonperoxide).

Die Wirkungsweise der Härter beruht darauf, daß sie bei einer bestimmten Temperatur (Anspringtemperatur) zerfallen.

**Beschleuniger:**
Kobaltnaphthenat und Kobaltoctoat (aus der Gruppe der Kobaltbeschleuniger) und Dimethylparatoluidin, Dimethylanilin und Diethylanilin (aus der Gruppe der Aminbeschleuniger).

Beschleuniger verursachen ebenso wie die Wärme einen Zerfall der Härter.
Je nach verwendeten Reaktionsmitteln unterscheidet man bei UP-Harzen verschiedene Härtungssysteme, die in Tabelle 11.1 gegenübergestellt sind.

Härter und Beschleuniger sind kühl und getrennt voneinander zu lagern. Sie dürfen nur nacheinander mit dem UP-Harz vermischt werden!

### 11.2.2 EP-Harz-Systeme

#### Harze

Auch die **Epoxidharze** gehören zu den härtbaren Formmassen. Es sind flüssige oder feste Stoffe, die mehr als eine Epoxidgruppe im Molekül aufweisen. EP-Harze können auf vielerlei Weise hergestellt werden. Einer der wichtigsten Typen basiert auf den Ausgangsstoffen Epichlorhydrin mit der reaktionsfähigen Epoxidgruppe und Bisphenol A mit den reaktionsfähigen Hydroxylgruppen. In einem Kondensationsprozeß entstehen aus diesen Stoffen reaktionsfähige Epoxidharze. EP-Harze haben Viskositäten bis zu 10000 mpas, sie werden daher vor der Formgebung häufig mit reaktiven Verdünnern vermischt. Auch EP-Harze kommen neben der zähflüssigen Form als Prepregs oder rieselfähige Formmassen zur Verarbeitung. Hier gilt bezüglich der Zuschlagstoffe und der Verarbeitungsverfahren das gleiche wie bei den UP-Harzen.

#### Reaktionsmittel

Als Reaktionsmittel für EP-Harze dienen basische, saure oder katalytisch wirkende Härter. Außerdem werden Beschleuniger und reaktive Verdünner eingesetzt. Die Härtung der EP-Harze verläuft grundsätzlich anders als die der UP-Harze (vgl. Abschnitt 11.3); sie kann sowohl als Kalthärtung (20–60 °C) oder als Warmhärtung (75–130 °C) ausgeführt werden, die letztere hat die weitaus größere Bedeutung.
Aminhärter sind sehr reaktionsfreudig, die Härtung verläuft schnell und ist exotherm (kurze Gebrauchsdauer der Harzansätze). Harzansätze mit Säurehärtern haben längere Gebrauchsdauer und Härtezeiten. Bei der Säurehärtung entsteht als Spaltprodukt (der Kondensation) Wasser. Katalytische Härtungen spielen nur eine untergeordnete Rolle.

**Tabelle 11.1 Übliche Härter und Härter-Beschleuniger-Kombinationen für UP-Harze**

| Härter (Lieferform) | Anspringtemperatur bei Warmhärtung °C | Beschleuniger bei Kalthärtung (Lieferform) |
|---|---|---|
| Benzoylperoxid (BP) (pastös, fest) | 70 | Dimethylanilin (flüssig) |
| Methylethylketonperoxid (MEKP) (flüssig) | 80 | Kobaltoctoat (flüssig) |
| Cyclohexanonperoxid (CHP) (flüssig, pastös, fest) | 90 | Kobaltoctoat (flüssig) |

**Tabelle 11.2 Stoffbeispiele für EP-Harz-Härter sind:**

| Härtergruppe | chem. Bezeichnung | Beispiele |
|---|---|---|
| Basische Härter | mehrfunktionelle Amine oder Amide | m-Phenylendiamin (Warmhärtung)<br>Triethylentetramin (Kalthärtung) |
| Saure Härter | Säureanhydride | Phthalsäureanhydrid (Warmhärtung)<br>Maleinsäureanhydrid (Warmhärtung) |
| Katalytisch wirkende Härter | Amine, Fluoride | Triethylamin (Warm- u. Kalthärtung)<br>Bortrifluorid (Warm- u. Kalthärtung) |

### 11.2.3 Verstärkungsfasern

Als **Verstärkungsfasern** finden vorrangig Glasfasern Verwendung, die meist als sogenannte Endlosfasern in einem Schmelzspinnverfahren hergestellt werden (Durchmesser der Spinnfaser 10 bis 20 μm). Da sie nach den in der Textiltechnik üblichen Verfahren verarbeitet werden können (Zwirnen, Weben), nennt man sie auch textile Glasfasern.
Um die Haftung der Glasfasern mit dem Reaktionsharz zu verbessern, sind sie mit sogenannten Haftvermittlern versehen (haftmittelhaltige Schlichten, Kunststoffschlichten).
Glasfasern kommen in unterschiedlicher Form zum Verarbeiter, wie Bild 11.1 verdeutlicht.
Neben den Endlosfasern gibt es noch Glasstapelfasern mit bestimmten Faserlängen. Aus Stapelfasern werden z.B. Glasfaservliese und Glasstapelfasergewebe hergestellt.

Die Glasfasern verleihen den Bauteilen aus GFK den wesentlichen Anteil der Festigkeit. Je nach eingesetztem Produkt sind die mechanischen Werte in einer Richtung (Rovings) oder in zwei Richtungen (Gewebe) betont. Bei Glasfasermatten sind diese Werte in allen Richtungen gleich, aber nicht auf so hohem Niveau.

Gewebe mit Glasfasern in Kette und Schuß werden als **bidirektionale Gewebe** bezeichnet. Fehlen die Schußfäden, so spricht man von **unidirektionalen Geweben** zur gezielten Verstärkung in nur einer Richtung. Diese Gewebe werden durch nur wenige dünne Querfäden (Bindefäden) oder durch sogenannte Tapes zusammengehalten.
Darüber hinaus gibt es **Sandwichgewebe,** die dreidimensional aufgebaut sind, d.h., bei Tränkung dieser Gewebematten mit Harz stellen sich die Innenstege auf, so daß eine Art Sandwichplatte entsteht.

Neben Glasfasern werden für hohe und höchste Beanspruchungen auch **Kohlenstoffasern** (Graphitfasern) eingesetzt. Kohlenstoffasern werden aus Polyacrylnitrilfasern über verschiedene ther-

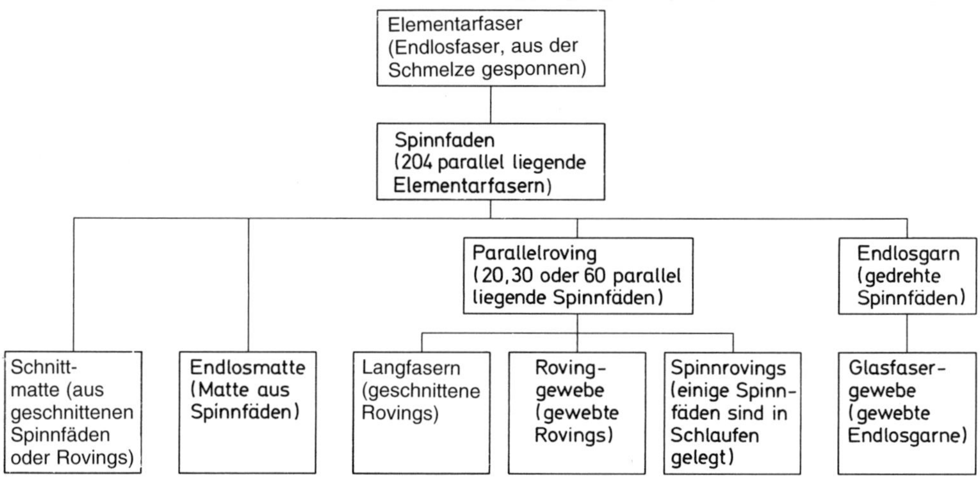


*Bild 11.1 Wichtige Textilglaserzeugnisse für die Verstärkung von Reaktionsharzen*

mische Behandlungsprozesse gewonnen. Sie haben einen etwa 5- bis 6mal so hohen Elastizitätsmodul wie Glasfasern.

Zwischen Glasfasern und Kohlenstoffasern liegt hinsichtlich des E-Moduls die **Aramidfaser,** das sind Fasern aus aromatischen Polyamiden.

### 11.2.4 Weitere Zusatzstoffe

**Zusatzstoffe,** die die **Eigenschaften** der **Formteile** beeinflussen:

1. **Füllstoffe** verbessern die mechanischen Eigenschaften, wie Steifigkeit, Elastizitätsmodul, Härte (die Schlagzähigkeit wird im allgemeinen vermindert) und in vielen Fällen die Wärmebeständigkeit. Die Chemikalienbeständigkeit wird im allgemeinen verschlechtert, während die elektrischen Eigenschaften weitgehend unbeeinflußt bleiben.
   Wichtige Füllstoffe sind Kreide, Talkum, Kaolin, Mikrokugeln u.a.
2. **Farbmittel** dienen der farblichen Gestaltung der Formteile. Sie können als Pigmente oder als lösliche Farbstoffe zur Verarbeitung kommen. Pigmente — die die weitaus größere Bedeutung haben — sind schwierig in die Harzmasse einzuarbeiten; deshalb verwendet man gebrauchsfertige Farbpasten. Farbmittel dürfen die Härtung der UP-Harze nicht oder nur wenig beeinflussen.
3. **Lichtstabilisatoren** haben die Aufgabe, die UV-Beständigkeit der Formteile zu erhöhen.

**Zusatzstoffe,** die die **Verarbeitung** der **Harzmassen** beeinflussen:

1. **Trennmittel** sind Verarbeitungshilfsmittel, die das Entformen der Teile erleichtern bzw. überhaupt möglich machen. Es werden Trennfolien (Polypropylen, Terephthalsäureester), filmbildende Lacke (Polyvinylalkohol, Acetylzellulose), Wachse oder Einbrennlacke (Silikone) verwendet.
2. **Verdickungsmittel** verhindern das Ablaufen der Harze an senkrechten Flächen. Verdickungsmittel besonderer Art sind die sogenannten **Thixotropiemittel** (z.B. hochdisperse Kieselsäure), die das Harz nur dann steif machen, wenn es nicht bewegt (verarbeitet) wird. Verdickungsmittel gebraucht man auch, um Preßmassen klebfrei zu machen (z.B. Magnesiumdioxid).
3. Auch **Füllstoffe** beeinflussen die Verarbeitung der Harze wesentlich. Die Härtungsschwindung der UP-Harze (etwa 8 bis 9 Vol.-%) wird herabgesetzt, und die bei der Härtungsreaktion entstehende Wärme wird in Grenzen gehalten.
4. Mit **Verdünnungsmitteln** wird die Viskosität der Harze zur besseren Verarbeitung herabgesetzt. Man unterscheidet aktive Verdünnungsmittel, z.B. Styrol, und inerte Verdünnungsmittel, z.B. Methanol. Letztere müssen vor der Härtung verdampfen.

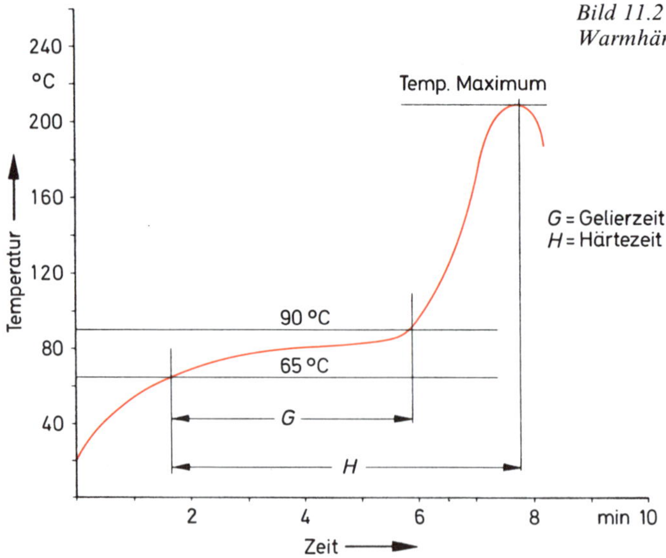


*Bild 11.2 Härtungsverlauf bei UP-Harzen, Warmhärtung (schematisch)*

*Bild 11.3 Härtungsverlauf bei UP-Harzen, Kalthärtung (schematisch)*

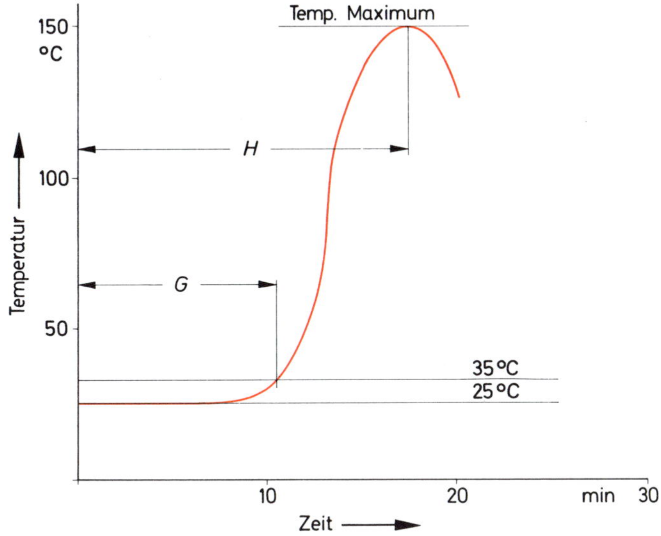


## 11.3 Härtung der Reaktionsharze

Die **Härtung** (Vernetzung) der UP-Harze ist eine **Copolymerisation** (vgl. Kapitel 1). Man unterscheidet:

1. **Warmhärtung** mit Reaktionsharz + Härter (Peroxid) + Wärme (Temperaturen oberhalb 70 °C).
2. **Kalthärtung** mit Reaktionsharz + Härter (Peroxid) + Beschleuniger (Initiator) bei Temperaturen bis etwa 30 °C.

Die Copolymerisation der UP-Harze ist gekennzeichnet durch den Temperaturverlauf während der Härtung; dabei tritt eine **Volumenschwindung** von etwa 8 bis 9% auf (bei reinem Harz). Der Härtungsverlauf kann in Temperatur-Zeit-Kurven dargestellt werden **(Polymerisationskurven).** Die Bilder 11.2 und 11.3 zeigen Polymerisationskurven für Warm- bzw. Kalthärtungen.

> Die Formgebung bei UP-Harzen muß spätestens bis zum Ende der **Gelierzeit** (*G*) abgeschlossen sein! Die Entformung der Teile darf erst erfolgen, wenn die **Härtezeit** (*H*) deutlich überschritten ist.

Den Einfluß von Kobaltbeschleunigern auf die Gelierzeit zeigt Bild 11.4.

> Bei kaltgehärteten Teilen ist eine Nachhärtung (nach dem Entformen) zu empfehlen (Tempern).

Einzelheiten über die Härtung von UP-Harzen sowie über das Herstellen der Harzansätze (Mischung von Harz mit Reaktionsmitteln) sind den Verarbeitungsvorschriften der Harzhersteller zu entnehmen.

Wie bereits erwähnt, verläuft die Härtung der EP-Harze anders. Während bei den UP-Harzen die Reaktionsmittel Härter und Beschleuniger als

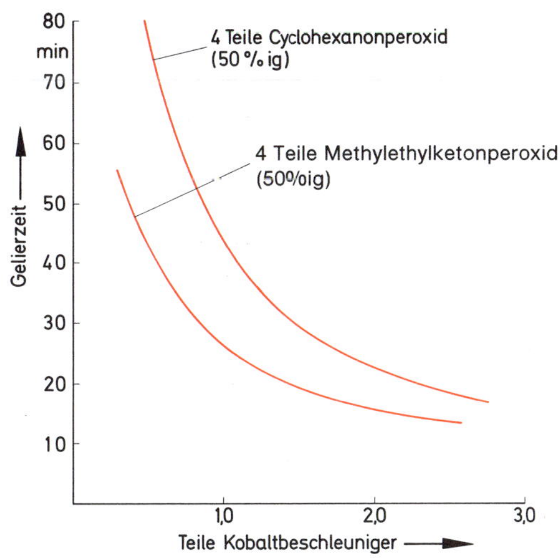


*Bild 11.4 Einfluß des Kobaltbeschleunigers (1% Kobalt) auf die Gelierzeit bei einem schwach reaktiven UP-Harz*

«Hilfsmittel» anzusehen sind, die die Copolymerisation in Gang bringen, sind die Härter der EP-Harze tragende Bestandteile des gehärteten Formstoffes. Es ist daher von besonderer Bedeutung, daß die Härter dem Harz im **stöchiometrischen Verhältnis*** zugegeben werden, da sonst die gewünschten Eigenschaften des Formstoffes nicht erreicht werden. Die Härtezeiten bei EP-Harzen sind wesentlich länger als bei UP-Harzen, dazu zwei Beispiele:

Kalthärtung eines modifizierten EP-Harzes mit Aminhärter
(100 Teile Harz, 40 Teile Härter)
25 °C 24 bis 36 h
40 °C 10 bis 12 h
60 °C 4 bis 6 h + einige Stunden Nachhärtung bei 50 bis 60 °C

Warmhärtung eines modifizierten EP-Harzes mit Säurehärter
(100 Teile Harz, 80 Teile Härter)
80 °C 12 bis 14 h
120 °C 2 bis 4 h

## 11.4 Verarbeitung faserverstärkter Reaktionsharze

### 11.4.1 Handlaminieren

Das **Handlaminieren** — auch Tapezier- oder Kontaktverfahren genannt — ist ein manuelles Formgebungsverfahren, das für die Herstellung von Formteilen nahezu beliebiger Größe und Kompliziertheit geeignet ist. Meist bringt man zum Schutz der handlaminierten Teile gegen Witterungs- oder Chemikalieneinflüsse eine harzreiche Schicht — **Oberflächenschicht, Feinschicht, Gelcoat** — an.

Die Feinschicht wird mit Pinseln oder Spritzpistolen auf das mit Trennmittel versehene Werkzeug aufgetragen. Die Feinschichtdicken betragen normalerweise 0,3 bis 0,6 mm. Die Feinschicht dient auch der farblichen Gestaltung der Formteile. Bei besonders hohen Ansprüchen empfiehlt es sich, in die noch nicht gehärtete Feinschicht ein Oberflächenvlies aus Glas- oder Chemiefasern einzulegen.

Beim Laminiervorgang werden nacheinander Harz und Glasfaserverstärkungen aufgebracht, wobei mit dem Harzauftrag begonnen wird. Der Harzauftrag erfolgt mit der Spritzpistole oder mit Pinseln, Spateln o.ä. Es ist wichtig, daß die Glasfaserverstärkung — meist verwendet man Glasfasermatten — intensiv in die vorher aufgebrachte Harzschicht eingearbeitet wird, Luftblasen sind möglichst zu vermeiden. Das Einarbeiten der Glasfaserverstärkung erfolgt mit Pinseln, Riffelwalzen oder Lammfellrollen, wie sie Bild 11.5 zeigt.

Gebräuchliche Flächenverstärkungen beim Handlaminieren:

**Glasfasermatten**
mit Flächengewichten von 225 bis 450 g/m$^2$
**Rovinggewebe**
mit Flächengewichten von 300 bis 900 g/m$^2$
**Glasfasergewebe**
mit Flächengewichten von 40 bis 500 g/m$^2$

Das Handlaminieren ist ein Naß-in-Naß-Arbeiten. Handlaminate haben in der Regel Dicken von 2 bis 10 mm. Um klebfreies Härten auf der Rückseite der Laminate zu erreichen (der Luftsauerstoff kann das vollständige Härten verhindern), muß ein **Schlußstrich** mit einem lufttrocknenden Harz (LT-Harz) aufgebracht werden.

Das Handlaminieren umfaßt folgende Arbeitsgänge:

1. Trennmittel auftragen, trocknen lassen, evtl. polieren
2. Feinschicht aufbringen
3. Nach Beginn des Gelierens der Feinschicht laminieren (Harz und zugeschnittene Verstärkungslagen aufbringen)
4. Schlußstrich mit LT-Harz aufbringen
5. Nach ausreichender Härtung entformen, Werkzeug reinigen, Formteil besäumen
6. Nachhärten (Tempern)

Den Aufbau eines Handlaminats zeigt schematisch Bild 11.6. Handlaminate müssen symmetrisch aufgebaut sein (Verteilung von Matten und Gewebe), weil sie sich sonst verwerfen; bei komplizierten Formteilen muß evtl. auch auf der Rückseite eine Feinschicht (aus LT-Harz) aufgebracht werden.

Zwischen Gewebelagen muß eine Mattenlage laminiert werden, weil sonst die zwischenlaminare Festigkeit zu stark absinkt.

Verstärkungselemente dürfen nicht stumpf aneinandergestoßen werden, sie sind auszukämmen und 3 bis 5 cm zu überlappen. Überlappungen in verschiedenen Laminatschichten sind gegeneinander zu versetzen.

* Stöchiometrie ist die Lehre von der mengenmäßigen Zusammensetzung chemischer Verbindungen und den Mengenverhältnissen bei chemischen Reaktionen.

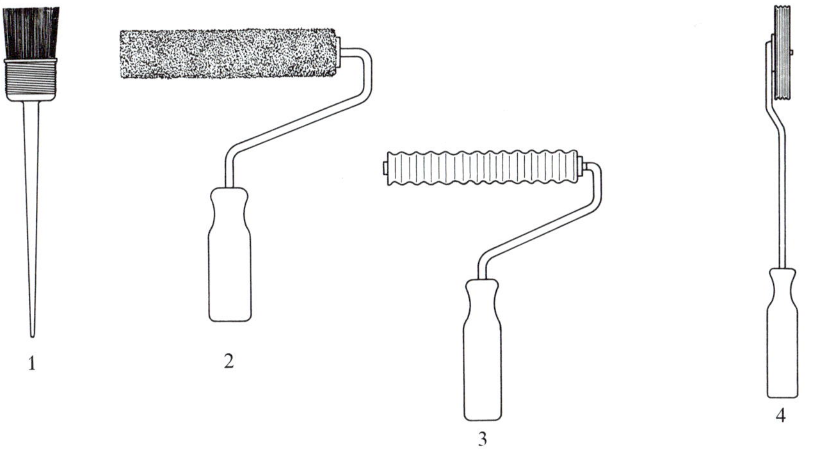


*Bild 11.5 Pinsel und Rollen für das Handlaminieren*

*1 Pinsel mit Naturborsten, 2 Lammfellrolle, 3 und 4 gerillte Rollen aus Polytetrafluorethylen, Polyethylen oder Aluminium*

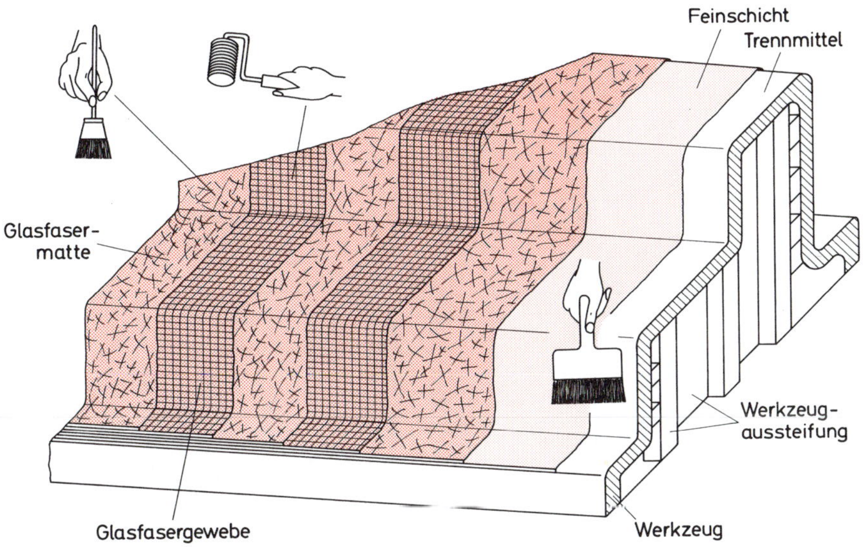


*Bild 11.6 Prinzip des Handlaminierverfahrens*

> Das Handlaminieren erfordert viel handwerkliches Geschick und Erfahrung. Es ist ein einfaches, aber nicht ein leicht durchzuführendes Verfahren. Seine Leistungsfähigkeit hängt weitgehend vom Können des Laminierers ab.

Das Handlaminieren ist ein lohnintensives Verfahren, es ist jedoch unentbehrlich für die Herstellung von großen und komplizierten Teilen, von Einzelteilen und Prototypen.

**Werkzeuge** (immer einteilig) für das Handlaminierverfahren können wegen der meist geringen Stückzahlen und der geringen Kräfte (Handdruck) sehr leicht gebaut werden. Die Werkzeuge werden meist ebenfalls aus glasfaserverstärkten Reaktionsharzen hergestellt. Aber auch Werkzeuge aus Holz, Gips oder Modellmassen sind üblich.

In der **Reparaturtechnik** dünnwandiger Bauteile aus GFK oder auch aus anderen Werkstoffen wird das Handlaminierverfahren ebenfalls angewendet. Bild 11.7 zeigt die Reparatur eines doppelwandigen Bauteils mit GFK.

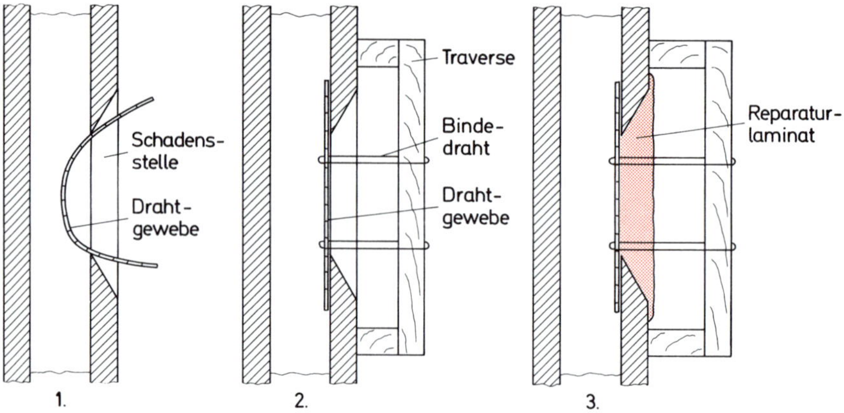


*Bild 11.7 Reparatur eines doppelwandigen Bauteils mit einseitiger Zugängigkeit (nach Heitz)*

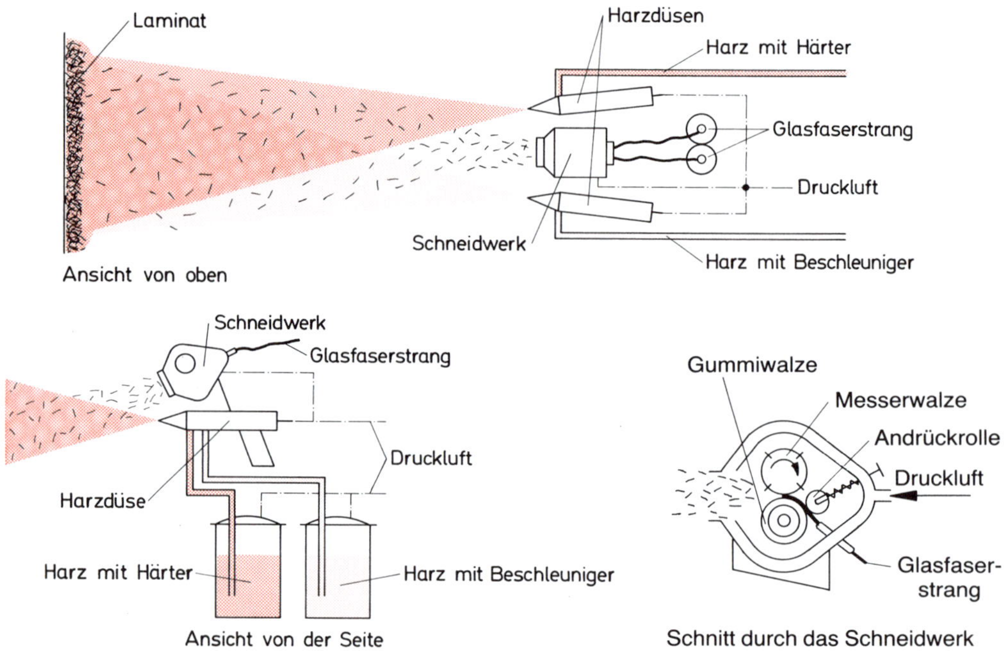


*Bild 11.8 Faser-Harz-Spritzen, schematisch*

## 11.4.2 Faserharzspritzen

Das **Faserharzspritzen** ist ein teilmechanisiertes Handlaminieren, geeignet für kleine Serien, großflächige Teile und für Beschichtungen. Das Verfahren ist schematisch in Bild 11.8 dargestellt. **Faserharzspritzgeräte** haben die Aufgabe, die Werkstoffkomponenten (Harz, Reaktionsmittel, Faserverstärkung) zu mischen und auf das Werkzeug zu transportieren. In der Regel befindet sich in dem einen Harzbehälter der Härter und in dem zweiten Harzbehälter der Beschleuniger, während der Glasfaserroving im Spritzkopf ge-

schnitten wird. In dem Schema von Bild 11.8 wird sowohl das Harz als auch die geschnittene Faser mittels Druckluft transportiert (Spritzanlage mit Doppeldrucktopf). Der Transport kann auch mittels Pumpen erfolgen.
Das Faserharzspritzen wird wie das Handlaminieren in einteiligen Werkzeugen vorgenommen. Das Verdichten der aufgespritzten Werkstoffkomponenten erfolgt mit den gleichen Geräten wie beim Handlaminieren (Bild 11.5).

Beim Faser-Harz-Spritzen ist das Reinigen der Geräte vor jeder längeren Arbeitsunterbrechung von ausschlaggebender Bedeutung für die Funktionstüchtigkeit der Anlagen.

Gegenüber dem Handlaminieren hat das Faserharzspritzen folgende Vorteile:

- Zuschneiden und Einlegen der Verstärkungselemente entfällt
- Größere Harzansätze sind möglich
- Großflächige Laminate und Auskleidungen sind einfacher (und meist wirtschaftlicher) auszuführen
- Laminieren an senkrechten Wänden und über Kopf ist einfacher bzw. nur so möglich

Beim Faserharzspritzen hängt die Qualität der Laminate noch mehr vom Können des Verarbeiters ab als beim Handlaminieren. Voraussetzung für das Faserharzspritzen sollte das Beherrschen des Handlaminierens sein.

Beim herkömmlichen Faserharzspritzen verdampft naturgemäß viel Styrol. Das erfordert besondere Absaugmaßnahmen (vor allem in geschlossenen Räumen), um die Vorschriften des Emissionsschutzes zu erfüllen.
Um diesen Problemen zu begegnen, wurde das **Fächerstrahlverfahren** entwickelt. Anstelle eines «Verstäubungsstrahls» tritt ein Düsenstrahl, bestehend aus fächerartig divergierenden Einzelstrahlen, aus dem Spritzkopf.
Mit dem Fächerstrahlverfahren können die Styrolverdunstungen auf ⅙ der herkömmlichen Werte herabgesetzt werden.

### 11.4.3 Niederdruckverfahren

Bei den **Niederdruckverfahren** werden das Tränken der Faserverstärkung und das Verdichten des Laminats mit pneumatischen oder hydraulischen Kräften vorgenommen. Die Drücke liegen dabei in der Größenordnung von 0,15 N/mm$^2$.

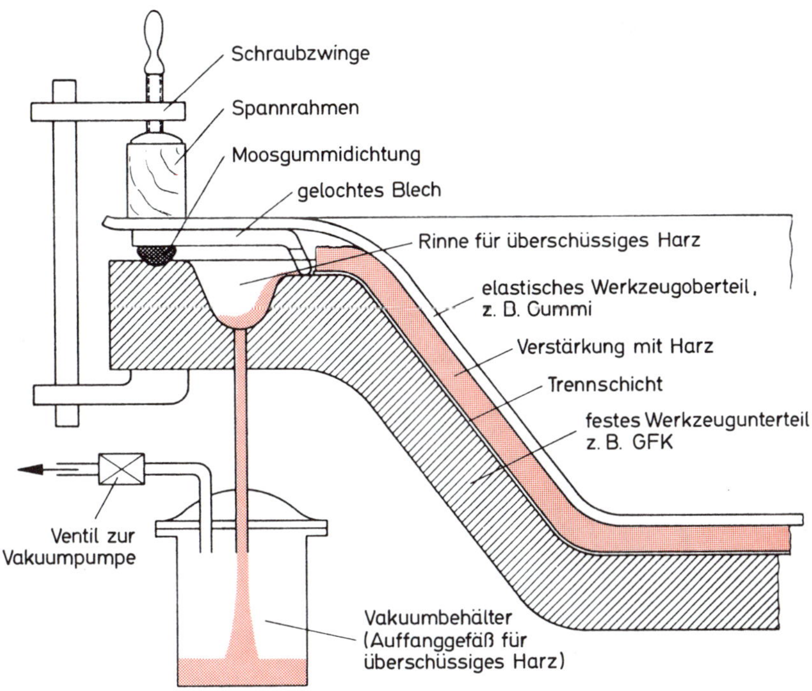


*Bild 11.9 Gummisackvakuumverfahren, schematisch*

Niederdruckverfahren eignen sich für die Herstellung mittlerer bis großer Teile in kleinen bis mittleren Serien.

**Verfahren mit einteiligen Werkzeugen**

Ein bekanntes Verfahren ist das **Gummisackvakuumverfahren,** wie es schematisch in Bild 11.9 dargestellt ist. In das mit Trennmittel versehene Werkzeug werden die Verstärkungselemente eingelegt und das Harz eingegossen. Das darübergelegte Gummituch (Gummisack) wird dichtend verspannt und zwischen Werkzeug und Gummituch Vakuum angelegt, dabei verteilt sich das Harz, und der Verbund wird verdichtet.
Umgekehrt kann das Andrücken des Gummituchs auch mit Überdruck erfolgen **(Gummisackdruckverfahren);** dabei muß lediglich das Werkzeug oberhalb des Gummituchs starr abgedeckt werden. Der Druck wird zwischen Gummituch und oberer Abdeckung aufgebaut. Beim Arbeiten mit Überdruck sind naturgemäß größere Kräfte möglich als beim Vakuumverfahren. Mitunter werden auch beide Methoden miteinander kombiniert.

**Verfahren mit zweiteiligen Werkzeugen**

Diese Verfahren sind als **Einspritz-** oder Einsaugverfahren bekannt. In beiden Fällen spricht man auch von **Injektionsverfahren.** Schematisch ist das Injektionsverfahren in Bild 11.10 dargestellt. Auf diese Weise entstehen Formteile mit beidseitig glatten Oberflächen. Um Verwerfungen zu vermeiden, sind die Werkzeuge meist stabiler ausgeführt als bei den Niederdruckverfahren mit einteiligen Werkzeugen.
Auch Einspritz- und Einsaugverfahren können miteinander kombiniert werden.

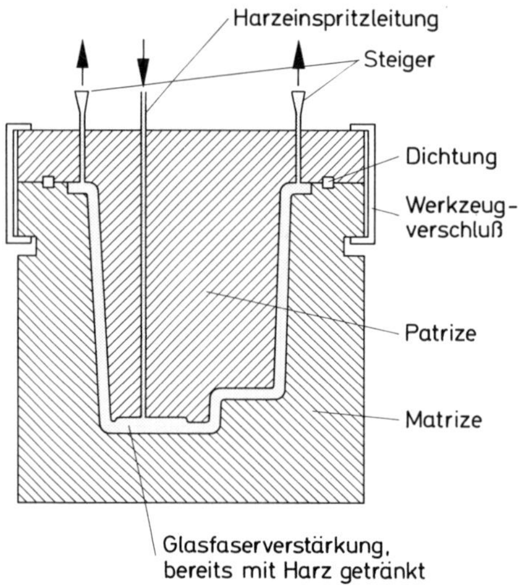


*Bild 11.10 Einspritzverfahren, schematisch*

Aufgrund der Vorteile hinsichtlich der Styrolverdampfung wurden die Injektionsverfahren in letzter Zeit wesentlich weiterentwickelt. Voraussetzungen dafür waren niedrigviskose Harze, dreidimensionale Faserverstärkungen und eine für das Verfahren spezielle Steuerungstechnik an den Geräten. Diese Weiterentwicklung – i.allg. als **RTM-Verfahren** (Reaction transfer molding) bekannt – ist geeignet für die Herstellung großflächiger Bauteile bis zu mittleren Serien.
Dabei sind Vakuumunterstützung und thermische Regulation im Werkzeug zur Verbesserung von Produktivität und Qualität wichtige Verfahrensbedingungen. Da der Innendruck bei stark verdichteten Faserstrukturen oft nicht ausreicht, ist die Evakuierung der Werkzeughöhlung eine unterstützende Maßnahme zur vollständigen und raschen Füllung. Die Temperaturführung mittels erwärmter Flüssigkeit, die durch in das Werkzeug eingearbeitete Rohrschlangen fließt, optimiert den Prozeß und trägt insbesondere zur Produktionssteigerung in der Serienfertigung bei.

### 11.4.4 Preßverfahren

Das **Pressen** von Kunststoffen wird in Kapitel 9 behandelt. Es soll hier lediglich auf ein Verfahren hingewiesen werden, das bei glasfaserverstärkten Reaktionsharzen für Kleinserien angewendet werden kann, das sogenannte **Naßpressen.** Dabei wird mit normalen hydraulischen Pressen und zweiteiligen Preßwerkzeugen gearbeitet. Da es sich bei der Härtung von UP-Harzen um eine Polymerisation handelt (es entstehen keine Spaltprodukte), sind nur relativ geringe Kräfte erforderlich, d.h., sowohl Maschinen als auch Werkzeuge können leichter gebaut sein als es bei der Verarbeitung von Kondensationspreßmassen der Fall ist.
Beim Naßpressen werden die Verstärkungselemente in das in die Presse gespannte Werkzeug gelegt, das Harz eingegossen und die Presse geschlossen. Dabei kann man sowohl ohne äußere Wärmezufuhr (**Kaltpressen** bei 30 bis 60 °C) als auch mit Wärmezugabe (**Warmpressen** bei 80 bis 150 °C) arbeiten. Die Preßdrücke beim Naßpressen liegen etwa zwischen 0,2 und 2,5 $N/mm^2$. Die Werkzeuge bestehen beim Kaltpressen meist aus Kunststoffen, beim Warmpressen aus Stahl. Bild 11.11 zeigt ein Kaltpreßwerkzeug. Die Verstärkungselemente werden zum Teil als sogenannte **Vorformlinge** eingelegt. Vorformlinge werden aus Glasfaserschnitzeln oder -matten mit Bindemittel auf Vorformanlagen hergestellt. Beim Naßpressen ist darauf zu achten, daß die Verstärkungselemente genau zugeschnitten werden (entfällt bei Vorformlingen) und daß das Flüssigharz so auf den Verstärkungselementen verteilt wird, daß es beim Schließen der Presse in alle Teile des Werkzeughohlraumes fließen kann. Beim Kalt-

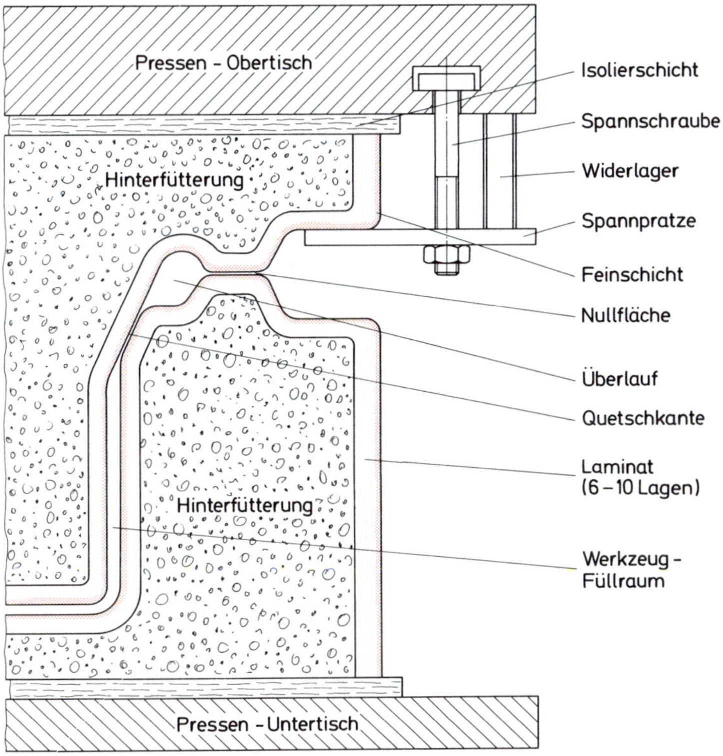


*Bild 11.11 Kaltpreßwerkzeug; Massivbauweise ohne Rahmenkonstruktion, schematisch*

pressen enthält der Harzansatz Beschleuniger, daher sind die Ansätze schnell zu verarbeiten, um das Gelieren vor der Formgebung zu vermeiden.
Selbstverständlich sind beim Naßpressen auch Trennmittel zu verwenden.

## 11.4.5 Wickeln

Das **Wickeln** dient der Fertigung von Rohren und Hohlkörpern. Es ist ein wichtiges und weitgehend mechanisiertes Formgebungsverfahren mit hoher Genauigkeit und Reproduzierbarkeit. Beim Wickeln werden drehende (Wickeldorn) und hin- und hergehende (Support) Bewegungen so miteinander kombiniert, daß die mit Harz getränkten Verstärkungselemente nach einem bestimmten Plan auf dem Wickelkern abgelegt werden.
Die einfachste Ausführung ist das **schraubenförmige Wickeln** (Drehmaschinenprinzip), wie es in Bild 11.12 dargestellt ist. Glasfaserrovings oder Spinnfäden werden durch eine Tränkwanne geleitet und, nachdem überschüssiges Harz abgequetscht wurde, unter Spannung (hervorgerufen durch eine Bremsvorrichtung — nicht im Bild) auf den rotierenden Dorn gewickelt. Für exaktes Wickeln ist es wichtig, daß

- □ die Bewegungsabläufe von Wickelkern und Support so aufeinander abgestimmt sind, daß das Auflegen der getränkten Verstärkung genau nach dem vorgegebenen Wickelplan erfolgt. Beide Bewegungen werden bei modernen Anlagen vollelektronisch gesteuert bzw. geregelt.
- □ die getränkte Verstärkung unter gleichbleibender Spannung aufgewickelt wird. Dabei ist die Gleichmäßigkeit der Strang- oder Fadenspannung wichtig.

Es können auch Gewebe- oder Mattenbänder gewickelt werden. Zwischenlagen aus Mattenbändern dienen oft der Verbesserung der zwischenlaminaren Festigkeit.
Eine **Wickelanlage** besteht aus

- □ dem Maschinengestell mit Kernlagerung, Kernantriebsaggregat mit Motor, Kupplung und Getriebe,
- □ dem Supportbett mit Antrieb, Support, Harzbad, Verlege- und Bremseinrichtung,
- □ dem Steueraggregat für alle Bewegungen
- □ und dem Spulenständer.

**Wickelkerne** sind bis etwa 600 mm Durchmesser feststehend einteilig oder darüber hinaus als Klappkerne ausgeführt. Zur Entformung können bei feststehenden Kernen (die oft leicht konisch sind) Abzugsvorrichtungen eingesetzt werden (Zugkräfte bis etwa 60 kN).

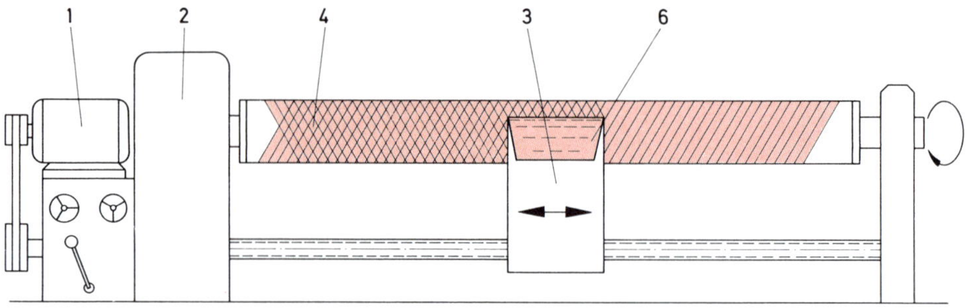


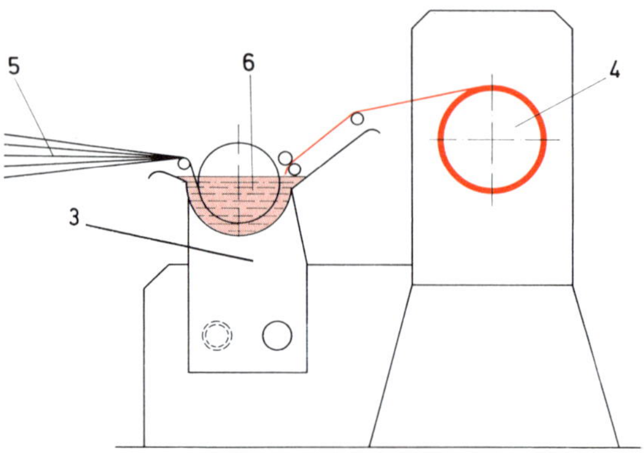


*Bild 11.12 Wickelverfahren nach dem Drehmaschinenprinzip, schematisch*
*1 Antrieb*
*2 Getriebe*
*3 Support*
*4 Wickeldorn*
*5 Glasfaserstränge*
*6 Tränkwanne mit Harz*

Für besonders gestaltete Wickelkörper (z.B. geschlossene Behälter) werden auch sog. **verlorene Kerne** aus auswaschbaren Salzmischungen verwendet.
Wickelkörper können rotierend kaltgehärtet werden (nachträgliches Tempern ist zu empfehlen). Warmhärtungen können mit Infrarot-Strahlergruppen oder noch wirtschaftlicher mit Durchlauföfen durchgeführt werden. Wenn Wickelkörper für Transport und Lagerung von Lebensmitteln verwendet werden, muß warmgehärtet werden.
Neben dem schraubenförmigen Wickeln können geschlossene Hohlkörper nach speziellen Verfahren (Wickeln von Pol zu Pol, Taumelwickeln) hergestellt werden.
Anstelle des Naßtränkens verwendet man auch vorimprägnierte Rovings, die vor dem Wickeln zwischen beheizten Walzen erweicht werden. Das Wickeln mit vorimprägnierten Strängen muß unter Wärmezufuhr erfolgen (Prepregwickeln).

### 11.4.6 Schleudern

Im **Schleuderverfahren** werden Hohlkörper mit glatter Außenfläche hergestellt. Das Prinzip des Schleuderns ist in Bild 11.13 dargestellt. Harz

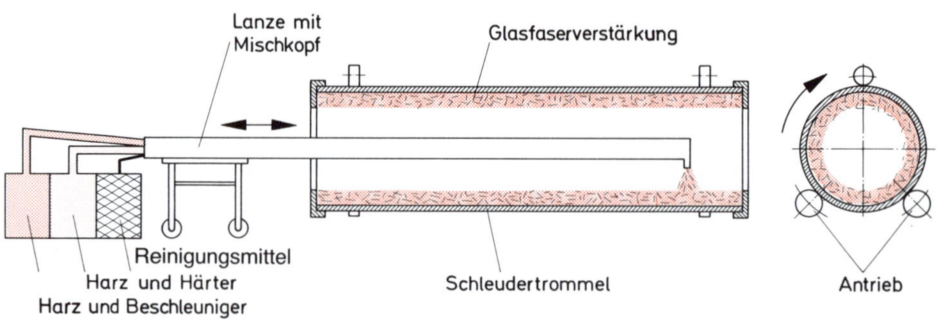


*Bild 11.13 Prinzip des Schleuderverfahrens*

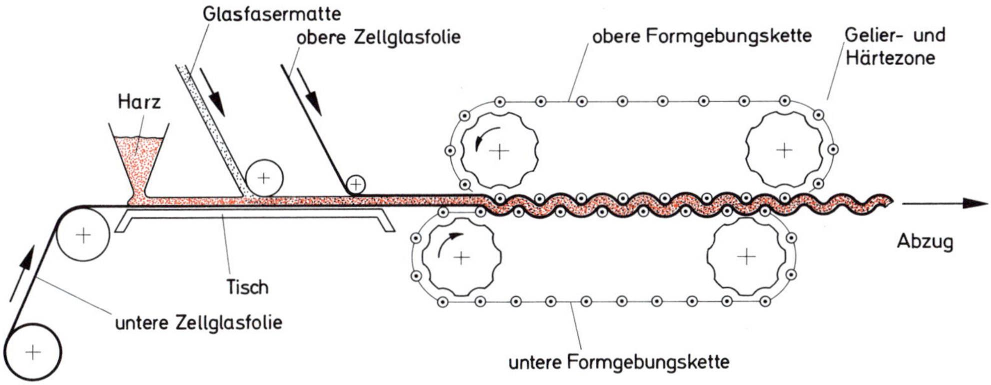


*Bild 11.14 Herstellen quergewellter Bahnen aus GFK, schematisch*

und Reaktionsmittel werden über eine hin- und hergehende «Lanze» in die Schleudertrommel eingebracht; die Faserverstärkung wurde vorher eingelegt. Die Schleudertrommel ist an den Enden durch Ringe abgeschlossen, damit das Harz nicht auslaufen kann. Schleudertrommeln müssen wegen der hohen Drehzahlen schwingungsfrei gelagert sein sowie exakte Rundheit und große Steifigkeit besitzen. Als Verstärkungen können sowohl Glasfasermatten als auch -gewebe (oft als geklöppelte Strümpfe) zur Anwendung kommen. Da die Dichte der Glasfasern größer ist als die der Harze, entstehen beim Schleudern Hohlkörper mit harzreichen Innenschichten. Solche Rohre eignen sich z.B. gut für den Transport aggressiver Medien. Um Rißbildungen in der harzreichen Innenschicht zu vermeiden, muß ein Mindestglasgehalt eingehalten werden.

### 11.4.7 Ziehverfahren

Das **Ziehen** von GFK wird im allgemeinen kontinuierlich durchgeführt. Nach dem Ziehverfahren werden sowohl **ebene** und **gewellte Bahnen** als auch **Profile** aller Art hergestellt (daher auch oft als **Profilziehen** bezeichnet). Weil die Härtung in den kontinuierlichen Arbeitsprozeß eingebaut ist, sind relativ große Härtestrecken erforderlich, was wiederum bestimmend für die Anlagengröße und die Leistung ist.
Die nach dem Ziehverfahren hergestellten Bahnen können sowohl eben als auch quer- oder längsgewellt sein. Bild 11.14 zeigt schematisch die

*Bild 11.15 Prinzip einer horizontalen Pultrusionsanlage*
*1 Glasfaserstränge*
*2 Vortrocknung*
*3 Tränken der Stränge*
*4 Formgebungsdüsen*
*5 Härteöfen*
*6 Nachhärteöfen*
*7 Kühlstrecke*
*8 Abzugsvorrichtung*
*9 Trennvorrichtung*

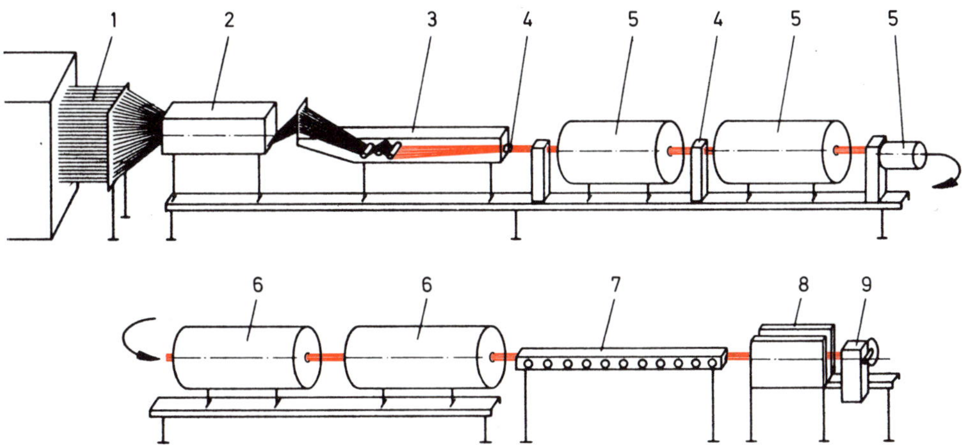

**Tabelle 11.2 Vergleich der Verarbeitungsverfahren für GFK**

| | Handlaminieren | Faserharzsitzen | Niederdruck-verfahren | Naßpressen | |
|---|---|---|---|---|---|
| | | | | kalt | warm |
| **Werkzeuge** | offen, meist einteilig | offen, meist einteilig | offen oder geschlos-sen, ein- oder mehrteilig | geschlossen, zweiteilig | geschlossen, zweiteilig |
| **Werkzeug-werkstoff** | Holz, Gips, Kunststoffe, Metall | Holz, Kunststoffe, Metall | Holz, Kunst-stoffe, Metall | Kunststoffe, Metall | Stahl |
| **Verstärkungsart** | Matten (M) Gewebe (G) Stränge (S) | geschnittene Glasfasern | Matten (M) Gewebe (G) | Matten (M) Gewebe (G) | Matten (M) Gewebe (G) |
| **Glasgehalt Gew.-%** | M 20 bis 30 G 35 bis 50 S 40 bis 50 | 20 bis 30 | M 20 bis 30 G 30 bis 45 | M 25 bis 45 G 50 bis 65 | M 30 bis 50 G 55 bis 65 |
| **Arbeitstemperatur °C** | RT | RT | RT und höher | RT und höher | 70 bis 150 |
| **Arbeitsdruck N/mm$^2$** | Handdruck | Handdruck | 0,15 | bis 1,0 | 1,0 bis 3,0 |
| **Taktzeiten** | 30 min bis mehrere Tage | 30 min bis mehrere Tage | 3 min bis mehrere Stunden | 5 bis 30 min | 2 bis 10 min |
| **nachträgliches Bearbeiten erforderlich** | ja | ja | ja | ja | wenig |
| **apparative Investitionen** | gering | mittel | mittel | mittel bis hoch | hoch |
| **Lohnintensität** | hoch | hoch | hoch bis mittel | mittel | mittel |
| **Anwendungen (Auswahl)** | Einzelstücke, kleine Serien, großflächige Teile | kleine Serien, großflächige Teile, Auskleidungen | kleine bis mittlere Serien | kleine bis mittlere Serien | Großserien |

| | Trockenpressen | | Wickeln | Schleudern | Kontinuierliches Verfahren |
|---|---|---|---|---|---|
| | **rieselfähige Preßmassen, fließfähige flächige Preßmassen** | **nicht fließfähige flächige Preßmassen** | | | **Profilziehen** |
| **Werkzeuge** | geschlossen, zwei- oder mehrteilig | geschlossen, zwei oder mehrteilig | ein- oder mehrteilig (Kerne) | ein- oder mehrteilig | ein- oder mehrteilige Ziehdüse, Kern möglich |
| **Werkzeugwerkstoff** | Stahl | Stahl | Stahl, niedrigschmelzende Metalle, Holz, Kunststoffe | Metalle, Kunststoffe | Stahl, PTEE |
| **Verstärkungsart** | Matten, Prepregs, geschnittene Glasfasern, Kurzfasern | Gewebe (G) Stränge (S) | Stränge, Matten- oder Gewebebänder, Einzelfäden | Matten (M) Gewebe (G) | Stränge, Garne, Gewebe |
| **Glasgehalt Gew.-%** | 25 bis 35 | G 50 bis 65<br>S 60 bis 75 | bis 80 | M 25 bis 35<br>G 30 bis 40 | 55 bis 75 |
| **Arbeitstemperatur °C** | 120 bis 160 | 120 bis 160 | RT und höher | RT und höher | bis 50 |
| **Arbeitsdruck N/mm²** | 5,0 bis 15,0 | 5,0 bis 25,0 | Wickelspannung | Zentrifugalkraft | – |
| **Taktzeiten** | 2 bis 5 min | 2 bis 5 min | 1 bis mehrere Stunden | 10 min bis mehrere Stunden | – |
| **nachträgliches Bearbeiten erforderlich** | wenig bis keine | wenig | ja | wenig | nein |
| **apparative Investitionen** | hoch | hoch | hoch | mittel | hoch |
| **Lohnintensität** | gering | gering | gering | gering | gering |
| **Anwendungen (Auswahl)** | Großserien | Großserien | Hohlkörper, kleine bis große Serien | zyl. Hohlkörper, kleine bis große Serien | mittlere bis große Serien |

Herstellung quergewellter Bahnen. Die Herstellung von Tafeln und Wellbahnen aus FVK hat keine große Bedeutung mehr.

**Pultrudieren**

Profile der verschiedensten Art (hohl oder voll) werden nach dem **Pultrusionsverfahren** hergestellt. Pultrusionsanlagen arbeiten sowohl horizontal (Bild 11.15) als auch vertikal. Bei der Pultrusion werden alle Arbeitsschritte kontinuierlich und weitgehend automatisiert durchgeführt. Moderne horizontal arbeitende Pultrusionsanlagen haben Längen von 20 bis 30 m.

### 11.4.8 Arbeiten mit lichthärtenden Harzen

Neuere Entwicklungen brachten lichthärtende Systeme auf den Markt, die sich dadurch auszeichnen, daß die Härtung durch die Einwirkung von normalwelligem Tageslicht erfolgt. Hierbei werden Härtungssysteme verwendet, die die Lichtabsorption aus dem UV-Bereich zu längeren Wellen hin verschieben. Die Nachteile der Härtung im UV-Licht (diese Methode ist bereits seit langem bekannt) wie Haut- und Augenreizungen durch Ozonbildung treten damit nicht mehr auf.
Solche **lichthärtenden UP-Harz-Systeme** gibt es als füllstoffhaltige Spachtelmassen (z.B. für die Reparaturtechnik bei Holz und Metall), als glasfaserhaltige Pasten (z.B. für Behälterauskleidungen) und als **Prepregs** mit 25 bis 35% Glasfaseranteil.
Diese Prepregs können wie Thermoplasthalbzeug umgeformt werden — z.B. durch Abkanten, Tiefziehen oder Vakuumformen. Das «Halbzeug» härtet nach der Formgebung durch Belichtung (bis 40 s) so weit aus, daß das Teil entformt werden kann. Danach findet die Endaushärtung ebenfalls in einem Belichtungsfeld statt.
Das Arbeiten mit lichthärtenden Harzen stellt eine Bereicherung des GFK-Gebietes dar, vor allem wenn man bedenkt, daß die Umweltbelastung durch die geringe Styrolverdampfung äußerst klein ist.
Einen Vergleich der wichtigsten Verarbeitungsverfahren für GFK zeigt Tabelle 11.2.

### 11.4.9 Glasmattenverstärkte Thermoplaste (GMT)

**Glasmattenverstärkte Thermoplaste** sind tafelförmige Halbzeuge aus Glasfasermatten und Thermoplasten. Der Faserverbundwerkstoff entsteht im Preßverfahren aus der Thermoplast-Formmasse und der Glasfasermatte. Für GMT werden Thermoplaste mit niedriger Schmelzviskosität – wie Polypropylen, Polyamid, Polyethylenterephthalat u. ä. – verwendet, damit die Glasfasermatte beim Preßvorgang gut getränkt werden kann. Als Verstärkung werden Glasschnittmatten, Endlosmatten oder Kombinationen verwendet.
Die Verarbeitung der GMT erfolgt durch **Fließpressen** oder **Formpressen.** Beim Fließpressen ist der Halbzeugzuschnitt kleiner als das Formteil, während sein Gewicht dem des Formteils entsprechen muß. Beim Schließen der Presse wird der Werkzeughohlraum durch Fließen des Materials vollständig gefüllt. Dabei können Orientierungen und Glasfaseranreicherungen auftreten. Das Fließpressen findet Anwendung bei der Herstellung von relativ kleinen Bauteilen mit ungleichen Wanddicken, mit Stegen oder eingelegten Metallteilen. Beim Formpressen ist der Halbzeugschnitt so groß wie das Formteil. Beim Pressen wird lediglich umgeformt und verdichtet. Das Verfahren eignet sich für großflächige Bauteile mit möglichst gleichmäßiger Wanddicke. Formteile aus GMT können geschweißt und geklebt werden. Bei der spanenden Bearbeitung ist zu beachten, daß Verstärkungsfasern freigelegt werden können, wodurch die Chemikalienbeständigkeit beeinträchtigt werden kann.

## 11.5 Nachbearbeiten von GFK-Teilen

Die **spanende Nachbearbeitung** von GFK-Teilen ist wegen der harten Glasfasern mit hohem Verschleiß verbunden. Aus diesem Grund stehen diamantbestückte Werkzeuge im Vordergrund (Kapitel 20). Grundsätzlich ist bei der spanenden Bearbeitung zu beachten, daß der anfallende Staub abgesaugt wird (Gesundheitsschutz), wenn nicht naß gearbeitet werden kann, und daß durch die über das Spanwerkzeug auftretenden Kräfte keine Delaminierungen auftreten (geringe Vorschübe, hohe Schnittgeschwindigkeiten).
Wenn auch grundsätzlich Oberflächennachbehandlungen vermieden werden sollen, so verlangt der Verbraucher von GFK-Teilen doch oft besondere Maßnahmen. Das wichtigste Nachbehandlungsverfahren ist das **Lackieren,** das bei sauberen und gegebenenfalls mit Haftvermittlern versehenen Oberflächen gut durchführbar ist. Es eignen sich die für Kunststoffe üblichen Lacksysteme. Das Beflocken, Matallisieren und Bedrukken von GFK-Teilen ist ebenfalls möglich (Kapitel 21).
Beim Trennen von FVW hat sich in den letzten Jahren auch das Laser- und das Wasserstrahlschneiden bewährt. Besonders wirtschaftlich sind die Strahlverfahren bei dünnwandigen Bauteilen. Kohlenstoffaserverstärkte Kunststoffe lassen sich allerdings nicht mit Laserstrahlen bearbeiten.

# 12 Gießen von Reaktionsharzen

Reaktionsharze, wie sie in Kapitel 11 beschrieben wurden — aber auch Epoxid-, Polyurethan- und Polymethylmethacrylatharze — werden auch ohne Verstärkungsfasern im **Gießverfahren** verarbeitet. Das Gießen dient sowohl dem Einbetten und Schützen von empfindlichen technischen Teilen, wie z.B. Kabelverbindungen oder Mikroschaltungen als auch dem Einbetten von Lehrobjekten für Schulen und für die Wissenschaft. Schließlich hat das Gießen auch einige kunstgewerbliche Bedeutung gewonnen.

Beim Gießen werden Reaktionsharze meist in reiner Form zu oft dickwandigen Teilen oder Blöcken verarbeitet, d.h. die bei der Reaktion entstehende Wärme kann nur schlecht abgeführt werden (es treten Temperaturen bis zu 300 °C auf); dadurch entstehen leicht Spannungsrisse. Diese Erscheinung wird verstärkt durch die ohnehin gegebene Volumenschwindung beim Härten. Aus diesem Grund müssen beim Gießen folgende Grundregeln beachtet werden:

Wenn möglich, in mehreren Schichten gießen und träge reagierende Härtungssysteme verwenden.

Das **Mehrschichtengießen** ist bei technischen Anwendungen fast immer möglich, während bei Einbettungen von Objekten die Trennschichten bei ungünstigem Lichteinfall mehr oder weniger sichtbar werden können. Das Herstellen optisch einwandfreier Gießlinge erfordert viel Geschick und Erfahrung.

Einen trägen Reaktionsverlauf erhält man durch die Verwendung schwachreaktiver Harze und durch den Einsatz von Inhibitoren. Bei klarsichtigen Gießlingen aus UP-Harzen dürfen keine Aminbeschleuniger verwendet werden, weil sie Verfärbungen verursachen.

Die **Gießwerkzeuge** können in der Regel sehr einfach und leicht gebaut sein, weil bei der Härtung kaum Kräfte auftreten. Sehr leicht können die Werkzeuge aus Silikonkautschuk hergestellt werden. Gummielastische Werkstoffe ermöglichen außerdem das Herstellen von Gießlingen mit Hinterschneidungen.

Die in der Einbettungstechnik zur Anwendung kommenden Harze müssen hell und lichtstabil sein. Hier bieten Polymethylmethacrylate besondere Vorteile.

Der Harzansatz (Harz + Reaktionsmittel) muß vor dem Gießen gut entlüften. Das Gießen erfolgt sehr langsam und vorsichtig, Lufteinschlüsse sind unbedingt zu vermeiden.

Es kann auch in geschlossene Werkzeuge gegossen werden (z.B. beim Herstellen von Kabelmuffen), dann müssen an den höchstgelegenen Stellen Entlüftungsöffnungen (Steiger) vorgesehen werden.

Beim Einbetten von Lehrpräparaten wird zunächst eine Schicht gegossen, das Objekt während des Härtens dieser Schicht eingelegt und dann weitergegossen. Die Präparate müssen unbedingt entwässert und getrocknet werden. Vorhandene Poren sind mit geeigneten Lacken (z.B. auf Polyurethan-Basis) zu verschließen, und gegebenenfalls ist das Präparat vor der Einwirkung von Reaktionsmitteln oder Styrol (bei UP-Harzen) zu schützen.

Die entformten Gießlinge müssen fast immer durch Schleifen und Polieren nachbearbeitet werden.

Dem Gießen zuzuordnen ist auch das Herstellen von Tafeln mit Perlmutteffekt, aus denen heute ein Großteil aller Knöpfe hergestellt wird (sog. **Knopfplatten**). Diese Tafeln werden im Schleudergießverfahren gefertigt. Die Schleudertrommeln haben Durchmesser von etwa 1000 mm und Tiefen von 300 bis 500 mm. Die Umfangsgeschwindigkeiten betragen etwa 5 m/s. Das Eingießen des Harzansatzes in die Trommel geschieht so, daß er kurz nach dem Einbringen erstarrt (kurze Gelierzeit). Die Tafeln werden in noch «weichem» Zustand der Trommel entnommen und zum Aushärten auf eine ebene Unterlage gelegt. Es werden Harze mit extrem langen Härtezeiten verwendet, weil die Weiterverarbeitung (Ausstanzen und Bohren der Knöpfe) im völlig ausgehärteten Zustand nicht mehr möglich ist.

# 13 Rotationsformen

## 13.1 Allgemeines

Dieses Verarbeitungsverfahren für thermoplastische Kunststoffe dient überwiegend der Herstellung großer Hohlkörper, insbesondere im technischen Einsatzbereich.
In ein beheizbares Werkzeug wird eine dem herzustellenden Hohlkörper entsprechende Menge Formmasse gefüllt, die beim Aufheizen des Werkzeugs auf die Werkzeuginnenwand aufschmilzt. Während des Aufheiz- und Abkühlvorgangs dreht sich das Werkzeug um zwei senkrecht zueinander stehende Achsen, damit gewährleistet ist, daß alle Werkzeugkonturen gleichmäßig benetzt werden. Die Rotation erfolgt bei bis zu maximal 30 Umdrehungen je Minute, so daß von einer drucklosen Verarbeitung gesprochen werden kann.
Hohlkörper von komplizierter, geschlossener oder offener Ausführung mit einem Volumen bis 15 000 l, einem Durchmesser bis 2000 mm und einer Länge bis zu 2500 mm werden im Rotationsverfahren hergestellt. Die Vorteile dieses Verfahrens liegen in den vergleichsweise zum Hohlkörperblasen und insbesondere zum Spritzgießen geringeren Investitionskosten für Maschinenanlage und Werkzeug, zum anderen in den technischen Möglichkeiten, große Formteile nahezu spannungsfrei und mit ausreichender Wanddicke ohne nennenswerte Wanddickenunterschiede herstellen zu können. Diese Vorteile werden genutzt, um beispielsweise Transportbehälter und Lagerbehälter für umweltgefährdende Flüssigkeiten, wie Chemikalien und Heizöl, herzustellen. Nachteilig sind die langen Zykluszeiten.

Das **Rotationsformen** findet vorwiegend dort Anwendung, wo die Grenzen des Hohlkörperblasens (Kapitel 6) überschitten werden.

## 13.2 Formmassen

Geeignete Kunststoffe sind nahezu alle Thermoplaste in Pulver- oder Pastenform. Auch flüssige Monomere mit entsprechenden Zusätzen an Katalysatoren und Aktivatoren werden verarbeitet. Für die Herstellung von Formteilen mit größeren Wanddicken eignen sich insbesondere Formmassen, die weniger temperaturempfindlich sind, z.B. Polyethylen.
Besondere Bedeutung muß der Korngröße und Kornform der zur Verarbeitung eingesetzten festen Formmassen beigemessen werden. Sie haben einen Einfluß auf das Aufschmelzverhalten und die Wanddickenverteilung. Zum Erreichen einer geeigneten Kornform hat sich die mechanische Zerkleinerung der im Handel üblichen Granulate erwiesen. Mit Hilfe von Mahlwerken, die speziell hierzu von der Maschinenindustrie entwickelt wurden, können Granulate auf die erforderliche Korngröße gemahlen werden, ohne zu zerfasern (Tabelle 13.1).
Bei der Verarbeitung von flüssigen Monomeren findet die Polymerisation während des Rotationsformens statt. Mit Hilfe einer Mischapparatur wird das geschmolzene Monomere, z.B. Caprolactam, mit einem oder mehreren Katalysatoren in das Rotationswerkzeug eingebracht, wo während der Rotation die Polymerisation zum PA 6 beginnt. Die auf diesem Wege hergestellten Teile zeichnen sich im Vergleich zu den aus gemahlenem Granulat hergestellten Formteilen durch bessere Widerstandsfähigkeit gegen mechanische und chemische Beanspruchungen aus. Diese Tatsache wird vielfach genutzt, um Formteile aus preisgünstigen, weniger widerstandsfähigen Materialien mit einer zweiten Schicht aus flüssigen Monomeren im Innern auszukleiden. Polyethylenbehälter werden z.B. mit Polyamidinnenschichten versehen, wenn ganz bestimmte Vorschriften das verlangen. Bei der Dimensionierung eines solchen Behälters ist zu berücksichtigen, daß die Haftfestigkeit zwischen den verschiedenen Schichten mitunter begrenzt ist. Bei Schichten aus Polyethylen hart und Polethylen weich ist der Verbund zwischen beiden Schichten — bedingt durch ihren relativ gleichen physikalischen Zustand bei den erreichten Schmelztemperaturen — so gut, daß es auch bei extremer Formteilbelastung nicht zu Trennungs-

**Tabelle 13.1 Für das Rotationsformen empfohlene Formmassen mit Korngrößen und Schmelzindizes**

| Rohstoffe | Korndurchmesser µm | | Schmelzindex MFI : g/10 min |
|---|---|---|---|
| | möglicher Bereich | optischer Bereich | |
| Polyethylen niederer Dichte | 100 bis 800 | 200 bis 500 | (190/2,16) : 1,5 bis 70 |
| Polyethylen hoher Dichte | 100 bis 800 | 100 bis 300 | (190/2,16) : >3 |
| Polystyrol und Copolymerisaten | 50 bis 800 | 400 bis 500 | (200/5,0) : >4 |
| Zelluloseester | | 400 bis 600 | (190/2,16) : >8 |
| Polyacetal | | 150 bis 500 | (190/2,16) : >9 |
| Polyamid 11 und 12 | 100 bis 800 | 300 bis 500 | relative Lösungsviskosität <1,9 |

erscheinungen kommt. Darüber hinaus können durch das Rotationsformen Hohlkörper hergestellt werden, deren Wandungen Verstärkungsstoffe, z.B. Glasfasern, enthalten. Zum Formen solcher verstärkter Artikel wird der Formmasse die erforderliche Menge von kurzgeschnitzelten Glasfasern zugesetzt und gut vermischt in das Rotationswerkzeug eingefüllt. Bei richtiger Verfahrensweise werden Wandungen erzielt, in denen die Faserschnitzel statistisch gleichmäßig verteilt eingebettet liegen.

Das Rotationsformverfahren erschloß in besonderem Maße die Möglichkeit, in einem Arbeitsgang Hohlkörper herzustellen, deren Wandungen geschäumte Mittelschichten zwischen zwei massiven Deckschichten in sandwichartigem Aufbau enthalten. Dabei kann die gesamte Sandwichwandung aus einem Material bestehen oder aus verschiedenen Materialien zusammengesetzt sein, z.B. äußere geschäumte Wandungsschicht aus Polyethylen, Innenschicht aus Polyamid 11 oder 12 oder äußere und innere massive Schichten aus Polyethylen und die geschäumten Mittelschichten aus Polystyrol.

Für die Herstellung kleinerer Teile, wie beispielsweise Puppen, Spieltiere und dgl., werden PVC-Pasten eingesetzt (vgl. Abschnitt 4.3).

## 13.3 Rotationsanlagen

Nach dem Beheizungssystem der Werkzeuge können Rotationsanlagen in drei verschiedene Maschinentypen eingeteilt werden. Im Zuge der Weiterentwicklung wurden aus flammbeheizten Anlagen luftbeheizte und daraus die heute verwendeten ölbeheizten Rotationsanlagen. Die Ölbeheizung erfolgt über doppelwandige Werkzeuge.

### 13.3.1 Aufbau und Funktion

Eine Rotationsanlage hat folgende Aufgaben zu erfüllen:

- Beheizung des Werkzeugs,
- Drehung des Werkzeugs in mehreren Ebenen,
- Abkühlung des Werkzeugs.

Zur Erfüllung dieser Aufgaben enthält ein Teil der Anlage einen Ölkreislauf mit Pumpen, um Öl vom Öltank zum Werkzeug zu fördern. Elektrische Heizeinrichtungen gestatten es, das Öl, das als Temperiermedium anzusehen ist, in kurzer Zeit aufzuheizen. Zum Drehen des Werkzeugs, das auf einem Werkzeugträger mit um zwei meist senkrecht zueinander stehenden Drehachsen befestigt ist, dient ein Motor mit Getriebe, mit dem Drehzahlen bis zu 30 Umdrehungen je Minute verwirklicht werden können.

Die Abkühlung des Werkzeugs und damit der Schmelze erfolgt durch Abschalten des aufgeheizten Temperiermediums und nachfolgendes Einschalten eines gekühlten Ölstroms aus einem separaten Öltank.

### 13.3.2 Bauarten von Rotationsanlagen

Bild 13.1 zeigt eine moderne Rotationsanlage, mit der alle für das Rotationsverfahren geeigneten Rohstoffe wie Cellulose-Acetobutyrat (CAB),

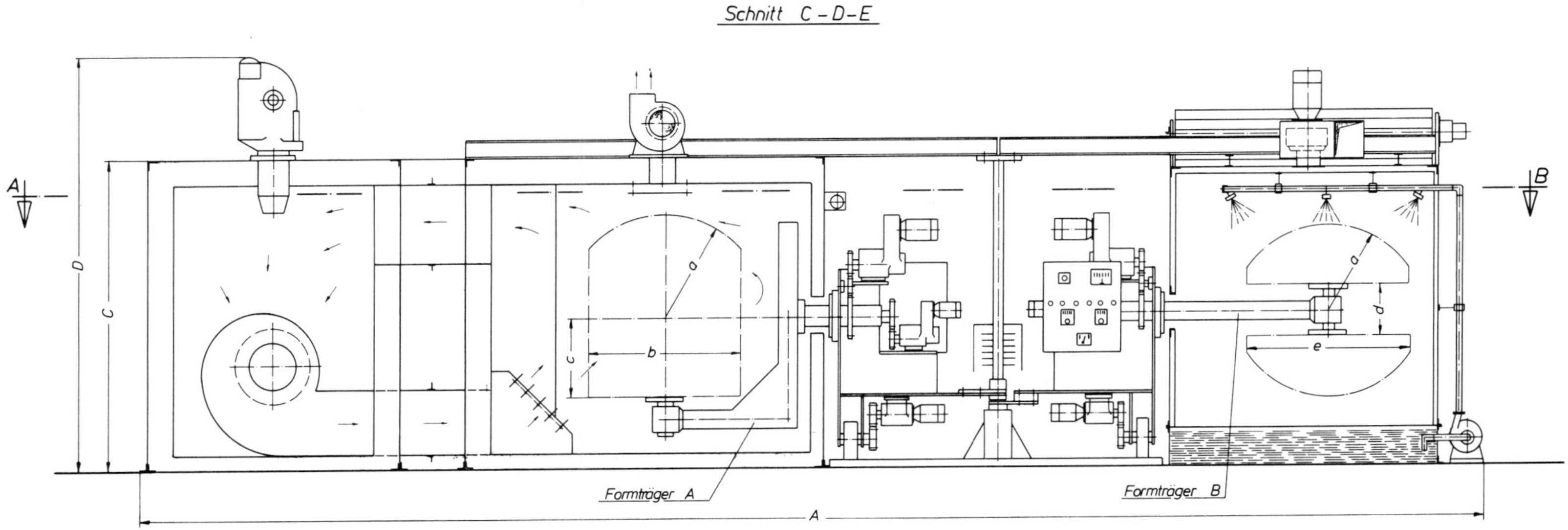


Bild 13.1 Vorderansicht einer Rotationsanlage (nach Reinhardt). Mit Rotationsanlagen dieser Art können Behälter bzw. Hohlkörper von 1 l Größe bis zu 4 $m^3$ hergestellt werden

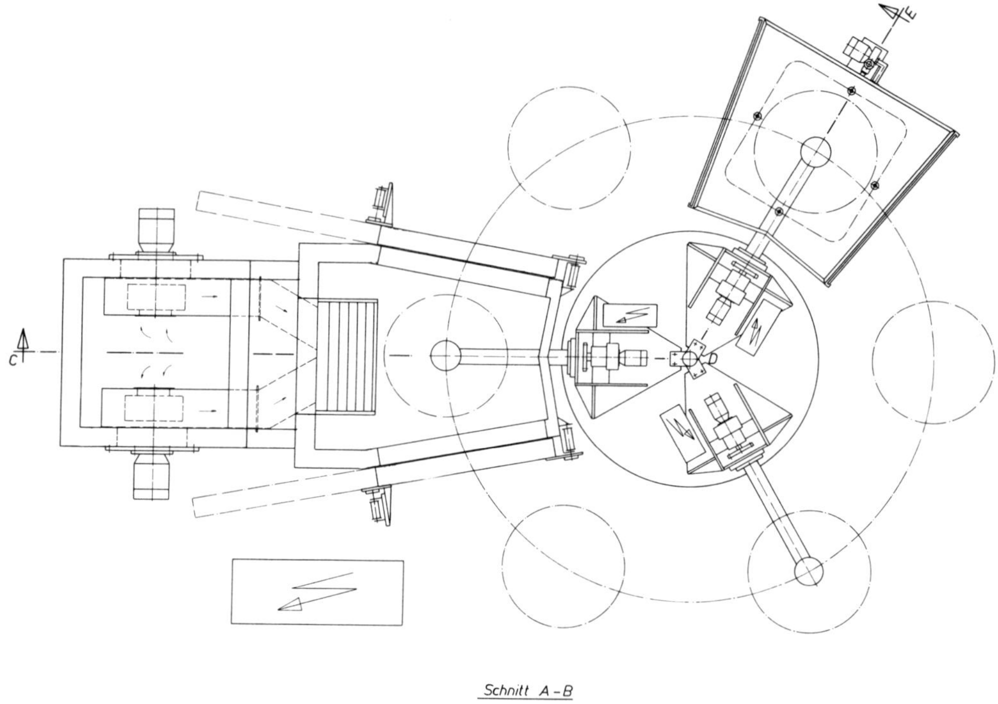


*Bild 13.2 Draufsicht der Rotationsanlage in Bild 13.1. In der Dosierstation wird das Werkzeug mit Formmasse beschickt, und beim Aufheizen beginnt die Rotationsbewegung in zwei Ebenen. Nach etwa 5 bis 25 Minuten Heizzeit — je nach Größe der Wanddicke der Formteile — ist der Aufschmelzvorgang beendet.*
*Zur Vorbehandlung des Werkzeugs gehört ein gründliches Reinigen, z.B. mit organischen Lösungsmitteln (Atemschutz tragen!) und anschließendes Ausblasen. Dann erfolgt das Auftragen eines wärmebeständigen Silikonlacks (dünn und gleichmäßig), der bei 350 bis 400 °C eingebrannt wird. Eine zweite, sehr dünne Lackschicht verlängert die Standzeit der Werkzeuge erheblich.*

Cellulose-Propionat (CP), Polystyrole (PS), Ethylen-Vinyl-Acetat-Copolymere (EVA) und monomere Ausgangsstoffe wie Caprolactam, das unter Zugabe von Reaktionsmitteln im Rotationswerkzeug zu 6-Polyamid polymerisiert, verarbeitet werden können. Polyamidpulver scheidet wegen der hohen Rohstoffkosten in den meisten Fällen aus.

## 13.4 Rotationswerkzeuge

Im Gegensatz zu den meisten anderen Verfahren der Kunststoffverarbeitung erfolgt die Verarbeitung im Rotationsverfahren drucklos, so daß der Werkstoff für solche Werkzeuge meist Stahlblech sein wird.
Verfahrensbedingt werden jedoch an den Werkzeugbau besondere Forderungen gestellt. Durch die Abkühlung von hohen Temperaturen auf Entformungstemperatur unterliegen Rotationswerkzeuge häufigen Temperaturwechseln, denen sowohl von der Material- als auch von der Konstruktionsseite Rechnung getragen werden muß. Besondere Beachtung erfordert die Gestaltung der Oberfläche im Werkzeughohlraum, denn diese überträgt sich auf die Oberfläche des Formteils. Die Werkzeugoberfläche im Innern sollte porenfrei und glatt sein. Das Nachbearbeiten von Schweißnähten sowie die Ausbildung von Hinterschneidungen und Konturen bedürfen besonderer Sorgfalt. Allerdings gilt hierbei die Forderung, die Oberfläche so gut und genau wie notwendig zu gestalten, denn die Herstellungskosten sind in nicht geringem Umfang von der geforderten Oberflächenqualität abhängig. Ein wei-

teres Augenmerk gilt der Abdichtung der Werkzeuge gegenüber Wasser, dem Heizmedium und der Kunststoffschmelze.
Zur Beheizung des Werkzeugs dient bei modernen Anlagen vorwiegend Öl. Jedes Werkzeug ist mit einem Zu- bzw. Ablauf ausgerüstet. Die Heiz- und Kühlkanäle sind derart angelegt, daß eine gleichmäßige Temperierung sichergestellt ist.
Für **Einfachwerkzeuge** mit Doppelwandung wird vorwiegend Stahlblech eingesetzt, Außenmantel und Innenwandung werden durch Stege gegeneinander abgestützt. Diese Stege werden in ihren Abmessungen und der Art der Anbringung derart ausgeführt, daß sie die Wärmekapazität des Werkzeugs nicht unnötig vergrößern und für das Durchströmen des Heizmediums einen optimalen Verlauf sichern (Bild 13.3).

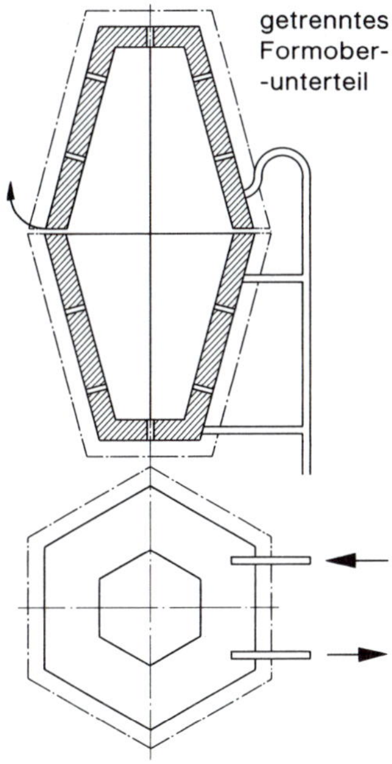


*Bild 13.3 Einfachwerkzeug mit Doppelwandung*

Für die konstruktive Ausführung von Rotationswerkzeugen gilt wie für andere Werkzeuge der Verarbeitung von Kunststoffformmassen auch, daß sie kunststoffgerecht sein muß, d.h. Vermeidung von scharfen Kanten und Ecken und extremen Wanddickenunterschieden.

**Mehrfachwerkzeuge** (Bild 13.4) werden vorzugsweise aus Aluminiumblech bis 6 mm Wanddicke hergestellt. Dabei gelten für die Konstruktion die gleichen Richtlinien wie bei Stahlblech. Aluminiumgußwerkzeuge mit bis zu 20 mm Wanddicke lassen sich mit jedem gewünschten Oberflächeneffekt ausführen, so daß die Formteile entsprechende Oberflächengestaltung aufweisen. Weitere Möglichkeiten der Oberflächenveredelung sind chemische Behandlungen oder galvanische Aufträge zur Erzielung spiegelnder Oberflächen. Sandstrahlen führt zu matten Oberflächen und erleichtert die Entformung.

*Bild 13.4 Beispiel für ein Mehrfachwerkzeug aus Aluminiumguß*

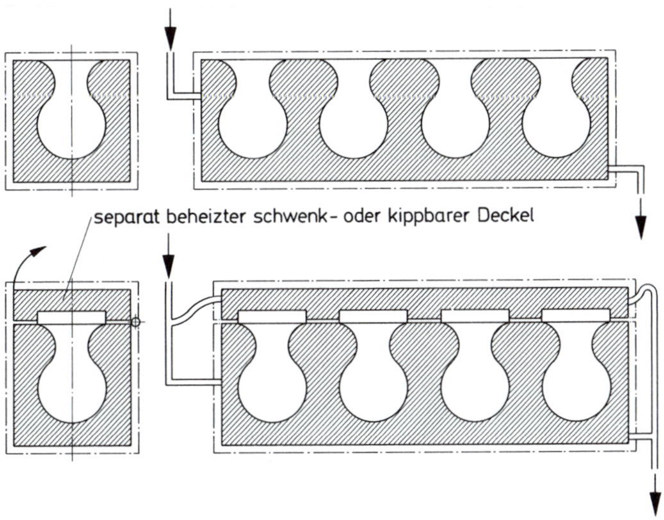

## 13.5 Herstellen von Formteilen

Das Herstellen von Formteilen im Rotationsverfahren beginnt mit der Beschickung des kalten Werkzeugs durch Kunststoffformmasse in Pulverform oder als Mahlgut. Die Formmasse muß trocken und kann eingefärbt sein. Die eingefüllte Menge der abgewogenen Formmasse ist abhängig von den Abmessungen des Formteils und ergibt die geforderte Wanddicke; sie wird mit Hilfe der Dichte der Formmasse errechnet. Aus Erfahrung weiß man, daß die bei diesem Verfahren günstigsten Wanddicken zwischen 1,5 und 10 mm liegen. Wegen der schlechten Wärmeleitung der Kunststoffe sind Wanddicken über 10 mm nicht mehr zu beherrschen und thermische Schädigungen der Formmasse die Folge. Nach dem Einfüllen wird das Werkzeug geschlossen. Zum Druckausgleich sind Entlüftungen vorzusehen, indem Lüftungsrohre so weit in den Werkzeughohlraum hineinragen, daß ein Zusetzen durch Schmelzepropfen ausgeschlossen ist. Mit der beginnenden Wärmezufuhr setzt die Rotation des Werkzeugs um zwei Achsen ein. Die Rotationsachsen müssen unterschiedliche Geschwindigkeiten haben. Zur Ermittlung des günstigsten Drehzahlverhältnisses sind Vorversuche zu empfehlen. Sicher ist, daß das Drehzahlverhältnis einen Einfluß auf den Herstellprozeß hat; für jedes Werkzeug ist ein optimales Drehzahlverhältnis zu ermitteln. Daher sind moderne Rotationsanlagen derart ausgelegt, daß die einstellbaren Drehzahlen der beiden Drehachsen stufenlos und unabhängig voneinander zu regeln sind.

Die Beheizung des Werkzeugs muß gleichmäßig erfolgen, d.h., das Heizmedium muß konstante Temperaturen aufweisen und das Werkzeug mit ausreichend hoher Geschwindigkeit durchströmen. Die Temperatur des Heizmediums richtet sich nach der zu verarbeitenden Formmasse. Bei Verwendung von Öl reichen Temperaturen bis maximal 300 °C aus, woraus sich die Forderung nach einem temperaturbeständigen Spezialöl ergibt. Die Temperatur der Schmelze ist den Empfehlungen der Rohstoffhersteller anzupassen. Lange Heiz- bzw. Schmelzzeiten können zur thermischen Schädigung der Kunststoffformmasse führen, und bei extremen Bedingungen findet ein oxidativer Abbau statt, dem zu begegnen ist, indem Stickstoff in den Werkzeughohlraum eingeleitet wird. Nach dem Aufschmelzen aller Formmassepartikel beginnt die Kühlphase. Der Heizkreislauf wird ab- und der Kühlkreislauf eingeschaltet. Ebenso wie beim Aufheizen soll die Abkühlung gleichmäßig erfolgen, wobei die Abkühlgeschwindigkeit entscheidend die Qualität des Formteils beeinflußt. Bei optimaler Prozeßführung setzt der Abkühlvorgang zunächst allmählich ein, und erst nach Erreichen des Kristallitschmelzpunkts soll die Abkühlgeschwindigkeit erhöht werden. Zur Steuerung der Abkühlgeschwindigkeit wird die Zeit genutzt, in der das Heizmedium abgesaugt bzw. das Kühlmedium zugeschaltet wird. An modernen Rotationsanlagen lassen sich entsprechende Programme für eine gesteuerte Abkühlgeschwindigkeit vorwählen. Die Abkühlzeit hängt von der Formteildicke und -geometrie sowie von der Formmasse ab. Sie kann den Zeitraum der Heizzeit und mehr betragen. Nach Ablauf der Kühlzeit kann das Werkzeug geöffnet und das Formteil entnommen werden. Zur Erleichterung des Entformungsvorgangs sollte für die Verarbeitung von Polyolefinen das Werkzeug vorbehandelt sein, d.h., es sollte vor dem Beschicken mit Formmasse mit einem Trennmittel ausgekleidet sein.

Teilweise abweichend vom bisher beschriebenen Herstellprozeß verhält sich die Verarbeitung von PVC-Pasten, Schaumpasten und Weich-PVC-Pulvermischungen. Die geringe thermische Stabilität dieser Werkstoffvarianten erfordert die exakte Beachtung der Rohstoffherstellerempfehlungen.

### Nacharbeiten

Das Entgraten der meist unvermeidbaren Markierung über die Formteilnaht erfolgt mit einem Fingerfräser an einer biegsamen Welle. Für das Beschneiden der Ränder von Öffnungen werden Kreissägen mit Hartmetallzähnen und gutem Freischnitt oder Fräser in leicht zu erstellenden Hilfswerkzeugen verwendet.

Teile aus PE hart mit ebenen Flächen bedürfen oftmals des Nachkalibrierens. Die erforderlichen Spannkaliber lassen sich schnell aus Holz herstellen. Sofort nach dem Entformen soll das Fertigteil gespannt werden. Es soll bis zur nachhaltigen Abkühlung auf dem Kaliber bleiben. Deshalb werden mehrere Garnituren Kaliber bereitgestellt. Es hat sich bewährt, über eine durch die Hauptachse der Maschine geführte Leitung etwa 0,5 bar Überdruck als Stützluft innerhalb des Werkstücks anzulegen, sobald die Vorkühlung mit Wasser abgelaufen ist. Hierdurch werden die Wandungen besser an der Werkzeugwand gehalten, die Kühlung erfolgt gleichmäßiger über die ganze Oberfläche, und die Schwindung erfolgt gleichmäßiger. Damit verwerfen sich ebene Flächen nicht so stark. Die Luft wird durch ein separates Rohr in das Werkzeug geführt. Der Überdruck von mehr als 0,5 bar kann durch das Belüftungsrohr entweichen (Querschnitte genau berechnen). Die einströmende Luft muß durch ein Prallblech oder einen Brausekopf innerhalb des Werkzeugs verwirbelt werden.

## 13.6 Verarbeitungsfehler

Eine unsachgemäße Verarbeitung der verschiedenen Kunststofformmassen kann zu fehlerhaften Formteilen führen und sich wie folgt auswirken:

1. Festkleben der Formteile an der Werkzeugwand

Das Festkleben führt zu Entformungsschwierigkeiten und sollte unbedingt vermieden werden, um einer Zerstörung des Werkzeugs beim gewaltsamen Entformen vorzubeugen und nicht das Aussehen des Formteils zu schädigen.

Gegenmaßnahmen:

- □ homogenes Aufschmelzen und Vermeiden von nicht geschmolzenen Formmassepartikeln
- □ Reinigen und Polieren der Werkzeuginnenwand
- □ Auftragen einer möglichst einheitlichen Trennmittelschicht
- □ Überprüfen des Werkzeugs auf ausreichende Konizität
- □ eventuelle Verlegung der Werkzeugtrennebene

2. Verfärben der Formteile

Thermische Schädigung der Formmasse äußert sich durch eine innen und außen sichtbare gelbliche bis braune Verfärbung. Diese scheinbar äußerliche Schädigung ist mit einem Abbau der Zähigkeit verbunden, so daß solche Formteile begrenzt einsatzfähig sind.

Gegenmaßnahmen:

- □ Verkürzen der Heizzeit
- □ Verringern der Heiztemperatur
- □ konstruktive Änderung des Formteils mit dem Ziel einer Verringerung der Wanddicke

3. Einfallstellen

Einfallstellen verschlechtern nicht nur das Aussehen, sondern führen zu unzulässigen Maßabweichungen. Die Ursache läßt sich in nahezu allen Fällen auf fehlenden Druckausgleich im Werkzeug zurückführen.

Abhilfe:

Der durch die Wärmeausdehnung der eingeschlossenen Luft oder gasförmigen Abbauprodukte im Werkzeug entstehende Überdruck kann durch Einsetzen eines Entlüftungsrohres abgebaut werden.

4. Verzug

Verzug der Formteile ist eine unerwünschte Erscheinung und auf Störungen beim Herstellprozeß zurückzuführen. Unterbrechungen bei der Rotation oder zu lange Abkühlung sind die Ursache.

Gegenmaßnahmen:

- □ Senken der Temperatur der Schmelze
- □ Verbessern der Kühlung
- □ Verlängern der Rotationszeit
- □ Einsatz von Spannvorrichtungen, um die entformten Teile durch Einspannen zu korrigieren

5. Blasenbildung und Oberflächenrauhigkeit

Ursachen für Blasenbildung und Oberflächenrauhigkeit sind durch Feuchtigkeit in der Formmasse, ungenügende Heizzeit und zu große Wanddicken zu suchen.

Abhilfe:

- □ Vortrocknen der Formmasse
- □ Verlängern der Heizzeit
- □ Reduzieren der Einfüllmenge der Formmasse

6. Wanddickenunterschiede

Ursachen für unterschiedliche Wanddicken im Formteil sind auf Fehler in der Wahl des Drehzahlverhältnisses zu suchen.

Abhilfe:

- □ Erhöhen der Rotationsgeschwindigkeit
- □ Ändern der Drehrichtung

7. Streifenbildung

Streifenbildung auf der Innenseite der Formteile ist ebenfalls auf falsches Drehzahlverhältnis zurückzuführen.

Abhilfe:

- □ Erhöhen der Rotationsgeschwindigkeit
- □ Ändern der Drehrichtung

8. Bruchanfälligkeit

Formteile von geringer Festigkeit sind entweder bei zu geringer Temperatur verarbeitet worden, oder die Heizzeit wurde zu gering gewählt.

# 14 Pulverbeschichten

## 14.1 Allgemeines

Um **korrosionsfeste Kunststoffbeschichtungen** oder dekorative Oberflächen herzustellen, bedient man sich verschiedener **Pulverbeschichtungsverfahren.** Das Prinzip dieser Verfahren besteht darin, Kunststoffpulver gleichmäßig auf erwärmte Metalloberflächen zu bringen und es auf diese Weise aufzuschmelzen. Dabei entsteht ein dichter Überzug.

## 14.2 Wirbelsintern

Das am meisten geübte Pulverbeschichtungsverfahren ist das **Wirbelsintern**. Ein Wirbelsintergerät zeigt Bild 14.1. Zwischen der Behälterbasis und dem Sinterraum befindet sich eine luft- bzw. gasdurchlässige Platte aus Sinterkeramik oder ein Kunststoffilter (Porendurchmesser $<25$ µm). In den Sinterraum wird das Kunststoffpulver gegeben. Die Korndurchmesser der gebräuchlichen **Sinterpulver** liegen zwischen 50 und 300 µm. Zum Sintern wird Luft in den unteren Behälterraum (Behälterbasis) geblasen, die durch die poröse Platte gleichmäßig verteilt in den Sinterraum eintritt und das Pulver aufwirbelt. Der erforderliche Luftdruck hängt von der Höhe der Wirbelschicht und der Dichte des Pulvers ab; er liegt zwischen 2,6 und 2,0 bar. Die erforderliche Luftmenge beträgt 80 bis 100 $m^3$ je Stunde und $m^2$ Bodenfläche. Das aufgewirbelte Pulver verhält sich wie eine Flüssigkeit (es ist «fluidisiert»), und die zu beschichtenden Gegenstände können leicht eingetaucht werden.

Zum Aufschmelzen des Pulvers ist es erforderlich, daß die zu beschichtenden Metallgegenstände vorgewärmt werden. Das Vorwärmen geschieht zweckmäßigerweise in Umluftöfen bei Temperaturen, die etwa 100 bis 200 °C über dem Schmelzbereich des jeweiligen Kunststoffs liegen. **Vorwärmtemperaturen** für einige Kunststoffe sind in Tabelle 14.1 wiedergegeben. Neben den hier aufgeführten Kunststoffen können natürlich auch andere Stoffe, wie Polymethylmethacrylat, Epoxidharz oder ungesättigtes Polyesterharz verarbeitet werden.

Um gute Haftfestigkeiten zu erreichen, sind die Oberflächen der Metallteile vor dem Vorwärmen zu säubern (entfetten) und aufzurauhen. Das Entfetten kann mit geeigneten Lösungsmitteln vorgenommen werden, wobei die einschlägigen Vorschriften zum Schutz der Gesundheit zu beachten sind (z.B. Merkblätter der Berufsgenossenschaft der Chemischen Industrie). Zum Aufrauhen eignet sich am besten das Sandstrahlen. Bei einigen Kunststoffen – z.B. PVC – bringt das Aufrauhen kaum eine Haftverbesserung. Hier empfiehlt es sich, eine flüssige Haftvermittlung (Primer) aufzutragen.

Die vorbereiteten Metallteile werden an geeigneten möglichst punktförmigen Aufhängungen in das aufgewirbelte Pulver getaucht. Dabei schmilzt der Kunststoff fest auf die Oberfläche auf. Die entstehenden Schichtdicken hängen von der Vorwärmtemperatur und der Eintauchzeit

*Bild 14.1 Wirbelsintergerät, schematisch*

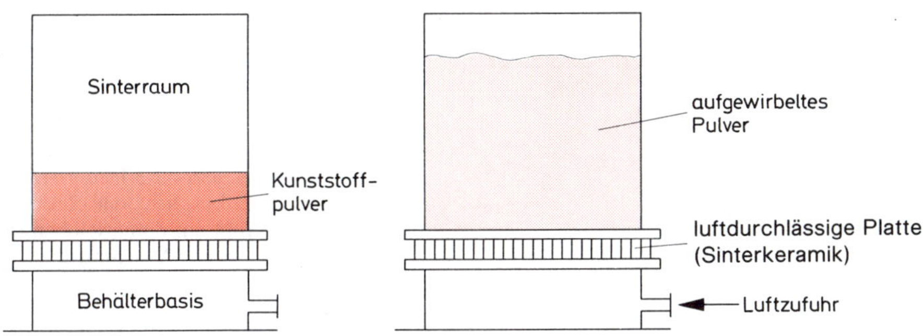

ab. Die Eintauchvorgänge dauern in der Regel 2 bis 30 Sekunden, während des Eintauchens sind die Metallteile zu bewegen bzw. bei großen waagerechten Flächen auch zu drehen.
Bei dünnwandigen Werkstücken (geringe Wärmekapazität) sowie bei extrem großen Schichtdicken und bei Duroplasten ist Nachwärmen im Wärmeschrank erforderlich.
In kontinuierlich arbeitenden Anlagen zum Wirbelsintern von Drähten werden diese im Wirbelbett induktiv erwärmt.
Nach dem Beschichten soll die Abkühlung bei Polyolefinen möglichst langsam erfolgen, während sich bei Polyamid und PVC unter Umständen Abschrecken in Wasser empfiehlt. Dadurch werden bei Polyamid die Sinterschichten elastischer.
Wenn die Anfaßstellen der Teile nicht mit Kunststoff bedeckt sind, so sind sie nachträglich mit einer weichen Flamme zu behandeln, wobei zusätzlich Pulver aufgestreut wird. Gesinterte Oberflächen können durch Polieren oder Behandeln mit Lösungsmitteln auf Hochglanz gebracht oder aber auch mattiert werden.
Das Wirbelsintern wird in Serienfertigungen heute vollautomatisch durchgeführt.

**Tabelle 14.1 Vorwärmtemperaturen für das Wirbelsintern**

| Kunststoff | Vorwärmtemperatur °C |
|---|---|
| Polyethylen HD | 220 bis 300 |
| Polyvinylchlorid | 300 bis 350 |
| Polyamid 11 | 280 bis 350 |
| Polyamid 6 | 300 bis 400 |
| Ethylen/Vinylalkohol-Cop. | 180 bis 400 |

## 14.3 Flammspritzen

Das **Flammspritzen** dient dem Beschichten von Metallteilen, die nicht gut in ein Sintergefäß gebracht werden können. Das Verfahren hat keine sehr große Bedeutung erlangt. Das Kunststoffpulver wird mittels Druckluft in eine Spritzpistole gefördert, wo es zusammen mit einer Gasflamme auf die Metalloberfläche geschleudert wird. Die Gasflammen haben Temperaturen von mehr als 1000 °C, d.h., das Kunststoffpulver darf sich nur Bruchteile von Sekunden in der Flamme aufhalten. Die Oberflächen sind entsprechend dem oben Gesagten vorzuwärmen, die Vorwärmung geschieht bei Blechen mit einer Dicke $<6$ mm mit der gleichen Pistole, wobei die Pulverzufuhr unterbrochen wird. Bei dickeren Blechen werden wegen der starken Wärmeableitung Schweißbrenner mit höheren Flammentemperaturen verwendet. Ein Flammspritzgerät ist schematisch in Bild 14.2 dargestellt.

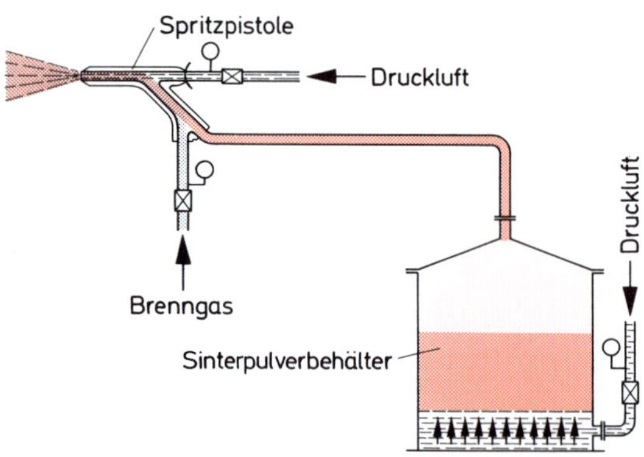


*Bild 14.2 Flammspritzgerät, schematisch*

## 14.4 Elektrostatisches Beschichten

Das **elektrostatische Beschichten** wird in neuerer Zeit zunehmend angewendet. Kunststoffpartikel (Korndurchmesser 40 bis 100 µm) werden ähnlich dem Flammspritzen durch Druckluft einer Spritzpistole zugeführt und beim Austritt aus der Pistole in einem elektrischen Feld von 50 bis 100 kV elektrisch aufgeladen. Die geerdeten, zu beschichtenden Metallflächen ziehen das Pulver an, so daß sich eine gleichmäßige Schicht bildet, die eine gewisse Zeit auf der Oberfläche haftet. Die elektrostatische Aufladung des Pulvers kann auch direkt in der Pistole (10 kV) erfolgen. Bei dieser Methode ist der Abscheidegrad geringer. Das beschichtete Metallteil wird anschließend erwärmt, und die trockene Kunststoffschicht schmilzt auf.
Beim elektrostatischen Beschichten ist zur Rückgewinnung des nicht abgeschiedenen Pulvers ein gewisser Aufwand zu betreiben. Für das elektrostatische Pulverbeschichten eignen sich sowohl Duroplaste (z.B. Epoxidharze oder ungesättigte Polyesterharze) als auch Thermoplaste (z.B. Polyethylen, Polyvinylchlorid oder Polyamid. Die entstehenden Schichten sind bis zu 300 µm dick. Die Metalloberflächen brauchen wegen dieser dünnen Schichten im allgemeinen nicht aufgerauht zu werden. Eine gründliche Reinigung ist jedoch erforderlich.
Das hier beschriebene elektrostatische Beschichten beruht auf dem gleichen Prinzip wie das Pulverlackieren (Abschnitt 21.8).

# 15 Verarbeiten von Kautschuken

## 15.1 Allgemeines

Das Verarbeiten der **Kautschuke** ist in vielen grundsätzlichen Techniken der Kunststoffverarbeitung ähnlich. Dennoch gibt es wichtige Besonderheiten, die in diesem Kapitel herausgestellt werden. Eine ausführliche Behandlung der Kautschukverarbeitung bleibt der speziellen Literatur vorbehalten.

## 15.2 Werkstoffe

Kautschuke sind amorphe hochmolekulare Stoffe, die ähnlich aufgebaut sind wie Kunststoffe, mit dem Unterschied, daß die Makromoleküle Doppelbindungen enthalten. Aufgrund dieser Doppelbindungen können die Kautschuke vernetzt werden. Die Kautschukvernetzung heißt **Vulkanisation**.

Man unterscheidet **Naturkautschuk** und **Synthesekautschuk**.

Naturkautschuk wird z.B. aus dem milchigen Saft (Latex) der Hevea Brasiliensis gewonnen. Synthesekautschuke werden in den gleichen Bildungsreaktionen wie Kunststoffe hergestellt (vgl. Kap. 1). Die Vulkanisation erfolgt z.B. – je nach Kautschukart – über Schwefel oder Peroxide. Durch die Vernetzung wird aus dem zähplastischen Kautschuk ein **Elastomer** oder ein **Gummi**.

**Thermoplastische Elastomere** sind solche Stoffe, bei denen die Vernetzungen bei höheren Temperaturen gelöst werden und die bei Abkühlung wieder vernetzen.

Eine Gegenüberstellung der Elastizitätsmoduln verschiedener makromolekularer Stoffe zeigt Bild 15.1.

Wichtige Kautschuke sind:

| | |
|---|---|
| Naturkautschuk | NR |
| Butadienkautschuk | BR |
| Butylkautschuk | IIR |
| Chloroprenkautschuk | CR |
| Ethylen-Propylen-Terpolymer | EPDM |
| Fluorkautschuk | CFM |
| Isoprenkautschuk | IR |
| Nitrilkautschuk | NBR |
| Silikonkautschuk | Q |
| Styrol-Butadien-Kautschuk | SBR |

Im Gegensatz zu Kunststoffen müssen den Kautschuken vor der Verarbeitung in der Regel wesentlich mehr **Zuschlagstoffe** beigegeben werden, um zu den Formmassen zu gelangen, die die gewünschten Eigenschaften im Fertigprodukt ergeben. Das bedeutet, daß der Aufbereitung (Mischungstechnik) im Kautschukbereich eine entscheidende Bedeutung zufällt.

Wichtige Zuschlagstoffe sind:

- □ Ruß und helle Füllstoffe,
- □ Weichmacher, Verarbeitungshilfsmittel,
- □ Vulkanisationsmittel,
- □ Alterungsschutzmittel,
- □ Farbmittel,
- □ Treibmittel.

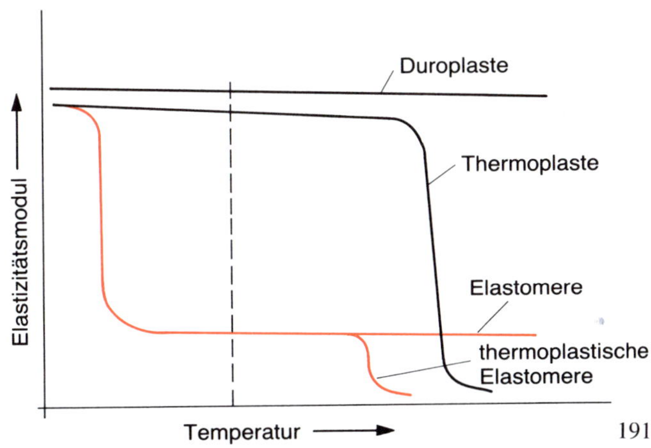


*Bild 15.1 Gegenüberstellung der E-Moduln verschiedener makromolekularer Stoffe*

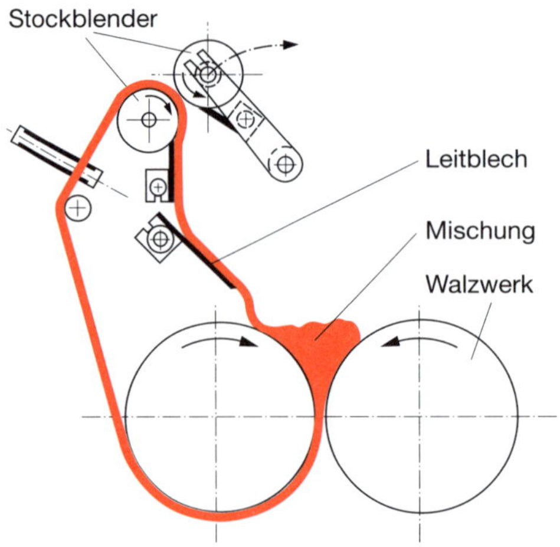


*Bild 15.2 Stockblender*

## 15.3 Herstellen der Formmassen

Der in Ballen oder Platten angelieferte Rohkautschuk wird vor dem *Mischen* auf sog. **Spaltmaschinen** zerkleinert.

Die wichtigsten in der Kautschukmischtechnik eingesetzten Maschinen sind **Innenmischer, Walzwerke** und **Extruder** (vgl. Kapitel 2). Zur Herstellung von Kautschukmischungen werden (im Vergleich zu Kunststoffen) sehr große Scherkräfte benötigt. Das hat zur Folge, daß sich Kautschuk-Aufbereitungsmaschinen durch eine robuste Bauweise auszeichnen. Wegen des hohen Kräftebedarfs ist es auch schwierig, Mischungen kontinuierlich herzustellen.

Im **Innenmischer** (oder **Stempelkneter**) werden die Mischungsbestandteile von einem Stempel in die Mischkammer gedrückt, in der sich tangierende oder ineinandergreifende Knetschaufeln gegeneinander drehen. Die Qualität der Mischung hängt vom Temperaturverlauf, der Schaufelform und der Drehzahl ab.

Besonders Naturkautschuk erfordert die Einleitung großer Scherkräfte, um die Viskosität so weit herabzusetzen, daß sich die Zuschlagstoffe gut verteilen. Die Viskositätserniedrigung des Naturkautschuks durch Kneten nennt man **Mastikation.** Allgemein ist Mastifikation der Molekülabbau bei Kautschuk durch mechanische Kräfte und/oder Wärmeeinwirkung.

Die Verweilzeiten der Masse im Innenmischer betragen bei modernen Anlagen nur einige Minuten. Während des Mischens entsteht Wärme, die durch Kühlsysteme abgeführt werden muß.

Dem Innenmischer nachgeschaltet sind oft **Walz-**

*Bild 15.3*
*Schema einer Mischanlage für Kautschuk*

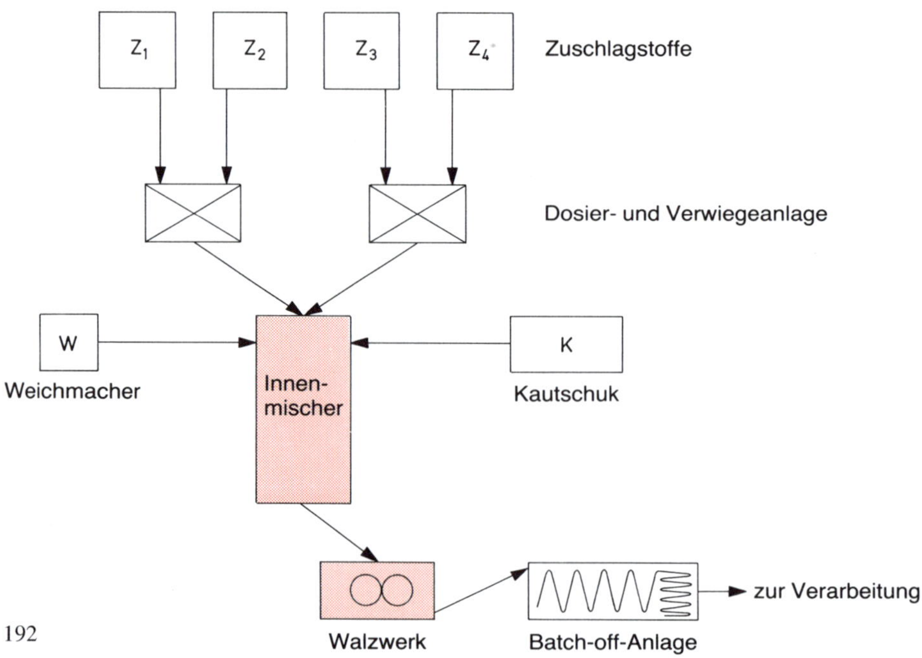

**werke,** die die Mischungsstücke zu Fellen verformen und die Masse dabei weiter homogenisieren. Mit dem Walzwerk kombiniert man zur zusätzlichen Homogenisierung und Kühlung der Mischung einen **Stockblender** (Bild 15.2). Dieser besteht aus einem über der Vorderwalze angebrachten kleinen Zugwalzenpaar, das das Walzfell aufnimmt. Mit Führungsrollen wird nun das Fell seitlich hin- und herbewegt und danach dem Walzwerk über ein Leitblech wieder zurückgegeben.
Eine übliche Mischanlage kann entsprechend Bild 15.3 aufgebaut sein. Die **Batch-off-Anlage** nimmt die Felle vom Walzwerk ab. Die Felle werden in Trennmittel getaucht, getrocknet, gekühlt und abgelegt.

Bei großen Mischungsmengen ist es üblich, dem Innenmischer einen Extruder nachzuschalten, der das Mischgut weiter homogenisiert. Zur Herstellung von Fellen kann der Extruder mit einer Ringdüse (Schlauchdüse) ausgerüstet sein **(Slabextruder),** oder es werden Extruder mit Flachdüsen und nachgeschalteten 2-Walzen-Ausformkalandern eingesetzt (**Roller-Die-Anlagen** bzw. Roller-Head-Anlagen, letztere für höhere Toleranzansprüche).
Drückt der Extruder das Mischgut durch eine Lochscheibe und werden die austretenden Stränge laufend abgeschert (granuliert), so entstehen **Pellets**. Die Anlage heißt dann **Pelletizer**. Die Pellets fallen in ein Kühlbad mit Trennmittel und sind so für einige Tage silierfähig.

## 15.4 Kalandrieren

Das Verfahren ist vergleichbar mit dem Kalandrieren von Thermoplasten, wenn es um die Herstellung von Kalanderfolien (Kalanderplatten) oder um das Belegen von Trägerbahnen, Reifencorden, Kreuzgeweben o.ä. geht (vgl. Kapitel 3).
Eine Besonderheit bildet jedoch das **«Friktionieren»** von Geweben oder Corden mit weichen und klebrigen Kautschukmischungen. Die die Kautschukmischung tragende Walze, die mittlere von drei Walzen, läuft 20 bis 50% schneller als das einlaufende Gewebe und gibt einen Teil ihres Belages an das Gewebe ab. Durch den Druck im Walzspalt wird die weiche Mischung in das Gewebe so eingerieben, daß sie auf der anderen Seite durchschimmert. Es entsteht eine hervorragende Verankerung zwischen Kautschuk und Gewebe.
Wie bei allen Kautschukformgebungsverfahren ist beim Kalandrieren darauf zu achten, daß es weder beim vorgeschalteten Aufbereitungsverfahren noch auf dem Kalander zur Anvulkanisation der Mischung kommt, d.h. kontrollierte Temperaturführung.
Die auf dem Kalander gefertigten Halbzeuge, wie Platten, Folien, friktionierte und/oder belegte Gewebe, werden zum überwiegenden Teil für Behälterauskleidungen bzw. für die Transportband-, Reifen- und Schlauchherstellung oder auch für handkonfektionierte Artikel verwendet.
Müssen die Kalanderfolien (z.B. Dachfolien, Bettunterlagen o.ä.) oder gummierte Gewebe und Drucktücher (als Halbzeug für Arbeitsschutzmaterial) direkt vulkanisiert werden, dann geschieht das in Heizkammern ohne Druck oder in Autoklaven unter Druck. Die Heizzeiten liegen dann, je nach Temperatur, zwischen 60 Minuten und mehreren Tagen.
Kontinuierlich kann das Vulkanisieren auch in Rotations-Vulkanisiermaschinen unter Druck zwischen einer Heiztrommel und einem gummierten Stahlgewebeband durchgeführt werden. Die Verweilzeiten in diesen Maschinen beträgt etwa 10 Minuten bei 150 bis 160 °C.

## 15.5 Extrudieren

Der **Extruder** (auch **Spritzmaschine** genannt) ist auch in der Kautschukindustrie eine der wichtigsten Formgebungsmaschinen (vgl. Kap. 5). Er dient der Herstellung von Reifenlaufflächen, Fördergurten, Profilen, Schläuchen, Platten, Kabelummantelungen u.a. Kautschukextruder arbeiten wie Kunststoffextruder mit Druckaufbau. Kautschukextruder können grundsätzlich sowohl mit vorgewärmtem Material **(Warmfütterextruder)** als auch mit kaltem Material **(Kaltfütterextruder)** beschickt werden.
Heute wird fast nur noch mit Kaltfütterung gearbeitet. Damit verbunden ist eine beachtliche Energieeinsparung.

Zur Intensivierung des Plastifiziervorgangs beim Kaltfütterextruder werden Maßnahmen wie Scherköpfe in der Schnecke, Querstege in den Schneckengängen, Schneckengänge im Zylinder u.a. vorgesehen. Eine wesentliche Verbesserung das Plastifizierens ist durch Extruder mit **Stiftzylinder** gegeben (Bild 15.4). Es können 8 Stifte über den Zylinderumfang in 10 Stiftebenen angebracht werden; dadurch wird der Massestrom in viele Teilströme geteilt, wodurch eine schonende intensive Plastifizierung erreicht wird.
Der Temperierung von Zylinder und Schnecke kommt wegen der Wärmeentwicklung große Bedeutung zu. Temperiert wird mit Wasser, manch-

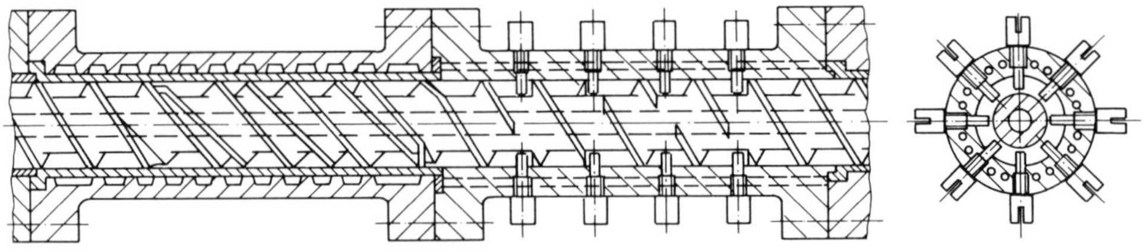


*Bild 15.4 Prinzip des Stiftzylinders (nach Berstorff)*

mal auch mit Öl. Überwacht werden die Temperaturen in der Zylinderwand, im Spritzkopf und in der Schnecke.
Das **Vulkanisieren** der Extrudate kann auf verschiedene Weise erfolgen.
Neben dem **Vulkanisieren im Dampfrohr** mit Sattdampf von 4 bis 23 bar bei 151 bis 220 °C für ummantelte Kabel und Schläuche haben die drucklosen kontinuierlichen Verfahren die größte Bedeutung.
Das **Vulkanisieren in Flüssigkeitsbädern** (Salzbädern) kann nahezu für alle Kautschukarten angewendet werden. Das Verfahren heißt auch **LCM-Verfahren** (von **L**iquid **C**uring **M**edium). Die Bäder werden aus eutektischen Salzgemischen hergestellt und auf 210 bis 240 °C erwärmt. Damit werden die **Vulkanisationstemperaturen** der wichtigen Kautschukarten abgedeckt, z.B.:

| | |
|---|---|
| NR | 210 °C |
| SBR | 220 °C |
| EAM | 220 °C |
| NBR | 230 °C |
| CR | 230 °C |
| EPDM | 250 °C |

Bei der **Fließbettvulkanisation** werden kleine Glaskugeln (0,13 bis 0,25 mm ø) in einem Behälter mit Heißluft oder Dampf fluidisiert (vgl. Kapitel 14). Durch dieses Fließbett werden die Extrudate gezogen oder auch Formteile eingetaucht.
Bei der **Heißluftvulkanisation mit Ultrahochfrequenzvorwärmung** (UHF-Vorwärmung) wird das seit langem bekannte Vulkanisieren in Heißluft mit einem UHF-Feld in 4 bis 5 m langen Kanälen kombiniert. Dadurch wird der Raumbedarf wesentlich verkleinert und das Verfahren sehr wirtschaftlich. Das gilt besonders wegen der gleichmäßigen Erwärmung für dickwandige Teile (vgl. Abschnitt 17.7). Anstelle des UHF-Feldes kann auch ein zylindrischer Scherspalt mit der Heißluftstrecke kombiniert werden. Der Ringspalt hat einen eigenen Antrieb und erwärmt das Extrudat in wenigen Sekunden von z.B. 110 °C (Extruderaustrittstemperatur) auf 170 bis 190 °C.
In neuerer Zeit hat sich auch noch die reine Heißluftvulkanisation in kontinuierlichen Anlagen mit sehr hohen Luftgeschwindigkeiten für Profile ohne große Querschnittsunterschiede eingeführt und wirtschaftlich durchgesetzt.

## 15.6 Pressen

Sowohl technische Teile als auch Fahrzeugreifen und Transportbänder werden im Preßverfahren hergestellt (vgl. Kapitel 19). Das Material gelangt hier nicht als lose Formmasse in das Preßwerkzeug, sondern als Vorformling (Rohling). Die Schritte des Preßzyklus sind:

- □ Einlegen des (evtl. vorgewärmten) Vorformlings,
- □ Formgebung + Vulkanisation (evtl. Entgasen),
- □ Entformen des Teils.

Das Vorwärmen der Vorformlinge geschieht im hochfrequenten Wechselfeld oder durch Infrarotstrahlen. Es werden hydraulische Etagenpressen und Kniehebelpressen eingesetzt. Bei **Etagenpressen** werden die außerhalb der Presse mit Vorformlingen bestückten Werkzeuge meist von Hand zwischen die beheizten Preßplatten gelegt. Bei den **Kniehebelpressen**, die für große Serien eingesetzt werden, sind die Werkzeuge fest mit den Heizplatten der Presse verbunden.

Während der Vorformling in alle Teile des Werkzeugs fließt, arbeitet die Presse mit Hydraulikdrücken von 15 bis 20 bar, beim Vulkanisieren mit etwa 200 bar. Die wirksamen Flächendrücke betragen 35 bis 200 bar, die Preßtemperaturen 120 bis 200 °C.

Eine Sonderstellung nehmen die mit beweglichem Oberteil versehenen **Reifenpressen** ein. Es handelt sich um Einzel- oder Zwillingspressen, die mit Dampf beheizt werden. Die Preßtemperaturen betragen bis zu 180 °C.
Der zum größten Teil von Hand gefertigte Rohling wird nach Schließen des Werkzeugs über

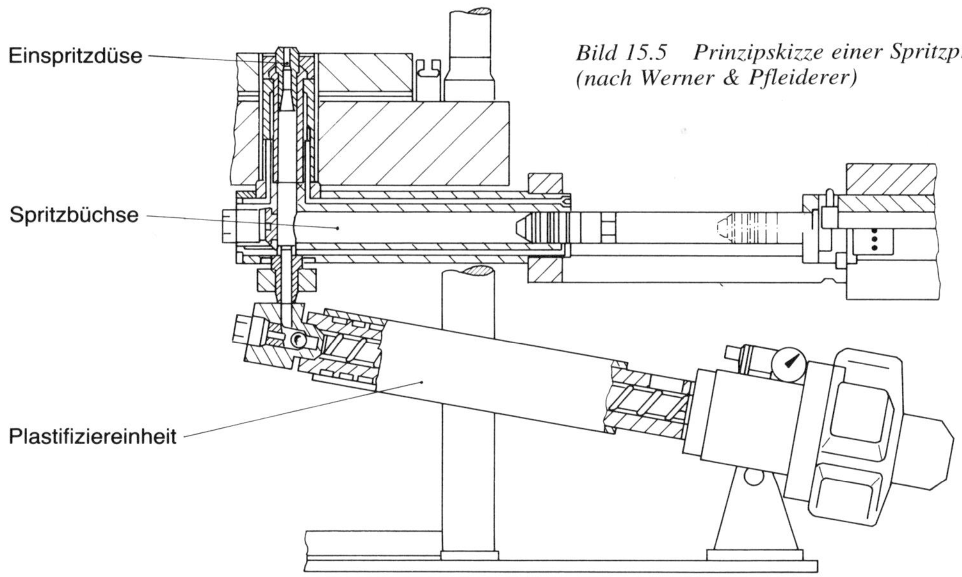


*Bild 15.5 Prinzipskizze einer Spritzpresse (nach Werner & Pfleiderer)*

einen Butylkautschukbalg mit heißem Wasser oder Sattdampf (etwa 200 °C) aufgeblasen und mit 20 bis 30 bar gegen die mit dem Reifenprofil versehene Werkzeugwandung gepreßt. Die Heizzeiten liegen je nach Reifengröße zwischen 12 und 60 min.

Auch das **Spritzpressen (Transfer-Moulding-** bzw. **TM-Verfahren)** wird bei der Herstellung von Gummiformteilen vielfach angewendet. Beim einfachsten Transfer-Verfahren werden sog. Transfer-Werkzeuge in Etagenpressen eingesetzt.

Das Werkzeugoberteil hat einen meist zylindrischen, manchmal auch rechteckigen Aufnahmeraum für die Kautschukmischung. Die projizierte Fläche des Aufnahmeraumes ist mindestens 50% größer als die aller Kaliberflächen (Formnestflächen) und Flächen der Verteilerkanäle. Dadurch ist ein ausreichender Schließdruck des Werkzeuges während des Zufahrens der Presse gewährleistet, und die eingelegte Mischung wird durch die großen Berührungsflächen mit dem beheizten Werkzeug genügend vorgewärmt. Die Formmasse wird als vorgeschnittene Platte, seltener in Form von Pellets, mit geringer Überdosierung von Hand eingelegt, ein passender Kolben aufgesetzt und die Presse zugefahren. Über oft mehrere Anspritzkanäle pro Kaliber wird die Kautschukmischung auf kurzem Weg eingespritzt. Das Öffnen des Werkzeugs und Entformen der Teile erfolgt von Hand.

Beim Einsatz von einfachen Transfer-Moulding-Pressen sind alle Teile des Vulkanisierwerkzeugs fest in der Presse eingebaut. Sie werden beim Öffnen der Presse an Teleskopankern hängend aufgefächert und können wie das beschriebene Transferwerkzeug bedient werden.

Eine andere Art von TM-Pressen hat im Schließkolben einen zylindrischen Aufnahmeraum für die Kautschukmischung, die nach dem Schließen des Werkzeuges von einem darunterliegenden hydraulischen Transferkolben über eine Verteilerspinne und evtl. über Ringkanäle in die Formnester gedrückt wird.

Moderne **ITM-Pressen** (Injection-Transfer-Moulding) füllen den Transferraum, manchmal auch direkt die Kaliber, über eine Plastifizierschnecke oder einen Kolben mit Schneckenplastifizierung. Die Formgebung auf diesen ITM-Pressen läßt sich zum Spritzgießen kaum noch abgrenzen (Bild 15.5).

## 15.7 Spritzgießen

Das **Spritzgießen** ist auch in der Kautschukverarbeitung das am meisten automatisierte Formgebungsverfahren (vgl. Kapitel 8). Besonderheiten gegenüber dem Thermoplast-Spritzgießen sind:

- □ höhere Viskosität der Formmasse,
- □ geringere Temperaturabhängigkeit der Viskosität,
- □ Temperaturführung im Spritzzylinder (Vermeiden vorzeitiger Vulkanisation),
- □ Temperaturführung im Werkzeug (zur Beschleunigung der Vulkanisation Heizen auf 180 bis 220 °C).

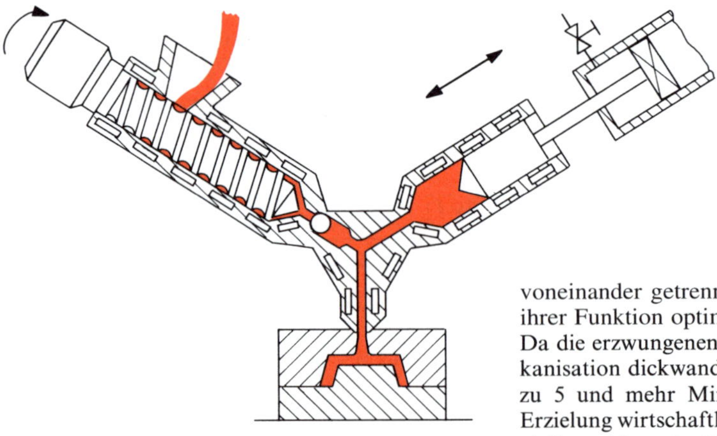

*Bild 15.6 Kolbenspritzgießen mit Schneckenvorplastifizierung*

Es werden übliche Förderschnecken mit Einzugshilfen verwendet. Neben den für Kunststoffe üblichen Schneckenspritzgießmaschinen werden auch Kolbenspritzgießmaschinen mit **Schneckenvorplastifizierung** eingesetzt (Bild 15.6). Hierbei sind Plastifizier- und Einspritzvorgang voneinander getrennt und können entsprechend ihrer Funktion optimal ausgelastet werden.

Da die erzwungenen Wartezeiten für die Ausvulkanisation dickwandiger Gummiformteile oft bis zu 5 und mehr Minuten betragen, werden zur Erzielung wirtschaftlicher Taktzeiten auch Spritzgießmaschinen in Drehtischbauweise eingesetzt. Bis zu 8 Werkzeugträgereinheiten fahren, auf einem Drehtisch montiert, an die Einspritzeinheit, werden gefüllt und haben dann mehrere Takte lang Zeit zur Ausvulkanisation. Der weitaus größte Teil aller Spritzgießmaschinen für die Kautschukverarbeitung sind Vertikalanlagen.

## 15.8 Handkonfektionieren

Kleine Serien großer Gummiteile oder auch Einzelstücke in einfacher Gestalt, komplizierte, aus verschiedenen Kautschukqualitäten und Trägermaterialien aufgebaute Gummiteile oder aber sehr dünnwandige Teile können nicht maschinell hergestellt werden. Dazu gehören z.B.:

- □ Schleusen- und Staudammdichtungen,
- □ Luftmatratzen, Schlauchboote, Rettungsinseln,
- □ Apparate- und Behälterauskleidungen (auch aus Hartgummi*)

Diese Erzeugnisse werden aus den verschiedenen Komponenten, z.B. auf Schablonen, von Hand konfektioniert. Das anschließende Vulkanisieren geschieht in Autoklaven mit Dampf oder Heißluft. Ausgekleidete Großbehälter, wie z.B. Lagertanks oder Kläranlagenbehälter, werden oft zur Vulkanisation mit kochendem Wasser oder direkt mit Dampf befüllt; oder man verwendet selbstvulkanisierende Qualitäten, die innerhalb von 24 Stunden verarbeitet werden müssen. Die Ausvulkanisation dauert dann, je nach Umgebungstemperatur, 4 bis 6 Wochen.

Die für das Handkonfektionieren verwendeten Halbzeuge müssen sowohl die erforderliche Konfektionsklebrigkeit und auch eine ausreichende Standfestigkeit haben. Zum Handkonfektionieren gehört viel handwerkliches Geschick – vor allem dann, wenn Teile hergestellt werden, die strengen Sicherheitsvorschriften unterliegen. Ein typisches Konfektionsteil ist der **Fahrzeugreifen** – der komplizierteste Gummiartikel überhaupt. Der Aufbau des Reifens (das Konfektionieren) geschieht heute weitgehend automatisch. Deshalb ist die Reifenherstellung nicht dem Handkonfektionieren zuzurechnen. Trotzdem soll hier kurz darauf eingegangen werden. Sehr unterschiedliche Komponenten bilden die Reifenkonstruktion. Hauptaufgaben der wichtigsten Komponenten sind:

- □ luftdichte Innenschicht (immer aus Butylkautschuk),
- □ abriebfeste Lauffläche mit gutem Haftvermögen;
- □ Gewebeeinlagen aus Cord und Stahlcord als Festigkeitsträger,
- □ Flanken mit hoher Wechselfestigkeit und Elastizität,
- □ hartelastische Randwülste mit Metalleinlage, verantwortlich für Kraftschlüssigkeit und Dichtigkeit der Felge.

Die Funktionstüchtigkeit und die gute Verarbeitung aller Komponenten (Bauteile) sind für die Sicherheit des Reifens verantwortlich.

Diese Bauteile werden auf teilmechanisierten Reifenbaumaschinen auf der Reifenbautrommel zum Reifenrohling zusammengebaut, der dann in die Vulkanisationspresse befördert wird.

* Hartgummi entsteht bei Schwefelzusätzen von mehr als 15%. Neben Behälterauskleidungen werden Batteriekästen und technische Teile aus Hartgummi hergestellt.

# 16 Warmformen

## 16.1 Allgemeines

**Warmformen** ist das Umformen von Halbzeug aus thermoplastischen Kunststoffen durch äußere Kräfte, nachdem das Halbzeug durch Erwärmung in den thermoelastischen Zustand übergeführt wurde.

In Grenzen kann Kunststoffhalbzeug auch ohne Erwärmung umgeformt werden, man spricht dann von **Kaltumformen.** Auf diese Möglichkeit wird am Ende dieses Kapitels hingewiesen.

Das **Umformen** kann manuell und maschinell erfolgen, es ist ein spanloses Formgebungsverfahren und für die Verarbeitung von Kunststoffen typisch. Die Bedeutung des Umformens beruht darauf, daß man Thermoplaste durch Erwärmen in einen gummielastischen Zustand versetzen kann, in dem sie ohne großen Kraftaufwand verformt werden können. Wenn man das Werkstück nach dieser Verformung abkühlt, behält es die neue Form bei. Eine Rückstellung kann bei erneuter Erwärmung erfolgen.

## 16.2 Zustandsbereiche der Thermoplaste

Formänderungsvermögen und Formänderungswiderstand ändern sich bei thermoplastischen Kunststoffen mit der Temperatur, wie die Bilder 16.1 und 16.2 zeigen. Hier sind das Formänderungsvermögen durch die Reißdehnung und der Formänderungswiderstand durch die Reißfestigkeit ausgedrückt. Die in den Abbildungen gezeigten Darstellungen heißen **Zustandsdiagramme** der Thermoplaste. Die Unterscheidung zwischen amorphen und teilkristallinen Thermoplasten ist auch für das Warmformen wichtig (vgl. Kapitel 1).

**Amorphe Thermoplaste** gehen oberhalb des Erweichungstemperaturbereichs einheitlich in den thermoelastischen Zustand über, und man erkennt, daß das **Dehnungsmaximum** (größtmögliche Umformgrade) in der ersten Hälfte des thermoelastischen Zustandsbereichs zu finden

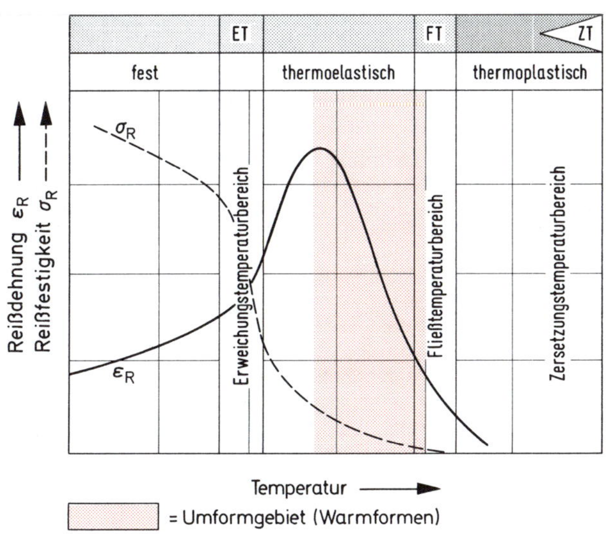


*Bild 16.1 Zustandsdiagramm für amorphe Thermoplaste*

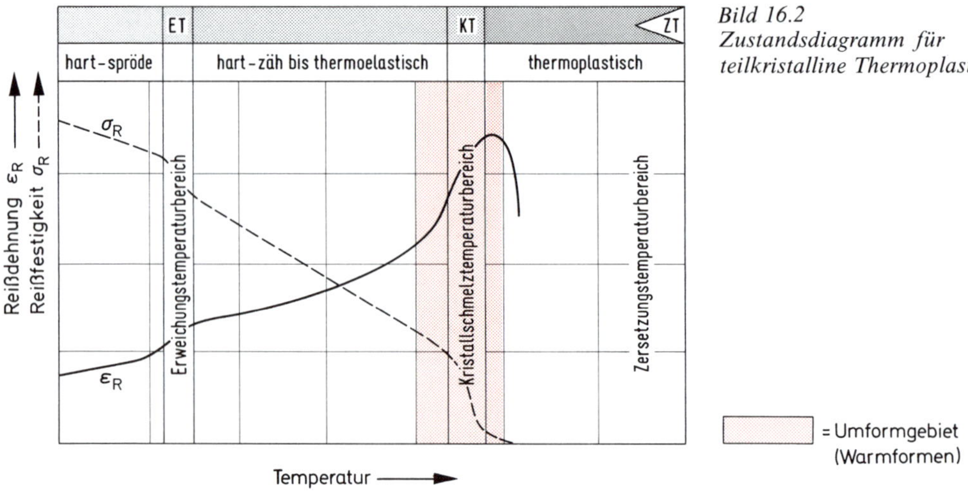


*Bild 16.2*
*Zustandsdiagramm für teilkristalline Thermoplaste*

**Tabelle 16.1 Umformtemperaturbereiche amorpher Thermoplaste**

| Werkstoff | Umformbereich I °C hohe Umformgrade, hohes Rückstellbestreben | Umformbereich II °C mittlere Umformgrade, mittleres Rückstellbestreben | Umformbereich III °C geringe Umformgrade, geringes Rückstellbestreben |
|---|---|---|---|
| Acrylnitril-Butadien-Styrol-Copolymerisate (ABS) | 100 bis 120 | 120 bis 135 | 135 bis 150 |
| Polymethylmethacrylate (PMMA) | 130 bis 140 | 140 bis 150 | 150 bis 170 |
| Polycarbonat (PC) | 150 bis 170 | 170 bis 190 | 190 bis 210 |
| Polystyrol (PS) | 95 bis 115 | 115 bis 125 | 125 bis 135 |
| Polyvinylchlorid hart (PVC hart) | 90 bis 105 | 105 bis 120 | 120 bis 150 |

ist; oberhalb des Dehnungsmaximums tritt die sogenannte **Warmsprödigkeit** ein. Für das Warmformen von amorphen Thermoplasten gilt die Regel:

> Im Dehnungsmaximum sind die größten Umformgrade möglich. Hier ist jedoch das Rückstellbestreben der umgeformten Teile groß oder — anders ausgedrückt — das Wärmestandverhalten ist gering. Im Bereich der beginnenden Warmsprödigkeit sind dagegen keine hohen Umformgrade möglich; die Teile haben jedoch ein wesentlich besseres Wärmestandverhalten.

Aus dieser Erkenntnis heraus bieten sich in der Praxis für amorphe Thermoplaste drei Umformbereiche entsprechend Tabelle 16.1 an.

**Teilkristalline Thermoplaste** (Bild 16.2) verhalten sich anders. Hier gehen oberhalb des Erweichungstemperaturbereichs nur die amorphen Anteile des Werkstoffs in den thermoelastischen Zustand über, während die kristallinen Bereiche noch versteifend wirken und eine gleichmäßige Umformung verhindern. Aus diesem Grund finden wir das Dehnungsmaximum erst im Bereich des **Kristallitschmelzbereichs.** Daraus kann gefolgert werden:

Teilkristalline Thermoplaste werden kurz unterhalb oder sogar oberhalb des Kristallitschmelztemperaturbereichs warmgeformt. Weil der Werkstoff in diesem Temperaturbereich bereits nahezu plastisch ist, müssen die Warmformtemperaturen sehr genau eingehalten werden, damit es nicht zu Werkstoffschädigungen kommt.

Kristallitschmelztemperaturbereiche einiger teilkristalliner Thermoplaste sind in Tabelle 16.2 wiedergegeben.
Auch die **Umformgeschwindigkeit** ist bei Warmformvorgängen auf den Werkstoff und auf die **Umformtemperatur** abzustimmen. Im allgemeinen gilt:

Tiefe Warmformtemperaturen erfordern geringe Umformgeschwindigkeiten — bei hohen Temperaturen dagegen kann schnell umgeformt werden.

Der **Umformgrad** errechnet sich als Verhältnis der Endabmessungen des umgeformten Teils zu den Ausgangsmaßen des Halbzeugs; dabei können sowohl die Wanddicken als auch die Oberflächen zugrunde gelegt werden. Der Umformgrad wird zuweilen auch durch das **Tiefzieh-** oder **Streckziehverhältnis** ausgedrückt. Das ist z.B. bei zylindrischen Teilen das Verhältnis des Durchmessers zur Umformtiefe.
Beim Umformen treten je nach Umformgrad *Molekülorientierungen* auf. Darunter versteht man Molekülausrichtungen in Reckrichtung.

**Tabelle 16.2 Kristallitschmelztemperaturbereiche für teilkristalline Thermoplaste**

| Werkstoff | Dichte g/cm$^3$ | Kristallitschmelztemperaturbereich °C |
|---|---|---|
| Polyethylen (PE) | 0,92 | 105 bis 107 |
| Polyethylen (PE) | 0,93 | 112 bis 117 |
| Polyethylen (PE) | 0,95 | 125 bis 131 |
| Polyethylen (PE) | 0,96 | 130 bis 135 |
| Polypropylen (PP) | 0,901 bis 0,906 | 160 bis 164 |
| Polyoxymethylen (POM) | 1,41 | 164 bis 167 |

Daraus folgt:

Die Festigkeit des Werkstoffs steigt bei der Umformung in Reckrichtung an, sie fällt in der Richtung senkrecht dazu. Einachsige Umorientierungen führen auch zu erhöhter Spannungsrißempfindlichkeit.

Dieser Tatsache ist bei der Anwendung warmgeformter Teile Rechnung zu tragen.

## 16.3 Umformverfahren

Nach der VDI-Richtlinie 2008 werden die **Umformverfahren** entsprechend Tabelle 16.3 eingeteilt.
**Biegeumformverfahren** finden hauptsächlich in Form des *Abkantens* von Tafeln im chemischen Apparatebau und in der Klima- und Lüftungstechnik Verwendung. Das Prinzip zeigt Bild 16.3. Die Biegeradien sollen mindestens das 2fache, die Anwärmzonen das 5fache der Tafeldicke betragen.
Auch extrudierte Rohre können gebogen werden. Die Rohre werden dabei mit trockenem Sand gefüllt, oder ein unter Druck stehender Gummischlauch wird in das Rohr eingeführt. Dann wird das Rohr im Biegebereich auf Umformtemperatur erwärmt. Die Biegeradien sollen nicht kleiner sein als das 4fache des Rohrnenndurchmessers.

Das **Druckumformen** spielt eine untergeordnete Rolle. Bild 16.4 zeigt das Prinzip eines Prägevorgangs. Es ist darauf zu achten, daß das Prägewerkzeug keine zu scharfen Kanten aufweist.
Das **Zugumformen** findet als **Streckziehen** mit Stempel oder Druckluft weitgehend Anwendung. Bild 16.5 zeigt das Verfahren mit Druckluft ohne Gegenwerkzeug (z.B. zum Blasen von Lichtkuppeln). Das Halbzeug wird durch einen festen Niederhalter fixiert, es tritt eine Wanddickenverminderung ein. Aus diesem Grund sind die Umformgrade begrenzt. Je nach Kompliziertheit des Teils ist ein Gegenwerkzeug vorzusehen (Bild 16.6). Der PralIteller hat die Aufgabe, die eingeblasene Luft möglichst gleichmäßig zu verteilen. Umgekehrt kann das Streckziehen auch mit Unterdruck durchgeführt werden. Dabei ist immer

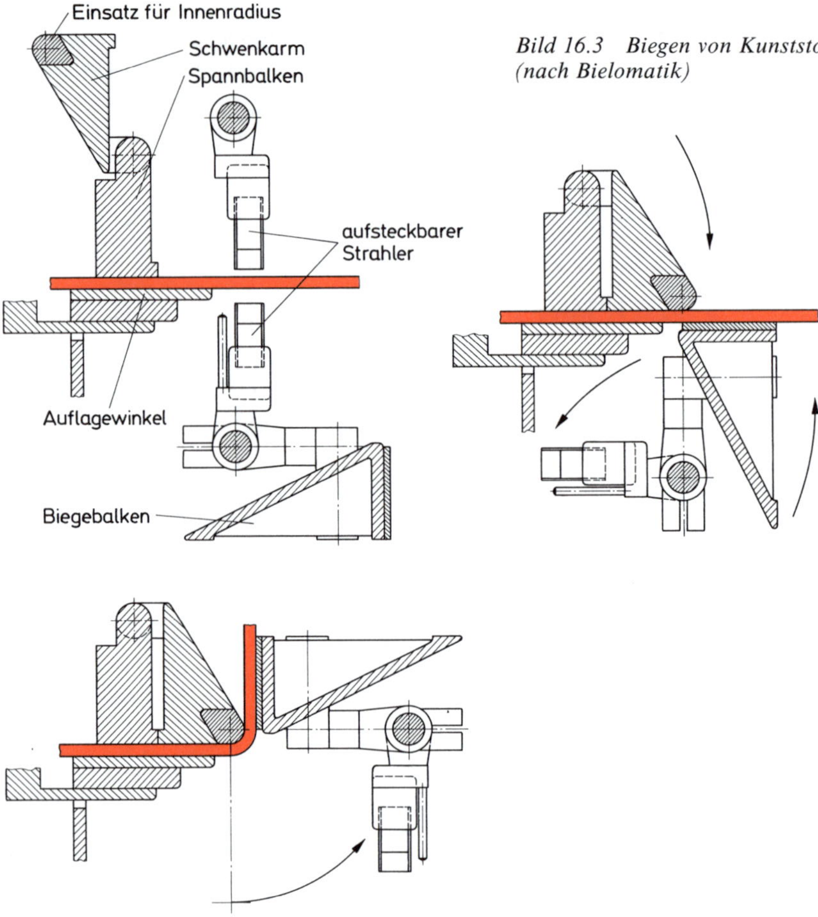


*Bild 16.3 Biegen von Kunststofftafeln (nach Bielomatik)*

**Tabelle 16.3 Möglichkeiten des Umformens bei thermoplastischen Kunststoffen**

| Grundverfahren | Ausführungsart | Merkmale |
|---|---|---|
| Biegeumformen | Abkanten, Biegen, Bördeln | Biegen um gerade oder gekrümmte Achsen, annähernd gleichbleibende Wanddicken |
| Druckumformen | Prägen, Rändeln, Stauchen | Stauchen des Materials unter Werkstoffverdrängung |
| Zugumformen | Streckziehen | Kraftaufbringen durch Stempel oder Gase (Luft), Oberflächenvergrößerung auf Kosten der Materialdicke, Wanddickenveränderung |
| Zugdruckumformen | Tiefziehen | Kraftaufbringen meist durch Stempel, Material fließt während des Umformens nach, annähernd gleichbleibende Wanddicken |
| Kombinierte Verfahren | meist Streckziehen | Kombinationen verschiedener Kraftaufbringung, z.B. Stempel + Luft |

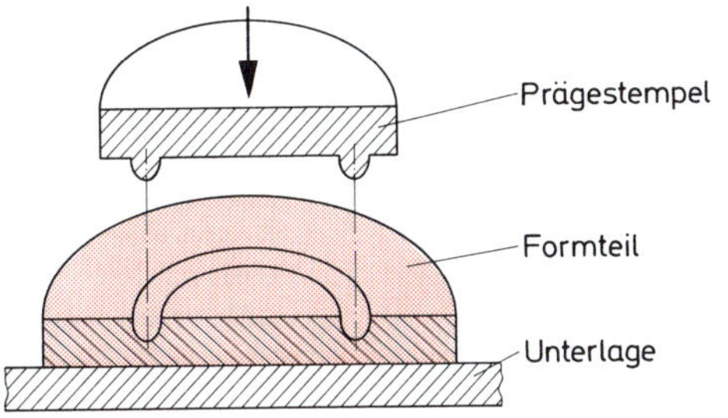


*Bild 16.4 Prägen thermoplastischer Kunststoffe*

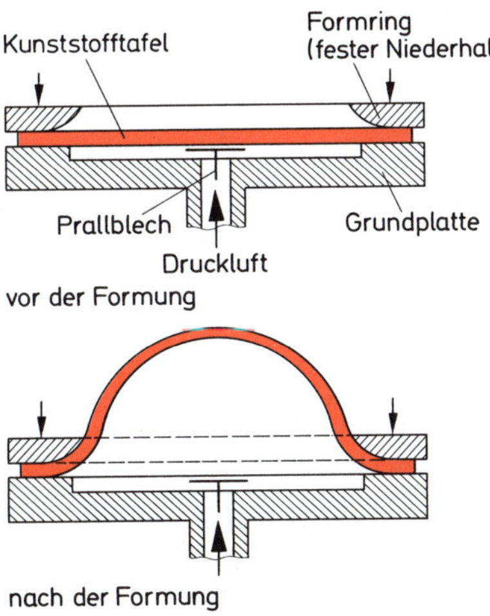


*Bild 16.5 Streckziehen mit Druckluft*

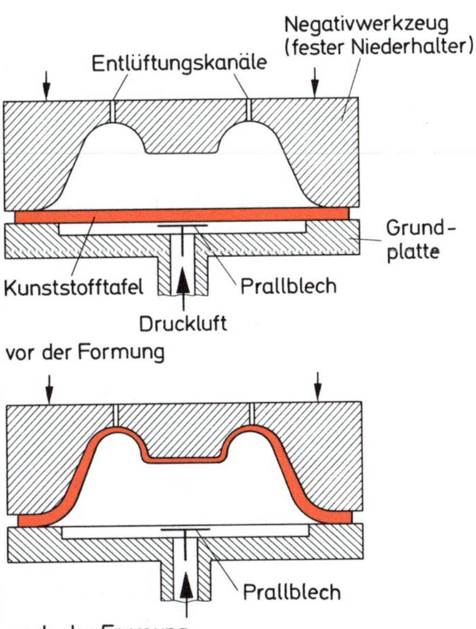


*Bild 16.6 Streckziehen mit Druckluft und Negativwerkzeug*

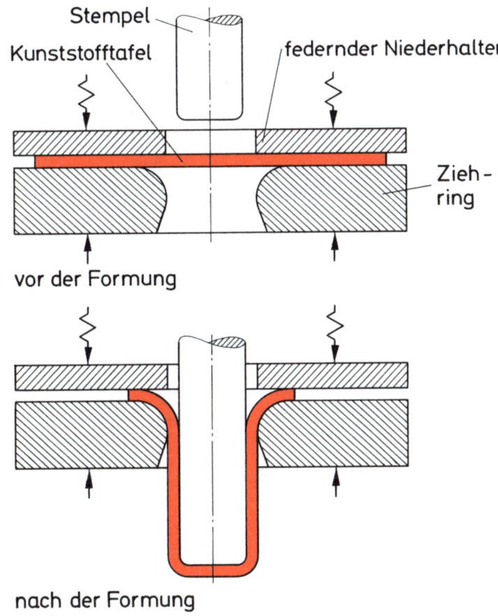


*Bild 16.7 Tiefziehen mit Stempel*

ein Gegenwerkzeug erforderlich. Mittels einer Vakuumpumpe wird die Luft zwischen Halbzeug und Werkzeug abgesaugt, der Atmosphärendruck verursacht die Formgebung. Beim Streckziehen mit Unterdruck können keine dicken Tafeln geformt werden, da ja nur der Atmosphärendruck zur Verfügung steht (1 bar). Umformungen mit Unterdruck sind als **Vakuumformverfahren** bekannt.

Beim **Tiefziehen** wird grundsätzlich mechanisch mit einem Stempel geformt. Der in der VDI-Richtlinie 2008 und in der Tabelle 16.3 ausgeführte Ausdruck «Zugumformen» ist nicht sehr glücklich, er wird daher im folgenden weitgehend vermieden. Das Halbzeug wird hierbei mit einem federnden Niederhalter soweit fixiert, daß es beim Formgebungsvorgang nachgleiten kann, wie es Bild 16.7 zeigt. Die wichtige Folge dieses Prinzips ist, daß die Wanddicke nahezu konstant bleibt. Das Tiefziehen kann mit und ohne Gegenwerkzeug erfolgen. Das Verfahren beschränkt sich auf das Umformen dicker Tafeln im Apparate- und Lüfterbau.

Die **kombinierten Verfahren** gehören in die Gruppe des Zugumformens, also des Streckziehens. Hier findet man die am meisten angewendeten Verfahren. Das Grundprinzip des Kombinierens besteht darin, daß man durch Anwendung verschiedener Kräfte die Wanddickenverteilung gleichmäßig zu halten versucht. Aber auch komplizierte Teile erfordern kombinierte Umformverfahren. Eine häufig angewendete Form des Kombinierens besteht in einer Vakuumformung mit vorhergehendem mechanischem Vorstrecken (mit Stempel), wie es Bild 16.8 zeigt.

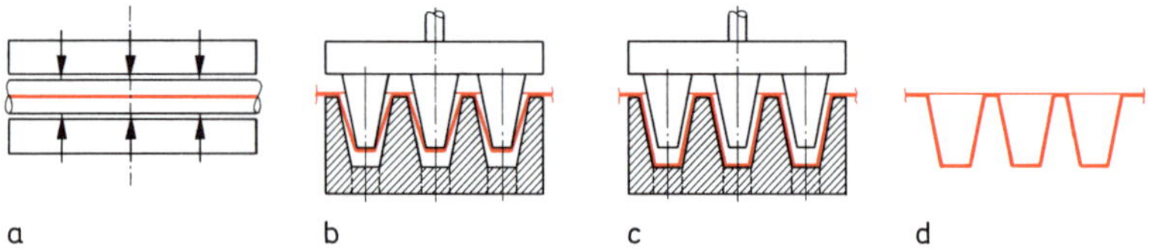


*Bild 16.8 Kombiniertes Umformen, mechanisch-pneumatisch (nach Höger)*

a Erwärmen des Tafelzuschnittes
b mechanisches Vorstrecken
c pneumatisches Ausformen durch Unterdruck
d geformtes Teil

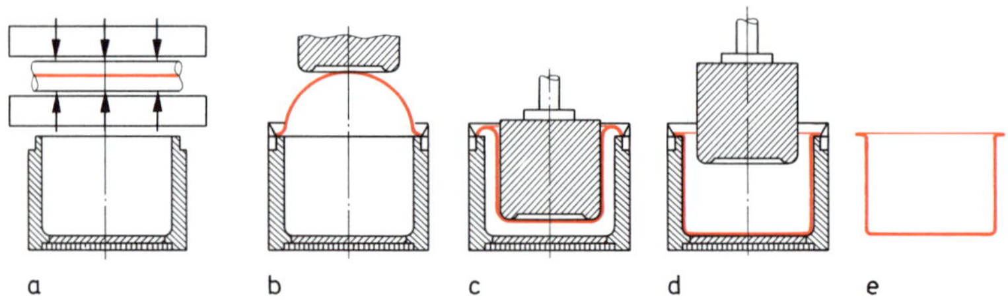


*Bild 16.9 Kombiniertes Umformen, pneumatisch-mechanisch-pneumatisch (nach Höger)*

a Erwärmen des Tafelzuschnittes
b pneumatisches Vorstrecken durch Druckluft
c mechanisches Vorstrecken
d pneumatisches Ausformen durch Unterdruck
e geformtes Teil

Eine Erweiterung des kombinierten Umformens zeigt Bild 16.9. Hier erkennt man folgende Verfahrensschritte:

1. pneumatisches Vorstrecken durch Blasen (b),
2. mechanisches Vorstrecken mit Stempel (c),
3. Endformung durch Unterdruck (d).

Diese Kombination ist bei tiefen Formungen vorteilhaft.

Beim **Blister-** oder **Bubble-Verfahren** werden durch Warmformen blasenartige Hauben aus meist transparenten Thermoplasten hergestellt, über das Packgut gegeben und mechanisch oder durch Heißsiegeln mit dem Unterkarton verbunden.

Beim **Skinpack-Verfahren** dient das Packgut selbst als Positivwerkzeug und wird durch Rückformung eng von der warmgeformten Folie umschlossen. Mit dem **Twin-Sheet-Verfahren** werden Hohlkörper durch Streckziehen (Vakuumformen) von zwei Tafeln in gegenseitige Richtungen hergestellt. Gleichzeitig werden die Tafeln am Rand durch hohen Druck aufeinandergeschweißt (Bild 16.10).

Beim **Airslip-Verfahren** gleitet das Halbzeug vom Positivformen über ein (erwärmtes) Luftkissen zwischen Werkzeug und Halbzeug. Dadurch wird vorzeitiges Abkühlen des Halbzeugs an den Berührungsstellen mit dem Werkzeug vermieden.

Die Kombinationsmöglichkeiten beim Umformen sind vielseitig. Immer geht es darum, die Wanddicke – vor allem bei hohen Formungsgraden – gleichmäßig zu halten und damit die Eigenschaften der durch Umformen hergestellten Teile auf ein hohes Niveau zu bringen.

Vielfach werden kombinierte Umformverfahren auch mit Positivwerkzeugen durchgeführt.

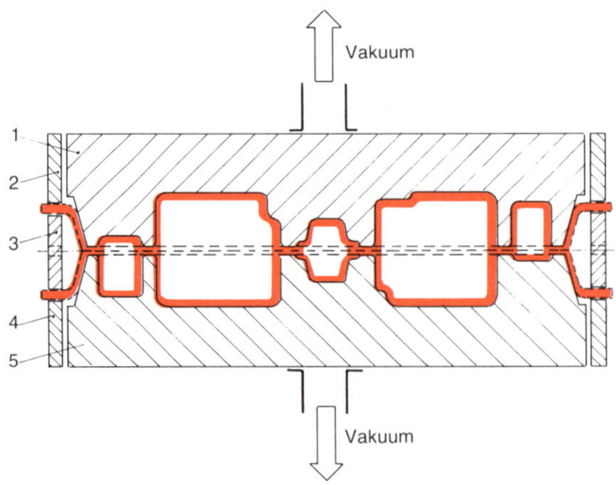


*Bild 16.10 Warmformwerkzeug zur Herstellung von Hohlkörpern*
*1 Werkzeugoberteil mit (hier nicht eingezeichneten) Öffnungen für die Vakuum-Absaugung der Kavitäten*
*2 oberer Spannrahmen*
*3 Zwischenrahmen*
*4 unterer Spannrahmen*
*5 Werkzeugunterteil, vgl. 1*

## 16.4 Vorbereiten des Halbzeugs

Einige Thermoplaste sind hygroskopisch*, so daß es sich empfiehlt, sie vor dem Umformen zu trocknen. Zu diesen Thermoplasten gehören:

- □ Acrylnitril-Butadien-Styrol-Copolymere,
- □ schlagfestes Polyvinylchlorid,
- □ Polymethylmethacrylat,
- □ Polycarbonat.

Durch die Herstellung bedingt, enthalten Thermoplasthalbzeuge oft Spannungen (z.B. extrudierte Tafeln), durch die Maßänderungen hervorgerufen werden. Die DIN-Blätter über allgemeine Güteanforderungen legen die zulässigen Grenzen dieser Maßänderungen fest, z.B. DIN 8061 «Rohre aus weichmacherfreiem Polyvinylchlorid, Allgemeine Güteanforderungen, Prüfung». Es ist ratsam, das Halbzeug vor dem Biegeumformen zu **tempern.** In der Regel wird bei Temperaturen kurz unterhalb der Umformtemperatur getempert. Bei nicht getempertem Halbzeug müssen die durch Spannungen hervorgerufenen Schwindmaße beim Zuschneiden berücksichtigt werden. Bei teilkristallinen Thermoplasten gilt die Regel, daß desto länger getempert werden muß, je niedriger der Schmelzindex ist.
Das Zuschneiden des Halbzeugs erfolgt im festen Zustand. Hier sind die allgemeinen Regeln des Spanens von Kunststoffen zu berücksichtigen (vgl. Kapitel 20).

## 16.5 Erwärmen des Halbzeugs

Das Erwärmen des Halbzeugs kann außerhalb oder in der Warmformmaschine erfolgen. Bei modernen Anlagen wird dem Erwärmen in der Maschine der Vorzug gegeben.
Beim Erwärmen gilt die Grundregel:

> Wegen der geringen Wärmeleitfähigkeit der Kunststoffe (0,14 bis 0,43 W/m K) ist die Erwärmung langsam durchzuführen. Sie soll möglichst im gesamten Volumen gleichmäßig erfolgen.

Zu hohe Temperaturen führen zu thermischen Schädigungen (Blasenbildung, Verfärbung).
Die heute wichtigste Methode ist das Erwärmen mit **Infrarotstrahlern,** das gilt vor allem für großflächige Zuschnitte und bei Serienfertigungen. Wegen der Infrarotstrahlendurchlässigkeit der Thermoplaste arbeiten die Strahler in ganz bestimmten Wellenlängenbereichen (etwa 1,4 bis 3,6 µm).
Polierte Oberflächen nehmen weniger Wärme auf als matte oder rauhe Oberflächen. Auch die Farbe des Kunststoffs spielt bei der Erwärmung eine Rolle.
Bei Thermoplasten, die bei der Erwärmung sehr weich werden (z.B. Polyethylen), besteht die Gefahr des Durchhängens. Solche Zuschnitte müssen mit Druckluft gestützt werden. Tafeln ab 4 mm Dicke sollen beidseitig erwärmt werden (Umluftwärmeschränke mit einem Temperaturbereich von 50 bis 250 °C, stufenlos regelbar, Warmluftfön).
Die Halbzeugerwärmung ist auch durch Luftkonvektion möglich. Es ist darauf zu achten, daß sich die Unterlage auf dem Halbzeug nicht abzeichnet. Empfindliches Polymethylmethacrylat wird vielfach in den Wärmeschrank gehängt. Auch Erwärmungen durch direkten Kontakt mit Heizelementen sind möglich. Die Heizelementflächen dürfen nicht poliert sein, sie sollen mit Trennmitteln behandelt werden.
Vielfach werden **Kontakterwärmungen** auch in Flüssigkeiten (z.B. Glykole) vorgenommen, so z.B. beim Biegen von Rohren. Diese Erwärmungsart kann sehr exakt durchgeführt werden.

## 16.6 Umformwerkzeuge und -maschinen

Für das Biege- und Druckumformen sind einfache **Werkzeuge** üblich. Die Qualität des Umformens hängt dabei wesentlich von dem manuellen Geschick der Bedienungsperson ab. Beim Zug- und Zugdruckumformen verwendet man zum Teil sehr aufwendige Werkzeuge. Bei hohen Stückzahlen sind temperierbare (heiz- und kühlbare) Metallwerkzeuge aus Stahl oder Aluminium erforderlich. Umformwerkzeuge für geringere Stückzahlen werden auch aus Reaktionsharzen (ungesättigte Polyesterharze, Expoxidharze), Hartgewebe oder aus Holz hergestellt. Wichtig ist, daß die Umformwerkzeuge gleichmäßig heiz- und kühlbar sind. Gekühlt wird bei automatischem Dauerbetrieb mit Wasser. Aber auch Kühlungen mit Ventilatoren und Luftduschen sind möglich. Bei stark schwindenden Thermoplasten muß von beiden Seiten gleichmäßig gekühlt werden.
**Umformwerkzeuge** sind in der Regel einteilig.

* hygroskopisch = wasseranziehend.

Absaugöffnungen müssen an den Stellen des Werkzeugs liegen, die von der Tafel oder Folie zuletzt berührt werden. Das sind meist die am tiefsten gelegenen Kanten und Ecken.
Absaugbohrungen sollen Durchmesser von maximal 70% der Foliendicke bzw. 50% der Tafeldicke haben, um Abformungen zu vermeiden. Saugschlitze (0,2 bis 0,3 mm) sind den Bohrungen oft vorzuziehen. Die Summe aller Absaugöffnungen soll 1,2mal so groß sein wie der Absaugquerschnitt am Maschinentisch.
**Umformmaschinen** bestehen im wesentlichen aus:

- □ dem Maschinengestell,
- □ dem Heiz- und Kühlaggregat,
- □ dem Antrieb,
- □ dem Spannrahmen und
- □ der Kompressor- bzw
- □ Vakuumanlage.

Der Antrieb erfolgt mit
Druckluft — preisgünstig, aber kein exakter Bewegungsablauf, nicht gut regelbar
Hydraulik — große Formkräfte möglich, gute Geschwindigkeitsregelung, Temperaturempfindlichkeit, Dichtprobleme
Spindeltrieb — nur für große Kräfte vertretbar, exakter Bewegungsablauf, ungleichmäßige Belastung des Tisches möglich, Geräuschbelästigung, hoher Energieverbrauch
Getriebemotor — gleichmäßiger Bewegungsablauf, gute Regelbarkeit, wenig Wartung.

Um kombinierte Verfahren in großer Vielfalt durchführen zu können, besitzen moderne Umformmaschinen neben dem Hauptstempel (meist von unten nach oben wirkend) einen Oberstempel.
Bei der Verwendung von **Vakuumanlagen** ist darauf zu achten, daß die Sauggeschwindigkeit groß genug ist, um Verformungen schnell durchführen zu können (kleine Taktzeiten). Die Anlagen haben einen Vakuumkessel, der etwa 7mal so groß sein soll wie das maximal abzusaugende Volumen. Die Kessel dürfen andererseits aber nicht zu groß sein, damit das Wiederherstellen des Vakuums im Kessel (etwa 100 mbar) nicht zu lange dauert.
Spannrahmen sollen sich rasch auf das Maß des Zuschnitts einstellen lassen (Fläche und Dicke!), sie sollen hinreichende Klemmkraft haben und gut zu handhaben sein. Am besten bewährt haben sich die sogenannten Klapprahmen.
Moderne Warmformmaschinen sind mit hochentwickelten Steuerungs- und Regelungssystemen ausgestattet, die alle Bewegungsschritte sowie die Heiz- und Kühlprogramme bedienen. Dadurch ist es möglich, Bauteile mit reproduzierbaren Eigenschaften (Orientierungen, Wanddicken, Wanddickenverteilung, Oberfläche u.a.) zu fertigen.

## 16.7 Nachbearbeitung

**Oberflächenveredlungen,** wie Beflocken, Metallisieren und zum Teil auch Bedrucken werden vor der Umformung vorgenommen (der Druck muß dann als Zerrdruck ausgeführt werden).
Das Austrennen der geformten Teile erfolgt mit Stanzen, Sägen oder Scheren.

Das Verbinden von warmgeformten Teilen kann durch Schweißen oder Kleben erfolgen. Beim Schweißen ist darauf zu achten, daß die Schweißtemperatur keine Rückformung verursacht, d.h., Schweißnähte dürfen nicht in die unmittelbare Nähe der Umformzonen gelegt werden.

## 16.8 Kaltumformen

Es hat nicht an Bemühungen gefehlt, ähnlich der Blechverarbeitung auch Kunststoffe auf kaltem Wege umzuformen. Das Hauptziel dabei ist, die Taktzeiten durch Wegfall der Erwärmung und der Abkühlung wesentlich zu verringern.

**Kaltumformungen** sind heute bei zähen Kunststoffen, z.B. ABS, PC, PE hart, PP oder SAN, in gewissen Grenzen möglich. Wegen der großen Umformkräfte, die hier erforderlich sind (vgl. Zustandsdiagramme!), können Kaltumformungen nicht mit Druckluft oder Unterdruck bewerkstelligt werden; die Formung muß vielmehr auf mechanischem Wege mittels Matrize und Patrize erfolgen. Anstelle von Matrizen werden bei kleinen Teilen auch zum Teil Gummikissen verwendet, in die «hineingeformt» wird.
Kaltumformungen erfolgen sehr schnell, d.h. innerhalb 1 Sekunde oder weniger. Es können Folien bzw. Tafeln mit Dicken von ca. 100 µm bis 6 mm nach diesem Verfahren verarbeitet werden. Die erforderlichen Umformkräfte betragen dabei je nach Materialdicke 30 bis 30 000 N.
Das Kaltumformen hat sicherlich Zukunft, vor allem interessieren sich die Verpackungsmittel- und die Automobilindustrie dafür.

# 17 Schweißen

## 17.1 Allgemeines

Nach DIN 1910, Teil 1, gehören alle Schweißverfahren für Kunststoffe zu den **Preßschweißverfahren.** Im Teil 3 der gleichen Norm ist das Kunststoffschweißen definiert:

> **Kunststoffschweißen** ist das Vereinigen von thermoplastischen Kunststoffen unter Anwendung von Wärme und Kraft ohne oder mit Schweißzusatz.

Dem Kunststoffschweißen kommt im Apparate- und Rohrleitungsbau besondere Bedeutung zu, aber auch beim Montieren von technischen Formteilen sowie bei der Verlegung von Baubahnen und der Verarbeitung von Verpackungsfolien ist das Schweißen ein wichtiges Fügeverfahren.

Theoretisch sind alle thermoplastischen Kunststoffe schweißbar, jedoch bestimmen Struktur und Molekülmasse (früher Molekulargewicht) der Werkstoffe weitgehend die technische Durchführbarkeit. Da das Schweißen im plastischen Zustand der Fügeteiloberflächen durchgeführt wird, ist die Möglichkeit des Plastifizierens ein wichtiges Kriterium für die **Schweißbarkeit** eines Kunststoffs. So können aufgrund ihrer sehr großen Molekülmasse bzw. ihrer Struktur z.B. die Werkstoffe Polytetrafluorethylen (PTFE), gegossenes Polymethylmethacrylat (PMMA gegossen) oder Polyethylen mit sehr hohem Molekülgewicht (PE-HD) nicht oder nur sehr schwer plastifiziert und damit technisch auch nicht geschweißt werden.

Aus der Bedingung, daß sich die Fügeteiloberflächen im plastischen Zustand befinden müssen, ergibt sich die weitere Einschränkung, daß nur solche thermoplastischen Kunststoffe miteinander verschweißt werden können, die sich unter gleichen Bedingungen in den plastischen Zustand überführen lassen, und das sind mit wenig Ausnahmen nur gleiche Thermoplaste bzw. bei Polyethylen nur Typen mit gleichem Schmelzindex.

Aus diesen Vorbemerkungen ergeben sich die wichtigen Folgerungen:

> Zum Schweißen von Kunststoffen müssen die Fügeteiloberflächen in den plastischen Zustand gebracht werden. Dazu nimmt man Wärmeenergie.
> Es können nur gleiche Thermoplaste miteinander verschweißt werden.

Neben diesen allgemeinen werkstoffunabhängigen Regeln sind beim Schweißen der verschiedenen Kunststoffe selbstverständlich werkstoffspezifische Bedingungen zu erfüllen. Zum Erzeugen des plastischen Zustands wird eine bestimmte Temperatur **(Schweißtemperatur)** und zur Gewährleistung einer innigen Berührung der Fügeflächen eine bestimmte Kraft **(Schweißkraft** – früher als Schweißdruck angegeben) benötigt. Die Schweißtemperatur muß darüber hinaus – besonders wegen der schlechten Wärmeleitfähigkeit der Kunststoffe – eine bestimmte Zeit einwirken **(Temperatureinwirkzeit),** damit die Erwärmung der Fügeteile bis zu einer hinreichenden Tiefe erfolgt. Der Begriff «Temperatureinwirkzeit» wird bei kontinuierlich verlaufenden Schweißvorgängen durch **Schweißgeschwindigkeit** ersetzt.

> Die **Schweißparameter** Druck, Temperatur und Temperatureinwirkzeit bzw. Schweißgeschwindigkeit müssen richtig aufeinander abgestimmt werden und dem zu schweißenden Werkstoff entsprechen. Das erfordert bei allen Handschweißverfahren großes Geschick des Schweißers.

Vor dem Schweißen sind die Stöße, entsprechend den Vorschriften (z.B. DIN 16 960, Blatt 1) vorzubereiten und die Fügeflächen gut zu säubern. Danach sind die Fügeteile so zu fixieren, daß sie während des Schweißens ihre Lage zueinander nicht verändern können. Der Schweißvorgang selbst kann grundsätzlich in die Fertigungsschritte Plastifizieren – Fügen – Verfestigen eingeteilt werden (vgl. Tabelle 17.1).

**Tabelle 17.1 Die Fertigungsschritte beim Schweißen von Kunststoffen**

| Fertigungsschritt | Plastifizieren | Fügen | Verfestigen |
|---|---|---|---|
| Kennzeichen | Zufuhr von Energie, meist in Form von Wärme | Stoffdiffusion im Oberflächenbereich der Fügeteile | Überführen des plastischen Werkstoffs in den festen Zustand durch Abkühlen |
| Anwendung von Kraft | teilweise, begünstigt den Wärmeübergang | ja, zur Gewährleistung der Stoffdiffusion | ja, um Verzug während des Abkühlens zu vermeiden |

Ebenso wie das Plastifizieren und Fügen unter exakter Einhaltung der Schweißparameter zu erfolgen hat, so ist auch dem letzten Schritt – dem Verfestigen – große Aufmerksamkeit zu schenken. Die Abkühlung (Verfestigung) muß langsam und gleichmäßig erfolgen, damit sich das geschweißte Teil nicht infolge ungleichmäßiger Spannungen **(Schweißrestspannungen)** verzieht.

Schweißrestspannungen beeinträchtigen die Belastbarkeit einer Schweißverbindung wesentlich und müssen daher weitgehend vermieden werden!

Beim Schweißen von Kunststoffen muß darauf geachtet werden, daß spannungsarme Verbindungen entstehen. Spannungen entstehen durch die relativ große Ausdehnung der Kunststoffe beim Erwärmen und die nachfolgende Volumenkontraktion beim Abkühlen (der thermische Längenausdehnungskoeffizient beträgt bei PE-HD 0,0002 m/m K, bei Stahl nur 0,000012 m/m K). Diese Schwindungsspannungen können im ungünstigsten Fall noch von Eigenspannungen des Halbzeugs oder Formteils überlagert werden.

**Tabelle 17.2 Einteilung der Kunststoffschweißverfahren in Anlehnung an DIN 1910, Teil 3**

| | | |
|---|---|---|
| Heizelementschweißen | direktes Heizelementschweißen | Heizelementstumpfschweißen<br>Heizelementnutschweißen<br>Schwenkbiegeschweißen<br>Heizelementmuffenschweißen<br>Heizelementüberlappschweißen<br>Heizwendelschweißen<br>Heizkeilschweißen<br>Trennnahtschweißen |
| | indirektes Heizelementschweißen | Wärmeimpulsschweißen<br>Wärmekontaktschweißen |
| Warmgasschweißen | | Warmgasfächelschweißen<br>Warmgasziehschweißen<br>Warmgasüberlappschweißen<br>Warmgasextrusionsschweißen |
| Reibschweißen, Vibrationsschweißen | | |
| Hochfrequenzschweißen | | |
| Ultraschallschweißen | | |
| Laserstrahlschweißen | | |

## 17.2 Einteilung der Kunststoffschweißverfahren

Die Schweißverfahren werden nach den Methoden, wie der plastische Zustand der Fügeflächen erreicht wird, eingeteilt. Da es sich bei den hier beschriebenen Verfahren immer um Wärmeplastifizierung handelt, bilden die Wärmeträger bzw. die physikalischen Phänomene, die zur Erwärmung des Stoffes führen, die Einteilungsbasis (Tabelle 17.2).

## 17.3 Heizelementschweißen

Kennzeichnend für alle **Heizelementschweißverfahren** ist es, daß die Fügeflächen durch vorwiegend elektrisch beheizte metallische Bauelemente erwärmt werden. Die Wärme kann direkt vom Heizelement in die Fügeflächen **(direktes Heizelementschweißverfahren)** oder durch ein Fügeteil hindurch in die Fügeflächen fließen **(indirektes Heizelementschweißverfahren).** Beim Heizelementschweißen wird meist kein Zusatzmaterial verwendet. Hauptanwendung findet das Heizelementschweißen bei den Polyolefinen. Nicht alle Heizelementschweißverfahren sind in ihrer Bedeutung gleichwertig; es werden hier nur die wichtigsten näher betrachtet.

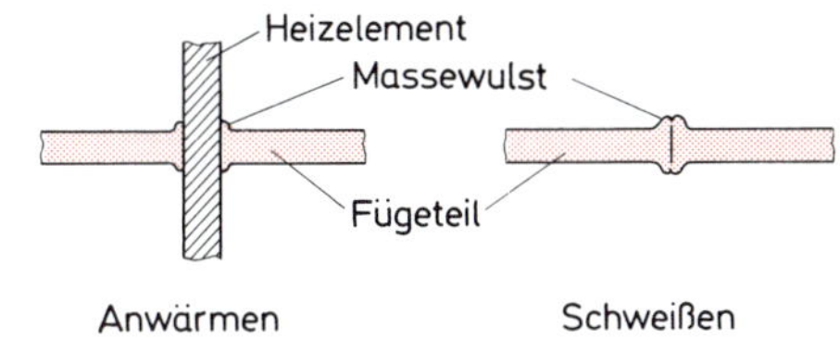


*Bild 17.1 Prinzip des Heizelementstumpfschweißens*

### 17.3.1 Direktes Heizelementschweißen

Große Bedeutung für das Schweißen von Tafeln und Rohren aus Polyolefinen haben das Heizelementstumpf-, -nut- und Schwenkbiegeschweißen. Bild 17.1 zeigt das Prinzip des **Heizelementstumpfschweißens.**

Die gesäuberten Fügeflächen werden gegen das Heizelement gedrückt, bis die Plastifizierung hinreichend durchgeführt ist (erkennbar am ausgequetschten Massewulst). Danach werden die Fügeteile möglichst rasch vom Heizelement weggenommen und gegeneinandergedrückt. Tabelle 17.3 gibt einige Richtwerte zum Stumpfschweißen an.

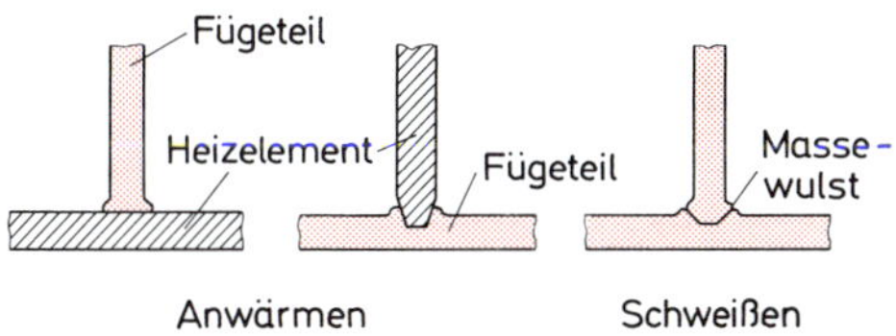


*Bild 17.2 Prinzip des Heizelementnutschweißens*

Das **Heizelementnutschweißen** ist in Bild 17.2 dargestellt. Nach diesem Verfahren kann z.B. ein Rohr oder ein Steg auf einen Flansch oder eine Tafel geschweißt werden. Die Heizelemente werden hier oft mit offener Flamme erwärmt.

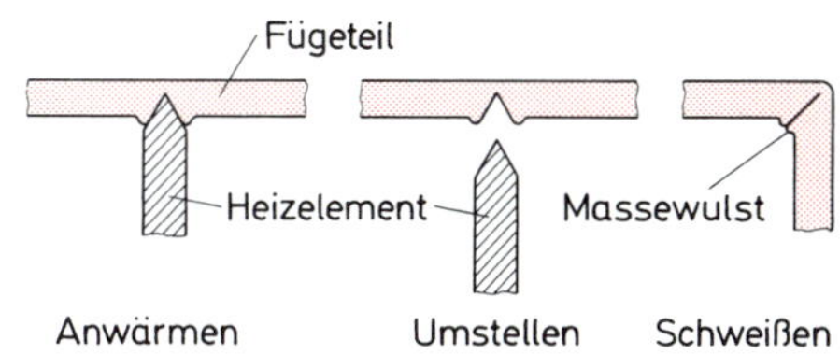


*Bild 17.3 Prinzip des Schwenkbiegeschweißens*

Eine weitere Variante dieser Verfahrensgruppe ist das **Schwenkbiegeschweißen** (Bild 17.3). Das Heizelement mit einem Spitzenwinkel von etwa 70° (bei einem Abkantwinkel von 90° [1]) wird bis zu $^3/_4$ der Tafeldicke in das Fügeteil gedrückt und nach der Anwärmzeit wieder entfernt. Die Tafel wird während des Biegens geschweißt. Bei sehr dicken Tafeln kann eine keilförmige Nut vorgefräst werden; die Anwärmzeit wird dann kürzer.

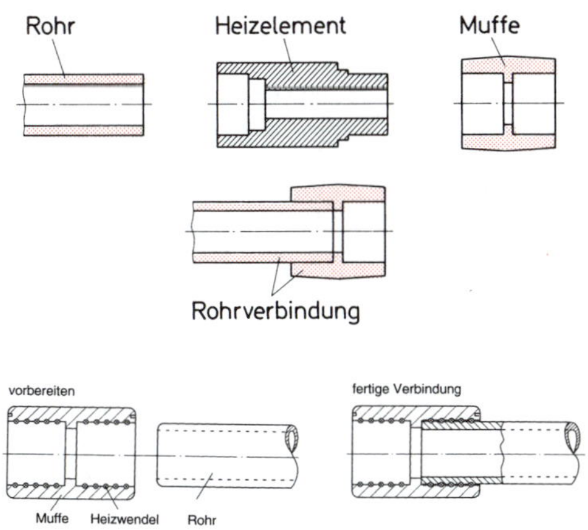


*Bild 17.4 Prinzip des Heizelement-Muffen- und des Heizwendelschweißens*

[1] Der Spitzenwinkel des Heizelements soll etwa 20% kleiner sein als der Abkantwinkel, damit genügend Schweißdruck aufgebracht werden kann.

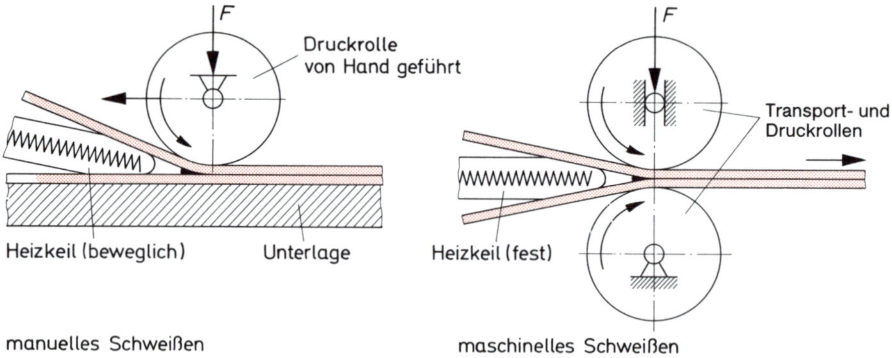


*Bild 17.5 Prinzip des Heizkeilschweißens*

**Tabelle 17.3 Richtwerte für das Heizelementstumpfschweißen (nach DVS 2207)**

| Werkstoff | Temperatur Heizelement °C | Anwärmzeit (für Wanddicken bis 5 mm) s | Anpreßdruck bei Anwärmbeginn* $N/mm^2$ | Schweißdruck $N/mm^2$ |
|---|---|---|---|---|
| Polyethylen-HD 0,954 | 200 | 30 bis 60 | 0,05 | 0,15 |
| Polyethylen-LD 0,935 | 180 | 20 bis 60 | 0,05 | 0,10 |
| Polypropylen | 210 | 30 bis 120 | 0,075 | 0,10 |
| Polyvinylchlorid, schlagzäh | 225 | 20 bis 60 | 0,075 | 0,40 |

Heizelementmuffen- und Heizwendelschweißen sind Verbindungsverfahren für Rohre aus Polyolefinen. Nach dem **Heizelement-Muffenschweißverfahren** werden Rohre aus PE-LD, PE-HD und PP über Fittings aus den gleichen Werkstoffen miteinander verbunden. Das Prinzip ist in Bild 17.4 dargestellt. Das Heizelement, das sowohl die Fügefläche der Muffe (Fitting) als auch die des Rohres plastifiziert, wird meist elektrisch erwärmt. Zunehmende Bedeutung beim Verbinden von Rohren und Rohrleitungsteilen aus Polyolefinen hat das **Heizwendelschweißen** (Bild 17.4). Die Fittings enthalten an der inneren Oberfläche elektrische Widerstandswendel, die nach Einschieben der Rohrenden an einen Schweißtransformator angeschlossen werden und so Fitting- und Rohrfügeflächen plastifizieren. Die Widerstandswendeln verbleiben in der Verbindung.

Das **Heizkeilschweißen** dient dem Verbinden von Kunststoffolien oder -bahnen, z. B. aus PVC -P, mit PVC beschichteten Gewebebahnen oder Dichtungsbahnen aus PE-HD (Bild 17.5). Das Verfahren kann sowohl von Hand als auch maschinell ausgeführt werden; es handelt sich immer um das Verbinden von Überlappstößen.

Beim **Trennahtschweißen** — ebenfalls ausschließlich beim Verbinden von Folien angewendet — liegen die zu schweißenden Folien übereinander auf einer geteilten Unterlage. Ein erwärmtes draht-, band- oder keilförmiges Heizelement durchschneidet die Folien im plastischen Zustand und stellt dabei die Schweißverbindung her.

## 17.3.2 Indirektes Heizelementschweißen

Während beim direkten Heizelementschweißen die Fügeflächen durch direkte Berührung mit dem Heizelement erwärmt werden, fließt beim indirekten Schweißen die Wärme durch das eine oder beide Fügeteile. Dieses Vorgehen hat fertigungstechnische Vorteile, muß aber wegen der geringen Wärmeleitfähigkeit der Kunststoffe auf Folien bis zu einer maximalen Dicke von 0,5 mm beschränkt bleiben (Wärmeleitfähigkeiten: PVC -U 0,15 W/m K, PE-HD 0,43 W/m K, Stahl 50, 56 W/m K, Kupfer 359,51 W/m K).

Das am weitesten verbreitete indirekte Heizelementschweißen ist das **Wärmeimpulsschweißen.** Hierbei werden dünne Metallbänder durch kurze Stromimpulse aufgeheizt und die Wärme durch die Folie an die Fügestelle gebracht (Bild 17.6).

* Im Lauf der Anwärmzeit wird der Druck verringert, damit nicht zuviel plastifiziertes Material weggequetscht wird.

Wärmeimpulsschweißgeräte haben ein- oder zweiseitig angeordnete Heizbänder. Das Wärmeimpulsschweißen kann mit Handschweißzangen und mit weitgehend automatisch laufenden Maschinen durchgeführt werden. Es hat große Bedeutung bei Polyolefinen in der Verpackungsbranche zum Verschließen von Beuteln, Tüten und Säcken.
Im **Wärmekontaktschweißverfahren** ist das oben beschriebene Verfahren dahingehend abgewandelt, daß das Heizelement (Heizband) dauerbeheizt ist. Die Temperaturverteilung in den Folienquerschnitten entspricht der in Bild 17.17 gezeigten Darstellung.

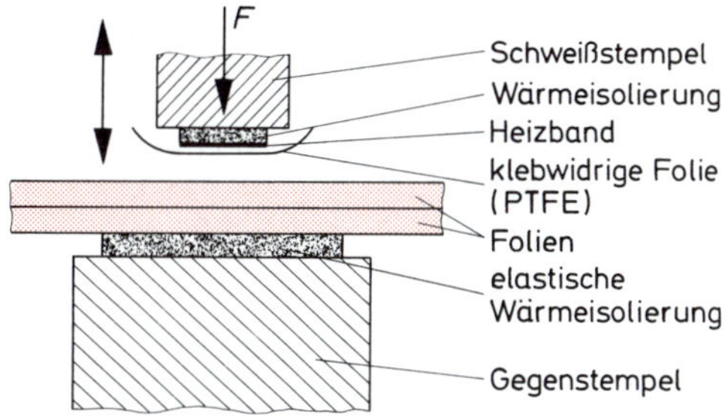


*Bild 17.6 Prinzip des Wärmeimpulsschweißens*

## 17.4 Warmgasschweißen

Das **Warmgasschweißen** wird meist von Hand ausgeführt und erfordert deshalb ein hohes Maß an Erfahrung und handwerklichem Geschick. Als Wärmeträger dient in der Regel Luft, aber auch mit sog. **Inertgasen** – z.B. Stickstoff oder Kohlendioxid – kann geschweißt werden*. Das Schweißgas wird in elektrisch beheizten Thermoplasthandschweißgeräten **(TP-Schweißgeräte)** (Bild 17.7) erwärmt und durch die Düse (Mundstück) an die Schweißstelle geführt. Beim Warmgasschweißen wird fast ausnahmslos Schweißzusatzmaterial verwendet. Es ist wichtig, sowohl die Fügeflächen des Grundwerkstoffs als auch den Zusatzwerkstoff gleichzeitig und gleichmäßig zu plastifizieren.

### 17.4.1 Warmgas-Fächelschweißen

Wird das TP-Schweißgerät in fächelnder Bewegung an der Schweißstelle vorbeigeführt (Bild 17.8), so heißt das Verfahren **Warmgas-Fächelschweißen.**

Der Schweißzusatzwerkstoff –meist Rundstäbe – wird bei harten Materialien, wie PVC-U, von Hand, bei weichen Materialien, wie PVC-P, über eine Rolle geführt (Bild 17.8). Der **Schweißdruck (Schweißkraft)** wird bei PVC-U über den Zusatzwerkstoff aufgebracht. Die erforderliche Kraft ist abhängig vom Durchmesser des Zusatzstabes, für PVC-U z.B. gelten die Richtwerte der Tabelle 17.4. Das Einhalten der Schweißkraft erfordert

*Bild 17.7 TP-Handschweißgerät*

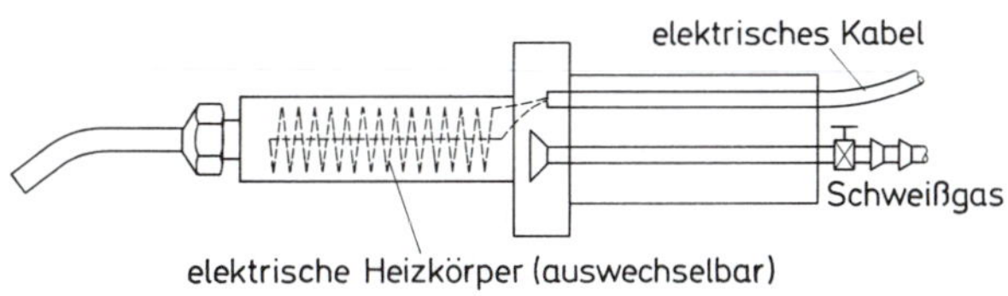


*Bild 17.8 Bewegung des Schweißgerätes beim Fächelschweißen*

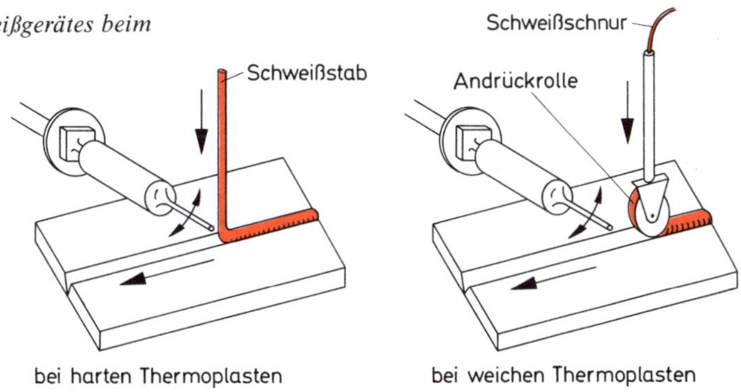


* Inertgase haben sich bei oxidationsempfindlichen Kunststoffen – z.B. Polyolefinen – bewährt. Hier werden vor allem höhere Zeitstandfestigkeiten beobachtet als bei Verwendung von Luft.

**Tabelle 17.4 Richtwerte für Schweißkräfte bei PVC-U, Fächelschweißen, nach DVS 2207**

| Schweißstab-durchmesser mm | Schweißkraft N |
|---|---|
| 2 | 3–6 |
| 3 | 5–9 |
| 4 | 8–12 |

viel Erfahrung und kann kontrolliert werden, indem eine Schweißung auf einer Waagschale durchgeführt wird. Neben der Schweißkraft ist es wichtig, die **Schweißtemperatur** einzuhalten. Richtwerte gibt Tabelle 17.5.

Die Schweißtemperatur kann durch Regeln der Heizleistung und durch Regeln der Luftmenge beeinflußt werden. Darüber hinaus kann die effektive Temperatur an der Schweißstelle durch den Abstand des Mundstücks (Düse) und durch die Schweißgeschwindigkeit (Temperatureinwirkzeit) verändert werden. Das Zusammenwirken all dieser Faktoren macht deutlich, daß das Warmgasschweißen viel Geschick des Schweißers erfordert.

Je nach Ausführung eines zu schweißenden Bauteils können beim Fächelschweißen unterschiedliche **Stoß- und Nahtausführungen** zur Anwendung kommen (Bild 17.9). In welcher Reihenfolge die einzelnen Schweißlagen beim Fächelschweißen eingelegt werden, zeigt Bild 17.10.

Beim Fächelschweißen ist darauf zu achten, daß zwischen den Schweißlagen keine Kerbwirkung entsteht; vor jeder neuen Lage sind der Schweißwulst und oxidiertes Material mit Schabern zu entfernen. Schweißstäbe sind senkrecht zuzuführen, weil sonst das eingelegte Material gereckt oder gestaucht wird; das führt zu überhöhten Spannungen.

### 17.4.2 Warmgas-Ziehschweißen

Die **Warmgasziehschweißverfahren** beruhen auf dem Prinzip, Grundmaterial und Zusatzwerkstoff vor der Berührung vorzuwärmen. Das Prinzip des Ziehschweißens zeigt Bild 17.11. **Ziehschweißdüsen** (mitunter auch **Schnellschweißdüsen** genannt) können je nach Zusatzstabquerschnitt oder Schweißaufgabe unterschiedliche Gestalt haben. Vielfach werden die Luftaustrittsöffnungen, die die Intensität der Vorwärmung bestimmen, vom Schweißer individuell gestaltet. Grundsätzlich kann man alle schweißbaren Thermoplaste mit diesem Verfahren verbinden, jedoch hat sich das Ziehschweißen in erster Linie bei Polyolefinen durchgesetzt. Der große Vorteil beruht darauf, daß der Nahtform angepaßte **Profilstäbe** (z.B. Dreikantstäbe bei V-Nähten) ver-

**Tabelle 17.5 Richtwerte für Schweißtemperaturen beim Warmgasschweißen nach DVS 2207**

| Werkstoff | Schweißverfahren | Schweißkraft in N bei Zusatzstab-∅ | | Warmluft-temperatur | Luftmenge |
|---|---|---|---|---|---|
| | | 3 mm | 4 mm | °C | l/min |
| PE-HD | WG-Fächelschweißen<br>WG-Ziehschweißen | 6 bis 10<br>10 bis 16 | 15 bis 20<br>25 bis 35 | 300 bis 350 | |
| PP | WG-Fächelschweißen<br>WG-Ziehschweißen | 6 bis 10<br>10 bis 16 | 15 bis 20<br>25 bis 35 | 280 bis 330 | |
| PVC-U<br>PVC-HI | WG-Fächelschweißen<br>WG-Ziehschweißen | 5 bis 9<br>8 bis 12 | 8 bis 12<br>15 bis 25 | 320 bis 370 | 40 bis 60 |
| PVC-P | WG-Fächelschweißen<br>WG-Ziehschweißen | 15 bis 20<br>4 bis 8 | 18 bis 25<br>7 bis 12 | 300 bis 370 | |
| PVC-C | WG-Fächelschweißen<br>WG-Ziehschweißen | 10 bis 15<br>15 bis 20 | 15 bis 20<br>20 bis 25 | 350 bis 400 | |
| PVDF | WG-Fächelschweißen<br>WG-Ziehschweißen | 10 bis 15<br>12 bis 17 | 15 bis 20<br>25 bis 35 | 350 bis 400 | |

*Bild 17.9 Stoß- und Nahtausführungen beim Warmgasschweißen*

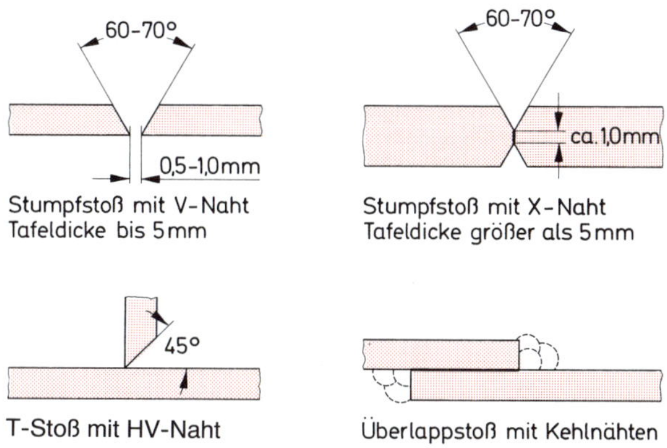


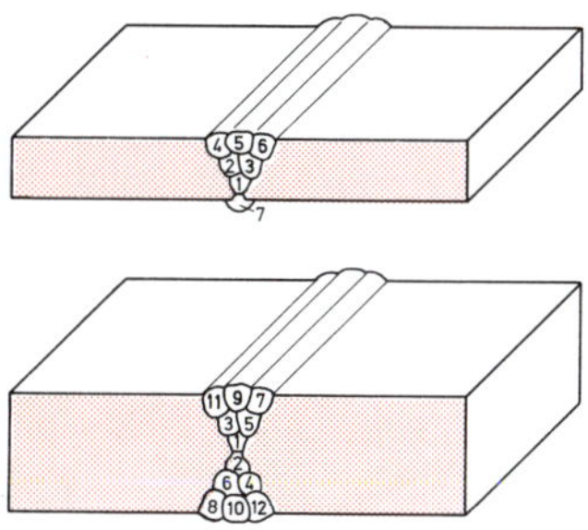

*Bild 17.10 Einlegen der Schweißstäbe beim Fächelschweißen*

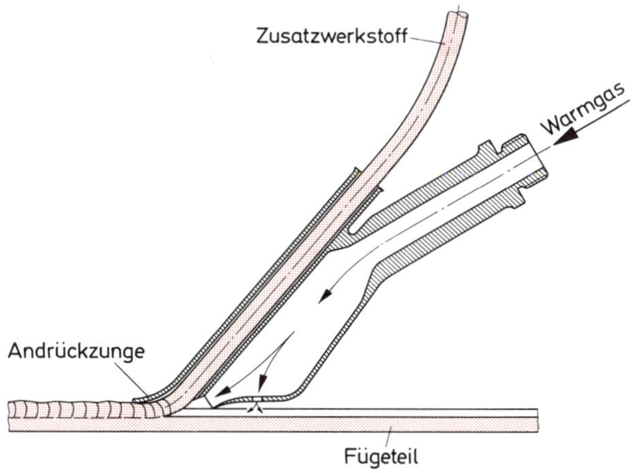


*Bild 17.11 Prinzip des Ziehschweißens*

wendet werden, die in einem Schweißgang die Naht füllen. Dadurch verringern sich die Fehlermöglichkeiten (auch Schweißrestspannungen), und es erhöht sich die **Schweißgeschwindigkeit,** wie Tabelle 17.6 zeigt.

Für das Verbinden von PVC-P-Bodenbelägen hat sich das Warmgasschweißen mit **Mehrfachdüsen** bewährt. Die Düse besteht hier z. B. aus mehreren Röhrchen, die die Warmluft gegen den Zusatzstab, die Schweißstelle und das Grundmaterial blasen. Der Schweißdruck wird über eine Rolle aufgebracht.

Ziehschweiß- oder Schnellschweißverfahren dienen der Verbesserung der Wirtschaftlichkeit beim Schweißen. Sie sollen daher immer eingesetzt werden, wenn es Werkstoff und Konstruktion erlauben. Trotzdem hat das Fächelschweißen seinen festen Platz in der Kunststoffschweißtechnik, und zwar immer dann, wenn die Schweißnähte schwer zugängig sind oder es sich um schwer schweißbare Werkstoffe handelt.

### 17.4.3 Warmgas-Überlappschweißen

Beim **Warmgas-Überlappschweißen** wird kein Zusatzwerkstoff verwendet. Das Verfahren wird fast ausschließlich bei Folien oder Bahnen aus PVC -P angewendet. Wie der Name sagt, handelt es sich um Überlappstöße. Der Warmluftstrahl wird mittels einer Breitschlitzdüse in der Überlappung zwischen die Folien gerichtet, das plastifizierte Material wird mit einer zylindrischen Andruckrolle ineinandergedrückt.

**Tabelle 17.6 Geschwindigkeitsvergleich zwischen Fächel- und Ziehschweißen bei 3 mm Zusatzstabdurchmesser**

| Werkstoff | Schweißgeschwindigkeit cm/min | |
|---|---|---|
| | Fächelschweißen | Ziehschweißen |
| PVC-U | 15 bis 25 | 50 bis 70 |
| PVC-HI | 15 bis 25 | 50 bis 70 |
| PVC-C | 5 bis 10 | 15 bis 35 |
| PE-LD | 10 bis 20 | 50 bis 70 |
| PE-HD | 10 bis 20 | 40 bis 60 |
| PP | 15 bis 20 | 50 bis 70 |

### 17.4.4 Warmgas-Extrusionsschweißen

Beim Warmgas-Extrusionsschweißen wird der Schweißzusatz im plastischen Zustand aus einem Extruder kontinuierlich in die durch Warmgas erwärmte Fuge eingebracht. Die einextrudierte Masse wird mit einem Gleitschuh verteilt und angedrückt (z.B. bei V- und HV-Nähten), Bild 17.12. Bei Überlappnähten wird die Kraft mit Rollen aufgebracht.

Das Warmgas-Extrusionsschweißen kann mit Handgeräten und mit Automaten durchgeführt werden.

Infolge des vollständig und homogen plastifizierten Schweißzusatzmaterials erzielt man mit dem Extrusionsschweißen hohe Festigkeit, besonders bei Langzeitbeanspruchung. Das Verfahren ist nur dann wirtschaftlich, wenn entweder großvolumige Nähte (z. B. im Chemischen Apparatebau) oder lange Nähte (z. B. bei Deponieauskleidungen) herzustellen sind. Unterbrechungen des Schweißvorgangs sind wegen der Gefahr der Materialüberhitzung im Extruder zu vermeiden. Einige Richtwerte für das kontinuierliche Warmgas-Extrusionsschweißen sind in Tabelle 17.7 zusammengestellt.

Eine Variante dieses Verfahrens ist das diskontinuierliche Extrusionsschweißen, bei dem der plastifizierte Schweißzusatz in Abschnitten der Extruderdüse entnommen und in die Naht gelegt wird. Der Schweißdruck wird mit formentsprechenden Andrückwerkzeugen aufgebracht.

Das diskontinuierliche Extrusionsschweißen wird im Großrohrleitungs- und Behälterbau eingesetzt und bewährt sich immer dann, wenn die Schweißnähte schlecht zugängig sind, z.B. in Kanten und Ecken.

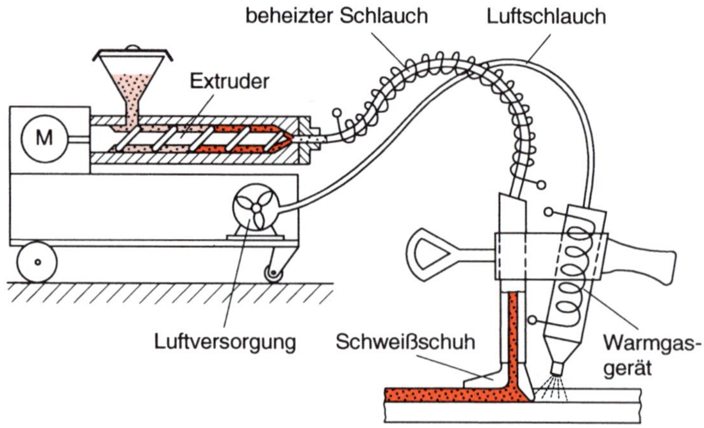


*Bild 17.12 Prinzip des Warmgas-Extrusionsschweißens*

**Tabelle 17.7 Richtwerte für das kontinuierliche Warmgas-Extrusionsschweißen bei Dichtungsbahnen**

| | PE-HD | | PVC-C | |
|---|---|---|---|---|
| | Handgerät | Automat | Handgerät | Automat |
| Warmgastemperatur °C | 280 bis 300 | 450 bis 500 | 450 bis 500 | 500 bis 600 |
| Warmgasmenge l/min | 230 | 550 bis 600 | 230 | 300 bis 600 |
| Schweißgeschwindigkeit m/min | 0,15 | 0,6 bis 1,0 | 0,3 | 1,5 bis 3,0 |

## 17.5 Reibschweißen

Beim **Rotations-Reibschweißen** wird das Plastifizieren der Fügeflächen durch Reibung gegeneinander oder gegen ein spezielles Reibelement erreicht; Bild 17.13 zeigt das Prinzip.

Das in der Spannvorrichtung befindliche Fügeteil rotiert, während das Gegenstück von der gespannten Haltevorrichtung festgehalten wird. Über die drehbare Körnerspitze wird die Kraft *F* aufgebracht. Beim Beginn der Reibung passen sich die Fügeflächen einander an, bis sie satt aufliegen. Die Wärmeentwicklung steigt jetzt stark an und führt zur völligen Plastifizierung der Flächen. An dem am Umfang austretenden plastischen Material erkennt man den Zeitpunkt des Reibungsabbruchs. Die Haltevorrichtung wird entspannt, beide Fügeteile rotieren miteinander, und die Schweißkraft wird aufgebracht. Das Reibschweißen nach dem hier gezeigten Prinzip kann auf jeder beliebigen Drehmaschine durch-

*Bild 17.13 Prinzip des Reibschweißens, Reibung der Fügeflächen gegeneinander*

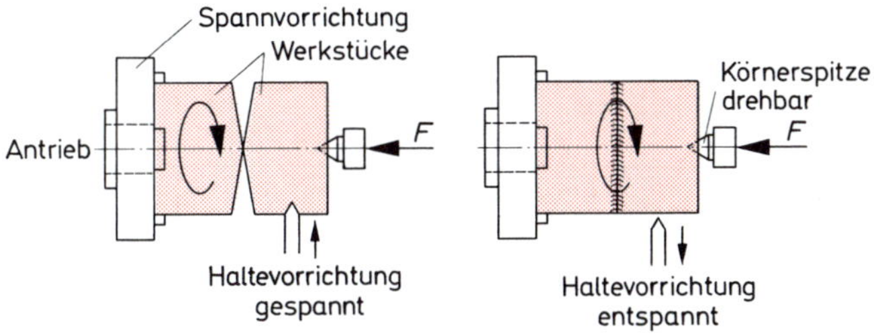


geführt werden. Auch Bohrmaschinen werden für dieses Verfahren eingesetzt. Daneben gibt es jedoch in neuerer Zeit immer mehr speziell für das Reibschweißen entwickelte Geräte, die meist für ganz bestimmte Formteile ausgelegt sind. Als Richtwerte für Umfangsgeschwindigkeiten beim Rotationsreibschweißen können 50 bis 150 m/min und für Anpreßdrücke von 1 bis 2 N/mm$^2$ angegeben werden.

Das Rotations-Reibschweißen wird in vielfältiger Form im Kunststoffapparatebau eingesetzt, so z.B. beim Verbinden von Flanschen, Buchsen oder Kappen mit Rohrenden, beim Verbinden von Rohren mit **Reibmuffen** oder beim Einschweißen von Böden in Behälter (Bild 17.14).

Das Vibrations-Reibschweißen wird zunehmend bei Serienschweißungen von Formteilen eingesetzt. Bei dickwandigen Teilen ist darauf zu achten, daß nicht abgebaute Schmelze in die Schweißnaht eingeschlossen wird.

Aufgrund der problemlosen Erzeugung von Reibungswärme entwickelte sich aus dem klassischen Rotationsreibschweißen das **Vibrations-Reibschweißen** oder kurz **Vibrationsschweißen.** Die Reibwärme kann auf zwei Arten erzeugt werden:

- □ Translationsschwingungen: **lineares Vibrationsschweißen,** Frequenzen 100 bis 300 Hz,
- □ Rotationsschwingungen: **Winkel-Vibrationsschweißen** (Orbitalschweißen), Frequenzen 190 bis 230 Hz.

Das Vibrationsschweißen hat eine große Bedeutung in der Serienfertigung von Formteilen erlangt, und es stehen vollautomatisch arbeitende Schweißmaschinen zur Verfügung, bei denen alle wichtigen Schweißparameter wie Fügekraft, Schwingungsfrequenz, Schwingungsamplitude und Schweißzeit steuer- bzw. regelbar sind.

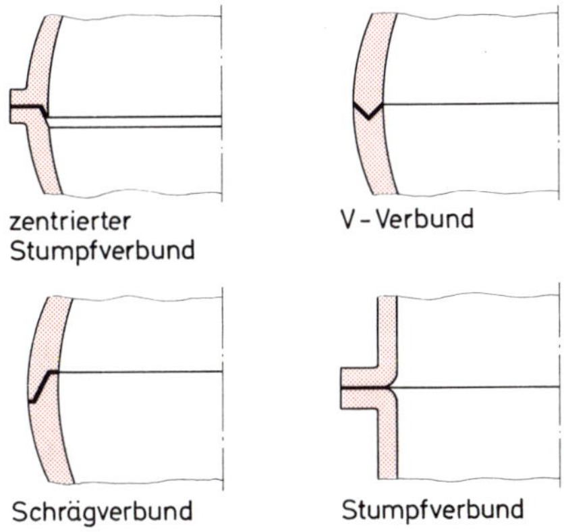


*Bild 17.14 Stoßformen beim Reibschweißen*

Mit dem Vibrationsschweißverfahren können in Grenzen auch unterschiedliche Kunststoffe miteinander verbunden werden – allerdings mit Qualitätseinbußen. Um die Relativbewegung der Fügeflächen sicherzustellen, müssen die Fügeteile in den Schweißzonen formsteif sein – eine Forderung, die der Konstrukteur zu erfüllen hat.

## 17.6 Hochfrequenzschweißen

Eine Reihe von Kunststoffen zeigt eine ausgeprägte elektrische Polarität, d.h., in der Molekülstruktur gibt es elektrische Ladungsschwerpunkte. Aufgrund dieser Tatsache können diese sog. **polaren Kunststoffe** im molekularen Bereich in einem elektrischen Wechselfeld — z.B. in einem Kondensator — zum Schwingen gebracht werden. Diese molekularen Schwingungen verursachen innere Reibung und erzeugen Wärme. Bei geeigneter Wahl der Frequenz und Amplitude des elektrischen Feldes (elektrischer Kondensatorschwingkreis) kann die Erwärmung so weit getrieben werden, daß der Kunststoff in den plastischen Zustand versetzt wird. Das ist das Prinzip des **Hochfrequenzschweißens** (HF-Schweißen).

**Tabelle 17.8 Dielektrische Verlustfaktoren einiger Thermoplaste**

| Werkstoff | dielektrischer Verlustfaktor tan $\delta$ |
|---|---|
| PVC-U | 0,03 bis 0,02 |
| PVC-P | 0,1 bis 0,05 |
| ABS | 0,03 bis 0,01 |
| PA | 0,04 bis 0,02 |
| PS | 0,0008 bis 0,0003 |
| PE | 0,0003 |
| PP | 0,0005 |

Die elektrische Polarität eines Werkstoffs wird angegeben durch seinen **dielektrischen Verlustfaktor** tan $\delta$*. Je größer der dielektrische Verlustfaktor eines Kunststoffs, desto größer ist seine Polarität und desto besser läßt er sich im Kondensatorfeld erwärmen. In Tabelle 17.8 sind dielektrische Verlustfaktoren einiger Thermoplaste angegeben.

Als Richtwerte für die Schweißbarkeit nach dem Hochfrequenzverfahren gelten:

Kunststoffe mit tan $\delta$ bis 0,1: sehr gut schweißbar,

Kunststoffe mit tan $\delta$ bis 0,01: schweißbar,

Kunststoffe mit tan $\delta$ kleiner 0,01: nicht schweißbar.

Daraus folgt, daß die elektrisch sehr hochwertigen Werkstoffe Polystyrol, Polyethylen und Polypropylen nicht hochfrequent schweißbar sind. Bild 17.15 zeigt das Prinzip des HF-Schweißens. **HF-Schweißgeneratoren** wandeln den Netzstrom in einen hochfrequenten Wechselstrom um. Dabei ist zu berücksichtigen, daß für Hochfrequenzanlagen nur bestimmte Frequenzen zugelassen sind, damit andere Funkeinrichtungen, z.B. der Polizei, des Krankendienstes oder des Rundfunks nicht gestört werden. In der HF-Schweißtechnik arbeitet man vorzugsweise mit der Frequenz 27,12 MHz. Die obere Kondensatorplatte ist die sog. Schweißelektrode, die der gewünschten Schweißnaht angepaßt ist. Die **Schweißelektrode** dient sowohl dem Schweißen als auch dem Abschneiden des Verschnitts. Auch Ziernähte können hergestellt werden (Bild 17.16). Die untere Kondensatorplatte ist der Pressentisch.

Im Gegensatz zu den bisher beschriebenen Schweißverfahren entsteht die Wärme beim HF-Schweißen im Werkstoff selbst; die Elektroden bleiben kalt. Das ergibt eine im Vergleich zum Wärmeimpulsschweißen z.B. sehr günstige Temperaturverteilung (Bild 17.17).

Beim Schweißvorgang ist darauf zu achten, daß sich Schweißelektrode und untere Kondensatorplatte nicht berühren, sonst entsteht ein Kurzschluß, der Elektrodenbeschädigungen zur Folge hat. Es ist ratsam, die untere Kondensatorplatte mit einer dünnen Schutzisolierung (z.B. Folien aus Hartpapier, Silikon oder PTFE, 0,2 bis 0,5 mm) zu versehen. Moderne Maschinen sind mit einem Durchschlagschutz ausgerüstet, der Schäden mit großer Sicherheit verhindert.

Das Hochfrequenzschweißen wird vorzugsweise zum Verbinden von Folien aus PVC-P oder mit

* In einem Kondensator mit idealem Dielektrikum (Vakuum, Luft) eilt die Stromschwingung der Spannungsschwingung um 90° vor (Phasenverschiebung $\varphi = 90°$). Bei einem Isolierstoff (Kunststoff) als Dielektrikum wird die Phasenverschiebung um den sog. Verlustwinkel $\delta$ verringert. Der Tangens dieses Verlustwinkels heißt dielektrischer Verlustfaktor.

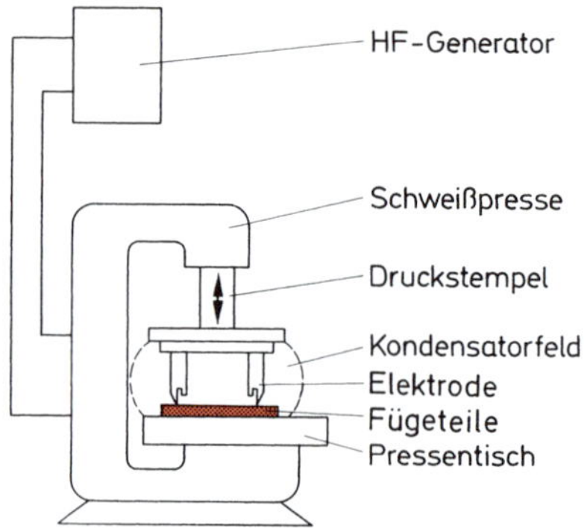


*Bild 17.15 Prinzip des HF-Schweißens für Kunststoffe*

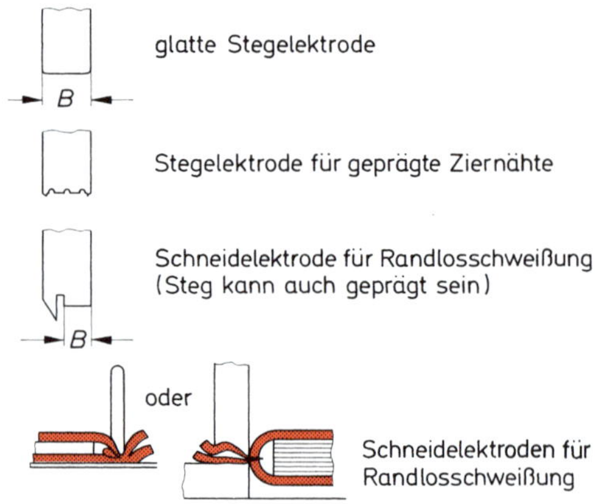


Die Stegbreite $B$ hängt von der Dicke des Folienpaketes ab.

*Bild 17.16 Elektrodenformen für das HF-Schweißen*

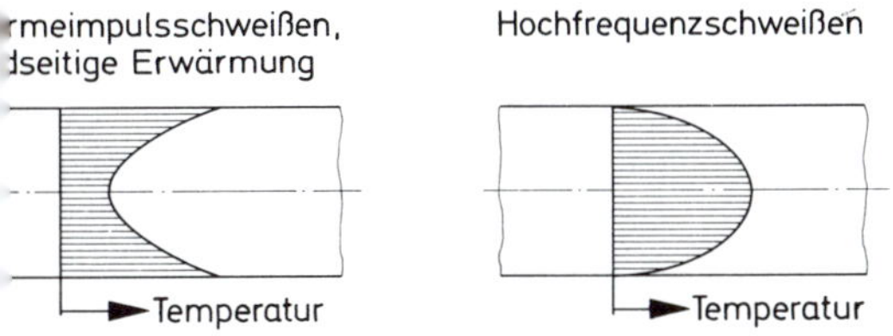


*Bild 17.17 Temperaturverteilung beim Wärmeimpuls- und Hochfrequenzschweißen*

PVC-beschichteten Geweben eingesetzt. Großanwender sind die Automobilindustrie (Türinnenverkleidungen), die Täschner- sowie die Spiel- und Sportwarenindustrie.

Bei entsprechender Auslegung der HF-Schweißpressen und Generatorleistung können auch schwerere Halbzeuge verschweißt werden. Übliche Stöße, wie sie in Serienfertigung mit PVC-U hergestellt werden, zeigt Bild 17.18.

Die bei diesen Verbindungen erforderlichen Drücke betragen bis 5 N/mm$^2$.

*Bild 17.18*
*HF-Schweißen an Tafeln aus PVC hart*

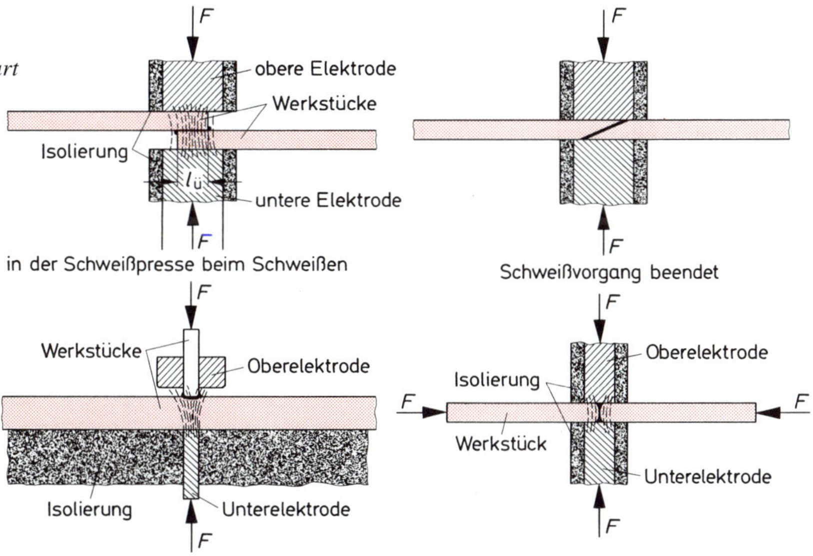


## 17.7 Ultraschallschweißen

Während beim Hochfrequenzschweißen der dielektrische Verlustfaktor des Werkstoffs ausschlaggebend für seine Schweißbarkeit ist, beruht das **Ultraschallschweißen** (US-Schweißen) auf dem mechanischen Dämpfungsvermögen. Die mechanische Dämpfung ist bei nahezu allen Kunststoffen so groß, daß die Schweißbarkeit nach dem Ultraschallverfahren gegeben ist. Eine Ultraschallschweißanlage (Bild 17.19) besteht im wesentlichen aus den Elementen Hochfrequenz-

*Bild 17.19 Schematische Darstellung des Ultraschallschweißens*

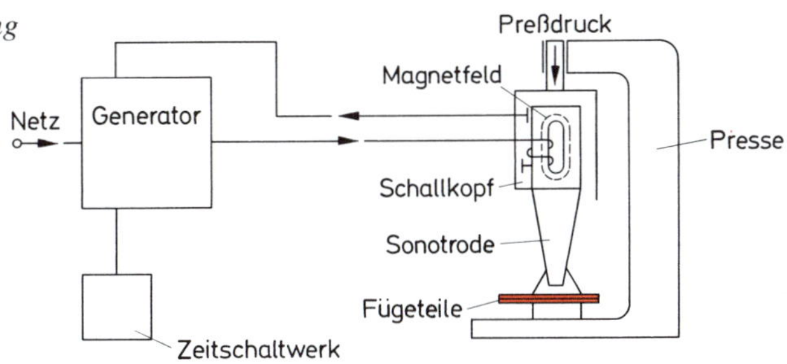

generator, Schweißpresse, Schallkopf und Schallelektrode — hier Sonotrode genannt.
Der Generator wandelt — ähnlich wie beim HF-Schweißen — Netzstrom in einen hochfrequenten Wechselstrom (Frequenzen 20 bis 40 kHz) um. Im **Schallkopf** entstehen — meist über piezoelektrische Keramikwerkstoffe — mechanische Schwingungen, die über geeignete Zwischenstücke an die **Sonotrode** weitergegeben werden. Die Sonotrode leitet die Schwingungen in das zu schweißende Bauteil; sie muß in ihrer Konstruktion sorgfältig auf das zu schweißende Teil und auf die Frequenz des Ultraschallgeräts abgestimmt sein. Sonotroden bestehen meist aus Titanlegierungen. Die Fügeteile ruhen beim Schweißvorgang auf dem Pressentisch, auch Amboß genannt. Schallkopf, Sonotrode und Amboß sind in der Schweißpresse untergebracht. Die Presse erlaubt eine Vertikalbewegung der Sonotrode, wodurch der Schweißdruck aufgebracht wird.
Beim Ultraschallschweißen unterscheidet man Schweißvorgänge im Nah- und im Fernfeld. Weiche Thermoplaste wie PE oder PVC-P haben ein so hohes Dämpfungsvermögen, daß sie sich nur im **Nahfeld** verbinden lassen. Sie vermögen die Schwingungsenergie nur über sehr kurze Strecken zu übertragen, das US-Schweißen ist auf Folien und dünne Tafeln bis zu einer Dicke von etwa 3 mm beschränkt. Harte Thermoplaste mit entsprechend hohem Elastizitätsmodul dagegen können auch im **Fernfeld** verschweißt werden, d. h., bei Formteilen – auf die das US-Schweißen im wesentlichen beschränkt ist – können die Schweißnähte auch in größerer Entfernung von der Sonotrodenspitze liegen.
Um die Schwingungsenergie möglichst optimal auszunutzen, sollen die Fügeflächen klein gehalten werden. Bei harten Kunststoffen empfiehlt es sich, eines der Fügeteile mit einem scharfen Grat (bzw. Spitzen) zu versehen (Bild 17.20); auf diese Weise wird der Energiefluß konzentriert und der Nahtverlauf kann sicher vorbestimmt werden. Derartige Grate nennt man auch **Energierichtungsgeber.** Im allgemeinen absorbieren teilkristalline Thermoplaste wesentlich mehr Schwingungsenergie als amorphe, d.h., es muß hier höhere Leistung aufgebracht werden. Bei dieser Kunststoffgruppe sind sogenannte Quetschnähte vorteilhaft. Tabelle 17.9 enthält einige Angaben über die Eignung von Thermoplasten für das Ultraschallschweißen.
Das US-Schweißen ist aufgrund seiner Vielseitigkeit und Mechanisierbarkeit zum wichtigsten Schweißverfahren im Formteilbereich (Serienfertigung) geworden.

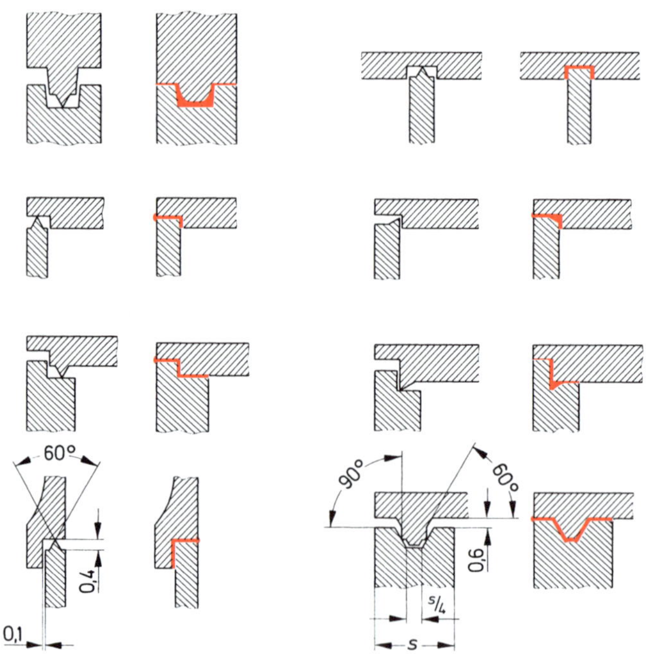


*Bild 17.20 Schweißgerechte Nahtformen beim Ultraschallschweißen*

**Tabelle 17.9 Eignung von Thermoplasten für das US-Schweißen**

| Werkstoff | Nahfeld-schweißen | Fernfeld-schweißen |
|---|---|---|
| PVC-U | gut | mäßig |
| PVC-P | gut | schlecht |
| PE-HD | gut | mäßig |
| PE-LD | gut | schlecht |
| PS | sehr gut | sehr gut |
| ABS | sehr gut | gut |
| PA | gut | mäßig |
| PMMA | sehr gut | gut |
| PC | sehr gut | sehr gut |
| POM | gut | mäßig |

## 17.8 Infrarotschweißen

Stellt man an die Güte und Reinheit von Rohrsystemen – insbesondere an deren Schweißverbindungen – besondere Anforderungen, so bietet sich das berührungslose Infrarot-(IR-)Schweißen an. Solche sehr reinen Anlagen sind in der Halbleiterindustrie sowie im Bereich der chemischen Industrie, der Pharmazie, der Biotechnologie und der Medizintechnik anzutreffen.
Bei diesem Verfahren werden ohne Druck mittels elektromagnetischer Wärmestrahlen die Fügeflächen gleichmäßig erwärmt, wobei in der Rohrwandmitte die maximale Schweißnahttemperatur erreicht wird. Dadurch bildet sich beim Zusammenfügen der zu verschweißenden Rohrabschnitte ein bedeutend kleinerer Schweißwulst als beim normalen Stumpfschweißen aus. Die Fügekraft kann entweder über eine Druck- oder Weg-Steuerung erfolgen. Mit einem IR-Sensor wird die kontaktlose Wulstaußentemperaturmessung zur Einhaltung der optimalen Zykluszeit des Schweißvorganges herangezogen.
Während der Abkühlphase kann durch kontrolliertes Ableiten der Wärme die Schweißzeit verringert werden.

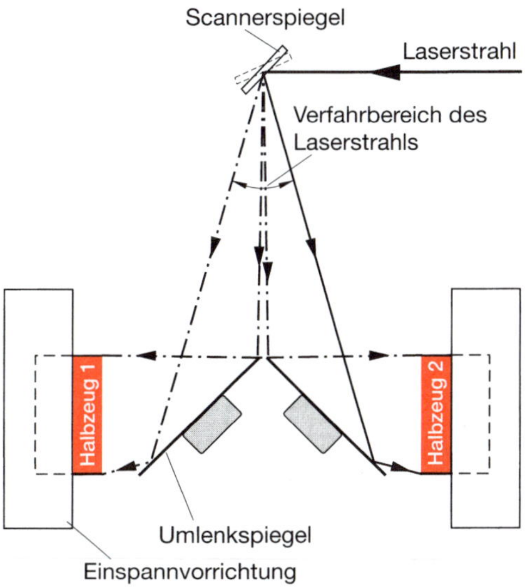


*Bild 17.21 Schematische Darstellung der Erwärmphase beim Laserschweißen*

## 17.9 Laserschweißen

Auch das Laserschweißen arbeitet hinsichtlich der Energieeinbringung kontaktlos. Hierbei wird über einen **Hochleistungsdiodenlaser** die notwendige Prozeßwärme gezielt in das Halbzeugmaterial eingebracht. Auch hier kann man die Mitte der Fügezone intensiver plastifizieren als die Randzonen. Damit findet beim Schweißprozeß eine intensive Durchmischung der Schmelze im Fügebereich statt, was zu einer sehr hohen Schweißnahtfestigkeit beiträgt. Die thermische Ausdehnung der Schmelze sorgt für den notwendigen Schweißdruck zur Verbindung der vorher fixierten Bauteile.
Das gilt insbesondere beim Überlappschweißen, bei dem ein Bauteil für den Laserstrahl transparent, das andere stark absorbierend sein muß, was man durch farbige Pigmente oder sonstige Zusatzstoffe erreichen kann. Für den Schweißvorgang ist ein formschlüssiger Kontakt der beiden Teile herzustellen. Nun trifft der Laserstrahl durch das transparente auf das absorbierende Teil und erzeugt die notwendige Wärmeenergie. Durch Wärmeleitung wird dann das transparente Teil an der Fügefläche ebenso aufgeschmolzen.

Der Nahtverlauf sowie die Energieeinbringung sind frei wählbar, womit keine thermische oder mechanische Belastung auftreten kann.
Den zu verschweißenden Bauteilen sind hinsichtlich der Geometrie und Dimension keine Grenzen gesetzt. Deshalb reicht die Anwendung dieses Verfahrens von Kleinstbauteilen aus der Mikrotechnik bis zu Großbauteilen aus dem Kfz-Wesen und Behälterbau.
Auch Rohre lassen sich durch Stumpfstoß miteinander verschweißen. Hierbei lenkt man über einen Scannerspiegel den Laserstrahl an den Fügeflächen entlang, wobei man den Laserstrahldurchmesser der Wandstärke des Rohres anpaßt (Bild 17.21). Der anschließende Fügevorgang ist mit dem normalen Heizelementschweißen identisch. Mit der Laserschweißtechnik werden auch wie beim IR-Schweißen saubere Schweißnähte mit geringster Wulstbildung sowie hohe Schweißnahtqualitäten erreicht.
Tabelle 17.10 gibt abschließend einen Überblick über die wichtigsten Anwendungsformen der Kunststoffschweißverfahren.

**Tabelle 17.10 Übersicht über die Anwendbarkeit der Kunststoffschweißverfahren**

| Verfahren | Anwendungsgebiete | wichtige Werkstoffe |
|---|---|---|
| Heizelementstumpf-schweißen | Apparatebau, Rohrverbindungen, Bauprofile | Polyolefine, PVC-P PVC-HI |
| Heizelementnut-schweißen | Apparatebau, Rohrverbingungen | Polyolefine |
| Schwenkbiegeschweißen | Apparatebau, Lüftungstechnik | Polyolefine |
| Heizelementmuffen-schweißen | Rohrverbindungen | Polyolefine |
| Heizwendelschweißen | Rohrverbindungen | Polyolefine |
| Heizkeilschweißen | Baubahnen, beschichtete Gewebe | PVC-P |
| Trennahtschweißen | Verpackungen | Polyethylen |
| Wärmeimpulsschweißen | Verpackungen, Abdeckfolien | Polyethylen |
| Wärmekontaktschweißen | Verpackungen | Polyethylen |
| Rollbandschweißen | Folien, Bahnen | Polyethylen |
| Warmgasfächelschweißen | Apparatebau, Maschinenbau, Baubahnen | PVC-U, PVC-P, Polyolefine, PVC-C, PVC-HI |
| Warmgasziehschweißen | Apparatebau, Maschinenbau, Baubahnen Bodenbeläge | PVC-U, PVC-P, Polyolefine, PVC-C, PVC-HI |
| Warmgasüberlapp-schweißen | Baubahnen, Auskleidungen | PVC-P |
| Warmgasextrusions-schweißen | Apparatebau, Lüftungstechnik | Polyolefine |
| Reibschweißen | Behälterbau, Rohrverbindungen, Formteile | Polyolefine, PVC-U |
| Hochfrequenzschweißen | Folien, beschichtete Gewebe, Maschinenbau | PVC-U, PVC-P |
| Ultraschallschweißen | Formteile, Folien | PVC-U, PC, PA, POM, PMMA, ABS u.a. |
| Infrarotschweißen | Rohrsysteme im Reinheitsbereich | PE, PP |
| Laserschweißen | Behälterbau, Maschinenbau | Polyolefine |

# 18 Kleben

## 18.1 Allgemeines

**Kleben** ist ein modernes Fügeverfahren, mit dem **unlösbare Verbindungen** hergestellt werden. Das Kleben gewinnt bei Kunststoffen neben dem Schweißen zunehmend an Bedeutung. Gründe dafür sind z.B.:

1. der Einsatz von Kunststoffen, die nicht oder nicht gut geschweißt werden können – z.B. Acrylgläser;
2. der steigende Bedarf an Werkstoffkombinationen, die z.B. nur durch Kleben hergestellt werden können, um den technischen und dekorativen Anforderungen an Bauteile gerecht zu werden – z.B. bei Beschichtungen im technischen Korrosionsschutz, im Innenausbau, in der Möbelherstellung und bei Serienmontagen im Fahrzeugbau (Fenster, Scheinwerferreflektoren u.a.);
3. die Wirtschaftlichkeit des Verfahrens bei Montagearbeiten – z.B. Rohrverbindungen und Montage von Baugruppen zu Fertigteilen.

Klebverbindungen werden mit **Klebstoffen** hergestellt. Nach DIN 16921 gilt die Definition:

> Klebstoffe sind nichtmetallische Werkstoffe, mit denen Fügeteile durch Flächenhaftung miteinander verbunden werden, ohne daß sich das Gefüge der Fügeteile wesentlich ändert.

Die **Haftfestigkeit** einer Klebverbindung wird durch Adhäsion und Kohäsion hervorgerufen.
Unter **Adhäsion** versteht man die Bindungskräfte an den Grenzflächen zwischen den zu klebenden Körpern und dem Klebstoff – unter Kohäsion die Bindungskräfte im Klebstoff selber. Die Adhäsion beruht im wesentlichen auf elektromagnetischen Wechselwirkungen zwischen Klebstoff und Fügeteil. Diese elektromagnetischen Wechselwirkungen sind auf positive oder negative elektrische Ladungsanhäufungen an der Fügeteiloberfläche bzw. im Klebstoff zurückzuführen. Stoffe, die solche Ladungsanhäufungen aufweisen, nennt man polar – Stoffe, die sich elektrisch weitgehend neutral verhalten, heißen unpolar.
Demgegenüber beruht die **Kohäsion** hauptsächlich auf dem Zusammenhalt der Moleküle selbst, also auf atomaren Bindungskräften.
Damit sind zwei Hauptanforderungen an Klebstoffe und Fügeteile gegeben:

> Klebstoffe sollen eine hohe Eigenfestigkeit haben und eine große Bindungsneigung zur Oberfläche der zu verklebenden Körper aufweisen; Eigenfestigkeit und Bindungsneigung müssen selbstverständlich auch bei den zu verklebenden Körpern vorhanden sein.

## 18.2 Kunststoff-Fügeteile

Die zahlreichen Anwendungsgebiete der Kunststoffe erfordern in zunehmendem Maße Verbindungstechniken, die sich weitgehend auch auf das Kleben erstrecken. Es lassen sich nicht alle Kunststoffe gleich gut und mit den gleichen Klebstoffen sowie nach einheitlichen Klebtechniken verbinden. Dafür gibt es im wesentlichen zwei Gründe:

1. Der chemische Aufbau der Kunststoffe (und der Klebstoffe).

Je nach Art ihres chemischen Aufbaus unterscheidet man **polare** und **unpolare Kunststoffe.** Die Polarität ist die Voraussetzung für die Ausbildung von elektromagnetischen Wechselwirkungen. Der chemische Aufbau bestimmt auch die Oberflächenspannung der Werkstoffe, die wiederum ein Maß für die **Benetzbarkeit** ist.
Eine weitere wichtige Größe ist die **Löslichkeit** der Fügeteile, die dazu führen kann, daß Klebstoffe in das Fügeteil eindiffundieren und damit zusätzliche Bindungskräfte zwischen Fügeteil und Klebstoff ausbilden können.
Folgende auf den chemischen Aufbau zurückgehende Eigenschaften begünstigen die Klebbarkeit: Polarität, gute Benetzbarkeit und Löslichkeit.

**Tabelle 18.1 Für das Kleben wichtige Werkstoffeigenschaften**

| Kunststoff | Kurzzeichen | Oberflächenspannung mN/mm | Benetzbarkeit | Polarität | Löslichkeit | E-Modul N/mm² | Klebbarkeit |
|---|---|---|---|---|---|---|---|
| Polyvinylchlorid hart | PVC-U | 4,0 | gut | polar | löslich | 3 000 | gut |
| Polystyrol | PS | 3,3 | schlecht | unpolar | löslich | 3 300 | gut |
| Polyethylen | PE | 3,1 | schlecht | unpolar | unlöslich | 1 000 | schlecht |
| Polyamid 66 | PA 66 | 4,6 | gut | polar | schwer löslich | 1 400 | mäßig |
| Polymethylmethacrylat | PMMA | | gut | polar | löslich | 3 000 | gut |
| Phenol-Formaldehydharzpreßstoff Typ 31 | PF | | gut | polar | unlöslich | 7 000 | gut |
| Ungesättigter Polyesterharzpreßstoff Typ 801 | UP | | gut | polar | unlöslich | 14 000 | gut |
| Aluminiumlegierungen | | | gut | | unlöslich | 70 000 | gut |
| Stahl | | | gut | | unlöslich | 210 000 | gut |

**Tabelle 18.2 Einteilung der Kunststoffe nach ihrer Klebbarkeit**

| Gut klebbar | Bedingt klebbar | Schlecht klebbar |
|---|---|---|
| Epoxidharze<br>Harnstoff-Formaldehydharze<br>Melamin-Formaldehydharze<br>Penol-Formaldehydharze<br><br>Polycarbonat<br>Polymethylmethacrylate<br>Polystyrol und Copolymere<br>Polyvinylchlorid und Copolymere<br>Ungesättigte Polyesterharze | Polybuten-1<br>Polyoxymethylen<br>Polyurethane<br>Polyamide | Polyethylen<br>Polypropylen<br>Polytetrafluorethylen<br>Silikone |

2. Das deformationsmechanische Verhalten der Fügeteile (und der abgebundenen Klebstoffe).

Kunststoffe weisen im allgemeinen unter mechanischer Spannung hohe Verformungen auf, sie haben einen geringen Elastizitätsmodul. Diese Verformungen müssen von der Klebnaht bzw. vom Klebstoff aufgenommen werden. Daher:

> Das deformationsmechanische Verhalten von Fügeteil und Klebstoff soll so aufeinander abgestimmt sein, daß möglichst keine Spannungsinhomogenitäten entstehen, die zu vorzeitigem Versagen der Klebnaht führen.

**Tabelle 18.3 Einteilung der Klebstoffe (Kurzzeichen der Kunststoffe nach DIN 7728, vgl. Tabelle 18.4)**

| | Klebstoff-system | Abbinden durch | Basis-stoffe, z.B. | Fügeteilbeispiele |
|---|---|---|---|---|
| Physikalisches Abbinden | Lösungsmittel-klebstoffe | Verdunstung des Lösungsmittels | PVC, PS PVAC, PMMA, PVC-C, Nitrilkautschuk | PVC, PS, ABS, PMMA, SAN, PC, CAB, Holz |
| | Dispersions-klebstoffe | Verdunstung des Wassers (Dispersions-mittel) | PMMA, EVA | Schaumstoffe, Holz |
| | Schmelz-klebstoffe | Schmelzen und Abkühlen des Klebstoffes | EVA, PVC-C | ABS, PMMA, PS, PVC, Holz, Glas, Stein, Metall |
| | Kontakt-klebstoffe | einmaliges Andrücken (Klebstoffe sind dauer-elastisch) | Chlor-kautschuk PUR | ABS, PVC, PUR, PF, MF, PS, Holz, Stein, Metall |
| Chemisches Abbinden, Reaktions-klebstoffe | Polymerisations-klebstoffe | Polymerisation | | |
| | 1 Komponente | | Cyano-acrylat, Methacryl-säure | PVC, PMMA, PS, PC, SAN, Chlorkautschuk, PF, MF, PUR, EP, UP, Metall, Glas |
| | 2 Komponenten | | Nitril-kautschuk, UP, PMMA | ABS, PUR, PVC, EP, PMMA, UP, PF, MF, Holz, Stein, Glas, Metall |
| | Polyadditions-klebstoffe 2 Komponenten | Polyaddition | EP, PUR | PVC, PMMA, ABS, PF, MF, EP, UP, PUR, Metall, Holz, Glas, Stein, Schaumstoffe |
| | Polykondensations-klebstoffe 1 oder 2 Kompo-nenten | Polykonden-sation | PF, UF | EP, UP, Schaumstoffe, Holz, Metall |

Tabelle 18.1 gibt eine Übersicht über einige Kunststoffe und die Eigenschaften, die für das Kleben von Bedeutung sind. Nach heutigen Kenntnissen und Erfahrungen kann man die wichtigsten Kunststoffe bezüglich ihrer Klebbarkeit entsprechend der Tabelle 18.2 einteilen.

## 18.3 Klebstoffe

**Klebstoffe** können heute aus einer Vielzahl von Kunststoffen hergestellt werden. Im Vordergrund stehen solche Grundmaterialien, die polaren Charakter haben. Die wichtigsten Basisstoffe sind in Tabelle 18.3 ersichtlich.
Es wurde bereits erwähnt, daß Klebstoffe eine hohe Eigenfestigkeit (Kohäsion) aufweisen sollen. Darüber hinaus ist es wichtig, daß der Klebstoff die Fügeteiloberfläche gut benetzen kann — d.h., seine Oberflächenspannung soll geringer sein als die der Fügeteiloberfläche — und daß er in einer gut verarbeitbaren Form zur Verarbeitung kommt. Klebstoffe bestehen nicht immer aus reinen Kunststoffen, je nach technischen und technologischen Anforderungen werden Füllstoffe, Weichmacher, elastifizierende und ähnliche Mittel zugesetzt.
Von ausschlaggebender Bedeutung bei der Betrachtung und Beurteilung eines Klebstoffs ist sein **Abbindemechanismus.** Man unterscheidet grundsätzlich physikalisch und chemisch abbindende Klebstoffe. Das physikalische Abbinden ist gekennzeichnet durch Schmelz- und Abkühl- sowie durch Verdunstungsvorgänge. Beim chemischen Abbinden tritt die Bildung der festen Klebfuge durch chemische Reaktion — wie Polymerisation, Polyaddition oder Polykondensation (zum Teil auch durch Vulkanisation) — ein. Unter diesen Gesichtspunkten werden die Klebstoffe zweckmäßig eingeteilt. Einen Überblick gibt Tabelle 18.3.
Klebungen, die dadurch entstehen, daß Klebstoffteile in das Fügeteil eindiffundieren (z.B. Lösungsmittelklebstoffe), heißen **Diffusionsklebungen.** Wenn das nicht der Fall ist, handelt es sich um **Adhäsionsklebungen.**

## 18.4 Abbindemechanismen

Tabelle 18.3 kann nur einen pauschalen Überblick geben. Daher sollen zu den einzelnen **Klebstoffsystemen** noch einige Anmerkungen gemacht werden.
Bei den **Lösungsmittelklebstoffen** werden meist organische Lösungsmittel verwendet. Ihre Hauptanwendung liegt beim Verbinden von löslichen Fügeteilen, das Lösungsmittel diffundiert zum Teil in das Fügeteil ein. Dadurch werden einerseits die Wechselwirkungen zwischen Klebstoff und Fügeteil begünstigt, zum anderen kann jedoch auch die Struktur der Fügeteile nachteilig beeinflußt werden. Daher ist es wichtig, daß das Lösungsmittel wieder ausdiffundieren kann, ohne nachhaltige Spuren zu hinterlassen. Bei nichtlöslichen und nichtporösen Fügeteilen ist dafür zu sorgen, daß das Lösungsmittel vor dem Fügen verdunsten kann.
Eine Besonderheit bei dieser Gruppe von Klebstoffen ist das Fügen mit reinen Lösungsmitteln (z.B. aromatenarmes Benzin oder Tetrahydrofuran). Das Fügen mit reinen Lösungsmitteln wird im Bauwesen – z.B. bei Bautenabdichtungen mit Kunststoffbahnen – angewendet.
Das Verwenden von **Dispersionsklebstoffen** erfordert fast immer ein poröses bzw. saugfähiges Fügeteil, weil das Dispersionsmittel meist Wasser ist, das sehr langsam verdunstet.
**Schmelzklebstoffe** werden als Schmelze bzw. als plastifizierte Masse aufgetragen. Die Klebung wird unmittelbar danach — bevor der Schmelzpunkt bzw. die Fließtemperatur unterschritten wird — durchgeführt. Man kann jedoch auch den Klebstoff abkühlen lassen oder — wenn er als Lösung vorliegt — das Lösungsmittel verdunsten lassen und ihn unmittelbar vor der Klebung wieder schmelzen. Es gibt auch chemisch abbindende Klebstoffe, die beim Fügen geschmolzen werden. Diese rechnet man jedoch den Reaktionsklebstoffen zu.
**Kontaktklebstoffe** für technische Anwendungen enthalten meist Lösungsmittel, die vor dem Fügen verdunsten müssen (offene Zeit). Erst wenn sich der Klebstoff trocken anfühlt, kann die Klebung vorgenommen werden. Bei Kontaktklebstoffen ist nach dem Zusammenlegen der Fügeteile keine Korrektur mehr möglich.
Es gibt auch Kontaktklebstoffe ohne Lösungsmittel. Diese finden z.B. Verwendung bei Haftetiketten, Heftpflastern, selbstklebenden Folien u.a.
Das Abbindeprinzip bei **Reaktionsklebstoffen** beruht auf der Bildung von Makromolekülen nach dem Fügen. Die Abbindereaktionen sind die gleichen wie bei der Bildung der Kunststoffe (vgl. Kapitel 1), nämlich Polymerisation, Polyaddition oder Polykondensation. Dabei entstehen meist vernetzte Makromoleküle. Die chemischen

Reaktionen können durch sogenannte Reaktionsmittel (Härter, Beschleuniger) oder durch Wärme in Gang gesetzt werden. Beim Verwenden von Reaktionsmitteln spricht man von Zwei- oder Mehrkomponentenklebstoffen. Weitere Methoden des Abbindens bestehen darin, daß die Reaktion (meist Polymerisation) durch die Gegenwart von Feuchtigkeit oder Sauerstoff anspringt. Klebstoffe, die unter Feuchtigkeit aushärten, werden als **anaerob** (z.B. Cyanoacrylate) bezeichnet; Klebstoffe, die in Gegenwart von Sauerstoff aushärten, heißen **aerob** (z.B. Methacrylsäurederivate). Reaktionsklebstoffe sind die im konstruktiven Ingenieurbau wichtigsten Klebstoffe.

## 18.5 Technologie des Klebens

### 18.5.1 Konstruktive Voraussetzungen

Wichtigste Voraussetzung beim Kleben ist, daß die Fügeteile und die Klebnähte **klebgerecht gestaltet** sind. Die günstigste Beanspruchungsart für Klebverbindungen ist die Scherbeanspruchung. Dabei bietet sich die Überlappverbindung besonders an. Sie wird angewendet bei Folien, Tafeln und Rohren (Bild 18.1). Stumpfverbindungen sind möglichst zu vermeiden; sie werden allerdings bei Acrylgläsern wegen der guten Klebbarkeit mit Erfolg durchgeführt (Bild 18.2). Schälbeanspruchungen sind bei Klebnähten ebenfalls zu vermeiden. Sollte die Gefahr des Abschälens bestehen, so sind z.B. Entlastungsversteifungen (Bild 18.3) oder Entlastungsschrauben anzubringen. Bild 18.4 zeigt am Beispiel eines GFK-Behälters, wie man die Klebfuge großflächig auslegt, um eine gute Kraftübertragung zu erzielen.

Zusammenfassend kann festgestellt werden:

> Klebverbindungen sind möglichst auf Scherung zu beanspruchen. Um übermäßige Verformungen (z.B. Abschälen) zu vermeiden, sind die gefährdeten Bauelemente zu versteifen.

### 18.5.2 Vorbehandeln der Klebfläche

Vor dem Verbinden müssen die Fügeflächen auf das Kleben vorbereitet werden, denn der Zustand der Oberfläche unmittelbar vor dem Kleben ist für die Haftfestigkeit von ausschlaggebender Bedeutung.

Unter **Oberflächenvorbehandlung** versteht man:

1. Reinigen der Oberflächen,
2. Aufrauhen der Oberflächen,
3. Verändern der Oberflächen.

Im Reinigungsprozeß — der immer erforderlich ist — werden die Fügeteilflächen von Fremdkörpern, wie Fetten, Staub, Trennmitteln, Wasser u.a., befreit. Das ist bei Kunststoffen wegen der elektrostatischen Anziehung von Fremdkörpern besonders wichtig. Als Reinigungsmittel werden vorwiegend organische Lösungsmittel oder deren Dämpfe, alkalische Reinigungsmittel oder auch Ultraschallfelder eingesetzt. Für Serienfertigungen stehen maschinelle, zum Teil automatisch arbeitende Anlagen zur Verfügung. Bei einer Reihe von Kunststoffen — vor allem bei den löslichen — reicht das Reinigen als Oberflächenvorbehandlung aus (Tabelle 18.4). Bei löslichen Kunststoffen ist darauf zu achten, daß die Lösungs- bzw. Reinigungsmittel keine nachhaltigen Veränderungen im Fügeteil hervorrufen.

Bei anderen Kunststoffen reicht das Reinigen der Oberflächen nicht aus. Hier muß die Fügefläche durch Aufrauhen zusätzlich vorbereitet werden. Das Aufrauhen kann mechanisch (Schleifen, Sandstrahlen) oder chemisch (Beizen) erfolgen. Das Aufrauhen ist zum Teil wichtig bei Preßteilen aus Phenolformaldehyd- oder Melaminformaldehydharzen sowie bei Bauteilen aus glasfaserverstärkten, ungesättigten Polyester- oder Epoxidharzen, weil hier «klebfeindliche» Bestandteile in der Außenhaut (Preßhaut) vorhanden sind, die mit Reinigungsmitteln nicht zu entfernen sind. Bei den mechanischen Rauhverfahren ist dem Sandstrahlen der Vorzug zu geben, falls das Fügeteil das zuläßt (Dicke, Steifigkeit).

Bei den sogenannten **schwer klebbaren Kunststoffen** – wie den Polyolefinen oder Polyacetalen – reicht auch das mechanische Aufrauhen zur Erzielung guter Klebverbindungen nicht aus. Hier können Oberflächenstrukturen und -eigenschaften durch chemische Methoden (Beizen) oder physikalische Verfahren (Beflammen, Corona-Entladung, Niederdruckplasma) so verändert werden (z.B. durch Anlagern von Sauerstoff), daß eine gewisse Klebbarkeit gegeben ist. Bei den Polyolefinen (PE, PP) und Polyfluorkarbonen (PTFE) sollte man sich jedoch darüber im klaren sein, daß Verklebungen mit größeren Kraftübertragungen auch durch diese Verfahren nicht möglich sind. Eine Übersicht über Vorbehandlungsverfahren für einige Kunststoffe gibt Tabelle 18.4.

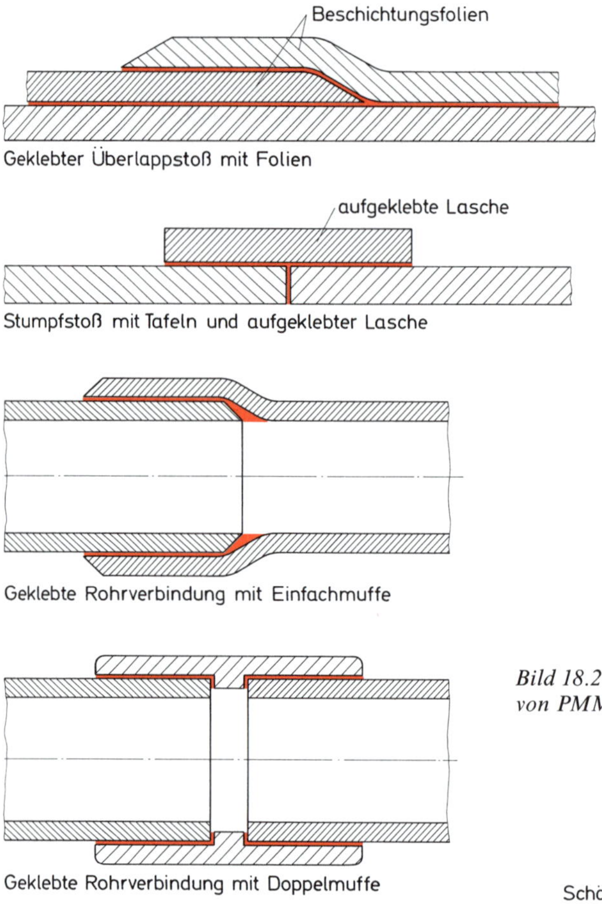


*Bild 18.1 Überlappverbindungen beim Kleben*

Zum Erzielen guter Klebverbindungen ist die Oberflächenvorbehandlung der Fügeflächen von ausschlaggebender Bedeutung. Alle Fremdkörper müssen entfernt werden (Reinigen), bei einigen Kunststoffen muß die Oberfläche zusätzlich aufgerauht werden. Bei schwer klebbaren Kunststoffen ist ein Verändern der Oberfläche erforderlich. Das Kleben muß unmittelbar nach der Vorbehandlung erfolgen!

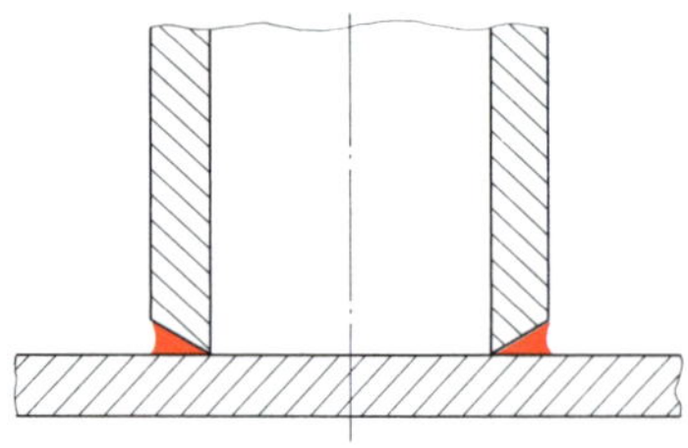

*Bild 18.2 Stumpfstoß mit Klebnaht beim Kleben von PMMA*

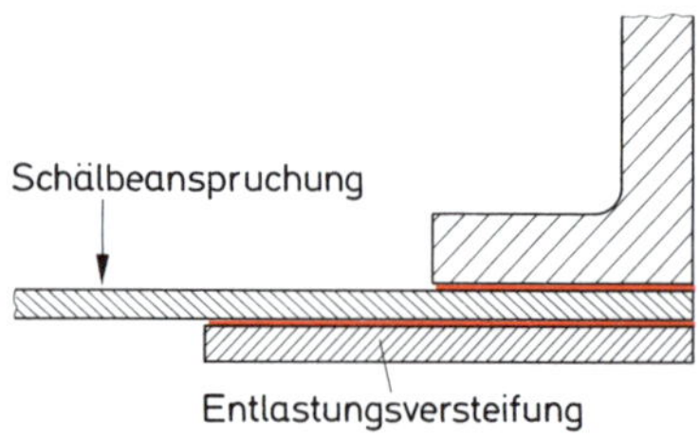


*Bild 18.3 Entlastungsversteifungen bei Klebverbindungen, die auf Abschälen beansprucht werden*

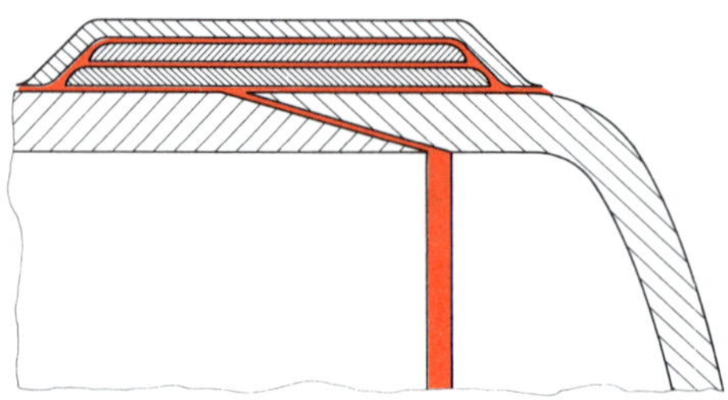

*Bild 18.4 Einfache Ausführung einer Behälterbodenverklebung*

**Tabelle 18.4 Oberflächenvorbehandlung von Kunststoffügeflächen**

| Kunststoff | Reinigen der Fügeflächen | Aufrauhen der Fügeflächen | Verändern der Fügeflächen |
|---|---|---|---|
| **Polyvinylchlorid** | organische Lösungsmittel (z.B. Dichlormethan, Trichlorethylen, Ester) oder alkalische Reinigungsmittel (Silikate, Phosphate) | evtl. durch feines Schleifen oder Strahlen | – |
| **Polystyrol** | | bei schlagfesten Typen durch feines Schleifen | Niederdruckplasma |
| **Polymethyl-methacrylat** | | – | – |
| **Phenolform-aldehydharz (Preßteile)** | organische Lösungsmittel | Schleifen oder Strahlen | – |
| **ungesättigte Polyesterharze (GFK-Laminate)** | organische Lösungsmittel oder alkalische Reinigungsmittel | Schleifen oder Strahlen | – |
| **Polyethylen** | organische Lösungsmittel | – | Beizen mit Chromschwefelsäure oder Beflammen oder Corona-Entladung Niederdruckplasma |
| **Polypropylen** | organische Lösungsmittel | – | |
| **Polyoxymethylen** | organische Lösungsmittel | – | Beizen mit Phosphorsäure |

## 18.6 Klebtechnik

Unmittelbar nach der Oberflächenvorbehandlung erfolgt der **Klebvorgang,** der mit dem Auftrag des Klebstoffs beginnt. Beim Klebstoffauftrag ist darauf zu achten, daß die Fügeflächen gleichmäßig benetzt werden und daß der Auftrag in gleichmäßiger Dicke erfolgt. Bei Einzelklebungen erfolgt der Klebstoffauftrag mit Handwerkzeugen (Pinsel, Spatel), während bei serienmäßigen Klebungen **Auftragsgeräte** und **-maschinen** eingesetzt werden. Der maschinelle Klebstoffauftrag erfolgt vorwiegend durch Spritzen mit Ein- oder Mehrkomponentenspritzpistolen, die entsprechend der Klebstoffkonstitution mit unterschiedlichen Düsen (Rund-, Flach- oder Drehstrahldüsen) ausgerüstet sein können. Die Düsendurchmesser liegen zwischen 0,8 und 3,0 mm, die Spritzdrücke betragen etwa 2 bis 5 bar.

In kontinuierlichen Fertigungen, z.B. Herstellung von Kernverbunden, beflockten Folien u.ä. werden die Klebstoffe durch Walzen oder nach dem Gieß- bzw. Streichverfahren aufgetragen. Hierbei lassen sich die Klebstoffdicken besonders genau einhalten (übliche Dicken 10 bis 200 μm). Mit dem Walzenauftragsverfahren kann ein- und zweiseitig beschichtet werden, der Auftrag kann auch in Streifen erfolgen.

Wenn die Fügeflächen rauh oder gebogen sind, bewährt sich ein Klebstoffauftrag nach dem Gießverfahren. Bei beiden Verfahren erfolgt die Regelung der Schichtdicke über die Viskosität des Klebstoffs, die Durchlaufgeschwindigkeit und die Spaltweite (zwischen Walze und Fügefläche bzw. der Spalt der Gießwanne).

Beim Verwenden von Zwei- oder Mehrkomponentenklebstoffen muß selbstverständlich auf eine homogene Mischung der Komponenten geachtet werden. Die Mischungen werden von Hand oder ebenfalls maschinell mittels Dosier- und Mischanlagen hergestellt.

Besondere Geräte sind für das Auftragen von Schmelzklebstoffen erforderlich. Diese Geräte enthalten neben dem eigentlichen Auftragsteil ein Schmelzaggregat, das eine dem Klebstoff entsprechende Temperaturregelung haben muß.
Bei Zwei- oder Mehrkomponentenklebstoffen kann das Zusammenfügen der Teile im allgemeinen direkt erfolgen. Bei Lösungsmittelklebstoffen und Fügeteilen, deren Oberflächen nicht angelöst werden sollen, ist dafür zu sorgen, daß das Lösungsmittel vor dem Fügen zum größten Teil verdampft **(Ablüftzeit[1]).** Sollen dagegen die Fügeteiloberflächen angelöst werden, darf man vor dem Fügen nur eine bestimmte Zeit warten **(offene Zeit[2]),** damit das Lösungsmittel noch hinreichend wirksam wird. Bei Kontaktklebstoffen ist die Ablüftzeit besonders wichtig. Die Fügeteile dürfen erst dann zusammengelegt werden, wenn der Klebstoff keine Fäden mehr zieht (Fingertest). Poröse oder lösliche Fügeteile können Lösungsmittel bzw. Dispergiermittel bei Dispersionsklebstoffen zum Teil aufnehmen, um sie später wieder abzugeben.
Bei allen Klebstoffen muß nach dem Zusammenlegen der Fügeteile ein **Fixier-** oder **Anpreßdruck** so lange aufgebracht werden, bis die Abbindung im wesentlichen abgeschlossen ist (Ausnahme: Kontaktklebstoffe). Die Abbindung ist zeit- und temperaturabhängig; es sind die diesbezüglichen Angaben der Klebstoffhersteller unbedingt zu beachten. Für das Fixieren bzw. Anpressen werden verschiedene Vorrichtungen auf dem Markt angeboten.
Die Anpreßzeiten sind bei Reaktionsklebstoffen besonders genau einzuhalten, weil hier das Abbinden durch zeitabhängige chemische Reaktionen erfolgt. Reaktionsklebstoffe härten vielfach unter Anwendung von Wärme aus (warm- und kalthärtende Klebstoffe). Durch Wärme werden die Abbindezeiten im allgemeinen wesentlich verkürzt.

> Fertigungsräume, in denen Klebungen durchgeführt werden, sollen möglichst staubfrei sein. Wegen der Lösungsmitteldämpfe muß gute Be- und Entlüftung vorhanden sein.
> Lösungs- und Reaktionsmittel erfordern das Tragen von Schutzhandschuhen. Beim Verwenden von Reaktionsmitteln (meist bei Zwei- und Mehrkomponentenklebstoffen) ist zusätzlich das Tragen von Schutzbrillen Vorschrift.
> Klebstoffe — vor allem Lösungsmittelklebstoffe — können feuergefährlich sein!

Nach Beendigung der Klebung muß vielfach eine weitere Zeit abgewartet werden, bis die Klebverbindung belastet werden darf. Diese **Wartezeit** kann bis zu 1 Woche betragen. Die Vorschriften der Klebstoffhersteller sind auch hier unbedingt zu beachten.
Bei richtiger Durchführung ist das Kleben bei Kunststoffen und anderen Werkstoffen heute als vollwertiges Fügeverfahren anzusehen, mit dem unlösbare Verbindungen mit hohem Kraftschluß hergestellt werden können.

[1] Ablüftzeit ist die Zeit, die man warten **muß,** um das Lösungsmittel zu verdampfen.
[2] Offene Zeit ist die Zeit, die man höchstens warten **darf,** damit nicht zuviel Lösungsmittel (oder Dispergiermittel) verdampft.

# 19 Mechanische Verbindungen bei Kunststoffen

## 19.1 Allgemeines

Neben den bei Kunststoffen üblichen Verbindungsarten Schweißen und Kleben besteht vielfach die Notwendigkeit, Bauteile auf mechanischem Weg zu verbinden. Während es sich beim Schweißen und Kleben immer um nichtlösbare Verbindungen handelt, können mechanische Kunststoffverbindungen sowohl lösbar als auch nichtlösbar sein.

## 19.2 Nietverbindungen

**Nietverbindungen** bieten sich immer dann an, wenn unterschiedliche Kunststoffe miteinander verbunden werden müssen, die sich nicht schweißen oder nur unter Vorbehalt kleben lassen oder wenn Kunststoffteile mit anderen Werkstoffen zu verbinden sind. Nietverbindungen sind unlösbar und grundsätzlich nicht gas- bzw. flüssigkeitsdicht. Als Dichtmittel können jedoch Kleb- oder Dichtstoffe eingesetzt werden.

**Metallniete** werden bei Kunststoffen selten verwendet — nicht zuletzt deswegen, weil Kunststoffniete korrosionsbeständig sind wie die Kunststoffteile selbst. **Kunststoffniete** bieten außerdem den großen wirtschaftlichen Vorteil, daß sie bei spritzgegossenen Teilen direkt angeformt werden können. Die Stauchköpfe bei Kunststoffnieten sind meist als Rundköpfe (wie bei Metallnieten) oder als Senkköpfe ausgebildet. Senkköpfe an Kunststoffnieten erfordern allerdings eine kunststoffspezifische Gestaltung (Bild 19.1).

Das Stauchen der Köpfe kann sowohl auf kaltem Weg als auch in der Wärme erfolgen. Beim **Kaltstauchen** können Orientierungen im Werkstoff auftreten, die die Temperaturempfindlichkeit der Verbunde erhöhen. Falls jedoch diese Orientierungen nicht stören, stellt das Kaltstauchen das wirtschaftlichere Verfahren dar. Beim Kaltstauchen sind die Nietschaftlängen wegen der Gefahr der Durchfederung begrenzt (vgl. Tabelle 19.1).

Das **Warmstauchen** verursacht weniger Spannungen, d.h., das Verhältnis Nietschaftlänge/Nietschaftdurchmesser ist hier freier wählbar. Wegen der Erwärmung und Abkühlung erfordert das Warmstauchen längere Zeiten. Die Erwärmungstemperaturen sollen 10 bis 20 °C höher liegen als die zu erwartenden Dauergebrauchstemperaturen. Beim Warmstauchen kann die Wirtschaftlichkeit erhöht werden, wenn das Nieten im noch spritzwarmen Zustand der Teile erfolgen kann.

Beim Nietvorgang werden die Fügeteile durch einen Niederhalter zusammengepreßt und die Stauchung durch ein entsprechendes Werkzeug vorgenommen. Neuerdings wird das Stauchen vorteilhafter im Ultraschallfeld durchgeführt. Dazu können handelsübliche Ultraschallschweißmaschinen mit entsprechend geformten Sonotroden verwendet werden.

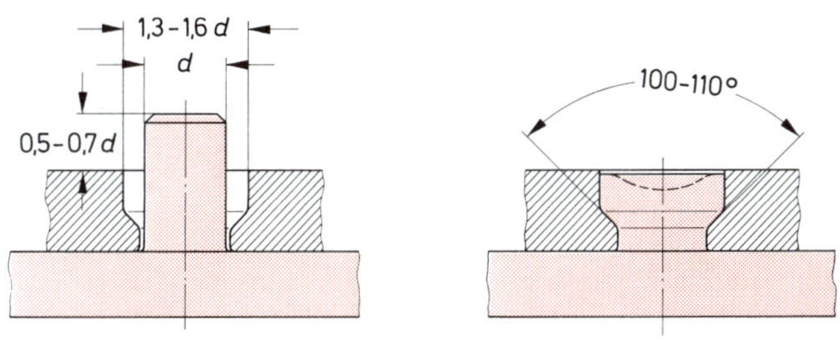


*Bild 19.1 Senkkopfniet aus Kunststoff (nach Röber)*

**Tabelle 19.1 Zulässige Nietschaftlängen bei Kunststoffnieten (nach Röber)**

| Nietwerkstoff | Max. zul. Nietschaftlänge (*d* = Nietschaftdurchmesser) |
|---|---|
| PE HD | 3,0 bis 3,5 *d* |
| PP | 4,0 *d* |
| PVC-U | 3,0 bis 3,5 *d* |
| PVC-HI | 3,0 *d* |

**Tabelle 19.2 Mindesteinschraubtiefen für einige Kunststoffe**

| Werkstoff | Lochdurchmesser | Mindesteinschraubtiefe |
|---|---|---|
| PE | 0,7 *d* | 2,0 *d* |
| PP | 0,7 *d* | 2,0 *d* |
| PC | 0,85 *d* | 2,2 *d* |
| PA (30% Glasfasern) | 0,8 *d* | 1,7 *d* |
| POM | 0,75 *d* | 2,0 *d* |

## 19.3 Schraubverbindungen

Die Mehrzahl der lösbaren Verbindungen an Kunststoffteilen wird heute mit Schraube und Mutter durchgeführt. Schrauben und Muttern bestehen meist aus Metallen. Aber auch **Kunststoffschrauben** aus Polyamid, Polyethylen oder Polyacetal sind im Einsatz. Typische Anwendungen von **Schraubverbindungen** bei Kunststoffen sind z.B. Flanschverbindungen bei Rohren oder Waschtürmen. Kunststoffschrauben haben meist Rundgewinde, um Kerbwirkungen zu vermeiden.
Schrauben werden im allgemeinen für das Übertragen größerer Kräfte eingesetzt, als das bei Nieten der Fall ist. Deswegen ist hier besonders der Spannungsabbau der Kunststoffe (Relaxation) zu berücksichtigen. Das gilt in erster Linie beim Verwenden von Kunststoffschrauben. Weil die Relaxation mit der Zeit stark abklingt, ist gegebenenfalls ein mehrmaliges Nachziehen erforderlich.
Bei Schraubverbindungen an Kunststoffteilen bieten sich bei zähen Kunststoffen z.T. **selbstschneidende Metallschrauben** an (Blech- oder Holzschrauben). Die Bohrungen haben dabei Durchmesser von etwa 0,8 bis 0,9 *d*. Die Belastbarkeit solcher Schraubverbindungen steigt linear mit der Einschraubtiefe an; die Einschraubtiefe soll mindestens $2{,}0 \cdot d$ sein, weil sonst die Gefahr des Ausreißens besteht. Die Mindesteinschraubtiefen für einige Kunststoffe sind in Tabelle 19.2 angegeben.
Selbstschneidende Schrauben werden vorzugsweise bei Polyethylen und Polypropylen verwendet. Wenn die erreichbare Kraftübertragung ausreicht, ist das Verfahren sehr wirtschaftlich. Eine weitere Möglichkeit des Schraubens bieten **metallische Gewindeeinsätze.** Während die selbstschneidenden Schrauben nicht häufig gelöst werden sollen, handelt es sich hier wieder um typisch lösbare Verbindungen. Gewindeeinsätze wurden früher meist eingespritzt, heute geht man mehr und mehr dazu über, die Einsätze im Ultraschallfeld einzurütteln.
Eine Besonderheit der Gewindeeinsätze bilden die sogenannten **Klemmeinsätze.** Sie haben sich im chemischen Apparatebau besonders bewährt. Die Klemmeinsätze werden von Hand in Bohrungen mit etwa 0,05 bis 0,1 mm Untermaß eingedrückt; sie spreizen beim Eindrehen der Schraube auseinander. Alle lösbaren Schraubverbindungen können durch Verwendung von «Klebstoffsicherungen» unlösbar gemacht werden. Cyanoacrylatklebstoffe haben sich hier besonders bewährt.

## 19.4 Schnappverbindungen

Wegen des zähelastischen Verhaltens verschiedener Kunststoffe (z.B. Polyethylen, Polypropylen, Polyamid, Polyacetal, PVC) bietet sich eine weitere mechanische Verbindungsart an, die **Schnappverbindung** (Druckknopfprinzip). Sie ist einfach und wirtschaftlich durchzuführen, in der Höhe der Kraftübertragung jedoch begrenzt. Typische Anwendungen sind Behälterverschlüsse, das Anbringen von Zierleisten, das Befestigen von Folien und Tafeln u.a. Das Prinzip der Schnappverbindungen beruht darauf, daß vorstehende Wulste, Haken, Nocken o.ä. in Hinterschneidungen eingreifen. Schnappverbindungen können sowohl lösbar als auch unlösbar ausgeführt werden. Bild 19.2 zeigt eine zylindrische Schnappverbindung, wie sie z.B. bei Behälterverschlüssen angewendet wird. Die Verbindungen können auch linienförmig (Anbringen von Zierleisten) oder kugelig (Kugelhalterung in Kugellagerkäfigen) sein. Die Kunststoffteile müssen sich um den Betrag der Schnapphöhe $H$ (Bild 19.2) verformen. Diese Verformung soll 50% der Dehnung an der Streckgrenze nicht überschreiten. Je nach Größe des Haltewinkels $\alpha_h$ sind die Verbindungen lösbar oder unlösbar. Bei lösbaren Schnappverbindungen betragen die Haltewinkel etwa 15 bis 30°, bei unlösbaren Schnappverbindungen 45 bis 90°. Bild 19.3 zeigt eine **Druckknopfschnappverbindung,** wie sie für Beutelverschlüsse z.B. verwendet wird. Daneben gibt es eine Vielzahl weiterer Ausführungsbeispiele. Schnappverbindungen sind grundsätzlich nicht gas- und feuchtigkeitsdicht. Auch hier können z.B. Cyanoacrylatklebstoffe zum Dichtmachen eingesetzt werden.

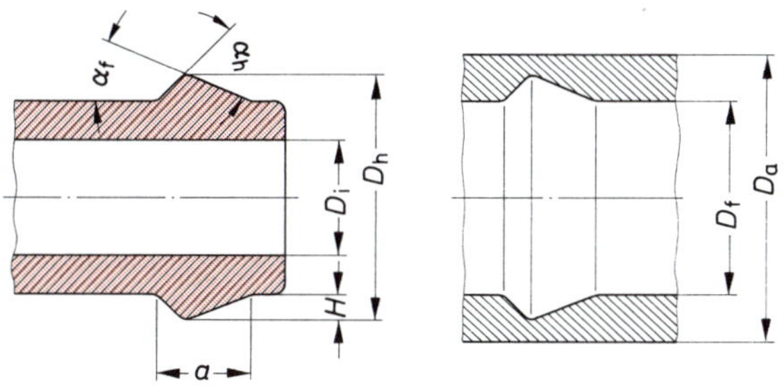


*Bild 19.2 Zylindrische Schnappverbindung (nach Schmidt)*

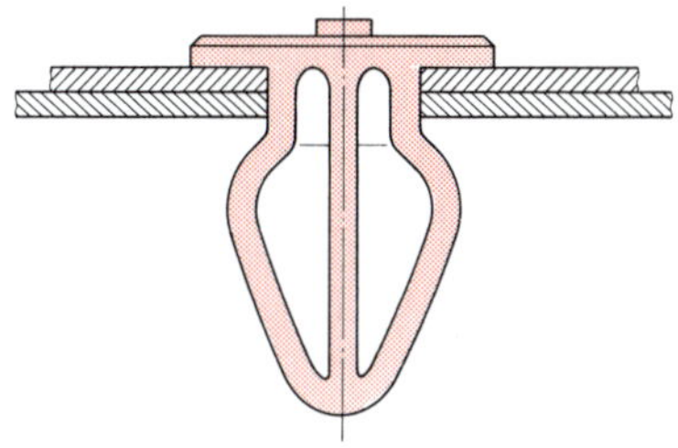

*Bild 19.3 Schnappverbindung mit Druckknopf*

## 19.5 Weitere mechanische Verbindungen

Weitere wichtige mechanische Verbindungsarten bilden z.B. die **Steckverbindungen** bei der Verlegung von Versorgungs- oder Abwasserleitungen aus PVC-U. Dabei wird ein Rohrende in die angeformte Muffe des anderen Rohrendes gesteckt. Zwischen beiden Rohren befindet sich meist ein Dichtungsring aus elastomeren Werkstoffen.

**Welle-Nabe-Verbindungen** werden häufig mit Paß- oder Scheibenfedern aus metallischen Werkstoffen hergestellt. Hierbei ist darauf zu achten, daß die Flächenpressung an den Federflanken nicht zu hoch wird.

Kraftschlüssige **Preßverbindungen** sind bei Kunststoffen nur für geringe Belastungen und annähernd konstante Betriebstemperaturen zu empfehlen. Das übertragbare Moment kann durch Rändelung von Welle und Nabe (zusätzlicher Formschluß) vergrößert werden.

# 20 Spanende Bearbeitung

## 20.1 Allgemeines

Bei der Fertigung von Kunststoffformteilen steht die **spanende Bearbeitung** grundsätzlich im Hintergrund, weil die spanlose Formgebung — z.B. im Spritzgieß- oder -preßverfahren — gut durchführbar und damit auch wesentlich wirtschaftlicher ist. Auch aus einem weiteren Grund soll die spanende Bearbeitung — vor allem bei gespritzten und gepreßten Formteilen — vermieden werden: Durch das Fertigungsverfahren bedingt, weisen gespritzte und gepreßte Teile meist besondere Eigenschaften in der Oberfläche auf (Spritz- oder Preßhaut), die für die Funktion der Teile von großer Bedeutung sein können.
Dennoch ist die spanende Bearbeitung von Kunststoffteilen oft nicht zu vermeiden, so z.B.

- □ beim Zuschneiden von Halbzeug,
- □ beim Nachbearbeiten von Formteilen (Entgraten),
- □ beim Fertigen komplizierter Einzelteile.

Vielfach hat man sich bei der spanenden Bearbeitung von Kunststoffen die Erfahrungen aus der Metall- bzw. Holzbearbeitung zunutze gemacht, obwohl die Übertragung der Arbeitsbedingungen nicht immer kunststoffgerecht ist.
Bei der spanenden Bearbeitung der Kunststoffe muß das Eigenschaftsbild dieser Werkstoffgruppe vorrangig berücksichtigt werden:

1. Kunststoffe sind schlechte Wärmeleiter, d.h., die an der Schnittstelle entstehende Wärme kann nur schlecht durch den Werkstoff abgeführt werden. Es muß von außen gekühlt werden, um Werkstofferweichung bzw. -zersetzung zu vermeiden.
2. Kunststoffe haben im Vergleich zu Metallen eine geringe Temperaturbeständigkeit, d.h., das Erweichen tritt bereits bei relativ tiefen Temperaturen (ab 60 °C) ein. Im weichen Zustand ist eine spanende Bearbeitung nicht möglich, der Kunststoff «schmiert».
3. Kunststoffe haben eine große Wärmedehnung (Thermoplaste z.B. drei- bis sechsmal größer als bei Aluminium und sieben- bis fünfzehnmal größer als bei Stahl), das führt leicht zu großen Abweichungen von Sollmaßen.
4. Kunststoffe sind kerbempfindlich, das erfordert glatte Schnitte beim Spanen.
5. Kunststoffe haben im allgemeinen eine wesentlich geringere Festigkeit als z.B. Metalle, d.h., die erforderlichen Spanungskräfte sind gering.

## 20.2 Spanbedingungen und Spanwerkzeuge

Aus dem beschriebenen Eigenschaftsbild ergeben sich einige Grundregeln für das Spanen von Kunststoffen:

> Die an der Schnittstelle entstehenden Temperaturen sind durch Kühlung so niedrig zu halten, daß keine Werkstoffveränderungen auftreten.
> Die Schnittgeschwindigkeiten sind möglichst hoch und die Spanquerschnitte möglichst klein zu halten.
> Um glatte Schnitte zu erreichen, sind ruhiglaufende Maschinen zu verwenden.

Das **Kühlen beim Spanen** von Kunststoffen kann sowohl trocken als auch naß erfolgen. Flüssige Kühlmittel dürfen den Werkstoff weder lösen noch quellen und nicht zur Auslösung von Spannungsrissen führen. Kunststoffe, die Feuchtigkeit aufnehmen (z.B. Polyamid oder mit Holzmehl gefüllte Phenolformaldehydharze) sollen trocken gekühlt werden.
Zum Spanen können **Werkzeuge** aus Schnellarbeitsstählen (SS-Stähle), Hochleistungsschnellstählen (HSS-Stähle), Hartmetallen (Sinterlegierungen von Metallkarbiden), Diamant und Korund bzw. Karborund eingesetzt werden. Bei Kunststoffen, die verschleißverursachende Bestandteile enthalten, sind mindestens Werkzeuge aus Hartmetall zu verwenden.

## 20.3 Spanmöglichkeiten

**Manuelles Spanen**

Spröde Kunststoffe (dekorative Schichtpreßstofftafeln, Polymethylmethacrylat) können bedingt unter Ausnutzung der Kerbempfindlichkeit **geritzt** und gebrochen werden. Die Tafeln sollen dabei nicht dicker als 4 mm bei Polymethylmethacrylat und nicht dicker als 2 mm bei dekorativen Schichtpreßstofftafeln sein.

Weiche Kunststoffe (z.B. PVC weich, weiche Polyurethane) können mit Messern oder Scheren **geschnitten** werden. Das Besäumen von noch nicht ausgehärteten GFK-Teilen kann ebenfalls auf diese Weise erfolgen. Zum **Feilen** und **Entgraten** werden gefräste Feilen (Hobelfräserfeilen) mit durchbrochenen Feilblättern verwendet. Zum Entgraten eignen sich auch Ziehklingen, Schaber und Schleifpapier.

Das **Sägen** erfolgt mit Fuchsschwänzen oder Metallbügelsägen.

**Maschinelles Spanen**

*Schneiden und Stanzen*

Weiche und bedingt auch harte Kunststoffe (Tafeldicken bis etwa 3 mm) können mit **Schlagscheren** oder **Schnittstempeln** geschnitten werden. Bei Schlagscheren ist auf einen «zügigen» Schnitt zu achten (Schneidenwinkel etwa 3°). Je nach Schnittanforderungen empfiehlt es sich, die Werkstoffe vorzuwärmen (Thermoplaste und GFK bis etwa 50 °C, Duroplaste bis etwa 100 °C). Dabei ist die Wärmedehnung zu beachten (Übermaß bei Schnittstempeln!).

*Sägen*

Für gerade Schnitte bei Tafeln werden **Kreissägen**, für Kurvenschnitte und bei Blöcken **Bandsägen** verwendet. Bei dünnen Tafeln und harten Werkstoffen ist eine kleine Zahnteilung erforderlich. Das Kreissägeblatt muß stets frei schneiden. Deswegen sind die Zähne konisch zu hinterschleifen und nicht zu schränken. Bei hartmetallbestückten Sägeblättern sind die Hartmetallplättchen entsprechend auszubilden (Bild 20.1). Die wichtigsten Werkzeugwinkel am Kreissägeblatt sind in Bild 20.2 dargestellt. Richtwerte für das Sägen enthält Tabelle 20.1.

Bei Bandsägeblättern sind die Zähne im allgemeinen leicht geschränkt, auch diamantbestückte Bandsägeblätter sind im Handel.

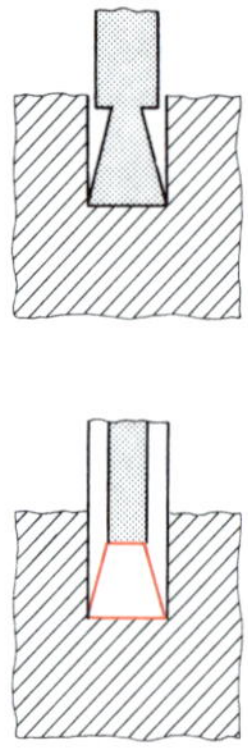


*Bild 20.1 Hinterschleifen von Kreissägeblättern*

*Bohren*

Zum **Bohren** werden im allgemeinen **Spiralbohrer** verwendet (Bild 20.3). Die Spitzenwinkel sind bei Thermoplasten auf 60 bis 90° zu verkleinern, und die Spanwinkel sollten 0° betragen oder leicht negativ sein. Besonders vorteilhaft sind Spiralbohrer mit steilem Drall (gute Spanabfuhr). Wegen der Wärmedehnung muß mit Über-

**Tabelle 20.1 Richtwerte für das Sägen von Kunststoffen**

| Kunststoff | Werkzeugwerkstoff | $\alpha°$ | $\gamma°$ | $t$ mm | Schnittgeschw. m/min |
|---|---|---|---|---|---|
| Duroplaste mit organischen Füllstoffen | Hartmetall | 30 bis 40 | 5 bis 8 | 4 bis 6 | 2500 bis 3000 |
| PMMA | Hochleistungsschnellstahl | 30 bis 40 | 0 bis 4 | 2 bis 8 | bis 3000 |
| | Hartmetall | 10 bis 15 | 0 bis 5 | 10 bis 20 | bis 5000 |
| Thermoplaste, wie PVC, PS, POM, PE, PP | Hochleistungsschnellstahl | 30 bis 40 | 5 bis 8 | 2 bis 8 | bis 3000 |
| | Hartmetall | 10 bis 15 | 0 bis 5 | 8 bis 10 | bis 5000 |

maßen von etwa 0,05 bis 0,1 mm gebohrt werden. Richtwerte für das Bohren enthält Tabelle 20.2.

Das **Gewindeschneiden** soll bei Kunststoffen grundsätzlich vermieden oder nur für untergeordnete Zwecke (geringe Belastungen) vorgenommen werden.

Vgl. «Selbstschneidende Schrauben» (Kapitel 19).

*Drehen*
Angaben über das **Drehen** von Kunststoffen sind Bild 20.4 und Tabelle 20.3 zu entnehmen.

*Schleifen*
Duroplaste können im allgemeinen gut durch **Schleifen** bearbeitet werden, während Thermoplaste wegen der hohen Wärmeentwicklung sehr stark zum «Schmieren» neigen. Beim Schleifen sollte unbedingt eine Spanabsaugung vorhanden sein, vor allem wenn füllstoff- oder glasfaserhaltige Werkstoffe bearbeitet werden. Einige Angaben zum Schleifen sind in Tabelle 20.4 enthalten.
Besonders aufwendig ist die spanende Bearbeitung bei glasfaserverstärkten Kunststoffen. Hier kann nur mit Hartmetall — besser noch mit diamantbestückten Werkzeugen — gearbeitet werden. Es werden heute meist metallgebundene Naturdiamanten eingesetzt. Gekühlt wird mit Wasser.

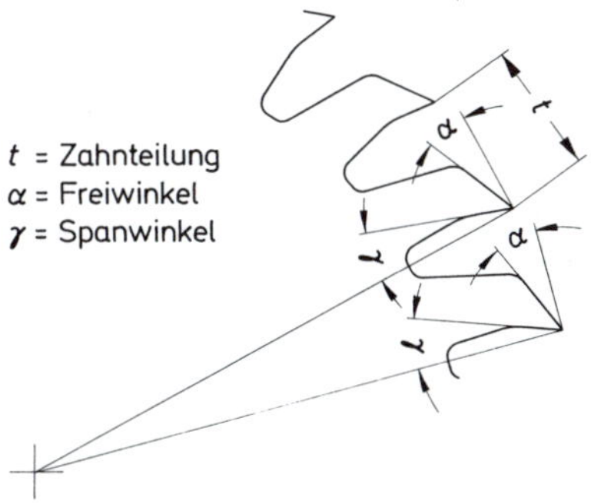

*Bild 20.2 Werkzeugwinkel am Kreissägeblatt*

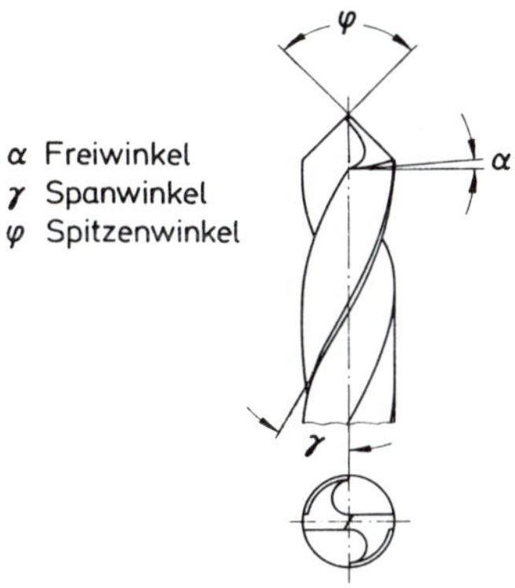

*Bild 20.3 Winkel am Spiralbohrer*

**Tabelle 20.2 Richtwerte für das Bohren von Kunststoffen**

| Kunststoff | Werkzeug-werkstoff | $\alpha°$ | $\gamma°$ | $\varphi°$ | Schnittgeschw. m/min |
|---|---|---|---|---|---|
| Duroplaste mit organischen Füllstoffen | Hartmetall | 6 bis 8 | 6 bis 10 | 100 bis 120 | 60 bis 80 |
| mit anorganischen Füllstoffen | Hartmetall | 6 bis 8 | 0 bis 6 | 80 bis 100 | 20 bis 40 |
| PMMA | Hochleistungs-schnellstahl | 3 bis 8 | 0 bis 4 | 60 bis 90 | 20 bis 60 |
| PS | Hochleistungs-schnellstahl | 3 bis 8 | 3 bis 5 | 60 bis 90 | 20 bis 60 |
| POM | Hochleistungs-schnellstahl | 5 bis 8 | 3 bis 5 | 60 bis 90 | 50 bis 100 |
| PVC | Hochleistungs-schnellstahl | 8 bis 10 | 3 bis 5 | 80 bis 100 | 80 bis 120 |
| PE, PP | Hochleistungs-schnellstahl | 10 bis 12 | 3 bis 5 | 60 bis 90 | 50 bis 100 |

Laminate aus glasfaserverstärkten Kunststoffen dürfen nur senkrecht zur Schichtebene gebohrt werden.
Alle Schnittflächen sind nach der spanenden Bearbeitung mit Harz zu versiegeln!

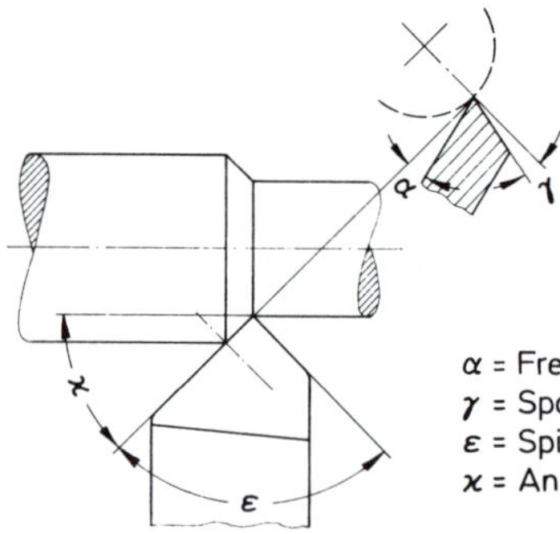


*Bild 20.4 Winkel bei Drehstählen*

Ein modernes Spanverfahren ist das **Wasserstrahlschneiden.** Das aufbereitete Wasser bildet unter einem Druck von ca. 400 bar einen Strahl mit Durchmessern von 0,1 bis 0,2 mm. Mit Wasserstrahlen können präzise Schnitte gelegt werden, die sehr glatte Schneidflächen aufweisen. Die Schnittgeschwindigkeiten sind sehr hoch. Das Verfahren eignet sich besonders für Faserverbundkunststoffe. Wegen der hohen Investitionskosten ist das Wasserstrahlschneiden in seiner Anwendung noch begrenzt.

**Tabelle 20.3 Richtwerte für das Drehen von Kunststoffen**

| Kunststoff | Werkzeug-werkstoff | $\alpha°$ | $\gamma°$ | $\varkappa°$ | $\varepsilon°$ | Schnitt-geschw. m/min | Vorschub mm/V |
|---|---|---|---|---|---|---|---|
| Duroplaste mit organischen Füllstoffen | Hartmetall | 5 bis 10 | 10 bis 15 | 45 bis 60 | 90 bis 110 | 200 bis 250 | 0,1 bis 0,3 |
| mit anorganischen Füllstoffen | Hartmetall | 6 bis 8 | 0 bis 12 | 45 bis 60 | 90 bis 110 | 30 bis 40 | 0,1 bis 0,2 |
| PMMA | Hochleistungs-schnellstahl | 5 bis 10 | 0 bis 4 | 15 | 90 bis 110 | 200 bis 400 | 0,05 bis 0,1 |
| PS | Hochleistungs-schnellstahl | 5 bis 10 | 0 bis 2 | 15 | 90 bis 110 | 50 bis 60 | 0,1 bis 0,2 |
| POM | Hochleistungs-schnellstahl | 5 bis 10 | 0 bis 5 | 45 bis 60 | 90 bis 110 | 200 bis 300 | 0,1 bis 0,5 |
| PVC | Hochleistungs-schnellstahl | 15 | 0 bis 5 | 45 bis 60 | 90 bis 110 | 500 bis 1000 | 0,1 bis 0,2 |
| PE, PP | Hochleistungs-schnellstahl | 10 bis 12 | 5 bis 10 | 45 bis 60 | 90 bis 110 | 200 bis 300 | 0,1 bis 0,2 |

**Tabelle 20.4 Schleifen von Kunststoffen**

| Werkstoff | Maschinen, Geräte | Kühlung | Schleifmittel Körnung | Schleifgeschw. m/s |
|---|---|---|---|---|
| PF-, MF- und UF-Harz | Band- und Scheiben-schleifmaschinen und -geräte Vibrations-schleifgeräte | Wasser Luft | Schmirgelleinen Sandpapier | 15 bis 20 |
| GFK | | Wasser Luft | Korund | 15 bis 20 |
| PE, PP | Bandschleif-maschinen | Luft | Schmirgelleinen Sandpapier | 10 bis 15 |
| PVC h | Bandschleif-maschinen | Luft | Schmirgelleinen Sandpapier | 10 bis 15 |

Ein weiteres modernes Schneidverfahren ist das **Laserstrahlschneiden.**

In den letzten Jahren wurde die Anwendung von Lasern (Light amplification by stimulated emission of radiation) zum Schneiden von Kunststoffen weiterentwickelt. Das Laserstrahlschneiden ist ein thermisches Schneidverfahren, bei dem die Wärmeentwicklung auf einen engen Schnittbereich begrenzt bleibt. Laserstrahlschneiden hat sich bisher nur in ganz speziellen Anwendungen bewährt, z. B. bei serienmäßig herzustellenden komplizierten Schnitten.

Bei FVW eignet sich das Verfahren am besten für aramidfaserverstärkte Kunststoffe. Bei glasfaserverstärkten Kunststoffen treten Probleme hinsichtlich der Schnittflächenqualität auf, kaum geeignet ist es für kohlenstoffaserverstärkte Kunststoffe.

Thermoplaste können generell gut mit Laserstrahlen bearbeitet werden. Bei Tafeldicken von 10 mm erreicht man Schneidleistungen bis 1600 $mm \cdot min^{-1}$.

Es ist zu beachten, daß die Investitionskosten für Laserstrahlschneidvorrichtungen sehr hoch sind und daß besondere Arbeitsschutzmaßnahmen zu ergreifen sind.

# 21 Veredeln von Kunststoffen

## 21.1 Allgemeines

Kunststoffoberflächen können zur Verbesserung der Eigenschaften, zum Schutz der Teile, zur Erzielung optischer Effekte, zur Kennzeichnung oder aus werbetechnischen Gründen **veredelt** werden. Die Veredlungsverfahren für Kunststoffe erlangten in letzter Zeit wachsende Bedeutung. Der Begriff Veredeln kann nicht immer eindeutig definiert werden. So sind z.B. Schleifprozesse auch der spanenden Bearbeitung zuzurechnen (vgl. Kapitel 20).
Neben der **Oberflächenveredlung** gibt es auch Prozesse, die nicht oberflächenbezogen sind, z.B. das **Tempern,** auf das jedoch hier nicht eingegangen wird (vgl. z.B. Kapitel 8 und 11). Auch Beschichtungstechniken (Beschichten von flexiblen Trägerbahnen, Pulversintern, Kaschieren) können als Veredlungsverfahren angesehen werden. Diese Verfahren werden ebenfalls an anderen Stellen behandelt (vgl. z.B. Kapitel 4 und 14).
Eine Übersicht für wichtige Veredlungsverfahren gibt Tabelle 21.1.

**Tabelle 21.1 Veredeln von Kunststoffen**

| Verfahren | Zielsetzung |
|---|---|
| Schleifen, Mattieren, Polieren | optische Effekte, Änderung der Oberflächenreibung |
| Metallisieren | optische Effekte, Schutzüberzug, Abrieb, Imitationen, elektrische Eigenschaften |
| Beflocken | optische Effekte, Imitationen, Griffigkeit |
| Bedrucken | optische Effekte, Kennzeichnung |
| Prägen | optische Effekte, Imitationen, Griffigkeit, Kennzeichnung |
| Lackieren | optische Effekte, Schutzüberzüge, Kennzeichnung |

## 21.2 Polieren

Durch **Polieren** erhält man glänzende Oberflächen. Voraussetzung für eine gute Politur ist eine einwandfreie Oberfläche ohne Riefen, Kratzer oder sonstige Unebenheiten. In Grenzfällen kann das Polieren auch dem Entfernen von Unebenheiten (Grate, Angußrückstände u.a.) dienen. Kunststoffoberflächen können von Hand oder maschinell mit **Filz-** oder **Schwabbelscheiben** poliert werden. Dabei finden oft Schleif- oder Polierpasten feinster Körnung oder Polierwachse Verwendung. Wenn es die Beschaffenheit der Oberfläche erfordert, muß in zwei Arbeitsgängen poliert werden, z.B. mit Schleifpaste und danach mit Schwabbel- und Polierwachs.
Beim Glätten von Kanten und Ecken (z.B. bei Formteilen aus Duroplasten) findet auch das **Trommeln** Anwendung. Ein Trommelprozeß dauert etwa 8 bis 12 Stunden. Auch beim Trommeln werden Polierpasten eingesetzt.
Mitunter können Oberflächen aus Thermoplastformteilen auch mit Lösungsmitteln poliert werden, z.B. Zelluloseacetobutyrat mit Aceton.

## 21.3 Metallisieren

Vielfach besteht der Wunsch, Kunststoffteilen eine metallische Oberfläche zu verleihen. Die Gründe dafür können z.B. sein:

- □ optisch den Eindruck eines metallischen Teils zu vermitteln,
- □ Oberflächen elektrisch leitend zu machen,
- □ Reflektionseffekte zu erzeugen.

Vorteile metallisierter Kunststoffteile gegenüber Metallteilen sind z.B.:

- □ geringe Dichte,
- □ freiere Gestaltungsmöglichkeiten,
- □ Kostenersparnis.

Bei metallisierten Kunststoffteilen ist zu berücksichtigen, daß die gute Chemikalienbeständigkeit

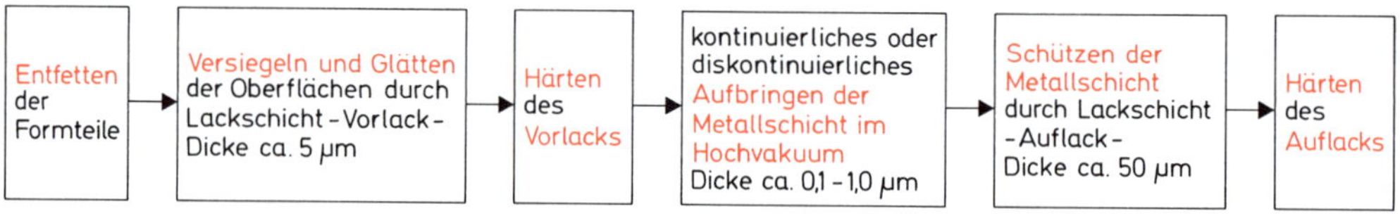


*Bild 21.1 Metallisieren von Kunststoffen durch Bedampfen im Hochvakuum*

des Kunststoffs an der metallisierten Oberfläche nicht mehr vorhanden ist.

In der **Metallisiertechnik** von Kunststoffteilen ist eine Reihe von Verfahren möglich. Größere Bedeutung haben jedoch nur das **Bedampfen im Hochvakuum** und das **Galvanisieren** erlangt.

Den Arbeitsgang des Bedampfens im Hochvakuum zeigt Bild 21.1. Besondere Bedeutung kommt der Vorbehandlung der Oberflächen (Entfetten, Versiegeln) zu. Die Grundierschicht hat die Aufgabe, einen Haftgrund für den Metalldampf herzustellen und Oberflächenrauhigkeiten auszugleichen. Nach dem Härten des Vorlacks wird in einer Vakuumkammer ($10^{-3}$ bis $10^{-6}$ mbar) das Metall in einer beheizten Glühschale verdampft und auf das Kunststoffteil aufgebracht. Die so aufgebrachten Metallschichten (0,1 bis 1,0 µm) sind sehr kratzempfindlich; sie werden daher durch eine weitere Lackschicht (Auflack) geschützt. Bei klarsichtigen Teilen kann man rückseitig bedampfen, der schützende Auflack entfällt dann. Die Zykluszeit beim Aufdampfen von Metallen beträgt bei modernen Anlagen einige Minuten.

Zunehmende Bedeutung gewinnt das kontinuierliche Bedampfen von Kunststoffolien.

Die Produktionsgeschwindigkeiten betragen bis zu 250 m/min bei Folienbreiten bis 1600 mm. Bei diesem Verfahren wird das Aufwickeln der Folien in der Vakuumkammer vorgenommen.

Zusammenfassend kann festgestellt werden, daß die Qualität einer aufgedampften Metallschicht neben der richtigen Vorbehandlung weitgehend von der Qualität des Auflackes abhängt.

Die weitaus größere Bedeutung hat das **Galvanisieren** von Kunststoffoberflächen. Im Gegensatz zu den sehr dünnen Bedampfungsschichten können die Schichtdicken hier bis zu 40 µm betragen. Beim Galvanisieren unterscheidet man grundsätzlich zwei Stufen:

1. Aufbringen einer leitfähigen Schicht auf chemischem Wege,
2. Aufbringen der Dekorschicht auf elektrolytischem Wege.

> Als Kunststoffe eignen sich z. B. besonders Acrylnitril-Butadien-Styrol, Polypropylen und Polysulfon.

Im einzelnen kann man den Prozeß vereinfacht so beschreiben:

Die Kunststoffteile werden auf sogenannte Gestelle gesteckt und durch mehrere Chemikalienbäder getaucht. Im ersten Bad ist eine Chromschwefelsäurelösung enthalten, die ein chemisches Aufrauhen der Oberfläche der Teile bewirkt (Bild 21.2). Danach findet ein sorgfältiges Spülen und Entgiften der Chromsäurelösung mittels Eisensulfat statt.

Im nächsten Bad erfolgt die Aktivierung der Kunststoffoberfläche durch Palladiumchlorid. Hierbei wird eine feinste Bekeimung mit metallischem Palladium als Ausgangsbasis für das stromlose Metallisieren vorgenommen. Nach dieser Vorbehandlung kann nun auf chemischem Wege durch einen Reduktionsprozeß eine leitfähige Kupfer- oder Nickelschicht aufgebracht werden, wobei dem Nickel die größere Bedeutung zufällt. Das nächste Bad ist dann das eigentliche Galvanisierbad, das mittels Gleichstrom die elektrolytische Abscheidung der Metalle aus deren Salzlösungen ermöglicht. Es wird aufgrund der besseren Haftung immer in der Reihenfolge Kupfer-Nickel-Chrom bzw. für dekorative Zwecke statt Chrom auch Gold abgeschieden. Die Schichtdicken betragen etwa:

| | |
|---|---|
| Kupfer | 20...25 µm |
| Nickel | 10...15 µm |
| Chrom | 0,2...0,5 µm bzw. Gold |

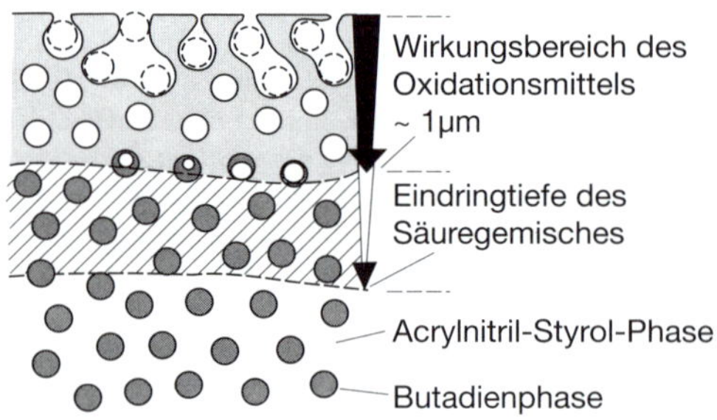


*Bild 21.2 Chemisches Aufrauhen beim Galvanisieren*

Ein Fließbild des Galvanisierens zeigt Bild 21.3 in stark vereinfachter Form. Die Kunststoffteile, die galvanisiert werden, sollen keine Spannungen enthalten, eine möglichst glatte Oberfläche haben und aus einem Stück bestehen. Die Wanddicken sollen gleichmäßig und die Querschnittsübergänge weich sein (Abrundungsradien mindestens 0,8 bis 1,5 mm). Einbuchtungen sollen in der Tiefe nicht mehr als 50% des zugehörigen Durchmessers ausmachen. Lochdurchmesser unter 5 mm sind nicht zu galvanisieren.

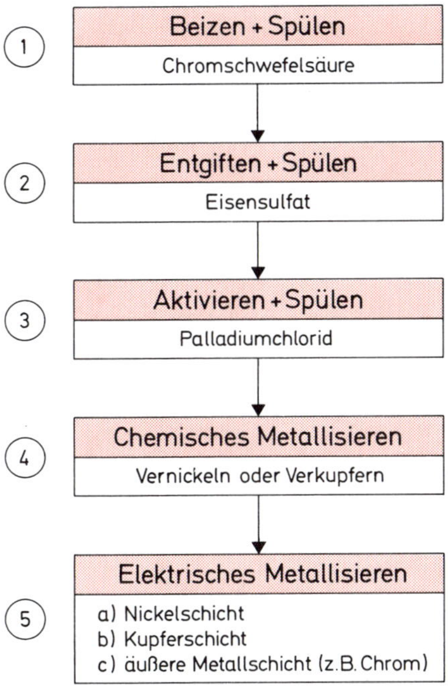


*Bild 21.3 Galvanisieren von Kunststoffen*

## 21.4 Beflocken

Durch **Beflocken** von Kunststoffbahnen oder -formteilen erhält man textilähnliche Oberflächen mit Wildleder-, Samt- oder Velourcharakter. Beim Beflocken wird ein Klebstoff auf die Kunststoffoberfläche aufgetragen und in den noch nicht abgebundenen Klebstoff die textilen Flocken eingebracht.

Grundsätzlich können Flocken aus allen Natur- und Chemiefasern hergestellt werden. Üblich sind Flocken aus Baumwolle, Kunstseide, Polyamid und Polyester. Man unterscheidet Mahlflocken (Faserlängen 0,2 bis 1,0 mm) und Schnittflocken (Faserlängen 0,3 bis 5,0 mm). Als Klebstoffe kommen Einkomponenten-Dispersionsklebstoffe auf Kautschuk-, Polyvinylacetat- oder Acrylbasis, aber auch Zweikomponentenklebstoffe auf Polyurethanbasis in Frage. Die Klebstoffe müssen die zu beflockenden Flächen gut benetzen und eine hinreichend lange offene Zeit haben. Außerdem müssen sie beim elektrostatischen Beflocken elektrisch leitend sein.

Das Prinzip des Beflockens besteht darin, die Flocken in geeigneter Weise auf die mit Klebstoff versehenen Kunststoffoberflächen zu bringen und die beflockten Oberflächen zu trocknen (Abbinden des Klebstoffs). Früher wurden Kunststoffoberflächen mechanisch beflockt. Das geschah durch Aufstreuen oder Aufblasen, wobei die zu beflockenden Flächen zusätzlich in Vibration versetzt wurden (dadurch erreicht man z.B., daß sich die Flocken ausrichten).

Heute ist in einer wirtschaftlich arbeitenden Fertigung nur noch das **elektrostatische Beflocken** üblich. Dabei werden die Flocken an einer Elektrode elektrostatisch aufgeladen und in diesem Zustand auf den leitfähigen Klebstoff geschleudert, wobei sich auf der Rückseite der zu beflockenden Teile die geerdete Gegenelektrode befindet. Die Spannungsgefälle betragen bis zu 90 kV bei Stromstärken von einigen hundertstel mA. Das Aufbringen der Flocken kann allein durch das elektrische Feld geschehen; es ist jedoch üblich, zur Erhöhung der Arbeitsgeschwindigkeit mit kombinierten Verfahren zu arbeiten, so z.B. elektrostatisches und pneumatisches Auftragen

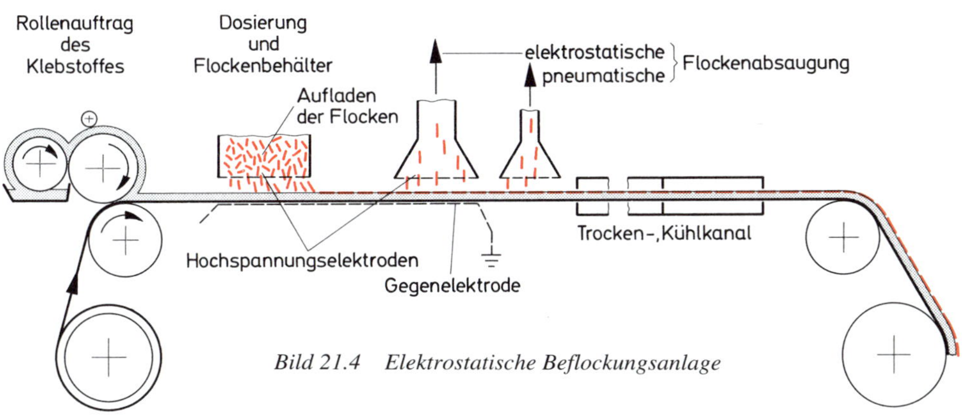


*Bild 21.4 Elektrostatische Beflockungsanlage*

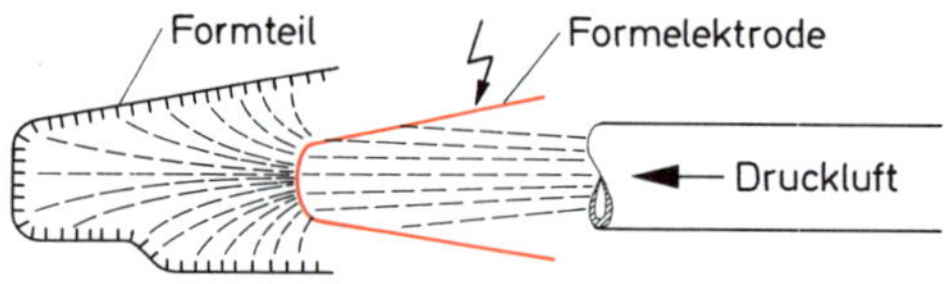


*Bild 21.5 Elektrostatisch-pneumatisches Beflocken von Formteilen (nach Maag)*

oder elektrostatisches Auftragen mit zusätzlicher Vibration des zu beflockenden Teils.

Bild 21.4 zeigt schematisch eine kontinuierlich arbeitende elektrostatische Beflockungsanlage für flexible Bahnen. Diese Anlagen sind den in Kapitel 4 beschriebenen Beschichtungsanlagen ähnlich.

Beim Beflocken von Formteilen werden Formelektroden verwendet, wie es Bild 21.5 zeigt. Hier ist besonders darauf zu achten, daß die zu beflockenden Teile keine scharfen Kanten oder Ecken aufweisen. Bei extrem großen Vertiefungen (Bild 21.5) reichen die elektrostatischen Kräfte zum Auftragen der Flocken meist nicht aus. Hier empfiehlt es sich, zusätzlich Druckluft einzusetzen.

## 21.5 Bedrucken

Die meisten Duroplaste und Thermoplaste können ohne Vorbehandlung bedruckt werden. Besondere Oberflächenvorbehandlungen erfordern die Kunststoffe, die auch schwer klebbar sind (vgl. Kapitel 18). Hier müssen die unpolaren Oberflächen durch entsprechende Vorbehandlung aktiviert werden, um die Voraussetzungen für das Haften der Druckfarben an der Oberfläche zu schaffen. Das gilt insbesondere für Polyethylen, Polypropylen und Polyoxymethylen. Das **Bedrucken** ist als besonders wichtig bei dekorativen Folien und bei Verpackungen aller Art anzusehen. In Tabelle 21.2 ist eine Übersicht gegeben, wie die üblichen Druckverfahren – auf die hier nicht näher eingegangen werden kann – bei den unterschiedlichen Druckaufgaben eingesetzt werden können.

Eine besondere Bedeutung kommt bei Kunststoffen dem **Siebdruck** zu. Es handelt sich um ein «Durchdruckverfahren». Dabei wird die Druckfarbe durch ein Druckgewebe (Sieb) gerakelt, dessen Maschen an den zu druckenden Stellen offen sind. Der große Vorteil des Siebdrucks beruht darin, daß er sehr wirtschaftlich ist und daß das Sieb an fast alle geometrischen Formen des Bedruckstoffs angepaßt werden kann. An die Druckfarben werden keine besonderen Ansprüche gestellt. Das Prinzip des Siebdrucks zeigt Bild 21.6. Der Siebdruck kann auch kontinuierlich als Rollensiebdruck durchgeführt werden.

Ein weiteres wichtiges Verfahren für das Bedrucken von Kunststoffformteilen ist der **Tampondruck** – eine Variante des Tiefdrucks. Das Prinzip ist in Bild 21.7 dargestellt.

Die Druckfarbe wird nach dem Schema des Tiefdrucks von einem gummielastischen Druckstempel (Tampon) übernommen und auf das Formteil übertragen. Der Tampondruck ermöglicht das Bedrucken von Formteilen mit konvex oder konkav gewölbten Oberflächen.

Beim Bedrucken ist es – ähnlich wie beim Kleben – wichtig, daß die zu bedruckende Oberfläche sauber und möglichst glatt ist, um gute Haftung der Druckfarben zu erzielen. Bei der Durchführung der Verfahren kommt es darauf an, die Druckform der Kontur des zu bedruckenden Teils gut anzupassen. Das kann bei Hohlkörpern und komplizierten Formteilen schwierig sein.

Die Zusammensetzung der **Druckfarben** richtet sich nach dem Verfahren und dem zu bedruckenden Kunststoff. Man unterscheidet oxidativ

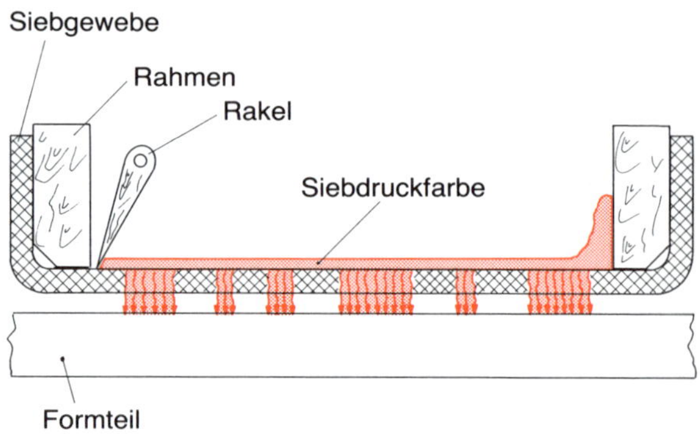


*Bild 21.6 Prinzip des Siebdrucks*

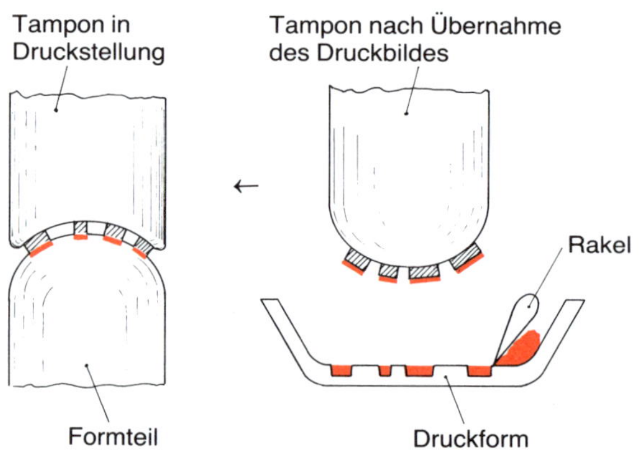


*Bild 21.7 Prinzip des Tampondrucks*

**Tabelle 21.2 Bedrucken von Kunststoffen**

| Druckverfahren / Eignung für | Hochdruck: direkter Buchdruck | Hochdruck: indirekter Buchdruck (Trokkenoffsetdruck) | Hochdruck: Flexodruck | Flachdruck (Offsetdruck) | Tiefdruck | Siebdruck | Farbspritzen |
|---|---|---|---|---|---|---|---|
| kleine Auflagen | × | ○ | ○ | ○ | | × | × |
| große Auflagen | × | × | × | × | × | × | |
| dehnbare Folien | | | × | ○ | × | × | |
| nichtdehnbare Folien | × | | × | ○ | × | × | ○ |
| zylindrische und konische Hohlkörper | | × | | | ○ | × | |
| ovale Hohlkörper | | ○ | | | | × | × |
| komplizierte Formteile | | | | | | × | × |

○ = nur in Sonderfällen

trocknende, physikalisch (durch Verdunsten von Lösungsmitteln) trocknende und chemisch (2 Komponenten) abbindende Farben.
Ein Trockendruckverfahren ist der **Heißprägedruck,** der in letzter Zeit sehr an Bedeutung gewonnen hat. Das Verfahren beruht darauf, daß eine Farbfolie durch einen beheizten Stempel von einer Trägerfolie abgenommen und in das Formteil «eingeprägt» wird. Der Heißprägedruck kann sowohl nach dem Hub- als auch nach dem Abrollverfahren durchgeführt werden (Bild 21.8).
Vorteile des Verfahrens sind neben der Umweltfreundlichkeit durch den Wegfall von Lösungsmitteln der schnelle und problemlose Farbwechsel, der Wegfall der Nachtrocknung und die Wirtschaftlichkeit.
Die wichtigsten Kunststoffe, die in der Verpak-

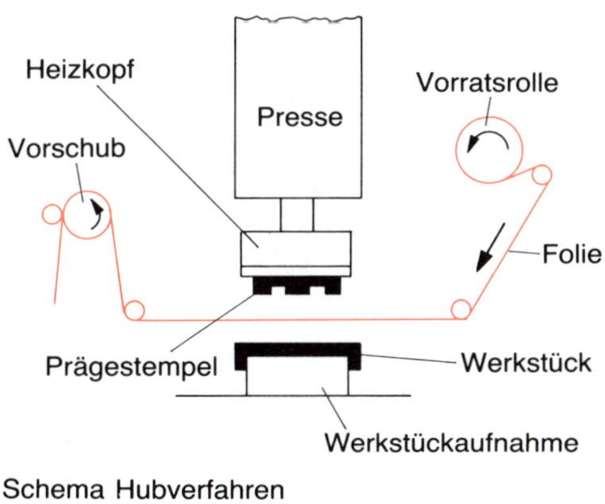


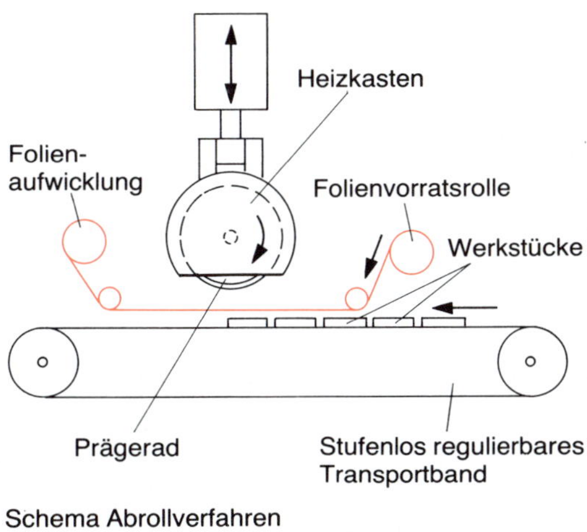


*Bild 21.8 Prinzip des Heißprägedrucks (nach L. Kurz)*

kungs- und Dekorationstechnik zum Bedrucken in Frage kommen, sind Polystyrol und seine Copolymere, Polyvinylchlorid hart und weich und Polyolefine.
Das Bedrucken von Polystyrol ist aufgrund seiner guten Löslichkeit am einfachsten.
Beim Polyvinylchlorid können weichgestellte Typen Schwierigkeiten bereiten, weil die in den Druckfarben enthaltenen Bindemittel oft nicht in der Lage sind, wandernde Weichmacher aufzunehmen oder zu egalisieren.
Polyolefine sind in der Verpackungstechnik die wichtigste Kunststoffgruppe, sie verlangen wegen der geringen Haftneigung besondere Oberflächenvorbehandlungen. Bewährt haben sich hierbei eine Flamm- oder eine Koronavorbehandlung, mit dem Ziel einer Oxidation der zu bedruckenden Oberfläche.
Die **Flammvorbehandlung** erfolgt mittels einer durch geregelte Luftzufuhr «weich» eingestellten Flamme, die fächelnd über die Oberfläche streicht.
Bei der **Koronavorbehandlung** setzt man einen Hochfrequenzgenerator ein, der die Luft zwischen den Elektroden ionisiert und somit reaktionsfähigen Sauerstoff für die Oxidation entstehen läßt.
Die Vorbehandlungsaggregate sind meist in die Druckmaschinen integriert.

## 21.6 Prägen

Unter **Prägen** versteht man im Bereich der Oberflächenveredlungen das Erzeugen von Oberflächenstrukturen bei Thermoplasten mit Prägewerkzeugen (Stempel, Walzen) im Übergangsbereich vom plastischen zum gummielastischen Zustand. Das Prägen wird hauptsächlich bei PVC weich (Kalanderfolien, beschichtete Gewebe) angewendet (vgl. Kapitel 4). Es können sowohl Hochglanzoberflächen erzeugt als auch Narbungen eingebracht werden.
Das **Heißprägen** als Dekorationsmethode für Kunststoffoberflächen entspricht dem Heißprägedruck, wie er in Abschnitt 21.5 beschrieben ist. Man kann Heißprägungen auch ohne Prägefolie durchführen und spricht dann von **Blindprägungen.**

## 21.7 Laserbeschriften

Das Beschriften von Kunststoffprodukten wird seit einiger Zeit immer mehr durch Laser vorgenommen. Hier hat man eine Technik entwickelt, die es ermöglicht, berührungsfrei, sauber, trocken, dauerhaft und fälschungssicher eine wirtschaftliche Beschriftung vorzunehmen. Die Beschriftungszeiten liegen in der Regel im Millisekundenbereich.
Es wird beim Laserbeschriften prinzipiell zwischen Strahlablenkungs- und Maskenverfahren unterschieden.

**Strahlablenkungsverfahren**
Hierbei wird der Laserstrahl mit beweglichen Spiegeln über das zu beschriftende Kunststoffteil gelenkt, so daß sich eine Linienführung wie mit einem Schreibgerät ergibt. Der Schriftzug wird in das Material randscharf «eingebrannt». Die Laserstrahlbewegung für den Beschriftungsinhalt erfolgt über die Software eines Steuergerätes.

**Maskenbeschriftung**
Beim Maskenverfahren setzt man eine Maske ein, die vom Laserstrahl durchleuchtet wird. Die Konturen der Maske werden mit einer Linse auf das Kunststoffteil abgebildet. Ein einziger Laserimpuls überträgt nun die gesamte Maskeninformation auf die Kunststoffoberfläche. Dieses Verfahren eignet sich besonders zum Beschriften von Massenprodukten mit begrenztem Beschriftungsumfang.
Eine Einschränkung des Laserbeschriftens ist allerdings gegeben: Der Kontrast ist teilweise geringer als bei anderen Beschriftungsverfahren, außerdem ist bei bestimmten Einfärbungen kein Farbumschlag erkennbar, womit der Schriftzug dann nicht mehr lesbar wird.

## 21.8 Lackieren

Obwohl man bei Kunststoffteilen stets anstrebt, die gewünschte Oberfläche beim Formgebungsprozeß direkt zu erzeugen, verlangt der Verbraucher oft zusätzliche **Lackierungen.** Das Lackieren kann auch technische Gründe haben, z.B. Feuchtigkeits- und Gasdurchlässigkeit zu vermindern, elektrisch leitend zu machen, vor UV-Strahlen zu schützen u.a. Bedeutende Anwendungsgebiete für lackierte Kunststoffteile sind der Automobil- und Möbelbau.
Beim Lackieren ist besonders darauf zu achten, daß die Formteiloberflächen sauber und glatt sind (bzw. eine gewünschte Struktur aufweisen). Schon bei der Gestaltung des Formteils ist das spätere Lackieren zu berücksichtigen. So sind z.B. unzugängliche Stellen zu vermeiden. Die Teile dürfen keine Spannungen enthalten.
Man unterscheidet ähnlich wie bei Druckfarben auch hier lufttrocknende, oxidativ trocknende und chemisch abbindende Lacke. Es ist wichtig, daß sich Lack und Formteil gut miteinander verbinden. Oberstes Gebot ist: Sauberkeit der Oberfläche. Unter Umständen müssen Haftvermittler eingesetzt werden.

Es werden unterschiedliche Lacksysteme verwendet:

- □ lösungsmittellösbare Systeme,
- □ wasserlösbare Systeme (Dispersionen),
- □ lösungsmittel- und wasserfreie Systeme, (Reaktionslacke, oxidativ trocknende Lacke).

Im Sinne des Umwelt- und Arbeitsschutzes muß angestrebt werden, die Lösungsmittelemissionen zu reduzieren oder zu vermeiden. Das kann erreicht werden z.B. durch intensive Luftreinigung, durch effektive Auftragsarten oder durch **wasserlösliche** bzw. wasserverdünnbare **Lacksysteme.** Seit Jahren werden solche lösungsmittelfreien Systeme angeboten, bei denen Wasser als Verdünner oder Löser fungiert. Nach dem Trocknen verlieren die Lacke ihre Wasserlöslichkeit. Zum Teil ist das Arbeiten mit diesen Systemen schwieriger als mit herkömmlichen Lacken.
Zunehmende Bedeutung in dieser Richtung gewinnt auch das Lackieren mit Pulverlacken (elektrostatisches Pulverlackieren). Pulverlacke werden während des Aufsprühens elektrostatisch aufgeladen und erfordern elektrisch leitfähige Oberflächen, die durch spezielles Grundieren erreicht werden können.
Das Lackieren kann nach verschiedenen Auftragsverfahren erfolgen:
Das **Spritzlackieren** mit Druckluftspritzpistolen ist das am meisten angewendete Verfahren. Es eignet sich für nahezu alle Formen und Formate der Gegenstände. Bei Mehrfarbenlackierungen werden Abdeckmasken verwendet. Die Dicke des Lackfilms wird von der Lackviskosität, der Spritzzeit, dem Luftdruck und der Düsenform bestimmt. Beim Verwenden von Metallpigmenten kann das Erzeugen einer gleichmäßigen Lackschicht Schwierigkeiten bereiten.
Das **Tauchlackieren** ist ebenfalls ein wirtschaftliches Verfahren; es eignet sich jedoch nur für einfarbige Überzüge. Die Formteile müssen so gestaltet sein (bzw. sie müssen so aufgehängt werden), daß überschüssiger Lack leicht abtropfen kann. Das Tauchlackieren kann weitgehend automatisch durchgeführt werden.
Das **Gießlackieren** eignet sich besonders für große ebene Flächen.
Der **Rollenauftrag** bietet sich an, wenn erhabene Stellen des Formteils lackiert werden sollen. Dabei kann sich sowohl die Farbrolle über das Formteil als auch das Formteil über die Rolle bewegen.
Bei Einzelstücken oder sehr kleinen Serien wird das Lackieren von Hand, mit Rollen oder Pinseln vorgenommen.

Beim **I**n **M**ould **C**oating (IMC) wird beim Pressen bzw. Spritzgießen nach dem eigentlichen Formgebungsvorgang in einem Zwischenhub Lack in das Werkzeug gespritzt (hauptsächlich beim SMC). Beim erneuten Schließen des Werkzeugs wird der Lack gleichmäßig auf der Oberfläche des Formteils verteilt und härtet aus.
In Tabelle 21.3 sind einige Beispiele für das Lackieren von Kunststoffteilen angegeben.

**Tabelle 21.3**
**Beispiele für Kunststofflackierungen**

| Kunststoff | Lackbasis | Abbindung |
|---|---|---|
| GF-UP-Harz (SMC) | PUR, UP | chemisch |
| PA | Acrlyharze<br>Alkydharze | physikalisch<br>oxidativ |
| PUR | PUR, UP | chemisch |
| Polyolefine (Vorbehandlung!) | vernetzende Acrylharze<br>PUR, EP<br>modifizierte Alkydharze | chemisch<br>chemisch<br>oxidativ |
| POM (Vorbehandlung!) | vernetzende Acrylharze<br>chloriertes PP<br>Cyclokautschuk | chemisch<br>physikalisch<br>physikalisch |
| PVC hart | VC-Copolymere<br>Acrylatharze<br>PUR | physikalisch<br>physikalisch<br>chemisch |
| PS | Acrylharze<br>Cyclokautschuk<br>Nitrozellulose<br>Alkydharze<br>PUR, EP | physikalisch<br>physikalisch<br>physikalisch<br>oxidativ<br>chemisch |

# Literaturverzeichnis


Zu Kapitel 1

BIEDERBICK, K.: *Kunststoffe – kurz und bündig* 4. Auflage, Würzburg: Vogel Buchverlag, 1977.

FRANCK, A., BIEDERBICK, K.: *Kunststoff-Kompendium.* Würzburg: Vogel Buchverlag, 1984.

Zu Kapitel 2

LAUER, ENGELS u. a.: *Aufbereiten von Kunststoffen.* München: Carl Hanser Verlag, 1971.

Zu Kapitel 3

KOPSCH, H.: *Kalandertechnik.* München: Carl Hanser Verlag, 1978.

Zu Kapitel 4

SCHMIDT, P.: *Beschichten mit Kunststoffen.* München: Carl Hanser Verlag, 1967.

Zu Kapitel 5

NN Kunststoffverarbeitung im Gespräch, Band 2. Extrusion, Firmenschrift der BASF 1971.

Zu Kapitel 8

RACK, S.: *Spritzgießen.* Geprüfter Einrichter von Spritzgießmaschinen; Lehrgang am Süddeutschen Kunststoff-Zentrum Würzburg.

LINDNER, E.: *Angußsysteme.* Seminarunterlagen Konstruieren von Spritzgießwerkzeugen am Süddeutschen Kunststoff-Zentrum Würzburg.

Zu Kapitel 9

SCHÖNTHALER, W.: *Verarbeitung härtbarer Kunststoffe.* München: Carl Hanser Verlag, 1973.

Zu Kapitel 10

PIECHOTA, RÖHR: *Integralschaumstoffe.* München: Carl Hanser Verlag, 1975.

Zu Kapitel 11

SCHWARZ, O.: *Glasfaserverstärkte Kunststoffe – kurz und bündig.* Würzburg: Vogel Buchverlag, 1975.

Zu Kapitel 13

BÖCKMANN, A. F.: Rotationsformen – Neuere Entwicklungen im Maschinenbau und der Verfahrenstechnik. *Kunststoffe 61* (1971), H. 7.

BÖCKMANN, A. F.: Automation beim Rotationsformen von Kunststoffen. *Kunststoffe 63* (1973).

VDI-Richtlinie: Rotationsformen VDI 2018, 1971.

WILDFEUER, E.: Rotationsformen – Verfahrenstechnische Übersicht. *Plaste und Kautschuk 21* (1974).

Zu Kapitel 15

LEHNEN, J. P.: *Kautschukverarbeitung.* Würzburg: Vogel Buchverlag, 1983.

Zu Kapitel 16

MÜLLER, R.: «Umformen von Halbzeug aus thermoplastischen Kunststoffen». In: Grundlehrgang Kunststoffverarbeitung I, unveröffentlichte Druckschrift des Süddeutschen Kunststoff-Zentrums, 1977.

VDI-Richtlinie 2008, Blätter 1 bis 4, Berlin und Köln: Beuth-Vertrieb, 1967.

Zu Kapitel 17

HADICK, TH.: *Schweißen von Kunststoffen.* Düsseldorf: Deutscher Verlag für Schweißtechnik, 1970.

MÜLLER, R.: Schweißen von Kunststoffen. In: Grundlehrgang Kunststoffverarbeitung I, unveröffentlichte Druckschrift des Süddeutschen Kunststoff-Zentrums, 1976.

RÖBER, H., VOWINKEL, H.: *Kunststoffe im Apparatebau I.* München: Carl Hanser Verlag, 1972.

Zu Kapitel 18

MICHEL, M.: *Adhäsion und Klebetechnik.* München: Carl Hanser Verlag, 1969.

MITTROP, F.: Vorbehandlung für das Kleben und Veredeln von Kunststoffen. *Technische Mitteilungen,* H. 12, 1972.

VDI-Richtlinie 3821 «Kunststoffkleben». Berlin und Köln: Beuth-Vertrieb, 1977.

Zu Kapitel 19

RÖBER, H., VOWINKEL, H.: *Kunststoffe im Apparatebau I.* München: Carl Hanser Verlag, 1972.

Zu Kapitel 20

MÜLLER, R.: *Spanen von Kunststoffen.* In: Grundlehrgang Kunststoffverarbeitung I, unveröffentlichte Druckschrift des Süddeutschen Kunststoff-Zentrums, 1977.

# Stichwortverzeichnis